BLAUSTRUMPF – MODESTUDENTIN – ANARCHISTIN?

Ergebnisse der Frauenforschung
Band 44
Begründet und im Auftrag des Präsidenten der Freien Universität Berlin
herausgegeben von

Prof. Anke Bennholdt-Thomsen, Germanistik
Elisabeth Böhmer, Soziologie
Prof. Marlis Dürkop, Sozialpädagogik
Prof. Ingeborg Falck, Medizin
Prof. Marion Klewitz, Geschichtsdidaktik
Prof. Jutta Limbach, Jura
Prof. Hans Oswald, Pädagogik
Prof. Renate Rott, Soziologie
Dr. Hanna Beate Schöpp-Schilling, Amerikanistik/Anglistik, Germanistik
Prof. Margarete Zimmermann, Romanistik

Koordination: Dr. Anita Runge

Anja Burchardt

BLAUSTRUMPF –
MODESTUDENTIN –
ANARCHISTIN?

Deutsche und russische Medizinstudentinnen in Berlin 1896-1918

Verlag J. B. Metzler
Stuttgart · Weimar

Die Deutsche Bibliothek – CIP-Einheitsaufnahme

Burchardt, Anja:
Blaustrumpf – Modestudentin – Anarchistin? : deutsche und russische Medizinstudentinnen in Berlin 1896-1918 / Anja Burchardt. – Stuttgart ; Weimar : Metzler, 1997
   (Ergebnisse der Frauenforschung ; Bd. 44)
   ISBN 978-3-476-01527-3
NE: GT

ISBN 978-3-476-01527-3
ISBN 978-3-476-03691-9 (eBook)
DOI 10.1007/978-3-476-03691-9

© 1997 Springer-Verlag GmbH Deutschland
Ursprünglich erschienen bei J. B. Metzlersche
Verlagsbuchhandlung und Carl Ernst Poeschel
Verlag GmbH in Stuttgart 1997

Für

Emma Lisbeth Forstreuter, geb. Kräkel

(1912-1986)

Geboren als uneheliche Tochter eines Gutsbesitzers in Ostpreußen, wurde sie zur Adoption freigegeben und von einer ostpreußischen Bauernfamilie aufgezogen. Nach der Volksschule war ihr der ersehnte Besuch einer weiterführenden Schule unmöglich. Sie arbeitete fortan als Aushilfe in der dörflichen Molkerei und folgte nach der Heirat mit einem preußischen Offizier diesem nach Berlin. Während des Zweiten Weltkriegs bekam sie zwei Töchter. Nach Kriegsende verwitwet, arbeitete sie in verschiedenen Anstellungen und besuchte über viele Jahre hinweg die Abendschule. Schließlich absolvierte sie die Steuerfachprüfung. Bis zu ihrem Lebensende führte sie ein eigenes Steuerbüro. Ihre beiden Töchter ließ sie studieren.

VORWORT

Unter Leitung von Frau Professor Dr. med. Johanna Bleker setzt sich seit einigen Jahren am Institut für Geschichte der Medizin der Freien Universität Berlin ein Doktorand-Innen-Colloquium mit Fragen zur Berufsgeschichte von Ärztinnen auseinander, aus dessen Reihen bereits mehrere Arbeiten zum Thema hervorgegangen sind. Eine Bibliotheksangestellte des Instituts, Jutta Buchin, begann mit der Erstellung der Dokumentation *„Ärztinnen im Kaiserreich"*, die mittlerweile über 900 Ärztinnen umfaßt. Erste Resultate wurden in der von Frau Dr. Eva Brinkschulte initiierten Ausstellung *„Weibliche Ärzte. Die Durchsetzung des Berufsbildes in Deutschland"* präsentiert. Die derzeitige Bearbeitung der Dokumentation *„Ärztinnen im Kaiserreich"*, die von der Deutschen Forschungsgemeinschaft gefördert wird, wird erstmals einen umfassenden Beitrag nicht nur zur standespolitischen Geschichte, sondern auch zum beruflichen und biographischen Kontext der ersten Ärztinnengenerationen liefern.

Die vorliegende Arbeit wurde im Sommer 1995 unter dem Titel „Studentinnen an der Berliner Friedrich-Wilhelms-Universität 1896-1918" als Dissertation an der Medizinischen Fakultät der Freien Universität Berlin angenommen. Mein Dank gilt ganz besonders Herrn Dr. med Heyo Prahm, der mir die Autobiographie seiner Großtante, der Ärztin Dr. Hermine Heusler-Edenhuizen, als unveröffentlichtes Manuskript zur Verfügung stellte. Sie ist jüngst unter dem Titel *„Die erste deutsche Frauenärztin"* erschienen. Bei der Überarbeitung der Dissertation wurde soweit als möglich auf seitdem publizierte Arbeiten, insbesondere die jüngst erschienene Habilitationsschrift von Frau Dr. Claudia Huerkamp *„Bildungsbürgerinnen"*, Bezug genommen.

Frau Professor Johanna Bleker möchte ich an dieser Stelle für die über einen langen Zeitraum geleistete außergewöhnliche Diskussionsbereitschaft, konstruktive Kritik und persönliche Anteilnahme danken. Dr. Eva Brinkschulte und Dr. Kristin Hoesch nahmen durch vielfache Anregungen und persönliche Unterstützung ebenfalls regen Anteil am Enstehen der Arbeit. Mein Dank gilt auch den Teilnehmerinnen des Doktorand-Innenseminars sowie insbesondere Jutta Buchin, die geduldig die von ihr für die Dokumentation *„Ärztinnen im Kaiserreich"* gesammelten Daten mit den von mir erhobenen verglich und wichtige Hinweise für weitere Nachforschungen gab. Hilfreich waren auch Hinweise der Mitarbeiterinnen und Mitarbeiter des Archivs der Humboldt-Universität sowie des Bundesarchivs Potsdam und Merseburg. Des Weiteren gilt mein Dank Almuth Kliesch und Klaus von Fleischbein-Brinkschulte für ermutigende, humorvolle Anteilnahme sowie Gerda Jeschal für die Korrektur der Endfassung. Nicht zuletzt danke ich dem *„Förderprogramm Frauenforschung"* des Berliner Senats, das den zügigen Abschluß der Arbeit durch ein Promotionsstipendium ermöglichte.

Berlin, im September 1996
Anja Burchardt

6

INHALT

I. EINLEITUNG

Die Geschichte des Medizinstudiums von Frauen beginnt in Deutschland, wenn man von wenigen Ausnahmeerscheinungen in früheren Jahrhunderten absieht, in der zweiten Hälfte des 19. Jahrhunderts. Zieht man einen Vergleich zur Entwicklung in anderen europäischen Ländern oder in den Vereinigten Staaten, so öffneten deutsche Universitäten dem weiblichen Geschlecht ihre Tore sehr spät. Die ersten deutschen Ärztinnen, die in der zweiten Hälfte des 19. Jahrhunderts ausgebildet wurden, mußten Schweizer Universitäten aufsuchen, um das Medizinstudium zu absolvieren. Erst zur Jahrhundertwende erhielten Frauen auch zu den Medizinischen Fakultäten des Deutschen Reiches Zutritt.

Die Geschichte des Frauenstudiums in Deutschland im allgemeinen und des medizinischen Frauenstudiums im besonderen ist in ihren Grundzügen bereits mehrfach dokumentiert worden. Die Autoren und Autorinnen haben sich dabei entweder auf die Diskussionen um die Zulassung von Frauen zum Medizinstudium generell oder auf den Umgang einzelner Universitäten und Landesregierungen mit den Forderungen nach Eröffnung von Studienmöglichkeiten für das weibliche Geschlecht konzentriert[1]. Nur wenige Arbeiten widmen sich Teilaspekten des Frauenstudiums an der Berliner Friedrich-Wilhelms-Universität[2]. Dabei wurden die allgemeinen Rahmenbedingungen[3] und die unterschiedlichen Standpunkte von Berliner Professoren[4], Befürwortern wie Gegnern des Frauenstudiums, in ihren Grundzügen dargestellt. Bei den bisherigen Untersuchungen endet jedoch das Forschungsinteresse üblicherweise mit der Zulassung der ersten Studentinnen an den jeweiligen Fakultäten bzw. ihrer Zulassung zur regulären Immatrikulation; die weitere Entwicklung des medizinischen Frauenstudiums wird allenfalls statistisch erfaßt[5]. Das Hauptgewicht der Untersuchung liegt auf der Studienrealität der Medizinerinnen, die in den ersten beiden Dekaden des 20. Jahrhunderts an der Berliner Friedrich-Wilhelms-Universität studierten. Ihre Situation innerhalb und außerhalb der Universität soll in dieser Arbeit dargestellt werden.

Ein erheblicher Teil der Frauen, die im Kaiserreich Medizin studierten, wählte zwischen 1896 und 1918 Berlin als Studienort. Keine andere deutsche Universitätsstadt konnte eine so hohe Zahl von Studierenden männlichen und weiblichen Geschlechts verzeichnen. Zugleich galt Berlin um die Jahrhundertwende als Hochburg der Opposition gegen das Frauenstudium. Von diesem Punkt ausgehend soll nicht nur untersucht werden, welche Schwierigkeiten sich für die Studentinnen bei der Absolvierung ihres Studiums ergaben. Von Interesse wird auch sein, mit welchem Erfolg sie sich mit diesen Schwierigkeiten auseinandersetzten. Dabei wird auch die Frage zu beantworten sein, ob und in welcher Form sich die Haltung der Berliner Professorenschaft gegenüber ihren weiblichen Schülern auf Grund von zunehmenden Erfahrungen im Laufe der Jahre veränderte.

Die Ausgangsbasis der Untersuchung bilden die formalen Studien- und Prüfungsbedingungen an der Berliner Medizinischen Fakultät, die vor allem im ersten Jahrzehnt des 20. Jahrhunderts durch eine Reihe von Ausnahmeregelungen und Sonderbe-

9

stimmungen für Frauen gekennzeichnet waren. Weiterhin wird auf die Äußerungen des medizinischen Lehrkörpers und autobiographische Berichte ehemaliger Berliner Medizinstudentinnen eingegangen. Diese Quellen werden ergänzt durch eine quantitative Untersuchung, die zunächst generell die zahlenmäßige Entwicklung der Studentinnen und Promovendinnen erfaßt und für das Teilkollektiv der bis 1918 promovierten Medizinerinnen weitere Daten zum Studienverhalten und zum Sozialstatus bereitstellt.

Die weitgehende Beschränkung der quantitativen Analyse auf die Doktorandinnen an der Berliner Medizinischen Fakultät hat methodologische Gründe. Biographische Hilfsmittel, die eine Identifikation aller in Berlin bis 1918 immatrikulierten Medizinstudentinnen ermöglichen könnten, stehen bislang nicht zur Verfügung. Da in der damaligen Zeit mehrfache Studienortwechsel die Regel waren, könnte auch der Studienweg vieler Medizinerinnen erst über eine Recherche an allen deutschen Universitäten ermittelt werden. Dies würde jedoch den Rahmen der vorliegenden Arbeit sprengen. Für die in Berlin zum Dr. med. promovierten Frauen kann hingegen aus den den Dissertationen beigefügten Lebensläufen eine Fülle wertvoller Informationen gewonnen werden. Die darin enthaltenen Angaben über die soziale Herkunft, die Vorbildung, das Alter, die Studiendauer und die Studienorte der Medizinerinnen ermöglichen es, die Berliner Medizinstudentinnen als Gruppe zu untersuchen und die zeitgenössischen Quellen auf den Realitätsgehalt ihrer Aussagen hin zu überprüfen.

Neben der Studiensituation im engeren Sinne soll auch die soziale Situation der Studentinnen, d. h. Herkommen, Familienstand, Wohnsituation, Finanzierung von Studium und Lebensunterhalt sowie die Rolle von Studentinnenorganisationen, anhand verfügbarer Quellen dargestellt werden. Die Tatsache, daß die für junge Frauen aus bürgerlichen Familien geltenden traditionellen Forderungen von Sittsamkeit und Anstand notwendig mit der Realität des Studentenlebens – zumal bei begrenzten finanziellen Mitteln – kollidieren mußten, läßt hier ein Problemfeld erwarten, das weit über die formalen Studienprobleme hinausreicht. Die Frage nach der Bedeutung von Erwartungen und Vorurteilen für das Verhalten, das Selbstbild und die Karriere der Berliner Medizinerinnen wird im Verlauf der Arbeit immer wieder zu reflektieren sein. Am Ende der Untersuchung soll die aus damaliger Sicht unvermeidliche Diskrepanz zwischen akademischer Ausbildung bzw. Berufstätigkeit von Frauen und dem damaligen weiblichen Rollenverständnis, die sich sowohl in den überwiegend negativen gesellschaftlichen Erwartungen als auch in der Wahrnehmung und den Bewältigungsstrategien der Studentinnen aufzeigen läßt, noch einmal zur Diskussion gestellt werden.

Der Gang der Darstellung wird unter anderem dadurch bestimmt, daß die Medizinerinnen, die zwischen 1896 und 1918 an der Berliner Fakultät studierten, eine durchaus inhomogene Gruppe darstellten. So kam der Großteil der bis 1914 an der Universität eingeschriebenen Studentinnen nicht aus Deutschland, sondern aus dem zaristischen Rußland. Diese Tatsache ist bei den bisherigen Untersuchungen über die Anfänge des Frauenstudiums in Deutschland völlig übersehen worden. Obwohl die vorliegende Arbeit sich vom Ansatz her auf die deutschen Studentinnen beschränken wollte, ist eine zumindest knappe Darstellung der Situation der russischen Studentinnen schon deshalb unerläßlich, weil viele zeitgenössische Stellungnahmen explizit das

Auftreten der russischen Studentinnen thematisierten und zur Begründung vielfältiger Vorurteile nutzten, mit denen sich wiederum die deutschen Studentinnen – in nicht immer kollegialer Form – auseinanderzusetzen hatten. Dabei wird unter anderem auf einige neuere Untersuchungen über die russischen Studentinnen an Schweizer Universitäten zurückgegriffen[6].

Ein weiterer, wenn auch weniger scharfer Unterschied besteht zwischen denjenigen Medizinerinnen, die bis zum WS 1908/09 – als auch in Preußen die reguläre Immatrikulation für Frauen möglich wurde – als Gasthörerinnen ihr Studium absolvierten, und der nachfolgenden Studentinnengeneration. Dieser Wandel, der die Vorbildung und den Ausbildungsgang, aber auch die Selbst- und Fremdwahrnehmung der Studentinnen betrifft, wird im Verlauf der Darstellung ebenfalls herauszuarbeiten sein.

Die bislang zum Frauenstudium an der Berliner Friedrich-Wilhelms-Universität veröffentlichten Untersuchungen haben darunter gelitten, daß vor dem Jahre 1990 die Akten der Humboldt-Universität und des ehemaligen Geheimen Staatsarchivs für Wissenschaftler/innen der DDR nur eingeschränkt, für Wissenschaftler/innen der alten Bundesrepublik so gut wie gar nicht zugänglich waren. Auch der Plan für die vorliegende Arbeit war zunächst so angelegt, daß auf ein ausführliches Aktenstudium notfalls verzichtet werden konnte. Stattdessen wurden die auch in den alten Bundesländern zugänglichen Dissertationen der zwischen 1896 und 1918 in Berlin promovierten Ärztinnen zur Ausgangsbasis der Arbeit gewählt. Inzwischen konnte diese Basis durch Einbeziehung des in den neuen Bundesländern vorhandenen Archivmaterials erheblich erweitert werden. Um die speziellen Bedingungen des Frauenstudiums an der Berliner Medizinischen Fakultät zu klären, wurden die Akten zum Frauenstudium im Archiv der Humboldt-Universität Berlin sowie in den Abteilungen Potsdam und Merseburg des Bundesarchivs durchgesehen. Die Dokumentation über die Promovendinnen an der Berliner Medizinischen Fakultät basiert auf dem „Jahresverzeichnis der Deutschen Hochschulschriften" der Jahre 1896 bis 1918. Von diesem ausgehend wurden die Dissertationen der in diesem Zeitraum in Berlin promovierten Ärztinnen zusammengestellt. Zusätzliches Datenmaterial wurde den Gasthörerlisten des Archivs der Humboldt-Universität für den Zeitraum zwischen 1895 und 1912 entnommen. Weitergehende Informationen über den beruflichen Werdegang und Lebensweg der im Kaiserreich approbierten deutschen Ärztinnen entstammen der sich im Aufbau befindenden Dokumentation „Ärztinnen im Kaiserreich" am Institut für Geschichte der Medizin der Freien Universität Berlin. Das im Rahmen dieser Arbeit gewonnene Datenmaterial wurde wiederum der Dokumentation zur Verfügung gestellt.

II. DIE DURCHSETZUNG DES MEDIZINSTUDIUMS VON FRAUEN IN DEUTSCHLAND

Im internationalen Vergleich rangiert das Deutsche Reich bei der Zulassung von Frauen zum Universitätsstudium fast an letzter Stelle. Sogar in der Türkei und in Griechenland wurden dem weiblichen Geschlecht zumindest die medizinischen Fakultäten zu einem früheren Zeitpunkt eröffnet[1]. In Deutschland war die Frage des Frauenstudiums zunächst vom prinzipiellen Zugang der Frauen zu geistiger Bildung abhängig:

„Der allgemeine Deutsche Frauenverein hat die Aufgabe, für die erhöhte Bildung des weiblichen Geschlechts und die Befreiung der weiblichen Arbeit von allen ihrer Entfaltung entgegenstehenden Hindernissen mit vereinten Kräften zu wirken."[2]

Mit dieser Zielsetzung wurde am 18. Oktober 1865 der „Allgemeine Deutsche Frauenverein" durch Louise Otto und Auguste Schmidt in Leipzig gegründet. Diese Gründung setzte im Kaiserreich den Anfangspunkt einer sich zunehmend organisierenden deutschen Frauenbewegung, die das Recht der Frauen auf Bildung und Beruf durchzusetzen suchte. Heranwachsenden Mädchen stand im 19. Jahrhundert neben der Volksschule nur der Besuch einer privaten „Höheren Töchterschule" offen, die sie auf ihre zukünftigen Aufgaben als Ehefrau und Mutter vorbereitete. Den Schülerinnen wurden überwiegend Kenntnisse über Haushaltsführung und ähnliche zweckdienliche Inhalte vermittelt. Einrichtungen, die ihnen das erforderliche Wissen zur Erlangung der Hochschulreife zugänglich machten, gab es für Mädchen nicht. Auch die Zulassung zur Reifeprüfung war bis zum Jahre 1896 ausschließlich dem männlichen Geschlecht vorbehalten.

Schon früh forderte die Frauenbewegung die Möglichkeit des gleichberechtigten Zugangs zu den Universitäten und zu den akademischen Berufen. Sie hatte sich jedoch zunächst vorrangig mit dem Aufbau eines höheren Mädchenschulwesens auseinanderzusetzen, bevor sie sich über die Forderung nach einem Medizinstudium der Frau auf ihren Kampf um Zugang zu den Universitäten konzentrieren konnte. 1868 wurde in privater Initiative in Berlin das „Victoria-Lyzeum" gegründet, das wahlfreie Kurse zur Einführung in wissenschaftliche Gedankengänge für Frauen anbot. 1879 kam es zur Gründung eines „Lyzeum für Damen" in Leipzig, das ebenfalls eine höhere Schulbildung für Mädchen zugänglich machen wollte. Die energischste Initiative ergriff jedoch im Jahre 1889 Helene Lange mit der Gründung der „Realkurse für Frauen" in Berlin, die Frauen in sechs Jahren gezielt auf das Abitur vorbereiten sollten. 1893 wurden diese Kurse in vierjährige „Gymnasialkurse" umgewandelt, die durch ein extern an einem Knabengymnasium abgelegtes Abitur abgeschlossen wurden. Im selben Jahr wurde in Karlsruhe vom Verein „Frauenbildung-Frauenstudium" das erste sechsklassige humanistische Mädchengymnasium eingerichtet. Formal wurde der Weg zu Studium und akademischer Berufsausbildung jedoch erst 1896 mit der offiziellen Anerkennung des Abiturs von Frauen geebnet.

Zu Beginn der 90er Jahre des 19. Jahrhunderts konzentrierte sich die deutsche Frauenbewegung in ihrem Kampf um die Öffnung der Universitäten mit ihren Forderungen zunehmend auf die Zulassung der Frauen zu den medizinischen Fakultäten. Die Diskussion um ein mögliches Universitätsstudium der Frau gelangte im Rahmen einer Petition erstmals am 11. März 1891 vor den Deutschen Reichstag, wo sie zur allgemeinen Heiterkeit der Abgeordneten beitrug[3]. Jedoch bestätigte die Petitionskommission des Reichstags ausdrücklich, daß auf Grund der in der Gewerbeordnung des Norddeutschen Bundes festgeschriebenen Kurierfreiheit das Praktizieren der Heilkunde durch Frauen erlaubt sei. Unter dieser Voraussetzung praktizierten ab 1876 auch die ersten Berliner Ärztinnen Emilie Lehmus und Franziska Tiburtius, die ihr Studium an schweizer Universitäten absolviert und dort die schweizer Approbation erhalten hatten. Regulär an einer Universität ausgebildet, war ihnen in Deutschland das Führen des Arzttitels jedoch untersagt, weil dieser an das ärztliche Ausbildungs-, Prüfungs- und Approbationswesen des Deutschen Reiches geknüpft war[4]. Es folgten in den kommenden Jahren mehrere Massenpetitionen, die von verschiedenen Verbänden der Frauenbewegung wechselnd an die einzelnen Länderregierungen des Deutschen Reiches sowie an die Petitionskommission des Reichstags gerichtet wurden. Die jeweiligen Gremien erklärten sich für in dieser Frage nicht zuständig und gingen regelmäßig zur Tagesordnung über. Als das Thema Frauenstudium am 6. Februar 1894 erneut im Reichstag zur Debatte gelangte, wurde jedoch seitens der Regierung zugesagt, daß jede Staatsangehörige des Deutschen Reiches zur Approbation zugelassen werde, wenn sie die dafür notwendigen Voraussetzungen – das deutsche Abitur, ein in Deutschland absolviertes Hochschulstudium und ein medizinisches Staatsexamen – vorweisen könne. Bezüglich der Frage einer regulären Immatrikulation von Frauen an deutschen Universitäten erklärte man sich erneut für nicht zuständig und verwies wie zuvor an die einzelnen Landesregierungen[5].

Die ersten sechs Abiturientinnen der Berliner „Realkurse für Frauen" legten im März 1896 als Externe die Reifeprüfung an einem Berliner Knabengymnasium ab. Der Handlungsbedarf der Regierungen vergrößerte sich nun zunehmend, zumal sich auch ein Wandel der öffentlichen Meinung über das Frauenstudium abzeichnete. Das preußische Abgeordnetenhaus hatte sich bei Verhandlungen diesbezüglicher Petitionen in den vorhergehenden Jahren nicht gänzlich abgeneigt gezeigt, in der Frage des Frauenstudiums an preußischen Universitäten einen positiven Entschluß zu fassen[6]. Am 12. Juli 1896 wurde beschlossen, Frauen ab dem Wintersemester 1896/97 als Gasthörerinnen zu den preußischen Universitäten zuzulassen.

Damit war der Kampf jedoch noch nicht gewonnen. Der „Bund Deutscher Frauenvereine" richtete im Dezember 1898 erneut eine Petition an den Reichstag, in der die zuvor in Aussicht gestellte Approbation weiblicher Ärzte in Deutschland gefordert wurde[7]. Noch weiter reichten die Forderungen des Vereins „Frauenbildung-Frauenstudium, Abteilung Berlin", die in einer am 1. März 1899 im Bundesrat eingereichten „Denkschrift zur Frage des Frauenstudiums" gestellt wurden: Statt wie zuvor für studierende Frauen Ausnahmeregelungen zu treffen, um angehenden Ärztinnen die Approbation zu ermöglichen, sollte allen Abiturientinnen die reguläre Immatrikulation gestattet werden[8]. Der Bundesrat traf seine Entscheidung am 24. April 1899, wobei er den Forderungen nach regulärer Immatrikulation nicht stattgab, sondern in dieser Sache wieder auf die Zuständigkeit der Landesregierungen verwies. Der Beschluß des Bundes-rats sah jedoch vor, Frauen zum ärztlichen, zahnärztlichen und pharmazeutischen Staatsexamen zuzulassen, sofern ihnen die Universitätsbehörden auf Grund ihrer Hos-pitantinnenscheine – also auch ohne Immatrikulation – die vollständige Absolvierung eines ordnungsgemäßen Studiums bescheinigten[9].

Die einzelnen Länderregierungen reagierten im Verlauf der kommenden Jahre auf diesen Beschluß unterschiedlich schnell. Nachdem abzusehen war, daß Frauen aus den im Bundesratsbeschluß genannten akademischen Berufszweigen nicht mehr ausgeschlos-sen bleiben würden, gewährten die Länder ihnen auch die reguläre Immatrikulation. Baden zeigte sich hier außergewöhnlich liberal und faßte bereits 1900 den Beschluß, Frauen noch rückwirkend für das Wintersemester 1899/1900 zu immatrikulieren. Bay-ern folgte zum Wintersemester 1903/04, Württemberg zum Sommersemester 1904 und Sachsen zum Sommersemester 1906. Thüringen ließ Frauen ab dem Sommerseme-ster 1907 und Hessen ab dem Sommersemester 1908 zur Immatrikulation zu. Preußen und Elsaß-Lothringen änderten ihre Bestimmungen zum Wintersemester 1908/09, und nur Mecklenburg blieb noch dahinter zurück und akzeptierte Frauen als reguläre Studentinnen erst zum Sommersemester 1909.

Die relativ späte Zulassung der Frauen zur Immatrikulation in Preußen trotz der durchaus zugeneigten Einstellung des preußischen Abgeordnetenhauses seit Anfang der 90er Jahre des 19. Jahrhunderts ist nicht zuletzt auf langfristig andauernde Widerstände gegen das Frauenstudium an der Berliner Medizinischen Fakultät zurückzuführen. Diese hatte eine bedeutende Vormachtstellung sowohl innerhalb der Berliner Friedrich-Wil-helms-Universität als auch innerhalb der medizinischen Fakultäten des Kaiserreichs inne.

1. Die Diskussionen um das Medizinstudium der Frau (1872-1918)

Die Debatte um das medizinische Studium von Frauen begann in Deutschland in den 70er Jahren des 19. Jahrhunderts. Anlaß bildeten der Beginn des Frauenstudiums an der Universität Zürich im Jahre 1865 und die Niederlassungen der ersten in der Schweiz ausgebildeten und approbierten Ärztinnen Emilie Lehmus und Franziska Tiburtius im Jahre 1876 in Berlin. In der zunehmend heftiger werdenden Debatte um die Aus-bildung und Existenz weiblicher Ärzte wurde über die natürliche Bestimmung der Frau, ihre generelle geistige und körperliche Befähigung, über Fragen der Moral und Sitt-lichkeit sowie über die Notwendigkeit beruflicher Tätigkeit von Frauen überhaupt dis-kutiert. Sowohl von den Gegnern als auch von den Befürwortern des medizinischen Frauenstudiums wurden dabei die gleichen Diskussionsinhalte thematisiert; je nach Standpunkt wurden diese jedoch verschieden gewichtet und interpretiert.

Die Deutsche Frauenbewegung und ihre Verbände wurden zum Träger der Forde-rung nach einem Universitätsstudium der Frauen. Ihr bürgerlicher Flügel konzentrierte sich im Rahmen dieser Forderung auf die Ausbildung von Ärztinnen und die Öffnung der medizinischen Fakultäten. Dies wurde im wesentlichen mit einem spezifischen Bedürfnis nach Ärztinnen für weibliche Patienten sowie einer besonderen Befähigung der Frau für den Heilberuf begründet. Die Frauenbewegung argumentierte, die mütterlichen Eigenschaften der Frau prädestinierten diese zu jeglicher Form von sozialer Tätigkeit, zu der auch das ärztliche Handeln zähle. Frauen hätten eine Jahrtausende alte Erfahrung und Tradition in der Pflege und Behandlung von Kranken, das weibliche Einfühlungsvermögen sei für die Kranken von unschätzbarem Wert[10].

Ganz anders interpretierten die Gegner des Frauenmedizinstudiums die natürliche Bestimmung und Aufgabe der Frau: Diese liege nur bedingt im pflegenden Bereich, vor allem aber im „heiligen Beruf" der Ehe und Mutterschaft. Ein Professor schrieb hierzu im Jahre 1895:

> „Was will das Weib? Auf diese Frage erhält man fast von allen Frauen die eine und einzige Antwort: Ein Weib will Kinder haben. [...] In der Urzeit, wo die Menschen mit den wilden Thieren gekämpft, in Pfahlbauten und Höhlen sich angesiedelt haben, brachten die Weiber kleine Urmenschen zur Welt, säugten und pflegten sie. Die Männer erfanden Waffen und Werkzeuge. Im Nomadenleben brachten die Weiber kleine Nomaden zur Welt, säugten und pflegten sie. Dann gründeten die Männer feste Wohnsitze, bauten Colonien, Thürme, Schlösser, Städte. An anderen Orten bauten sie Schiffe und fuhren in's Meer hinaus. Weiber brachten wieder kleine Colonisten und Schiffer zur Welt, säugten und pflegten sie. Die Männer wurden allmälig Heroen, Staatsmänner, Künstler, Gelehrte, Techniker. Die Frauen brachten wieder kleine Kinder zur Welt, kleine Heroen, kleine Staatsmänner [...]. Sie guckten, während das so vor sich ging, an den Mann liebevoll angelehnt, unter seiner Schulter in die Weltgeschichte hinaus und säugten weiter. Die kleinen Heroen, Staatsmänner, Gelehrte gediehen dabei ganz gut."[11]

In ähnlicher Weise äußerten sich viele Professoren sowohl der Medizin als auch anderer Wissenschaften. Der Berliner Ordinarius für Gynäkologie und Geburtshilfe Ernst Bumm schrieb diesbezüglich noch im Jahre 1917:

> „Je vollkommener die weibliche Veranlagung, je weiblicher die Frau, desto weniger wird die Last der Fortpflanzung als solche empfunden, die Aufzucht der Nachkommenschaft ist im Gegenteil, wie jede freie Betätigung einer natürlichen Anlage, die Quelle hoher innere Befriedigung und Freude am Werk. Umgekehrt wird alles, was außerhalb der natürlichen Veranlagung liegt oder ihr zuwider ist, als Beschwernis gefühlt und entweder ganz abgelehnt oder [...] unter äußerem Zwang [...] nur mit unverhältnismäßigem Aufwand von Kraft und selbst dann noch unvollkommen durchgeführt."[12]

Der bürgerliche Flügel der deutschen Frauenbewegung war ebenfalls einem traditionellen Bild verhaftet, das Ehe und Mutterschaft an erste Stelle im Leben einer Frau setzte. Eines der wesentlichen Argumente war jedoch, daß für all diejenigen Frauen, denen eine Ehe versagt bleibe, eine Alternative zur Erlangung ihres Lebensunterhalts geschaffen werden müsse. So wies die Frauenbewegung immer wieder ausdrücklich darauf hin, daß die Berufstätigkeit einer Frau eine Ersatzfunktion darstelle.

Besonders die medizinische Professorenschaft fühlte sich aufgrund ihres Fachgebiets kompetent, über Wesen, Charakter und die Befähigungen des weiblichen Geschlechts zu urteilen. Anhand von postulierten minderen körperlichen und geistigen Fähigkeiten der Frau wurde versucht, deren mangelnde Eignung für eine höhere Ausbildung und erst recht für den ärztlichen Beruf zu belegen. Der erste deutsche Mediziner, der sich im Jahre 1872 gegen das Studium der Frauen wandte, war der Münchener Anatom Theodor Bischoff. Bischoff versuchte, anhand eigener anatomischer Untersuchungen zu beweisen, daß die Naturanlage der Geschlechter verschieden geartet sei und daher bei Frauen eine mindere Geistesbefähigung vorliege. Die Frau habe in ihrer ganzen Organisation einen „minder hohen Entwicklungsgrad"[13] erreicht und stehe in allen Beziehungen dem Kinde näher als dem Mann. Bischoff unterlegte seine Behauptungen mit einem berühmt gewordenen Vergleich zwischen männlichen und weiblichen Gehirnen. Danach sei bei allen Völkern und Rassen das absolute Hirngewicht der Männer größer, der Unterschied betrage nach seinen Messungen von 391 männlichen und 253 weiblichen Gehirnen „bayrischer Nationalität"[14] genau 134 Gramm.

Auch der Anatom Wilhelm Waldeyer führte im Jahre 1888 auf der Versammlung Deutscher Naturforscher und Ärzte anatomische Beweise an, um die geringere geistige Befähigung der Frau zu belegen:

> „Es besteht auch ein namhafter Unterschied in der Ausbildung und Anordnung der Hirnwindungen beim Manne und Weibe, der sogar schon deutlich bei den Gehirnen neugeborener Kinder hervortritt, und zwar zeigen sich männlicherseits die Windungen mehr entwickelt, so dass damit eine Oberflächenvergrösserung der grauen Substanz, in welcher wir das Substrat der intellektuellen Funktionen suchen müssen, gegeben ist."[15]

Waldeyer zufolge lag jedoch in der natürlichen Verschiedenheit der geistigen Veranlagung, bei der dem Mann die produktive und der Frau die rezeptive Seite zufalle, der eigentliche Grund für die unterschiedliche soziale Stellung der Frau[16].

Die postulierte körperliche und geistige Minderbefähigung des weiblichen Geschlechts führte in den Augen der Gegner nicht nur dazu, daß Frauen den Erfordernissen des Medizinstudiums und des ärztlichen Berufs nicht standhalten könnten. Bereits die gymnasiale Ausbildung sollte sich schädlich auf die körperliche Entwicklung der Mädchen auswirken und ihre Gebärfähigkeit gefährden oder gar zunichte machen. Erst recht könnten die mit der Ausübung des ärztlichen Berufs verbundenen physischen Anstrengungen von Frauen weder geleistet, noch ihnen zugemutet werden. Albert schrieb hierzu im Jahre 1895 sehr anschaulich:

> „Wie aber, wenn der Arzt, der während einer Epidemie den ganzen lieben Wintertag bei Blatternkranken herumlief, nun in der Nacht plötzlich geweckt wird, um drei Stunden weit zu einer Entbindung zu gehen – stellenweise an Abgründen, die sechs, sieben Kirchthürme tief sind – und dort eine Arbeit leisten muß, welche die höchsten geistigen und physischen Anstrengungen erfordert [...], wünschen sie ihrer [...] Tochter eine solche Existenz?"[17]

Nicht vergessen wurde in den Auseinandersetzungen das Argument, daß Frauen durch Menstruation, Schwangerschaften und Geburten weder psychisch noch physisch konstant belastbar und zu diesen Zeiten noch weniger als ohnehin zu normalem Denken und Handeln in der Lage seien. Paul Moebius ging sogar noch weiter, indem er 1899 einen „physiologischen Schwachsinn des Weibes"[18] postulierte:

> „Nach alledem ist der weibliche Schwachsinn nicht nur vorhanden, sondern auch notwendig, er ist nicht nur ein physiologisches Faktum sondern auch ein physiologisches Postulat [...]. Jemand hat gesagt, man solle von dem Weibe nicht mehr verlangen, als daß es ,gesund und dumm' sei [...]. Die modernen Närrinnen sind schlechte Gebärerinnen und schlechte Mütter. In dem Grade, in dem die ,Zivilisation' wächst, sinkt die Fruchtbarkeit, je besser die Schulen werden, um so schlechter werden die Wochenbetten, um so geringer wird die Milchabsonderung, kurz, um so untauglicher werden die Weiber."[19]

Moebius' Traktat erreichte im Jahre 1908 die 9. Auflage. Derartigen Thesen widersprach die Frauenbewegung, indem sie darauf hinwies, daß die noch bestehenden Unterschiede in der geistigen Befähigung zwischen Mann und Frau einzig auf die jahrhundertelang vernachlässigte Bildung der Frauen zurückzuführen seien. Auch in körperlicher Hinsicht hielt sie Frauen für fähig, den ärztlichen Beruf auszuüben, und untermauerte dies mit dem Hinweis, daß Krankenpflegerinnen und Hebammen schon immer schwere physische Arbeit geleistet hätten. Die Frauenbewegung vergaß auch nicht, auf gute Erfahrungen mit der Berufsausübung von Ärztinnen im Ausland und auf die erfolgreiche ärztliche Tätigkeit der ersten niedergelassenen Ärztinnen in Berlin hinzuweisen.

Besonders dem von der Frauenbewegung angeführten Argument einer langen Tradition der Frauen in der Geburtshilfe und bei der Behandlung von Kindern wurde seitens der medizinischen Professorenschaft heftig widersprochen: Frauen hätten in den Jahrhunderten, in denen die Geburtshilfe ausschließlich in ihren Händen gelegen habe, keinen nennenswerten Fortschritt für die Wissenschaft erzielt. Stattdessen seien alle bedeutenden Entwicklungen von Männern geleistet worden, weshalb auch für die Zukunft von den Frauen für die Wissenschaft in dieser Hinsicht nichts zu erwarten sei[20].

Ein weiterer wichtiger Gegenstand der Diskussion um das Medizinstudium der Frau war die Frage nach der weiblichen „Sittlichkeit"[21]. Für die Frauenbewegung bestand ein dringender Bedarf an Ärztinnen für die Behandlung weiblicher Patienten, weil kranke Frauen aufgrund ihres natürlichen Schamgefühls die Konsultation des männlichen Arztes scheuten und sich erst in Behandlung begäben, wenn eine Heilung zusehends erschwert oder gar unmöglich geworden sei:

> „Sicher wäre ein gesünderes Frauengeschlecht der Lohn dafür, wenn junge Mädchen im Entwicklungsalter, so wie unerfahrene Frauen ihre Klagen *einer gleich organisierten* Aerztin aussprechen könnten [...], so würde 50 Prozent kranker Frauen und Mädchen die Seelenpein erspart, nur im Widerspruch gegen die Sittengesetze wieder Genesung zu finden."[22]

Die Gegner des Ausbildung weiblicher Ärzte hingegen sahen die Sittlichkeit der Frau in ganz anderer Weise bedroht. Sie verneinten eine Problematik bei der Behandlung weiblicher Kranker durch den männlichen Arzt. Der Berliner Ordinarius für Pathologie Johannes Orth formulierte seine Befürchtungen im Jahre 1897 folgendermaßen:

„Aber ich kann mir doch Nichts Abstoßenderes und Widerwärtigeres denken, als ein junges Mädchen, beschäftigt am Seciertisch oder bei der Section einer menschlichen Leiche [...]. Man denke sich nur die junge Dame im Seziersaal mit Messer und Pincette vor der gänzlich entblößten männlichen Leiche sitzen und Muskeln oder Gefäße und Nerven oder Eingeweide präparieren, man denke sie sich die Leichen-öffnung eines Mannes oder einer Frau machen und zur notwendigen Aufklärung der Krankheitserscheinungen die Beckenorgane mit allem was dazu gehört, untersuchen [...] man berücksichtige, daß das alles in Gegenwart der männlichen Studenten vor sich geht, daß die männlichen wie die weiblichen in der ersten Zeit der Mannbarkeit stehen, wo die Erregung der Sinnlichkeit ganz besonders leicht und gefahrvoll ist, – man stelle sich das einmal so recht lebhaft vor und dann sage man, ob man junge weibliche Angehörige der eigenen Familie in solchen Verhältnissen sehen möchte! Ich sage nein und abermals nein!"[23]

Analog zu derartigen Befürchtungen gab es nach der Zulassung der Frauen als Gasthö-rerinnen zu den medizinischen Fakultäten viele Professoren, die keinen Unterricht vor einem gemischtgeschlechtlichen Auditorium leisten wollten. Auch nach zwölf Jahren medizinischen Frauenstudiums an der Berliner Universität wurde bei der Gewährung der regulären Immatrikulation noch von mehreren Berliner Medizinprofessoren be-hauptet, daß sie über gewisse Dinge nicht vor gemischtem Publikum sprechen könnten, ohne ihre Aussagen einzuschränken und damit das wissenschaftliche Niveau des Unter-richts zu senken. Die Frauenbewegung argumentierte dagegen, die Wissenschaft als solche sei eine heilige und ernste Angelegenheit, bei der weder Zeit noch Aufmerksam-keit für derartige Nebengedanken blieben[24]. Das Problem der Schamgefühle bestand weniger auf Seiten der Studentinnen, sondern vor allem bei der Professorenschaft[25].

Wenngleich seltener thematisiert, stellte auch der Gedanke an eine weibliche Kon-kurrenz einen wichtigen Aspekt der Debatte um die Ausbildung weiblicher Ärzte dar. Allerdings wurde die Konkurrenzfrage von den Gegnern des Frauenstudiums unter-schiedlich beurteilt. Für die einen stand von vornherein fest, daß weibliche Konkurrenz prinzipiell nicht zu fürchten sei. So behauptete Waldeyer:

„wenn die Frau in Allem die Wege des Mannes wandeln will, dann wird der Platz für beide zu eng. Es ist dann ganz unausbleiblich, dass, statt der Sorge für das weibliche Geschlecht, die Konkurrenz mit ihrer rauhen und unerbittlichen Hand eingreift, und bis jetzt ist noch überall, wo Mann und Weib in freiem Wettbewerb auf dasselbe Feld treten, das Weib unterlegen."[26]

Eine derartige Beschwörung der siegreichen Männlichkeit fand sich selbst bei Medizin-professoren wie Albert Eulenburg, der der Ausbildung weiblicher Ärzte durchaus positiv gegenüberstand:

„ [...] sollte es denn so schwer sein, sich zu der Höhe der Anschauung emporzuringen, dass bei dem aufgedrungenen Wettkampfe von Mann und Weib doch voraussichtlich nicht gerade der Mann der unterliegende Theil sein wird – wenigstens nicht, wenn er Mann genug ist [...]."[27]

Für andere Gegner des Frauenstudiums hingegen bedeutete die Existenz von Studentinnen an den medizinischen Fakultäten eine ernster zu nehmende Bedrohung. Sie fürchteten, der ohnehin überfüllte ärztliche Stand werde durch die zukünftigen Ärztinnen zusätzlich belastet, das „akademische Proletariat"[28] werde sich vergrößern und der bereits knapp bemessene finanzielle Verdienst der Ärzteschaft noch weiter sinken. Es wurde postuliert, daß es durch die Anwesenheit von Studentinnen an den medizinischen Fakultäten zu einer Verdrängung der männlichen Studierenden käme, sodaß sich aufgrund sinkender Einnahmen im späteren Beruf immer weniger heiratsfähige junge Männer zur Heirat entschlössen. Aus derartigen Überlegungen wurde der Schluß gezogen, die Frauen trügen durch ihr Studium selbst zu der Verminderung der Eheschließungen bei[29]. Nicht alle Gegner des Frauenstudiums bestritten die soziale Notwendigkeit einer erweiterten Erwerbstätigkeit der Frauen. Auch der Berliner Anatom Waldeyer äußerte sich dahingehend verständnisvoll:

„Ich erkenne von vorneherein an, dass es nicht bloss ein blankes Emancipationsbedürfnis ist, welches zu diesem Verlangen treibt [...]. Die Zahl der Ehen mindert sich in den Kulturstaaten [...]. Sieht man mit Recht den vornehmsten Beruf der Frau in der Mutterschaft und der Erziehung der nachfolgenden Generationen [...] so ist die Aussicht auf diesen heiligen Beruf, der die Frau in allen Stücken den Aufgaben des Mannes gleich stellt, bei weitem nicht für alle eine gesicherte."[30]

In den Augen der Gegner des Frauenstudiums sollte jedoch bei der Lösung dieses Problems die „vernünftige Arbeitsteilung, wie sie durch die natürlichen Verschiedenheiten der Geschlechter bedingt ist"[31] erhalten bleiben. So wurde nach sogenannten weiblichen Berufen gesucht, die unverheiratet bleibenden Frauen als Existenzgrundlage dienen sollten. Innerhalb der Medizin wurde in diesem Fall auf die Krankenpflege und das Hebammenwesen verwiesen. Albert sah dies als ein Zugeständnis an: „Hebammen und Krankenpflegerinnen waren die Frauen stets. Mein positiver Vorschlag geht dahin, diese untergeordnete Beteiligung der Frauen zu erweitern."[32] Eine in Kompetenz und Stellung den männlichen Kollegen gleichwertige Ärztin schien den Professoren nicht denkbar.

Das „Gutachten hervorragender Universitätsprofessoren, Frauenlehrer und Schriftsteller über die Befähigung der Frau zum wissenschaftlichen Studium und Beruf" von Arthur Kirchhoff aus dem Jahre 1897 dokumentiert jedoch einen sich zunehmend abzeichnenden Meinungswandel innerhalb der deutschen Professorenschaft zur Frage des Frauenstudiums. Eine grobe Schätzung ergibt, daß etwa ein Drittel der befragten Professoren dieser nun mehr oder weniger vorbehaltlos gegenüberstand. Ein weiteres Drittel wollte seine Zustimmung von verschiedenen Voraussetzungen abhängig machen. Das letzte Drittel beharrte auf einem gänzlich ablehnenden Standpunkt. Kirchhoffs Gutachten zeigt jedoch auch, daß sich im Vergleich mit anderen Fakultäten gerade in der medizinischen Professorenschaft zahlreiche, äußerst hartnäckige Gegner des Frauenstudiums befanden[33].

Hausen faßt die Vorstellungen von der unterschiedlichen Befähigung der Geschlechter zur Wissenschaft, die im Kirchoffschen Gutachten zum Ausdruck kommen, folgendermaßen zusammen: Es wurde postuliert, daß nur Männer mit starken körperlichen und nervlichen Kräften ausgestattet seien, die es ihnen erlaubten, unbeschadet die Gymnasialreife zu erlangen. Nur beim männlichen Geschlecht seien wissenschaftliche Qualitäten wie geistige Kraft, Verstand, Logik, Selbständigkeit, Sicherheit, produktive Leistungsfähigkeit und die Fähigkeit, Zusammenhänge zu erfassen, ausgebildet. Nur Männer besäßen eine zur Wissenschaft notwendige Klarheit des Urteils, die Fähigkeit, rasche Entschlüsse zu fassen, energisch zu handeln und Verantwortung zu übernehmen. Vor allem aber seien nur Männer mit für die Wissenschaft notwendigen schöpferischen Qualitäten ausgestattet, besäßen Originalität und Autorität. Die den Frauen zugesprochenen Wesenseigenschaften wie Intuition, Liebesfähigkeit, Hingabebereitschaft, Gemütsinteressen, Rezeptivität, Nachahmung sowie die Ausübung ausschließlich angelernter Tätigkeiten stünden den Fähigkeiten der Männer, Wissenschaft zu betreiben, diametral gegenüber. Unter diesen Vorstellungen hätten Frauen eine derart als männlich definierte Wissenschaft folglich nicht praktizieren können. Hausen weist darauf hin, daß von der Annahme, alle für die Wissenschaft zweckdienlichen Qualitäten seien einzig in der Natur des männlichen Geschlechts verankert, nicht nur die entschiedensten Gegner des Frauenstudiums überzeugt gewesen seien[34].

Klar und deutlich hatte sich in dieser Hinsicht Bogumil Goltz bereits im Jahre 1859 in seiner „Charakteristik und Naturgeschichte der Frauen" geäußert:

> „Natürlich und vernünftig zugleich, frei und gesetzlich, umfassend und pünktlich, ideenreich und präzise, schwunghaft und detailverständig, generell und individualisierend zugleich ist nur der Mann."[35]

Auf die Einstellung der einzelnen Berliner Universitätslehrer gegenüber ihren Studentinnen und insbesondere auf die Frage, ob sich mit wachsender persönlicher Erfahrung der Dozenten ihre Haltung gegenüber ihren Schülerinnen modifizierte, wird im folgenden ausführlicher eingegangen. An dieser Stelle sei bereits erwähnt, daß mit der Rückkehr der Medizinstudenten aus dem Ersten Weltkrieg und der sich zunehmend verschlechternden Wirtschaftslage in der frühen Weimarer Republik die Ideologie der unterschiedlichen Geschlechtercharaktere und -fähigkeiten in der gesellschaftlichen Diskussion erneut starken Auftrieb erhielt[36]. Die hier skizzierten Vorstellungen über die Superiorität des männlichen Geschlechts behaupteten in den kommenden Jahrzehnten in manchen männlichen Köpfen ihren Anspruch auf Gültigkeit und wirken sich auch heute noch auf die Studien-, vor allem aber auf die Berufssituation von Ärztinnen aus.

Die feministische Frauengeschichtsforschung entwickelte in den letzten Jahren eine Methodik der Diskursanalyse, die für die kritische Aufarbeitung der hier dargestellten Argumentationen nutzbar gemacht wurde. Einige Autoren und Autorinnen diskutieren die Frage, warum sich gerade in Hinsicht auf das Frauenstudium in Deutschland eine derartige Rückständigkeit etablieren und ausgesprochen lange verteidigt werden konnte, die im internationalen Vergleich ihresgleichen sucht.

2. Sozialhistorische Erklärungsansätze und Forschungsergebnisse zum medizinischen Frauenstudium

Innerhalb der Geschichtswissenschaft hat sich eine Reihe von Autoren und Autorinnen mit der Problematik des Widerstandes gegen höhere Bildung, Universitätsstudium und akademischen Beruf von Frauen im Kaiserreich auseinandergesetzt und in ihrer Rezeption verschiedene Aspekte herausgearbeitet[37].

Honegger geht der Frage nach, weshalb gerade Mediziner eine derart entscheidende Rolle in den Diskussionen um die Studierfähigkeit der Frauen erlangten. Sie führt aus, daß die Diskussion um Rechte und Pflichten der Geschlechter sich erst mit dem Aufschwung der naturalistischen Wissenschaften zu Beginn des 19. Jahrhunderts aus der Gesellschaft in den Bereich der Naturwissenschaften verlagert habe. Mit deren Hilfe sollte der „rein objektive Tatsachenblick des Menschenwissenschaftlers an der Grundstruktur des menschlichen Körpers direkt die soziale und sittliche Aufgabenverteilung zwischen den Geschlechtern"[38] ablesbar machen. Anstelle der zuvor vorherrschenden Moraltheologie und eher spekulativer Geschlechterphilosophien habe sich als zentrale kulturelle Definitionsmacht eine durch die „harte" Wissenschaft der vergleichenden Anatomie legitimierte Moralphysiologie geschoben. Damit seien vor allem die Mediziner „zu neuen Priestern der menschlichen Natur, zu Deutungsexperten"[39] geworden, die die „verschärft auftauchenden Fragen nach den Kompetenzen der beiden Geschlechter direkt an die körperliche ‚Tiefenstruktur'"[40] herantrugen, an ihr genehme Antworten ablasen und somit sowohl für die Orthodoxie wie für den alltäglichen Moralkodex verantwortlich zeichneten. Bereits in der Mitte des 19. Jahrhunderts war der Prozeß, das männliche Geschlecht zum modernen Menschen der Humanwissenschaften zu generalisieren und das weibliche Geschlecht zum Studienobjekt einer mit philosophischen, psychologischen und soziologischen Ansprüchen auftretenden medizinischen Teildisziplin zu machen, abgeschlossen. Die sich konstituierende Gynäkologie sei damit zur Wissenschaft vom Weib schlechthin geworden.

Auch Gemkow meint, daß sich die Ärzteschaft mit ihrem Exklusivwissen über den Menschen bei den Diskussionen um das Frauenstudium als Experten empfand, weil die Diskussionen vor dem Hintergrund der Frage nach der Natur der Frau geführt wurden. Da die gezielte Forderung der Frauenbewegung nach einem Medizinstudium für Frauen quasi die „Speerspitze" in der Erschließung weiterer akademischer Berufe für Frauen gewesen sei, sei die Ärzteschaft, die sich neben den Lehrern als erste akademische Berufsgruppe überhaupt mit der Forderung nach Öffnung ihres Berufsfeldes für Frauen auseinanderzusetzen hatte, von diesen Forderungen besonders betroffen gewesen. Die prominente ablehnende Haltung der deutschen Mediziner verwundert Gemkow daher nicht[41].

Albisetti weist darauf hin, daß man – um die besondere Heftigkeit der damaligen Diskussionen in Deutschland verstehen zu können – berücksichtigen müsse, daß sich die Erfahrungen der deutschsprachigen Universitätswelt mit dem Frauenstudium in Zürich als extrem schädigend auf die im Kaiserreich entstehende Bewegung für weibliche Ärzte ausgewirkt hätten. Dies bezieht er vor allem auf die Vorwürfe, die den russischen Studentinnen Zürichs hinsichtlich ihres angeblich ungezügelten, amoralischen Lebenswandels und revolutionärer Aktivitäten gemacht wurden[42].

Bonner widerspricht Albisettis These. Er meint, die Wurzeln der Rückständigkeit des Kaiserreichs hinsichtlich der Frage des Frauenstudiums lägen tiefer in dessen Geschichte und Kultur begründet. Da die deutsche Frau in jeder Beziehung stärker an legale Restriktionen und soziale Konventionen gebunden gewesen sei als Frauen anderer europäischer Länder, sei die Frauenfrage in Deutschland nicht, wie beispielsweise in Frankreich, in eine Befreiungsbewegung integriert worden. Nach 1848 seien die aufkeimenden Forderungen nach Frauenrechten schnell und weitreichend unterdrückt worden. Bonner weist außerdem darauf hin, daß die deutsche Frauenbewegung weitaus stärker als die entsprechenden Bewegungen anderer Länder in zwei getrennte Gruppen geteilt war: Für den Flügel, der die bürgerlichen Frauen der Mittelklasse vereinte, standen die Chancen auf Bildung sowie politische und öffentliche Rechte im Vordergrund. Für die Frauen der Arbeiterklasse hingegen waren die Arbeitsbedingungen in den Fabriken und sozialistische Zielsetzungen ausschlaggebend. Diese Spaltung der Kräfte angesichts einer „granitharten" Opposition erschwerte den Kampf der deutschen Frauenbewegung für Reformen im Bildungswesen erheblich. Darüber hinaus habe die konservative politische Atmosphäre des Kaiserreichs die mit dem Status einer offiziellen Person versehenen Universitätsprofessoren derart stark beeinflußt, daß diese nur äußerst selten die fundamentalen Prinzipien und Werte der damaligen Gesellschaftsordnung in Frage stellten. Selbst diejenigen Professoren, die in der Schweiz eigene, nachweislich positive Erfahrungen mit dem Frauenstudium gemacht hatten, schwiegen, nachdem sie einen Lehrstuhl an einer deutschen Universität bezogen hatten, statt sich für das Frauenstudium einzusetzen oder dieses gegen Vorurteile zu verteidigen[43].

Costas berücksichtigt bei ihrer Analyse der Widerstände gegen das Frauenstudium in verschiedenen europäischen Ländern, daß der Stellenwert der Universitäten und das Sozialprestige der Akademiker in den verschiedenen bürgerlichen Gesellschaften sowohl durch die jeweilige politische Struktur wie auch durch Distributionsmechanismen von Einfluß und Macht geprägt wurden. Gerade am Kampf um Frauenstudium und akademischen Beruf und an den jeweils angeführten gegnerischen Argumenten könne nachvollzogen werden, daß das Geschlechterverhältnis in den bürgerlichen Gesellschaften ein Herrschaftsverhältnis sei und daß die soziale Funktion des Bildungssystems darin bestanden habe (und noch darin bestehe), das Geschlechterverhältnis als Herrschaftsverhältnis zu reproduzieren. Sie meint, daß wann immer Frauen am Bildungssystem und dem damit zusammenhängenden Beschäftigungssystem partizipieren wollten, auf den Widerstand der Macht- und Positionsinhaber trafen, die ihrerseits eine Gefährdung des tradierten Geschlechterverhältnisses befürchteten. Dieser Widerstand sei jedoch je nach politischer Konstellation, gesellschaftlicher Struktur und den Interessen in der Verteilung von Prestige- und Machtpositionen in den einzelnen Ländern verschieden stark ausgeprägt gewesen. Auch die unterschiedliche kulturelle Bedeutung einer akademischen Ausbildung hat in Costas Augen eine wesentliche Auswirkung auf die Zulassung von Frauen in den einzelnen Ländern gehabt. Je wichtiger ein Universitätsstudium für die Erlangung einflußreicher, prestigeträchtiger und materiell einträglicher Positionen gewesen sei, desto geringer sei auch die Bereitschaft der Männer in den jeweiligen Ländern gewesen, die entsprechenden Bildungsinstitutionen für Frauen zu öffnen. Dies verdeutlicht Costas am Beispiel der Schweiz: Da es dort nicht Universitätsfunktion gewesen sei, ein Staatsbeamtentum auszubilden und daher eine Machtposition im schweizer Staatswesen kein Hochschulstudium vorausgesetzt habe, sei das Interesse an einer Universitätsausbildung ebenso wie das Sozialprestige akademischer Berufskarrieren relativ gering gewesen. Es habe in der Schweiz kein jahrelanger Kampf um Zulassung der Frauen zu den Universitäten stattgefunden, weil das Streitobjekt „wissenschaftliche Ausbildung" dort allgemein wenig begehrt gewesen sei. Die Verteidigung tradierter Machtpositionen habe sich in der Schweiz eher im Kampf um das Frauenstimmrecht gezeigt[44]. Die außerordentliche Opposition deutscher Akademiker gegen das Frauenstudium vor allem mit den berufsständischen Interessen der akademischen Professionen zu begründen, wie einige Autoren dies tun, ist nach Costas Ansicht unzureichend[45]: Bei der Beurteilung der ablehnenden Haltung gegen die Bildung von Frauen müßten auch der Einfluß der Arbeitsmarktsituation, die zunehmende Professionalisierung sowie die Entwicklung des sozialen Status innerhalb der einzelnen akademischen Berufe berücksichtigt werden. Costas weist nach, daß sich die Professionalisierung in den akademischen Berufen zum Zeitpunkt, als Frauen Zutritt zum Bildungssystem verlangten, nach national jeweils verschiedenen historischen Bedingungen in unterschiedlichen Entwicklungsphasen befanden und daß prekäre Arbeitsmarktsituationen sowie Maßnahmen zur Erhöhung des sozialen Status sich immer negativ auf die Konzessionsbereitschaft gegenüber Frauen ausgewirkt hätten[46]. Da die beginnende Diskussion um das Frauenmedizinstudium und die Zulassung von Ärztinnen in Deutschland Ende der 1880er Jahre zeitlich mit der Abwehr einer vermeintlichen Statusverschlechterung der Ärzteschaft zusammenfiel, habe die deutsche Ärzteschaft Strategien gegen die „Überfüllung" ihres Standes und den wachsenden Konkurrenzkampf entwickelt. Dies habe sich äußerst ungünstig auf den Kampf um Zulassungsbedingungen zu Studium und ärztlichem Beruf für Frauen im Kaiserreich ausgewirkt. Als gegensätzliches Beispiel führt Costas die Situation in Frankreich an: Dort habe eine Diskussion um „Überfüllung" des ärztlichen Standes erst um die Jahrhundertwende eingesetzt, nachdem das Universitätsstudium der Frau bereits fest etabliert gewesen sei. Darüber hinaus sei den Französinnen der Zugang zu den akademischen Professionen wie in der Schweiz auch dadurch erleichtert worden, daß das Sozialprestige der akademischen Berufe in der 2. Hälfte des 19. Jahrhunderts in Frankreich einen wesentlich geringeren Stellenwert als in Deutschland gehabt habe[47]. Costas führt die massive Abwehr der deutschen Ärzteschaft gegen weibliche Berufsanwärter unter anderem auf die zunehmende Abhängigkeit des ärztlichen Standes von den Krankenkassen zurück. Die Etablierung einer Machtposition der Krankenkassen setzte jedoch erst nach der Jahrhundertwende ein. Dennoch war es bereits frühzeitig Ziel der Ärzteschaft, die Studentenzahlen zu senken. Deutliche Rückgänge innerhalb der Medizinstudentenzahlen wurden jedoch nur zwischen 1893 und 1900 erreicht. Strategische Mittel, um eine Verminderung der ärztlichen Berufsanwärter zu erreichen, waren die Verschärfung der Prüfungsbestimmungen (was in einer Verlängerung des Studiums resultierte), die Einführung eines unbezahlten praktischen Jahres, die Verminderung von Stipendien sowie die überall anzutreffende öffentliche Klage über die miserable Einkommenssituation der Mediziner. Weiterhin will Costas berücksichtigt wissen, daß Wirksamkeit und Einfluß der Frauenbewegungen in den einzelnen Ländern stark vom jeweiligen politischen System abhängig waren. Frauenbewegungen hätten immer dort größeren Spielraum und Erfolg gehabt, wo parlamentarisch-demokratische Entscheidungsstrukturen im politischen System vorhanden gewesen seien. Ein demokratisches System mit einer vom Parlament abhängigen Regierung habe bessere Voraussetzungen für die Bündelung und Durchsetzung von sozialen und politischen Forderungen geboten, womit Frauenpolitik zu einem eingesetzten Wahlkalkül männlicher Entscheidungsträger habe werden können. Dies verdeutlicht Costas am Beispiel Frankreichs: Dort sei die Frauenbewegung mit ihren Zielsetzungen seit der Revolution in der öffentlichen Diskussion präsent gewesen und in ihren Anliegen durch den Antiklerikalismus der Regierungen unterstützt worden. Aus diesem Grund habe in Frankreich auch das Engagement für höhere Frauenbildung früher und erfolgreicher eingesetzt[48]. Will man die Vorreiterrolle der Schweiz hinsichtlich des Frauenstudiums verstehen, muß man laut Costas auch die im Vergleich zum Deutschen Reich andersartige Herkunft und Zusammensetzung der schweizer Professorenschaft berücksichtigen. Nach 1848 emigrierten viele verfolgte Intellektuelle aus Deutschland in die Schweiz und wurden dort von den liberalen Kantonsregierungen auf Professorenstellen berufen. Die Berufungspolitik an den dortigen Universitäten sei nicht, wie in Preußen, durch obrigkeitsstaatliche Ideen, sondern von einem „Geist des Fortschritts"[49] geprägt gewesen. Das Ringen der relativ jungen schweizer Universitäten um höhere Studentenzahlen in einer Gesellschaft, in der sich akademische Professionen gerade erst zu etablieren begannen, öffnete auch Wege für „newcomer", weshalb sich in der Schweiz äußerst günstige Voraussetzungen für eine Akzeptanz des Frauenstudiums fanden.

Dies mag auch den bereits von Bonner angesprochen Haltungswechsel derjenigen deutschen Professoren zum Frauenstudium erklären, die in der Schweiz positive Erfahrung mit weiblichen Studierenden gemacht hatten. Nach ihrer Berufung auf einen deutschen Lehrstuhl sahen sich diese Professoren möglicherweise gezwungen, sich in das Hierarchieverständnis des deutschen Universitätssystems einzufügen, sich der ablehnenden Haltung der Majorität der etablierten deutschen Professorenschaft anzuschließen oder sich in den Diskussionen um das Universitätsstudium von Frauen zumindest „moderat" der Stimme zu enthalten.

Während alle bisher vorgestellten Autorinnen und Autoren darlegen, weshalb die Zulassung der Frauen zum Medizinstudium in Deutschland im Vergleich zu anderen Ländern so spät und gegen derart harte Widerstände erfolgte, suchen Glaser und Herrmann in ihrer Untersuchung nach Begründungen, weshalb die Öffnung des Medizinstudiums für das weibliche Geschlecht im Vergleich zur Öffnung der anderen akademische Berufe – mit Ausnahme des Lehrerberufs – in Deutschland relativ frühzeitig erfolgte. Dabei weisen sie besonders auf den Aspekt der Bildungs- und der Berufsfrage hin. Mit der Öffnung der Universitäten für Frauen hätten die einzelnen Länderregierung der Bildungsfrage, wenn auch in unterschiedlicher Geschwindigkeit, nachgegeben. Das männliche Berufsmonopol auf akademische Professionen sei hingegen wesentlich länger geschützt worden. Die getrennten Forderungen der Frauenbewegung nach erweiterter Frauenbildung im allgemeinen und Öffnung bestimmter akademischer Berufe für Frauen im besonderen ergaben sich aus der Organisation des Berechtigungswesens in Deutschland. Da der Zugang zu den akademischen Berufen letztlich durch die Anstellungsträger – Staat, Kirche und eine Vielzahl freier Träger – geregelt wurde, war die Funktion der Universitäten auf das Prüfungs- und Graduierungswesen begrenzt. Das Zugeständnis erst des Gasthörerinnenstatus, dann auch der Immatrikulation für Frauen war nicht gleichbedeutend mit dem Zugang zu allen staatlichen Prüfungen, ließ doch der Bundesratsbeschluß von 1899 Frauen nur zu den medizinischen, zahnmedizinischen und pharmazeutischen Staatsprüfungen zu. Nach Glaser und Herrmann zeigt die lange Verweigerung der Zulassung zu den übrigen Staatsprüfungen zwei entscheidende Dinge: Zum einen, daß die Öffnung des ärztlichen und pharmazeutischen Berufes für die Frauen als eine Übergangslösung gesehen wurde, um die offene soziale Problematik unverheirateter Frauen des Bürgertums abzumildern. Zum anderen sollte durch diesen Schritt eine politische Partizipation der Frauen, die mit der Ausübung der „staatstragenden" Berufe in Verwaltung oder Justiz verbunden ist, verhindert werden[50]. Costas hingegen meint, daß Frauen in Preußen bis in die Weimarer Republik hinein zu den juristischen Staatsexamina unter anderem auch deshalb nicht zugelassen worden seien, weil Preußen den Absolventen eines Jurastudiums eine Anstellungsgarantie zugestanden habe. Die preußische Justizverwaltung sei verpflichtet gewesen, Assessoren beim Nachweis ausreichender finanzieller Mittel über mindestens fünf Jahre hinweg unendgeltlich so lange zu beschäftigen, bis eine Stelle am Gericht frei wurde oder diese in die freie Anwaltschaft überwechselten. In den höheren Verwaltungsdienst seien nur diejenigen mit den besten Zeugnissen aufgenommen worden. Da auf dem juristischen Arbeitsmarkt ein besonders hohes Überangebot an Arbeitskräften bestanden habe, gestaltete sich laut Costas die Eroberung der juristischen Profession für Frauen noch wesentlich schwieriger als in anderen akademischen Berufen[51]. Erst zwei Jahre nach der Etablierung der Weimarer Verfassung und damit eines neuen politischen Systems wurden die formellen Zulassungsbeschränkungen zu den übrigen staatlichen Prüfungen fallengelassen. Dies bedeutete jedoch keinesfalls, daß die darauf aufbauenden akademischen Karrieren den Frauen tatsächlich offenstanden.

Bonner bringt noch einen weiteren interessanten Aspekt in die Diskussion ein. Er meint, daß die Beziehungen zwischen medizinischer Ausbildung und Staatswesen sich langfristig als der bedeutendste Faktor für eine dauerhafte und weitreichende Etablierung von Frauen im ärztlichen Beruf erwiesen habe. Deshalb habe der lang andauernde und zähe Kampf um die Durchsetzung des Frauenmedizinstudiums in Deutschland auch positive Aspekte. Diese These belegt Bonner anhand eines internationalen Vergleichs über die Entwicklung des Anteils von Frauen im ärztlichen Beruf bis zum Beginn der 90er Jahre des 20. Jahrhunderts: Wo – wie beispielsweise in Deutschland –

private Vorurteile gegen Frauen zumindest einer Kontrolle durch staatlichen Einfluß unterlagen, hätten Frauen langfristig profitiert. Wo jedoch Ausbildungsinstitutionen und Lizensierungsverfahren stärker privatem Einfluß – wie etwa in den USA – unterlagen, hätten Frauen oft sichtbar und über Jahrzehnte hinweg auf verlorenem Posten gestanden. In den Vereinigten Staaten konnten Frauen bereits seit den späten 40er Jahren des 19. Jahrhunderts Medizin auf eigens zu diesem Zweck eingerichteten „Women's Medical Colleges" studieren und ein Arztdiplom erwerben. Die Zahl der amerikanischen Ärztinnen stieg daher wesentlich früher und in wesentlich kürzerer Zeit als in Deutschland an. Einige medizinische Frauencolleges hatten vor der Jahrhundertwende zeitweilig so hohe Studentinnenzahlen zu verzeichnen wie die den Männern vorbehaltenen amerikanischen Universitäten. Laut Bonner stiegen jedoch ab 1900 die Kosten für die medizinische Ausbildung derart in die Höhe, daß nur diejenigen Institutionen dauerhaft überlebten, die finanziell mit den schnell wechselnden Standards der „state licensing boards" mithalten konnten. Bonner meint daher, daß alle Anstrengungen, die noch vor der Jahrhundertwende einsetzende wissenschaftliche und professionelle Orientierung in der Medizin mit der Trennung der Geschlechter des 19. Jahrhunderts zu verbinden, langfristig zum Nachteil der Frauen und zum Scheitern verurteilt gewesen seien[52].

Die vorgestellten Autorinnen und Autoren liefern wichtige Interpretationsansätze, um die im Vergleich zu anderen Ländern außerordentliche Heftigkeit und Zähigkeit der Diskussionen um das Medizinstudium von Frauen in Deutschland zu verstehen. Honegger macht vor allem die seit Beginn des 19. Jahrhunderts zunehmende Etablierung der Naturwissenschaften und die Konstituierung des männlichen Geschlechts als naturwissenschaftliche Norm dafür verantwortlich, daß die Ärzteschaft eine derart zentrale Rolle innerhalb der damaligen Auseinandersetzung einnahm. Gemkow führt die berufsständischen Interessen der Ärzteschaft als Grund für die heftigen Widerstände an. Albisetti will das an schweizer Universitäten geprägte Bild der radikalen, amoralischen russischen Studentin besonders beachtet wissen. Bonner sieht die Ursachen der deutschen Rückständigkeit in der Frauenstudiumsfrage vor allem in der konservativen politischen Atmosphäre des Kaiserreichs sowie in der Spaltung der deutschen Frauenbewegung in zwei sich gegenseitig nicht ausreichend unterstützende Gruppen. Er weist aber zugleich darauf hin, daß die im Vergleich mit anderen Ländern zunächst rückständig anmutende Entwicklung des Frauenmedizinstudiums in Deutschland sich langfristig eher positiv auf die Etablierung von Frauen im ärztlichen Beruf ausgewirkt hat. Glaser und Herrmann beurteilen die Öffnung des Medizinstudiums für Frauen als einen relativ frühen Kompromiß in Deutschland, der die Öffnung weiterer akademischer Berufe verzögern half und die Anteilnahme von Frauen an Staatswesen und Politik verhinderte. Den sicherlich komplexesten Erklärungsansatz für die Hartnäckigkeit des Widerstandes gegen das Frauenmedizinstudium liefert Costas, die den Einfluß von politischen Systemen, die Bedeutung akademischer Ausbildung bei Machtverteilungsmechanismen, das Sozialprestige akademischer Professionen, die jeweilige Arbeitsmarktsituation sowie die Professionalisierungs- und Sozialstatusentwicklung der akademischen Berufe untersucht und zueinander in Beziehung setzt. Der von Costas angestellte internationale Vergleich bettet die Bildungs- und Berufsbestrebungen der Frauen in einen umfassenden sozial- und wissenschaftshistorischen Kontext.

3. Studentinnen an der Berliner Friedrich-Wilhelms-Universität (1896-1918)

a) Studienbedingungen

Ein Erlaß des preußischen Kultusministers vom 9. August 1886 besagt, „daß auf preußischen Universitäten Frauen weder als Studierende aufgenommen noch als Hospitanten zugelassen werden dürfen"[53]. Diese Anweisung erscheint so klar und eindeutig, daß davon ausgegangen werden könnte, daß in den folgenden Jahren keine Frau einen Hörsaal der Berliner Universität betreten hat. Jedoch gab es aufgrund ministerieller Sondergenehmigungen vereinzelt Ausnahmen von dieser Regelung. So erwähnt der preußische Kultusminister Bosse in seiner Antwort auf eine Anfrage aus Göttingen um ausnahmsweise Zulassung von Frauen zur Philosophischen Fakultät im Wintersemester 1893/94, daß es auch in Berlin Präzedenzfälle dieser Art gebe und er daher die Erlaubnis ohne weiteres erteilen könne[54]. Im Wintersemester 1894/95 waren sechs Hospitantinnen mit ministerieller Genehmigung an der Berliner Universität zugelassen. Sie hörten Vorlesungen in Mathematik, Literaturgeschichte, Botanik und Sprachphilosophie[55]. Im Jahre 1892 hatte der Kultusminister eine Enquête an preußischen Universitäten über eine mögliche Zulassung von Frauen zu den Universitätsvorlesungen veranstaltet. Kuratoren, akademischer Senat und die einzelnen Fakultäten einer jeden Universität sollten zu einer eventuellen Änderung der geltenden Bestimmungen Stellung nehmen[56]. Die Medizinische Fakultät der Berliner Friedrich-Wilhelms-Universität trat daraufhin am 17. Mai 1892 zu einer Sitzung zusammen, um in dieser Sache einen Beschluß zu fassen. Im Sitzungsbericht schrieb Emil Du Bois Reymond, eine Abänderung der derzeit gültigen Bestimmungen sei aus zahlreichen einleuchtenden Gründen unbedingt zu verneinen, zumal dieser „höchst bedenkliche Schritt"[57] die Medizinische Fakultät in weit größerem Maß schädige als die übrigen Fakultäten. Zwar sei eine derartige Maßnahme an kleineren Universitäten „ohne allzu große Übelstände"[58] von statten gegangen, für die überfüllten Hörsäle der Berliner Universität sei gleiches jedoch nicht zu erwarten. Eine Organisation des theoretischen oder gar des praktischen anatomischen Unterrichts, bei der die „äußerst unliebsame Berührungen der Geschlechter" hinreichend ausgeschlossen seien, sei unmöglich. Selbst wenn die Studentinnen das Abitur absolviert hätten, würde sich ein „in der Natur der Dinge begründeter Unterschied in [...] geistigen Gewohnheiten und [...] Lebensauffassung"[59] hemmend auf Lehrer und Hörerschaft auswirken. Unter dem Hinweis, daß das zu erwartende „untragbare zuströmende Kontingent von Ausländerinnen"[60] ein weiteres Hinderniß darstelle, stellte die Fakultät abschließend fest, daß „der den Frauen als Geburtshelferinnen und als Pflegerinnen naturgemäß schon zugewiesene Anteil an der ärztlichen Thätigkeit" genüge und „nicht ohne die allergrößten Gefahren"[61] überschritten werden könne. Die ablehnende Haltung der bedeutendsten Medizinischen Fakultät des Deutschen Reiches kommt in dieser Stellungnahme eindeutig zum Ausdruck. Es ist anzunehmen, daß studierwillige Frauen für den Besuch der Medizinischen Fakultät keine Ausnahmegenehmigung, wie sie in Einzelfällen für die Philosophische Fakultät erteilt worden war, erhalten haben. Hinderungsgrund war jedoch nicht die mangelnde Bereitschaft des Kultusministers, die notwendige Sondererlaubnis zu erteilen, sondern die Weigerung der Berliner medizinischen Professorenschaft, Frauen an ihrer Fakultät zu dulden. Tatsächlich aber findet sich die erste Hörerin in der Vorlesung eines Medizinprofessors bereits im Wintersemester 1895/96, also ein Jahr, bevor Frauen als Gasthörerinnen in Preußen zu den Universitäten offiziell zugelassen wurden. Selma Wolfram nahm an einer Vorlesung Adolf Baginskys „Ueber die Einflüsse des modernen Schulunterrichts auf den kindlichen Organismus (Schulkrankheiten)"[62] teil. Es ist jedoch anzunehmen, daß Wolfram an der Philosophischen Fakultät zugelassen war und sich für den Lehrerinnenberuf weiterbildete. Im Sommersemester 1896 trug sich die Engländerin Mary Hoskings für Naturwissenschaften, Lateinische Sprache und Medizin in das Gasthörerverzeichnis ein. Ob sie tatsächlich am Unterricht der Medizinischen Fakultät teilnahm, kann nicht belegt werden[63].

Mit dem Erlaß des preußischen Kultusministers vom 12. Juli 1896, der Frauen für das folgende Semester offiziell als Hospitantinnen zu allen preußischen Universitäten zuließ, änderte sich die Situation für studierwillige Frauen erstmals grundlegend. Im Erlaß heißt es:

„1. Frauen, die an den Universitäts-Vorlesungen als Gastzuhörerinnen theilnehmen wollen, haben zunächst die Erlaubniss des Herrn Unterrichts-Ministers nachzusuchen. In der Eingabe an den Herrn Minister sind die wissenschaftlichen Fächer zu bezeichnen, über welche Vorlesungen zu hören beabsichtigt wird, auch sind über die Vorbildung und die persönlichen Verhältnisse nähere Mittheilungen zu machen.

2. Die Genehmigungs-Verfügung des Herrn Ministers sowie die Legitimationspapiere und Zeugnisse über die Vorbildung sind – nach vorheriger persönlicher Meldung auf dem Universitätssekretariat, Zimmer 9 – dem Herrn Rektor der Universität vorzulegen.

3. Nach Prüfung der Zeugnisse und Ausstellung des Erlaubniss-Scheines durch den Herrn Rektor ist die Einwilligung der Herren Professoren und Dozenten, deren Vorlesungen zu hören gewünscht wird, einzuholen.

4. Die Aushändigung des Erlaubniss-Scheines erfolgt durch die Universitäts-Quästur beim Belegen der Vorlesungen. Ausser dem Honorar für Privatvorlesungen sind 3 M. für den Erlaubniss-Schein und 5 M. Auditoriengelder in jedem Semester zu entrichten.

5. Anmeldungsbücher werden nur denjenigen Frauen ausgehändigt, die sich auf eine Prüfung vorbereiten und zu dieser einen Nachweis über die gehörten Vorlesungen zu führen haben.

6. Die Ausstellung eines Rektorats-Erlaubniss-Scheines ist in jedem Semester nachzusuchen.

7. Ohne Weiteres steht Niemandem der Zutritt zu den Universitäts-Vorlesungen – auch nicht den öffentlichen – frei. Da von Zeit zu Zeit eine Controle [sic!] über die Berechtigung der Hörer erforderlich ist, wird empfohlen, den Rektorats-Erlaubniss-Schein beim Besuch der Vorlesungen stets bei sich zu führen."[64]

Nur vier Tage später wurde der §1 der Verordnung vom Unterrichtsminister außer Kraft gesetzt und stattdessen der Universitätskurator ermächtigt, die Aufnahmeverfügung zu treffen, ohne die ministerielle Genehmigung für den Einzelfall einholen zu müssen[65]. Die Entscheidung über die Zulassung der Gasthörerinnen lag nunmehr also beim Kurator und den betreffenden Dozenten, denen es selbstverständlich freigestellt war, Frauen ohne nähere Begründung den Zutritt zu ihren Veranstaltungen zu verweigern.

Daß sich die Berliner Medizinische Fakultät durch den Erlaß des Kultusministers nicht sofort zu einer Änderung ihrer grundsätzlich ablehnenden Haltung gegenüber der Anwesenheit von Hörerinnen im medizinischen Unterricht veranlaßt sah, veranschaulicht ihre Reaktion auf das Aufnahmegesuch einer Frau vom 27. Juli 1896. In der Antwort der Fakultät hieß es kurz und knapp, man könne dazu nicht Stellung nehmen[66].

Da es in den kommenden Monaten offensichtlich Ungleichheiten in der Zulassungspraxis zwischen den einzelnen Fakultäten gab, initiierte der Rektor der Berliner Friedrich-Wilhelms-Universität im Dezember 1896 die Bildung einer Kommission, die sich auf eine einheitliche Regelung verständigen sollte[67]. Diese tagte erstmals am 2. Januar 1897, wobei jede der vier Fakultäten durch einen Delegierten vertreten wurde. Man einigte sich zunächst, bei der Erteilung einer vorläufigen Genehmigung unter Vorbehalt der Zustimmung des Dozenten eine „einständige Praxis"[68] auszubilden. In Bezug auf das zu fordernde Maß der Vorbildung für die einzelnen Fächer wurde beschlossen, daß die Zulassung von Ausländerinnen von einer Prüfung abhängig zu machen sei, welche vor einer Prüfungskommission des Kultusministeriums abgelegt werden sollte. An diese Kommission wollte man auch diejenigen Inländerinnen verweisen, die weder Gymnasialzeugnis noch Lehrerinnenexamen vorweisen konnten. Den Standpunkt der Medizinischen Fakultät zur Frauenstudiumsfrage erläuterte Professor Gerhard: Der Unterricht an der Medizinischen Fakultät sei für die Ausbildung von Ärztinnen prinzipiell nicht geeignet. Frauen würden zu Vorlesungen, in denen „sexuelle Dinge"[69] berührt würden, sowie zu besonders stark frequentierten Vorlesungen prinzipiell nicht zugelassen. Stattdessen sei die Einrichtung von Parallelkursen wünschenswert, für die das Ministerium eine Ermächtigung an alle Dozenten erteilen möge. Letztlich erstrebenswertes Ziel sei jedoch die Errichtung einer besonderen Frauenuniversität außerhalb Berlins[70].

Es scheint, daß – obwohl man die zukünftigen Medizinstudentinnen am liebsten an einen Ort außerhalb der Stadt verbannt hätte – sich auch die Medizinische Fakultät widerwillig auf das Erscheinen zukünftiger Gasthörerinnen einzustellen begann. Obwohl diesen der Zutritt zur anatomischen Vorlesung zunächst verweigert wurde[71], wurden noch im Wintersemester 1896/97 „ausnahmsweise Specialkollegien für Damen gelesen"[72]. Die Eroberung der Berliner Medizinischen Fakultät gestaltete sich für ersten Hörerinnen dennoch äußerst mühsam. Einerseits mußten sie sich jedes Semester erneut umständlichen bürokratischen Prozeduren unterziehen, andererseits machte auch die Mehrzahl der Dozenten von ihrem Recht Gebrauch, sie von ihren Vorlesungen und Kursen auszuschließen. Eine der ersten Studentinnen an der Berliner Medizinischen Fakultät, die spätere Ärztin Dr. Hermine Heusler-Edenhuizen berichtet in ihren Memoiren über ihren Studienanfang im Sommersemester 1898:

> „Es war an einem sonnigen Frühlingstage, als ich mit meiner Freundin und Mitschülerin Frida Busch zusammen mir ein Vorlesungsverzeichnis der Berliner Universität holte und auf einer Bank im Tiergarten durchsah. *,Das alles dürfen wir nun hören!'* Überwältigt vom Glück legten wir gleich einen Plan zurecht. […] Um dieselbe Zeit […] fand in Wiesbaden eine große Ärztetagung statt, in der *einstimmig* eine Resolution *gegen* die Zulassung von Frauen zum ärztlichen Studium verfaßt wurde […]. Sie beeinflußte auch die Universitätskreise, sowohl die lehrenden Professoren, wie die lernenden Studenten. Deshalb fanden wir sofort Schwierigkeiten, mit denen wir nicht gerechnet hatten. Offen standen uns die Tore noch nicht. […] Helene Lange […] veranlasste mich zunächst, zu dem Anatomie-Professor Waldeyer zu gehen und ihn für alle Berliner Medizinstudentinnen um Zulassung zu seinen Vorlesungen und zur Anatomie zu bitten. Ich suchte den Geheimrat in seiner Wohnung auf und wurde nicht sehr liebenswürdig von ihm empfangen. Als ich mein Begehr vorgetragen hatte, erklärte er rund heraus, er könne uns nicht zulassen, da er nicht für das Benehmen der Studenten einstehen könne. Dagegen wandte ich – ahnungslos noch – ein, daß doch das Verhalten der Studenten von unserem eigenem Betragen abhinge, wie das in jeder Gesellschaft der Fall ist. Weil er sich diesem Argument nicht verschließen konnte, brummte er dann: ,Ja, er möge aber selbst keine Vorträge vor Damen und Herren halten' […]. Unverrichteter Sache ging ich fort."[73]

Die Schwierigkeiten, die sich den jungen Studentinnen in den Weg stellten, veranlaßten Frida Busch, das erste vorklinische Studiensemester nicht, wie ursprünglich geplant, in Berlin anzutreten. Stattdessen ging sie kurz entschlossen nach Zürich, wo sie geordnete Studienverhältnisse antraf[74]. Ein Jahr später, am 10. März 1899, erklärte sich der preußische Kultusminister „zur Vereinfachung des Geschäftsganges"[75] bereit, auf die Einholung der Genehmigung des Kurators im Einzelfall zu verzichten und die Zustimmungsmodalitäten des Universitätsrektors „vorbehaltlich der Prüfung aller sonstigen Erfordernisse und vorbehaltlich der Einwilligung der beteiligten Universitätslehrer"[76] dem Verfahren für männliche Hospitanten anzupassen. Der Verzicht auf die Zustimmung des Kurators bedeutete für studierwillige Frauen nur eine minimale Erleichterung in der langen Kette von bürokratischen Hindernissen, um den Gasthörerinnenstatus zu erlangen. Ursprünglich war diese für männliche Hospitanten nicht geltende Bestimmung erlassen worden, um neben den Universitätsorganen eine weitere Kontrollinstanz einzuführen: Die Regierung wollte sich für die „Zulassung weiblicher Studirender […], welche als Verfechterinnen und Verbreiterinnen umstürzlerischer Ideen bekannt sind"[77] über den Universitätskurator eine Möglichkeit zur Einflußnahme sichern. Offensichtlich hatte man sich jedoch innerhalb der vorangehenden drei Jahre zumindest ansatzweise davon überzeugen können, daß die Studentinnen keineswegs so gefährlich waren,

wie ursprünglich befürchtet worden war, und daß auf diesen Teil der Kontrollmaß-
nahmen verzichtet werden konnte. Die Einwilligung der einzelnen Professoren mußten
die Studentinnen weiterhin in schriftlicher Form auf der Quästur einreichen[78].

Bis zu diesem Zeitpunkt hatten die Berliner Medizinstudentinnen „ziellos" studiert.
Dies änderte sich entscheidend mit dem Beschluß des Bundesrats vom 24. April 1899,
der Frauen zum ärztlichen, zahnärztlichen und pharmazeutischen Staatsexamen zuließ,
wenn sie die Absolvierung eines vollständigen Studiums als Gasthörerinnen nachweisen
konnten[79]. Der preußische Kultusminister war offensichtlich bereits seit längerem
gewillt gewesen, Frauen Zutritt zu den ärztlichen Prüfungen zu gewähren, wollte jedoch
„bei diesem Schritt Deckung durch das Reich finden und die Verantwortung für die
Zulassung vom Reichskanzler mitgetragen"[80] wissen, da „dem Vernehmen nach in Pro-
fessorenkreisen [...] eine ziemlich starke Strömung gegen die Zulassung der Frauen zu
den medizinischen Vorlesungen"[81] existierte. Aus diesem Grunde schlug der Kultusminister vor, die Zulassung nur „dispensationsweise" genehmigen. Das Reichsamt des
Innern hingegen lehnte eine derartige Regelung ab, weil Dispensationen einerseits „stets
einen Ausnahmecharakter"[82] in sich trügen, andererseits weil mit einer Dispensations-
regelung meist geringere Anforderungen an Vorbildung oder fachliche Ausbildung der
Medizinerinnen verbunden seien. Dies aber kam nach Ansicht des Reichsamt des Innern einer „Begünstigung des Frauenstudiums und einer Bevorzugung der weiblichen
Studirenden"[83] gleich. Da Hospitantensemester bis zu diesem Zeitpunkt grundsätzlich
von der Anrechnung zu Prüfungen ausgeschlossen gewesen waren und als minderwertig
angesehen wurden, legte das Reichsamt dem preußischen Kultusminister Bosse nahe,
„lieber auf dem einfachen Wege der Zulassung von Frauen zur Imatrikulation [sic!] die
bestehenden Schwierigkeiten aus dem Weg zu räumen"[84]. Dieser hatte es jedoch offensichtlich wieder nicht gewagt, der Empfehlung des Reichsamts des Innern zu folgen und
Frauen gegen den Widerstand der medizinischen Professorenschaft die Genehmigung
zur Immatrikulation zu erteilen. Im Jahre 1896 hatte Bosse diese Möglichkeit schon
einmal in Erwägung gezogen und ein entsprechendes Dekret vorbereitet. Gerüchten
zufolge war damals der Direktor der Chirurgischen Klinik der Charité Ernst von Bergmann in sein Büro gestürzt und hatte gedroht, unverzüglich sein Amt niederzulegen,
falls er gezwungen werden sollte, weibliche Studierende in seiner Klinik zu akzeptieren[85]. Der Kultusminister ließ daraufhin die Frauen als Gasthörerinnen zu den
Universitäten zu.

Die Umsetzung des Bundesratsbeschlusses vom 24. April 1899 verzögerte sich offenbar, denn die Berliner Medizinstudentin Edenhuizen richtete gemeinsam mit einigen
Kommilitoninnen Ende 1899 eine Petition an den Reichstag, in der sie darum baten,
auf Grund ihrer Reifezeugnisse mit den männlichen Kommilitonen gleichgestellt und
nicht nur zur regulären Immatrikulation, sondern auch zu den Staatsprüfungen zugelassen zu werden[86]. Der Abgeordnete Schrader forderte am 13. Januar 1900 ebenfalls im
Reichstag, man möge dafür sorgen, daß der Bundesratsbeschluß in allen Bundesstaaten
tatsächlich zur Anwendung gelange[87]. Auf seine Initiative hin kam es am 7. März 1900
erneut zu einer Reichstagsverhandlung, in der die Frage des Frauenstudiums und die in
der Studentinnenpetition gestellten Forderungen diskutiert wurden. Das Reichstags-

plenum erklärte sich jedoch für nicht zuständig, weil Frauen mit dem Bundesratsbeschluß nach reichsrechtlichen Bestimmungen der Zugang zu den Staatsprüfungen geöffnet worden sei, alle weiteren Bestimmungen über die Zulassungmodalitäten zur Universität jedoch Landesrecht unterlägen. Man ging zur Tagesordnung über[88].

Im selben Monat wurde eine weitere Petition, die von einem Unterstützungsschreiben der in der Schweiz approbierten und in Berlin praktizierenden Ärztin Agnes Hacker begleitet wurde[89], an den deutschen Bundesrat gerichtet. 22 deutsche Medizinstudentinnen, die zu diesem Zeitpunkt in der Schweiz studierten, baten um die Anerkennung der schweizer Reifeprüfung, der an schweizer Universitäten absolvierten Studiensemester und des schweizer Physikums als gleichwertig mit den deutschen Prüfungen. Als Begründung führten die Studentinnen an, sie hätten sich auch nach Zulassung der Frauen zum deutschen Abitur für ein geregeltes Studium an schweizer Universitäten entschieden, weil bei ihrem Studienbeginn Frauen die Zulassung zu den deutschen Examina noch nicht gewährt worden war. Nun aber würde es

> „eine ungerechtfertigte Härte sein, wenn denjenigen deutschen Frauen, die sich dem Studium der Medizin widmeten und zu diesem Zweck den bis zum Jahre 1899 einzig möglichen Weg einschlugen, nicht durch Übergangsbestimmungen die Gelegenheit geboten würde, ihr erworbenes Wissen im Vaterlande zu verwerten. [...] So lange die Medizinerin auf Grund der Schweizer Zeugnisse in Deutschland zum Physikum oder Staatsexamen nicht zugelassen wird, muß sie mit den Schweizer Einrichtungen rechnen, um sich die Möglichkeit der Schweizer Einrichtungen [...] nicht zu verscherzen. [...] Es schadet der Würde ihres Standes, wenn die Ärztin trotz ernsthafter Studien, die sie allerdings unter dem Druck der Verhältnisse im Auslande betrieben hat, an Ausübung gewisser Funktionen (Ausstellung von Impf- und Totenschein, sowie von Giftrezepten) gehindert ist. Auch wird das Publikum leicht geneigt sein, sich falschen Vorstellungen über den Wert der in Deutschland nicht staatlich anerkannten weiblichen Ärzte hinzugeben und diese für minderwertig anzusehen. Außerordentlich schwerwiegend aber ist der Umstand, daß die Ärztin ihre Thätigkeit in Deutschland mit keiner anderen Berechtigung ausübt, als mit derjenigen, die jedem Kurpfuscher zusteht, und eine Änderung der Gesetze in dieser Richtung ihr außerordentlich verhängnisvoll werden kann. Dies alles rechtfertigt den dringenden Wunsch, unter allen Umständen die deutsche Approbation zu erwerben; aber gleichzeitig wäre es eine harte Forderung für die mitten im Studium Stehende, wenn sie zuvor auf die Gymnasialfächer zurückgreifen oder das Physikum wiederholen müßte."[90]

Die Studentinnen wiesen daraufhin, daß die in der Schweiz abgelegten Prüfungen in jeder Hinsicht den Anforderungen des medizinischen Studiums entsprächen und daß es in der Hand der deutschen Professoren liege, im Staatsexamen „den strengsten Maßstab an die Kenntnisse der Examinandinnen zu legen"[91]. Der preußische Kultusminister Bosse, der in dieser Angelegenheit um Stellungnahme gebeten wurde, war der Ansicht, daß das eidgenössische Maturitätszeugnis weder dem eines deutschen humanistischen, noch dem eines deutschen Realgymnasiums gleichgesetzt werden könne. Dennoch empfahl er, „angesichts der neuerdings im Bundesrath wegen Zulassung von Frauen zu den medizinischen Prüfungen gefassten Beschlüsse [...] eine mildere Praxis eintreten zu lassen"[92], bei den betreffenden Kandidatinnen von der nochmaligen Ablegung der Reifeprüfung abzusehen und die erforderliche Nachprüfung auf die griechische Sprache zu beschränken. Eine Bevorzugung der Frauen vor dem männlichen Geschlecht sei in dieser Regelung nicht zu erkennen, weil auch männlichen Studierenden „hinsichtlich der Nachprüfung Erleichterungen gewährt worden sind"[93].

Die in der Schweiz studierenden deutschen Medizinerinnen erhielten in ihrem Anliegen noch eine weitere, wohl eher unfreiwillige Unterstützung. Eine Gruppe deutscher Medizinprofessoren, die zum damaligen Zeitpunkt an schweizer Universitäten lehrten – unter ihnen auch der spätere Berliner Ordinarius für Gynäkologie Ernst Bumm – hatte sich kurz zuvor mit einer Bitte an den deutschen Reichskanzler gewandt: Dieser möge sich dahingehend einsetzen, daß in der Neufassung der deutschen Prüfungsordnung für Ärzte die Testate der Universitäten Bern, Basel und Zürich „als vollgültig" und „für die deutsche Approbationsprüfung genügend"[94] anerkannt würden. Nach Ansicht der Professoren trat die Abiturienten- hinter der Studienfrage zurück, da jeder, der einmal eine schweizer Universität besucht habe, eingestehen müsse, daß diese den deutschen ebenbürtig seien. Auch bestünde kein Zweifel, daß die schweizer Examina schwerer und in ihren Anforderungen größer seien als an einzelnen Universitäten des Deutschen Reiches[95]. Ziel der Professoren war es, Ärzten mit schweizer Staatsexamen auch ohne deutsche Approbation den Zutritt zu Assistentenstellen an deutschen Universitäten zu ermöglichen, da sie fürchteten, die schweizer Regierung könne im Gegenzug den zahlreichen an schweizer Universitätsinstituten angestellten deutschen Ärzten die Arbeitserlaubnis entziehen. Das Gesuch der in der Schweiz tätigen Professoren wurde von fast allen medizinischen Dekanen des Deutschen Reiches, darunter auch Ernst von Leyden für die Berliner Medizinische Fakultät, unterstützt[96].

Der stellvertretende Reichskanzler Graf von Posadowsky erkannte die von den in der Schweiz studierenden deutschen Medizinerinnen in ihrer Petition vorgebrachten Begründungen an und wies in seiner Stellungnahme gegenüber dem Bundesrat darauf hin, daß auch bei männlichen Studierenden in ähnlichen Fällen, in denen zwingende Gründe zum Auslandsstudium vorgelegen hätten, Ausnahmeregelungen getroffen worden seien[97]. Daraufhin beschloß der Bundesrat am 25. Juni 1900 bezüglich der Zulassung der Frauen zu den ärztlichen Prüfungen

„1. die Vorlegung des Zeugnisses der Reife von einem humanistischen Gymnasium mit Rücksicht auf ein ausländisches Reifezeugniss zu erlassen,
2. das medizinische Universitätsstudium, welches sie nach einer im Auslande bestandenen Prüfung vor dem Wintersemester 1900/01 zurückgelegt haben, auf die [...] erforderlichen vier Halbjahre medizinischen Universitätsstudiums anzurechnen."[98]

Die Züricher Medizinstudentinnen Helenfriderike Stelzner und Elise Scheissele, die die Petition mitunterzeichnet hatten, wechselten daraufhin im Sommersemester 1900 zur Fortsetzung ihres Studiums an die Berliner Universität[99].

Daß jedoch die Berliner Medizinprofessoren den Studentinnen weiterhin Hindernisse bei der Absolvierung eines regulären Studiums in den Weg legten, zeigt ein anderer Vorgang. Die Berliner Medizinstudentin Elise Taube wandte sich am 8. Juli 1901 mit der Bitte an den stellvertretenden Reichskanzler,

„daß es ihr und den übrigen Berlinerinnen, die im Besitze des Reifezeugnis sind, gestattet sein möge, ihre medicinischen Studien an der berliner [sic!] Universität zu vollenden. [...] Wir wissen nicht mehr, Excellenz, an welche Instanz wir uns zu wenden haben, um eine Besserung unserer wahrlich nicht beneidenswerten Lage zu erzielen. Wir dürfen an der berliner Universität das Physikum machen – aber zu den Präparierübungen werden wir nicht zugelassen; wir dürfen uns an der berliner Universität zum Staatsexamen melden – aber die Praktikantenscheine, die der Meldung beizulegen sind, müssen wir uns von anderen Universitäten holen. Schreiberin dieses besitzt das Reifezeugnis [...], hat Anfang dieses Semesters an der berliner Universität das Physikum gemacht und ist trotzdem genötigt, für die nächsten Semester ihre Studien an einer anderen Universität fortzusetzen, wie sie von den Leitern der chirurgischen Kliniken nicht zugelassen wird."[100]

Der stellvertretende Reichskanzler befand sich in dieser Angelegenheit für nicht zuständig und bat den preußischen Kultusminister um Stellungnahme[101]. Dieser antwortete:

„Wenn einzelne hiesige Dozenten der Zulassung noch ablehnend gegenüberstehen, so nehme ich an, dass dies nicht von langer Dauer sein wird. Jedenfalls ist, wie die Zahl der zu den medizinischen Prüfungen zugelassenen Frauen ergibt, die Möglichkeit des medizinischen Studiums für Frauen auch in Preußen geboten. Eine Erweiterung dieser Möglichkeit durch Zulassung der Frauen zur Immatrikulation in Aussicht zu nehmen, trage ich zumal im Hinblick auf neuere mir von zuständiger Seite zugekommenen ungünstigere Urtheile über Fleiss, Befähigung und Benehmen eines Theiles der studirenden Medizinerinnen bis auf Weiteres Bedenken."[102]

Elise Taube wandte sich im September 1901 auch direkt mit einem Immatrikulationsgesuch an den preußischen Kultusminister, der dieses zur Stellungnahme an die Berliner Medizinische Fakultät weiterleitete[103]. Desgleichen reichten 42 Studentinnen, die ein deutsches Abitur abgelegt hatten und an den preußischen Universitäten in Berlin, Bonn, Breslau, Göttingen, Königsberg und Marburg studierten, am 22. Februar 1902 eine Petition im preußischen Kultusministerium ein, in der sie sich über ihre Benachteiligung gegenüber den übrigen „unzureichend vorgebildeten"[104] Gasthörerinnen beklagten: Dieser „unorganische Zustand" könne in einen „organischen"[105] überführt werden, wenn ausschließlich den Abiturientinnen das Recht auf Immatrikulation gewährt würde. Die Petentinnen verwiesen auf 31 in Berlin studierende Frauen mit nachgewiesener deutscher Hochschulreife, die einer Zahl von 611 Gasthörerinnen gegenüberstünden. Unter den Antragstellerinnen befanden sich sieben Studentinnen der Berliner Medizinischen Fakultät[106]. Der Anatom Wilhelm Waldeyer lehnte als damaliger Dekan der Berliner Medizinischen Fakultät in deren Namen rigoros ab und stellte in seinem Rechtfertigungsschreiben an den Kultusminister unmißverständlich klar,

„dass sie [die Fakultät, A. B.] an der Gestattung der Immatrikulation von Frauen an der hiesigen Universität kein Interesse hat. Sie ist der Meinung, dass diese Angelegenheit dem Rektor und Senat vorbehalten werden müsse. Ohnedies aber würde die Immatrikulation den hier studierenden Medizinerinnen nicht zu dem verhelfen, was sie wünschen, d. h. zur Zulassung zu den ihnen bisher versagt gebliebenen Vorlesungen, Uebungen und Kliniken, solange den Dozenten das Recht gewahrt bleibt nach eigenem Ermessen hierbei zu verfahren. Und in Bezug auf diesen wichtigen Punkt möchte [...] die Fakultaet allerdings dringend bitten, es bei der bisher von Euerer Excellenz verfügten Anordnung zu belassen."[107]

Die Forderungen der Studentinnen betrafen jedoch nicht nur die Medizinische, sondern alle vier Fakultäten und wurde daher an der gesamten Universität „Gegenstand lebhafter Erörterungen"[108]. Der akademische Senat vertrat den Standpunkt, man würde mit Gewährung der Immatrikulation in die Rechte der Fakultäten eingreifen. Er unterbreitete jedoch dem Kultusministerium den Vorschlag, den Abiturientinnen gegenüber weniger vorgebildeten Studentinnen eine gewisse Erleichterung zu gewähren, indem diese nur noch eine mündliche statt der schriftlichen Erlaubnis zum Vorlesungsbesuch einzuholen hätten und an der Philosophischen Fakultät „generell und ohne weiteres"[109] zugelassen würden. Offensichtlich sah die Philosophische Fakultät in diesem Vorschlag keinen Übergriff auf ihre wertvollen Hausrechte. Im Gegensatz zur Medizinischen Fakultät befand sie den Wunsch der Abiturientinnen nach Zulassung zur Immatrikulation sogar als „berechtigt und wünschenswert"[110].

Die Angelegenheit erfreute sich eines großen Presseechos. Die „Vossische Zeitung" sprach sich 1902 für das Recht auf freien Zugang der Studentinnen zu allen Vorlesungen aus: Man habe vielleicht ein Jahrzehnt zuvor zugestehen müssen, daß es an der nötigen Erfahrung fehle, ob der Unterricht an der Universität durch die Teilnahme weiblicher Hörer leide. Auch der Medizinischen Fakultät wolle man gerne zugestehen, daß es sich um eine delikate Angelegenheit handele und mancher Professor sich nicht fähig gefühlt habe, mit gleicher Freiheit wie vor jungen Männern auch vor gebildeten Frauen seine Lehren zu entwickeln. Derartige Unbequemlichkeiten seien jedoch nicht unüberwindlich, vielmehr beruhten die rückständigen Abneigungen gegen die Anwesenheit von Frauen im Unterricht nicht auf fachlichen Schwierigkeiten, sondern auf persönlichen Vorurteilen der jeweiligen Dozenten. Die bereits bestehende Anzahl weiblicher Ärzte in Preußen, die auf deutschen Universitäten regelrecht studiert und die deutsche Approbation erworben hätten, belege, daß ein erfolgreicher medizinischer Unterricht auch bei Anwesenheit von Frauen möglich sei. Daher lag für die „Vossische Zeitung" nun kein Grund mehr vor, daß Studentinnen weiterhin genötigt würden, je nach Zulassungswilligkeit der Professoren verschiedene Universitäten aufzusuchen. Die „Vossische" verteidigte auch Rudolf Virchow gegen das kursierende Gerücht, er sei jener ungenannte Medizinprofessor gewesen, der gegenüber dem Staatssekretär des Innern geäußert habe, weibliche Ärzte würden seltener als ihre männlichen Kollegen einen möglichen diagnostischen Irrtum einräumen. Virchow sei ein viel zu scharfsinniger Denker, so die „Vossische", als daß er einen derart fadenscheinigen Grund vorbringen würde[111].

Leider schützte weder die Scharfsinnigkeit des Denkens noch der Erfolg in der medizinischen Wissenschaft hochstehende Gelehrte davor, alle nur möglichen Argumente gegen das Auftauchen der Frauen in ihrem Unterricht vorzubringen. 1907 veröffentlichte die „Deutsche Medizinische Wochenschrift" einen Artikel über das medizinische Frauenstudium in Deutschland. Darin hieß es, daß an der Berliner Universität zehn medizinische Hochschullehrer Frauen zu ihren Vorlesungen generell nicht zuließen. Zwei weitere schlossen Frauen nur von bestimmten Übungen aus. Hinzu kamen 25 Professoren und Dozenten, die die Einholung einer schriftlichen Erlaubnis erwarteten, bevor sie den Zutritt zu ihren Seminaren gestatteten[112]. Angesichts dieser Zahlen scheint es fast weniger mühsam zu fragen, welche Professoren den Studentinnen ohne größere Vorbehalte gegenübertraten. Dies waren unter anderem der Anatom Hans Virchow, der Vorlesungen über Knochen- und Bänderlehre abhielt, und der Anatom Oskar Hertwig, der über Histologie las[113]. Hertwigs entgegenkommende Haltung mag darin begründet liegen, daß seine Tochter Paula sich als eine der ersten Studentinnen an der Philosophischen Fakultät der Berliner Universität eingeschrieben hatte. Paula Hertwig studierte Chemie[114]. Obwohl er in der Frauenstudiumsfrage eine eher ablehnende Haltung bezog, akzeptierte Gustav Fritsch im Wintersemester 1896/97 zwei Frauen in der von ihm geleiteten mikroskopisch-biologischen Abteilung und unterwies sie im Zeichnen mikroskopischer Präparate[115]. Der Anatom Karl Benda veranstaltete im Sommersemester 1898 für Frauen einen besonderen Lehrgang im Präparieren und Sezieren[116], der später von Hans Virchow übernommen wurde[117]. Die Chirurgen Otto Hildebrand und Friedrich Pels-Leusden waren vermutlich die ersten Professoren, die Frauen zu einem späteren Zeitpunkt auch in den Unterricht der Chirurgischen Klinik einbezogen. Der Leiter der Klinik Ernst von Bergmann lehnte das Frauenstudium kategorisch ab. Die ehemalige Berliner Medizinstudentin und spätere Ärztin Dr. Elsa Winokurow berichtet jedoch, sie habe im Jahre 1905 im Unterricht von Hildebrand und Pels-Leusden vollen Ersatz gefunden[118]. Physiker, Chemiker, Botaniker und Zoologen machten offenbar keine Schwierigkeiten[119].

Selbst wenn diese Auflistung nicht den Anspruch auf Vollständigkeit erhebt, so wird doch bereits jetzt deutlich, daß für die ersten Gasthörerinnen an der Berliner Medizinischen Fakultät die Absolvierung eines regulären Studiums keinesfalls garantiert war und sie in dieser Hinsicht mit erheblichen Schwierigkeiten zu kämpfen hatten. So meldete beispielsweise eine Zeitschrift im September 1899, daß Frauen derzeit zu jedwedem klinischen wie auch anatomischen Unterricht an der Berliner Medizinischen Fakultät keinen Zutritt hätten[120].

Erst zum Wintersemester 1908/09 eröffnete Preußen als einer der letzten Staaten des deutschen Reiches Frauen die reguläre Immatrikulation. Bis zu diesem Zeitpunkt war auch die Frage der von Frauen zur Ablegung des medizinischen Staatsexamens zu fordernden Vorbildung geklärt worden: Noch 1900 war für eine kurze Übergangszeit ausnahmsweise auf die Vorlegung des Reifezeugnisses eines humanistischen Gymnasiums verzichtet worden, um Frauen, die mit einem eidgenössischen Reifezeugnis in der Schweiz Medizin studiert hatten, den Wechsel zu einer deutschen Universität und die anschließende Staatsprüfung zu ermöglichen. Bald darauf wurde das deutsche

Abitur eines humanistischen Gymnasiums für die Zulassung zum medizinischen Staatsexamen bindend. Die medizinische Prüfungsordnung vom 28. Mai 1901 erweiterte den Zugang zur Prüfung auch auf Absolventinnen der Realgymnasien. Im einem Bundesratsbeschluß vom 31. Januar 1907 hieß es schließlich, Abiturientinnen einer deutschen Oberrealschule würden ebenfalls zugelassen werden, wenn sie einen Nachweis über den Erwerb lateinischer Sprachkenntnisse führten, die den Anforderungen der Obersekunda eines deutschen Realgymnasiums gleichwertig seien[121].

Die Ursache der späten Gewährung der Immatrikulation für Frauen in Preußen – Baden hatte sich bereits 1900 zu diesem Schritt entschlossen – muß zu einem großen Teil im Einfluß der Berliner Ärzteschaft und der Berliner Medizinischen Fakultät auf die politischen Gremien Preußens gesehen werden. Der Immatrikulationserlaß des preußischen Kultusministers trat am 18. August 1908 in Kraft:

„1. Als Studierende der Landesuniversitäten werden vom Winter-Semester 1908/09 ab auch Frauen zugelassen.

2. Die Vorschriften für die Studierenden der Landesuniversitäten pp. vom 1. Oktober 1897/6. Januar 1905 finden auf Frauen mit der Maßgabe Anwendung, daß Reichsinländerinnen im Fall des §3 Absatz 1 und Ausländerinnen in allen Fällen zur Immatrikulation der Genehmigung des Ministers bedürfen.[122]

3. Aus besonderen Gründen können mit Genehmigung des Ministers Frauen von der Teilnahme an einzelnen Vorlesungen ausgeschlossen werden.

4. Es versteht sich von selbst, daß durch die Immatrikulation die Frauen ebensowenig wie die Männer einen Anspruch auf Zulassung zu einer staatlichen oder kirchlichen Prüfung, zur Doktorpromotion oder Habilitation erwerben. Für diese Zulassung sind vielmehr die einschlägigen Prüfungs-, Promotions- und Habilitationsordnungen allein maßgebend."[123]

Wie die Berliner Medizinische Fakultät es gefordert hatte, räumte der § 3 den Professoren auch weiterhin die Möglichkeit ein, Frauen von ihren Veranstaltungen auszuschließen. Die Frauenbewegung bemerkte dazu mit ironischem Unterton, während früher die Studentinnen die Professoren um Erlaubnis zum Besuch ihrer Vorlesungen hätten bitten müssen, gehe nun der Professor zum Minister. Man war aber dennoch äußerst empört über den fortbestehenden „Einbruch in die akademische Lernfreiheit"[124].

Die Berliner medizinische Professorenschaft reagierte auf den Erlaß unterschiedlich. Ein Großteil des Lehrkörpers schien sich mit der neuen Situation abzufinden. Der Anatom Waldeyer, der Gerichtsmediziner Strauch, der Dermatologe Lesser und der Medizinhistoriker Pagel, die sich bereits zuvor prinzipiell geweigert hatten, Frauen an ihrem Unterricht teilnehmen zu lassen, stellten Anträge beim preußischen Kultusminister, um den § 3 in ihren Veranstaltungen zur Anwendung kommen zu lassen. Dem Gesuch Lessers, das sich ausschließlich auf dessen Vorlesung „Die Geschlechtskrankheiten, ihre Gefahren und ihre Verhütung" bezog, und dem Gesuch Strauchs hinsichtlich seiner Vorlesung über gerichtliche Medizin und kriminelle Anthropologie wurde stattgegeben. Waldeyers Antrag auf Ausschluß der Frauen von seiner anatomischen Hauptvorlesung wurde abgelehnt. Allerdings erhielt er die Erlaubnis, die Regelung separater Präparierübungen für weibliche Studierende beizubehalten. Dem Antrag des Medizinhistorikers Pagel auf Ausschluß der Frauen von seiner „Einführung in das Studium der Medizin (Medizinische Enzyklopädie und Methodologie)" wurde ebenfalls nicht stattgegeben. Im November 1908 sah sich der preußischen Kultusminister veranlaßt, nochmals klarzustellen, daß er prinzipiell den Zugang der Studentinnen zu allen Vorlesungen wünsche:

> „Von dieser Regel kann nur in ganz besonderen Ausnahmefällen abgewichen werden. Die größere oder geringere Abneigung einzelner Dozenten gegenüber der Co-education der Geschlechter darf hierfür nicht ausschlaggebend sein."[125]

Darüber hinaus wünschte der Kultusminister bei der Überleitung in den neuen Zustand der Immatrikulation „Härten vermeiden zu sehen"[126] und bestimmte, daß diejenigen Frauen, die zuvor als Gasthörerinnen studiert hatten und sich aus formalen Gründen nicht immatrikulieren konnten, ihre Studien auf dem bisherigen Wege zu Ende führen durften.

Im Laufe der Jahre hatte sich die Zahl derjenigen Professoren, die Anstrengungen gegen die Anwesenheit von Studentinnen in ihrer Kursen unternahmen, stetig verringert. Dennoch zeigen insbesondere die Begründungen der auf Anwendung des § 3 gestellten Anträge, die im folgenden dargelegt werden, daß sich die Einschätzung angeblich entstehender Konflikte aus der Anwesenheit von Studentinnen im medizinischen Unterricht auch nach zwölf Jahren weiblicher Hörerschaft bei einem Teil des Berliner Lehrkörpers nicht nennenswert verändert hatte. Die Professoren konnten zwar nur in wenigen Fällen, aber immerhin formal durch das Fortbestehen des § 3 das Recht auf Auswahl ihrer Hörerschaft verteidigen. Welche Ausmaße die Weigerung der Universitätsverwaltung Berlins annahm, den Studentinnen gleiche Rechte wie ihren männlichen Kommilitonen einzuräumen, zeigt sich an folgendem Beispiel: Kurz nach Bekanntgabe der neuen Immatrikulationsverordnung bot Ottilie von Hansemann der Berliner Universität eine Stipendienstiftung über 200.000 Reichsmark unter der Bedingung an, daß der § 3 der Verordnung in Berlin nicht zur Anwendung komme. Nachdem sich die Universitätsverwaltung in den folgenden Jahren nicht zu diesem Schritt entschließen konnte, zog Hansemann 1913 ihr Angebot zurück[127]. Der umstrittene Paragraph behielt bis zum Ende des Ersten Weltkrigs seine Gültigkeit.

b) Promotionsbedingungen

Die erste Promotion einer Frau an der Berliner Friedrich-Wilhelms-Universität fand im Jahre 1899, allerdings nicht an der Medizinischen, sondern an der Philosophischen Fakultät statt: Elsa Neumann erwarb mit ihrer Dissertation „Über die Polarisationskapazität umkehrbarer Elektroden" den Doktortitel in Physik[128]. An der Berliner Medizinischen Fakultät promovierten erstmals im Jahre 1905 zwei Frauen: Elise Taube verteidigte am 20. April 1905 ihre Arbeit über „Rückensmarksaffektionen im Gefolge von Schwangerschaft und Puerperium mit Einschluß der unter denselben Verhältnissen auftretenden Neuritis und Polyneuritis", am 29. Juli 1905 folgte die Russin Sophie Strisower mit einer Arbeit über „Die Beziehung der trophischen Störung bei Tabes zu den Sensibilitätsstörungen"[129]. Daß zwischen der ersten Promotion einer Frau an der Philosophischen und an der Medizinischen Fakultät sieben Jahre vergingen, ist unter anderem auf folgende Formalität zurückzuführen:

Der preußische Kultusminister hatte am 24. September 1900 die Berliner Medizinische Fakultät über die vom Bundesrat am 25. Juni 1900 getroffene Entscheidung informiert, daß für eine gewisse Übergangszeit bei Studentinnen der Medizin sowohl das schweizer Reifezeugnis und Physikum, als auch die an schweizer Universitäten abgelegten Studiensemester auf das Studium an der Berliner Universität anzuerkennen seien. In seinem Schreiben an die Fakultät wies er jedoch auch ausdrücklich daraufhin, daß die zum damaligen Zeitpunkt geltenden Dissertationsbestimmungen vom 2. Juni 1883, die für die Zulassung zur Promotion den Nachweis einer vollständig bestandenen Vorprüfung an einer Universität des Deutschen Reiches verlangten, von dieser Verfügung nicht betroffen seien. Diejenigen Zulassungsgesuche zur Promotion, deren Genehmigung die Anwendung neuer Dissertationsbestimmungen voraussetzten, seien ihm daher persönlich zu weiterer Veranlassung vorzulegen[130]. Auch der preußische Immatrikulationserlaß vom 18. August 1908 schreibt im § 4 weiterhin fest, daß Frauen durch die Immatrikulation keinen Anspruch auf Zulassung zur Promotion oder Habilitation erlangten, sondern für diese Fälle die einschlägigen Promotions- und Habilitationsordnungen der Fakultäten ausschlaggebend seien[131]. Damit lag die Möglichkeit zur Promotion eindeutig im Ermessensspielraum der einzelnen Fakultäten. Angesichts der bereits dargelegten Haltung der Berliner Medizinischen Fakultät zur Ausbildung weiblicher Ärzte verwundert es daher nicht, daß nach der Promotion Elsa Neumanns in Physik noch weitere sechs Jahre verstrichen, bis in Berlin eine Frau erstmals den medizinischen Doktortitel erwarb. Für ein solches Vorhaben bedurfte es vor allem der persönlichen Bereitschaft eines Professors, ein Promotionsthema zu vergeben und die Eröffnung des Promotionsverfahrens zu erwirken. Die bis zum Wintersemester 1908/09 erforderliche Sondergenehmigung des preußischen Kultusministeriums, da zur Eröffnung des Verfahrens die Immatrikulation gefordert wurde, stellte vermutlich ein geringeres Hindernis dar[132].

Zwischen 1899 und dem Beginn des Wintersemester 1908/09 promovierten an der Berliner Philosophischen Fakultät 22 Frauen[133]. An der Medizinischen Fakultät erwarben bis zur Gewährung der Immatrikulation, jedoch in einem Zeitraum von nur drei Jahren, 21 Frauen den Doktortitel. Taube und Strisower im Jahre 1905 folgte 1906 die Russin Sophie Godelstein, insgesamt 18 Promotionsverfahren wurden in den Jahren 1907 und 1908 abgeschlossen[134].

Der Bundesratsbeschluß vom 31. Januar 1907 schrieb für die Promotion an einer deutschen Universität das Reifezeugnis einer neunstufigen höheren Lehranstalt vor. Als solche waren das humanistische Gymnasium, seit 1901 auch das Realgymnasium und seit 1907 die Oberrealschule anerkannt[135]. Weitere Voraussetzung waren im allgemeinen die ärztliche Staatsprüfung sowie die deutsche Approbation. Die Medizinischen Fakultäten erleichterten diese Regelung dahingehend, daß sie das Anfertigen der Promotion bereits nach dem Ablegen des Staatsexamens gestatteten, um für die Kandidaten die Zeit zwischen Examen und Approbation – das 1901 eingeführte sogenannte prak-

Abb. 1: Doktor-Disputation der weiblichen Studenten in Berlin (1902).
Landesbildstelle Berlin.

tische Jahr – für die Promotion nutzbar zu machen[136]. Die Promotionsordnung der Berliner Medizinischen Fakultät schrieb ein deutsches Reifezeugnis, das Zeugnis über ein an einer deutschen Fakultät abgelegtes Physikum und medizinisches Staatsexamen, die deutsche Approbation, einen Immatrikulationsnachweis der Universität sowie ein geordnetes zehnsemestriges Medizinstudium vor. Die Promotionsleistung selbst bestand in der Abfassung einer deutschsprachigen Dissertation, dem Ablegen einer mündlichen Prüfung sowie in der Disputation der Promotionsthesen. Da Ausländer an den Universitäten weder zum Physikum noch zum medizinischen Staatsexamen zugelassen waren, sah die Promotionsordnung in dieser Hinsicht eine Ausnahmeregelung vor. Von Ausländern wurde ein Vorbildungsnachweis gefordert, der den Promotionsanforderungen des jeweiligen Heimatlandes und den dortigen Anforderungen zur Zulassung zum medizinischen Staatsexamen entsprach. Außerdem unterschied sich die von Ausländern abzulegende mündliche Promotionsprüfung (Rigorosum) in ihrem Umfang erheblich von der Staatsprüfung (Colloquium), die deutsche Doktoranden zu absolvieren hatten.

Rigorosum und Colloquium waren in je einen theoretischen und praktisch-klinischen Teil gegliedert. Im theoretischen Teil wurden die Kandidaten in Anatomie, Gewebelehre, Entwicklungsgeschichte und Physiologie „mindestens je 1 Stunde lang"[137] geprüft. Die Prüfung in Pathologischer Anatomie, Allgemeiner Pathologie und Hygiene sollte sich auf „mindestens je eine halbe Stunde"[138] erstrecken. Der praktisch-klinische Teil der Prüfung, der die Fächer Innere Medizin, Chirurgie, Gynäkologie und Geburtshilfe umfaßte, erfolgte in der vorangehenden Woche am Krankenbett. Hier hatten die Kandidaten „ein oder zwei Diagnosen in jedem Fach"[139] zu stellen und anschließend eine weitere Examination, „wie sie bei der ärztlichen Prüfung vorzunehmen ist"[140], zu absolvieren. Bis zu diesem Punkt waren die Anforderungen des Colloquiums und des Rigorosums identisch. Schröder beschreibt jedoch das Rigorosum, dem sich ausländische Prüflinge zu unterziehen hatten, als „bedeutend schärfere mündliche Doktorprüfung"[141]. Sie fand nicht wie das Colloquium vor dem Dekan der Medizinischen Fakultät und zwei Examinatoren, sondern in Anwesenheit des Dekans und mindestens sieben weiteren Examinatoren statt. Dabei konnte sich die Prüfung sowohl im theoretischen als auch im praktisch-klinischen Teil beliebig auf die Fächer Pharmakologie, Allgemeine Therapie, Psychiatrie, Otologie oder Ophtalmologie ausdehnen. Somit war das Rigorosum „umfänglich und wohl geeignet [...], einen Ersatz für das erlassene Staatsexamen zu bieten"[142].

Bei der eindeutigen Regelung des Promotionsverfahrens muß allerdings bedacht werden, daß die Berliner Medizinstudentinnen auch nach ihrer Zulassung zur Immatrikulation im Wintersemester 1908/09 hinsichtlich der Promotion ähnlichen Widerständen gegenüberstanden wie denen, die ihnen für längere Zeit die Absolvierung eines regulären Studiums erschwert hatten. Denn selbst wenn sie alle formalen Anforderungen für ein Promotionsvorhaben erfüllten, blieben doch die Vergabe des Promotionsthemas, die fachliche Betreuung und die Begleitung im Verfahren an die Bereitwilligkeit der medizinischen Professoren geknüpft, von denen viele der Anwesenheit von Frauen im Wissenschaftsbetrieb auch weiterhin eher ablehnend gegenüber standen.

Von einer weiteren akademischen Laufbahn an der Universität waren Frauen zur damaligen Zeit prinzipiell ausgeschlossen. Der Kultusminister hatte im Jahre 1907 die Berliner Medizinische Fakultät aufgefordert, in der Frage des Habilitationsrechts für Frauen Stellung zu nehmen. Die Fakultät antwortete, eine derartige Zulassung stehe nicht mit den Statuten der Universität im Einklang. Zwar habe eine Minorität der Fakultätsmitglieder keine prinzipiellen Bedenken und könne sich sehr wohl Ausnahmefälle von hervorragend mit Forschungs- und Lehrfähigkeiten ausgerüsteten Frauen denken, für die die Eröffnung der akademischen Laufbahn wünschenswert sei und als im Interesse der Universitäten gelegen bezeichnet werden müsse, die Majorität hingegen habe befunden, daß auch

„solche eventuelle […] Ausnahme ein genügendes Motiv dagegen sei, die Zulassung der Frauen zur akademischen Laufbahn als nicht im Interesse der medizinischen Fakultät und der Universität gelegen zu bezeichnen. […] An unserer Fakultät wenigstens ist der Andrang schon der männlichen Jugend zur Habilitation ein so unaufhörlich sich steigernder, dass die Fakultät Mühe hat, einer allzu starken Ueberwucherung von Privatdozenten und damit der Schaffung eines unbefriedigten Gelehrtenproletariats zu steuern. Wie viel stärker würde dieser Ueberstand sich gestalten, wenn auch noch eine Konkurrenz der weiblichen Aerzte hinzuträte."[143]

Erst in der Weimarer Republik wurden Frauen durch den ministeriellen Erlaß vom 21. Februar 1920 zur Habilitation an den preußischen Universitäten zugelassen[144].

Trotz der weit verbreiteten Gegnerschaft innerhalb der Berliner Medizinischen Fakultät wählten zwischen 1896 und 1918 die meisten Medizinstudentinnen im Deutschen Reich Berlin als Studien- und Promotionsort. Dies ist in gewisser Weise bemerkenswert, denn zu Beginn des 20. Jahrhunderts galten Studium und Staatsexamen an der Berliner Medizinischen Fakultät als außerordentlich anspruchsvoll. So schreibt Alfred Grotjahn in seinen Memoiren über das medizinische Staatsexamen an der Berliner Universität: „Es galt damals in Berlin für [sic!] besonders schwer. Wer es irgend konnte, machte es daher auf einer anderen Universität."[145] Auch die ehemalige Berliner Studentin der Rechtswissenschaften und Nationalökonomie Elisabeth Flitner erwähnt in ihrem Lebensrückblick, daß die meisten Studenten das Studium an einer kleinen Universität begannen und erst in höheren Semestern an die Berliner Universität wechselten: „Dementsprechend waren die Vorlesungen sehr anspruchsvoll."[146] Alice Salomon, die selbst im Jahre 1905 an der Philosophischen Fakultät der Berliner Friedrich-Wilhelms-Universität promoviert hatte, warnte noch 1913 Eltern vor der Entscheidung, ihre Töchter in Berlin studieren zu lassen. Neben den hohen Kosten und der Dauer eines Medizinstudiums sei zu bedenken,

„daß das Studium in Berlin, jedenfalls das Ablegen von Examina, als besonders schwer gilt, und daß daher nur solche Mädchen darauf rechnen können, ihr Studium in Berlin – ohne auswärtigen Aufenthalt – abzuschließen, die auch ein besonders schweres Examen nicht zu scheuen brauchen. Andernfalls muß mindestens mit einem auswärtigen Studium von 2-3 Semestern gerechnet werden."[147]

Mit denjenigen Studentinnen, die sich durch diese Warnungen nicht abschrecken ließen, wird sich der folgende Abschnitt befassen.

c) Entwicklung der Studentinnenzahlen an der Medizinischen Fakultät

Wie bereits dargestellt, konnten Frauen – bevor der preußische Kultusminister ihnen ab dem Wintersemester 1896/97 gestattete, als Gasthörerinnen unter Vorbehalt der Zustimmung des jeweiligen Dozenten an den Universitätsvorlesungen teilzunehmen – nur aufgrund einer ministeriellen Sondergenehmigung die Universität betreten. Im Sommersemester 1896 waren bereits 40 Frauen als Gasthörerinnen an der Universität eingeschrieben. Diese studierten jedoch ausschließlich an der Philosophischen Fakultät. Jene einzelne Studentin, die in diesem Semester in der Gasthörerliste unter anderem Medizin als Studienwunsch angegeben hatte, war auch in Philosophie und lateinischer Sprachlehre eingeschrieben. Angesichts der zum damaligen Zeitpunkt strikt ablehnenden Haltung der Berliner Medizinischen Fakultät zur Frauenstudiumsfrage muß angenommen werden, daß in Berlin vor dem Wintersemester 1896/97 keiner Hörerin Zutritt zur Medizinischen Fakultät gewährt worden ist. In der Literatur findet sich häufig die Angabe, Elise Troschel habe nach Ablegung des Physikums in Zürich im Wintersemester 1895/96 als erste Frau ein Semester an der Berliner Medizinischen Fakultät studiert und unter anderem anatomische Kurse bei Hans Virchow besucht[148]. Ihr Name ist im Gasthörerverzeichnis der Friedrich-Wilhelms-Universität für das Jahr 1895 nicht aufgeführt. Auch ist nicht ersichtlich, warum Troschel nach bestandenem Physikum erneut am vorklinischen Unterricht teilgenommen haben sollte. Mettler gibt an, sie habe im Wintersemester 1895/96 als Unterassistentin bei dem Züricher Pathologen Hugo Ribbert gearbeitet[149]. Somit kann die Behauptung, Elise Troschel sei die erste Berliner Medizinstudentin gewesen, nach dem heutigen Kenntnisstand nicht bestätigt werden.

Elise Troschel, geb. Schulz (15. Juni 1869 Köslin – 6. November 1952 Oldenburg), besuchte nach der höheren Mädchenschule von 1884 bis 1887 das Lehrerinnenseminar in Berlin und arbeitete anschließend vier Jahre lang als Privatlehrerin. 1891 entschloß sie sich zum Besuch der „Realkurse" Helene Langes, die sie jedoch wegen angeblicher Schwierigkeiten in Mathematik abbrach. Nach Ausbildung und Arbeit als Krankenschwester sowie Privatunterricht in Mathematik und Latein nahm Troschel 1892 oder 1893 das Medizinstudium in Zürich auf, legte dort nach einem Semester die schweizer Maturitätsprüfung ab und bestand im Sommer 1895 das Physikum. Kurz darauf heiratete sie ihren ehemaligen Privatlehrer, den Berliner Schiffsbaumeister Troschel, und setzte ihr Studium in Deutschland an den Universitäten Halle, Greifswald und Königsberg fort. Am 20. Juli 1898 promovierte Elise Troschel in Bern mit einer Arbeit über „Beiträge zur klinischen Dignität der papillären Ovarialgeschwülste", die sie im Sommersemester 1898 unter dem Gynäkologen Professor Alwin Mackenroth in Berlin angefertigt hatte. 1901 legte sie in Königsberg als erste Frau im Kaiserreich das deutsche Staatsexamen ab und erhielt im darauffolgenden Jahr die deutsche Approbation. Fortan arbeitete Elise Troschel an den jeweiligen Orten, an denen ihr Mann beruflich tätig

Abb. 2: Elise Troschel (Porträt 80jährig, 1949).
Deutsches Ärzteblatt 66 (1969), Nr. 25, S. 1895.

war, so unter anderem in Danzig, Köslin, Berlin, Zedlitzerfelde (Pommern) und in China[150].

Obwohl der medizinische Lehrkörper äußerst schwerfällig auf die ministerielle Zulassung der Frauen als Gasthörerinnen zu den preußischen Universitäten reagierte, begannen im Wintersemester 1896/97 vier Frauen ihr Medizinstudium an der Berliner Fakultät. Unter ihnen befand sich nur eine Deutsche. Anna Hutze hatte das Lehrerinnenexamen abgelegt und gab bei ihrer Einschreibung an, sich in Medizin „fortbilden" zu wollen (Bevor der Bundesratsbeschluß vom 21. April 1899 Frauen zum medizinischen Staatsexamen zuließ, war es durchweg üblich, daß die sich einschreibenden Frauen in der Rubrik „Studienziel" der Gasthörerlisten die Fortbildung angaben. Nur wenige übergingen die bis 1899 geltenden Bestimmungen und nannten selbstbewußt „medizinisches Staatsexamen" oder „Ärztin" als Studienziel). Anna Hutze war bei Studienbeginn 53 Jahre alt. Sie schrieb sich in den folgenden 25 Semestern an der Berliner Medizinischen Fakultät als Gasthörerin ein. Damit war sie die einzige Studentin, die im Zeitraum zwischen 1896 und 1910 durchgehend an der Berliner Medizinischen Fakultät studierte. Da sie offensichtlich das deutsche Abitur nicht ablegte, konnte sie nicht zum medizinischen Staatsexamen zugelassen werden. Als den Frauen die reguläre Immatrikulation eröffnet wurde, erhielt auch Anna Hutze die Erlaubnis, weiterhin an der Berliner Medizinischen Fakultät als Gasthörerin zu studieren. Diese Genehmigung war jedoch auf drei Semester begrenzt. Nach dem Wintersemester 1909/10 brach sie im Alter von 67 Jahren ihr Medizinstudium in Berlin ab. Obwohl sie vermutlich nie ärztlich tätig war, gebührt ihr jedoch die Anerkennung, daß sie trotz ihres fortgeschrittenen Alters die erste deutsche Studentin war, die es wagte, die Berliner Medizinische Fakultät zu betreten. Anna Hutze war in den ersten 14 Jahren des Medizinstudiums von Frauen in Berlin offenbar eine hartnäckige und konsequente Hörerin an der Fakultät. Über ihren weiteren Lebensweg ist nichts bekannt[151].

Des weiteren studierten im Wintersemester 1896/97 die 21jährige Amerikanerin Grace Feder, die sich in Augenheilkunde und Arzneimittellehre fortbilden wollte, sowie die 35jährige Norwegerin Marie Holst, die bereits in ihrem Heimatland Medizin studiert hatte und eine nicht näher beschriebene „medizinische Fortbildung" als Studienziel benannte. Die bereits im Sommersemester 1896 auch im Studienfach Medizin eingeschriebene Engländerin Mary Hoskings befand sich ebenfalls unter den Gasthörerinnen dieses Semesters[152].

Die abgebildete Tabelle gibt einen auszugsweisen Überblick über die Entwicklung der Studentinnenzahlen an der Berliner Medizinischen Fakultät zwischen 1896 und 1918. Bis einschließlich des Sommersemesters 1908 studierten die Frauen unter dem Status einer Gasthörerin, ab dem Wintersemester 1908/1909 wurden sie regulär als Studentinnen an der Universität immatrikuliert. Auf den zeitweise bemerkenswert hohen Anteil von russischen Medizinstudentinnen wird im folgenden ausführlich eingegangen.

Obwohl sich zwischen dem Sommersemester 1896 und dem Sommersemester 1899 die Zahl aller Gasthörerinnen an der Universität mehr als vervierfachte[153], betraf dieser Zuwachs die Medizinische Fakultät nur in geringem Maße. Im Wintersemester 1896/97

Jahr	Medizin-studentinnen insgesamt	deutsch	russisch	Anteil der Russinnen in Prozent
WS 1896/97	4	1	–	–
SS 1899	6	5	–	–
WS 1899/1900	26	8	17	65.4 %
WS 1901/02	58	12	30	51.7 %
SS 1902	32	10	19	59.4 %
WS 1904/05	57	26	26	45.6 %
SS 1905	67	18	42	62.3 %
WS 1905/06	166	36	124	74.7 %
SS 1906	136	25	103	75.7 %
WS 1908/09	109	53	51	44.1 %
WS 1909/10	144	77	62	43.0 %
WS 1911/12	164	99	50	30.5 %
WS 1913/14	171	148	23	13.4 %
WS 1914/15	188	179	3	1.6 %

Abb. 3: Die Entwicklung der Studentinnenzahlen an der Medizinischen Fakultät der Friedrich-Wilhelms-Universität. Vgl. dazu auch Tabellarischer Anhang Tab. 1 und Tab. 2.

studierten vier, im Sommersemester 1899 sechs Medizinerinnen in Berlin. Innerhalb dieser drei Jahre wagten sich zunehmend auch deutsche Medizinstudentinnen an die Berliner Fakultät. Der erste bemerkenswerte Anstieg der Studentinnenzahlen im Wintersemester 1899/1900 kam hauptsächlich durch das Erscheinen einer größeren Anzahl russischer Hörerinnen an der Fakultät zustande. Es verwundert, daß sich der Bundesratsbeschluß vom 21. April 1899, der deutsche Frauen zum medizinischen Staatsexamen zuließ, nicht eindrucksvoller auf die Anzahl deutscher Medizinstudentinnen in Berlin ausgewirkt hat. Ihre Zahl blieb in den folgenden Semestern weitgehend konstant; die Russinnen dominierten auch in den folgenden Jahren an der Fakultät. Der Anstieg der Studentinnenzahlen zum Wintersemester 1901/02 war ebenfalls nur bedingt einer Vermehrung der deutschen Hörerinnen zu verdanken. Auch hier nahm die Zahl der russischen Kommilitoninnen im relativen Vergleich wesentlich stärker zu. Ihr Kontingent war es, das in den folgenden Jahren starken Schwankungen unterlag und die Entwicklung der Studentinnenzahlen an der Berliner Medizinischen Fakultät im wesentlichen bestimmte. Im Wintersemester 1905/06 überflügelten die Russinnen ihre deutschen Kommilitoninnen erneut eindrucksvoll. Ihre Anzahl verdreifachte sich und erreichte eine Rekordzahl von 124 Frauen. Hatten die russischen Studentinnen um die Jahrhundertwende schon einmal über 60 % der Hörerinnen an der Berliner Medizinischen Fakultät gestellt, so stieg nach einem zeitweiligen Absinken ihres prozentualen Anteils dieser ab dem Wintersemester 1905/06 erneut auf etwa 75 % an. Somit wird deutlich, daß sowohl Anstieg wie auch größere Fluktuationen innerhalb der Studentinnenzahlen in den ersten Jahren des Frauenstudiums an der Fakultät im wesentlichen auf die Präsenz der russischen Hörerinnen zurückzuführen sind. Die Zahl deutscher Medizinstudentinnen in Berlin stieg in diesem Zeitraum zwar ebenfalls, aber nicht in diesem Maß an.

Der Erlaß des preußischen Kultusministers vom 18. August 1908 eröffnete den Frauen zum Wintersemester 1908/09 die Immatrikulation an preußischen Universitäten. In den folgenden Jahren nahm die Gesamtzahl der Medizinstudentinnen weiterhin stetig zu. Nun entschlossen sich offenbar mehr und mehr deutsche Frauen, ein Medizinstudium aufzunehmen. Der prozentuale Anteil der Russinnen an der Medizinischen Fakultät sank daher ab und erreichte nie wieder sein zuvor so beeindruckendes Ausmaß. Die Gruppe der deutschen Studentinnen begann ab 1909 dauerhaft unter den Medizinerinnen zu dominieren. Mit dem Beginn des Ersten Weltkriegs waren die russischen Studentinnen, von vereinzelten Ausnahmen abgesehen, gezwungen, die Berliner Universität zu verlassen. Die Zahl ihrer deutschen Kommilitoninnen stieg hingegen kontinuierlich.

Die Gruppe der Studentinnen anderer Nationalität als der deutschen oder russischen bestand bis 1910 durchschnittlich aus zwei bis sechs Frauen. Häufig handelte es sich um Amerikanerinnen, die in den USA bereits Arztdiplom und Doktortitel erworben hatten und zwecks „Fortbildung" Kurse an der Medizinischen Fakultät besuchten. Erst in späteren Semestern und über die Zeit des Ersten Weltkriegs hinweg stiegen auch die Studentinnenzahlen dieser Gruppe leicht an. Der Frauenanteil an der Berliner Medizinischen Fakultät erreichte während des Weltkriegs zeitweilig ein Niveau von über 11%, wobei Huerkamp dargelegt hat, daß diese offizielle Zahl den Blick auf die Realität verstellt. Da die männlichen Studierenden zwar immatrikuliert, faktisch jedoch wegen Beurlaubungen zum Kriegsdienst in den Hörsälen nicht anwesend waren, lag der tatsächliche Frauenanteil an der Fakultät weit höher, schätzungsweise bei einem Drittel der Studentenschaft[153].

d) Promotionen von Frauen an der Medizinischen Fakultät

Wie bereits erwähnt, promovierte die Berliner Medizinische Fakultät mit Elise Taube und Sophie Strisower erstmals im Jahre 1905 zwei Personen weiblichen Geschlechts[155]. Die abgebildete Tabelle gibt eine Übersicht über die Anzahl der Medizinerinnen, die zwischen 1905 und 1918 an der Berliner Medizinischen Fakultät das Studium mit einer Promotion abschlossen. Auch hier wird nach den einzelnen Nationalitäten unterschieden.

Im untersuchten Zeitraum bis hin zum Ende des Ersten Weltkriegs erwarben insgesamt 191 Frauen in Berlin den medizinischen Doktortitel. Von diesen stammten annähernd 60% aus dem Russischen Reich, nur knapp 40% der Doktorandinnen waren

Jahr	Promotionen insgesamt	deutsche Ärztinnen	russische Ärztinnen	Ärztinnen anderer Nationalitäten
1905	2	1	1	–
1906	1	–	1	–
1907	10	–	10	–
1908	8	–	7	1
1909	15	–	15	–
1910	12	2	10	–
1911	34	–	32	2
1912	28	4	23	1
1913	17	7	10	–
1914	11	8	3	–
1915	7	7	–	–
1916	12	11	–	1
1917	15	15	–	–
1918	19	19	–	–
gesamt	191	74	112	5
in Prozent	100 %	38.7 %	58.6 %	2.6 %

Abb. 4: Anzahl der von Frauen absolvierten Promotionen an der Berliner Medizinischen Fakultät (1905-1918). Bei den Promovendinnen anderer Nationalitäten handelt es sich um drei Österreicherinnen (1908, 1911, 1916), eine Serbin (1911) und eine Bulgarin (1912).

deutscher Nationalität. Bis zum Ende des Jahres 1909 promovierten in Berlin 36 Frauen an der Medizinischen Fakultät. Mit Ausnahme der Dissertation von Elise Taube wurden alle diese Arbeiten von russischen Medizinerinnen verfaßt. Erst im Jahre 1910 promovierten zwei weitere deutsche Frauen an der Berliner Fakultät: Charlotte Sternberg legte eine Arbeit „Über traumatische Pneumonie – Kontusionspneumonie" vor[156], Martha Thimm promovierte über „Ursachen und Wirkungen des Fiebers in der Geburt"[157]. Doch auch in den folgenden Jahren dominierten zunächst noch die Russinnen unter den medizinischen Doktorandinnen. Die Zahl deutscher Promovendinnen begann erst ab 1912 langsam, aber stetig zu steigen. Da der überwiegende Teil der russischen Studentinnen zu Beginn des Ersten Weltkriegs die Berliner Universität verlassen mußte, ist es nicht verwunderlich, daß nach dem Sommer 1914 keine Russin mehr ihr Studium in Berlin mit der Promotion abschloß. Die Gruppe der Doktorandinnen anderer

Nationalität ist an den zwischen 1905 und 1918 abgeschlossenen Dissertationen mit einem insgesamt eher zu vernachlässigenden Anteil beteiligt: Drei dieser insgesamt fünf Ärztinnen waren Österreicherinnen, eine Frau stammte aus Bulgarien und eine weitere aus Serbien.

Vergleicht man die beiden Hauptgruppen, russische und deutsche Medizinerinnen, hinsichtlich ihrer Religionszugehörigkeit, so ergibt sich ein weiterer interessanter Aspekt: Etwa 42% der deutschen Promovendinnen an der Berliner Medizinischen Fakultät gaben im Lebenslauf keine Auskunft über ihre Glaubenszugehörigkeit. Annähernd 33% bekannten sich zur protestantischen Kirche und knapp 25% gehörten der jüdischen Glaubensgemeinschaft an. Die eine Katholikin fällt statistisch nicht ins Gewicht[158]. Bei den 112 russischen Promovendinnen machten knapp 20% keine nähere Angaben über ihre Religionszugehörigkeit. Annähernd 72% bekannten sich zum mosaischen Glauben. Zugehörigkeiten zu anderen Religionsgemeinschaften wie der griechisch-orthodoxen, der protestantischen und der katholischen Kirche sind bei den Russinnen statistisch nicht relevant[159].

Vergleicht man die Anzahl weiblicher mit der männlicher Doktoranden, die zwischen 1905 und 1918 ihr Medizinstudium in Berlin durch eine Promotion abschlossen, so ergibt sich folgendes Bild: Insgesamt promovierten im genannten Zeitraum an der Berliner Medizinischen Fakultät 1.777 Ärzte, darunter 191 Ärztinnen und 1.586 Ärzte. Bei den männlichen Promovenden waren knapp 20% russischer Nationalität, bei den weiblichen hingegen fast 60%. Der überwiegende Teil der von männlichen Medizinern verfaßten Arbeiten (75%) stammte von deutschen Staatsangehörigen. Hätten nicht derart viele russische Medizinerinnen bis zum Beginn des Ersten Weltkriegs in Berlin promoviert, so läge der Anteil an Promovenden weiblichen Geschlechts in den ersten zwei Jahrzehnten des Frauenstudiums an der Berliner Medizinischen Fakultät weit unter dem aus den obigen Zahlen ermittelbaren Ergebnis von annähernd 11%[160].

Wie bereits bei den Studentinnenzahlen zeigt sich auch bei den Promotionen von Frauen an der Berliner Medizinischen Fakultät, daß russische Medizinerinnen in den ersten 15 Jahren nach der Zulassung von Frauen zum Medizinstudium in Berlin nicht nur unter dem zeitlichen Aspekt, sondern auch in ihrer Anzahl eine Vorreiterinnenrolle einnahmen. Desweiteren fällt der überraschend hohe Anteil der Angehörigen jüdischen Glaubens unter den russischen Promovendinnen auf. Mit möglichen Begründungen für die auffallende Präsenz der Russinnen unter den Medizinstudentinnen der damaligen Zeit beschäftigt sich das folgende Kapitel. Dabei wird insbesondere auf die Situation jüdischer Frauen in Rußland eingegangen.

III. RUSSISCHE MEDIZINSTUDENTINNEN

1. Frauenstudium und medizinische Ausbildung in Russland

Nach der Niederlage Rußlands im Krimkrieg (1853-1856) setzte mit dem Regierungsantritt Alexanders II. (1855-1881) eine Reformära ein. Die Leibeigenschaft in Rußland wurde aufgehoben, die Industrialisierung des Landes nahm ihren Anfang. Es wurden landständische Selbstverwaltungen, Zemstvo-Organisationen, eingeführt, die sich im liberal-fortschrittlichen Sinne auch um den Ausbau der medizinischen Versorgung der russischen Landbevölkerung bemühten. Zur gleichen Zeit begann die Formierung der ärztlichen Berufsgruppe im Zarenreich, die zunehmend ein eigenes Standesbewußtsein entwickelte. Besonders die beiden letztgenannten Faktoren übten einen wesentlichen Einfluß auf die Entwicklung des medizinischen Frauenstudiums in Rußland aus. Die fortschrittliche Haltung der einflußreichen „Pirogov-Gesellschaft der russischen Ärzte", die sich schon frühzeitig für die Ausbildung von Frauen für den ärztlichen Beruf einsetzte, spielte dabei eine besondere Rolle[1]. Alexander II. führte im Jahre 1858 sogenannte Mädchengymnasien in Rußland ein, deren Aufgabe es war, junge Frauen als Haus- oder Gymnasiallehrerin für die heranwachsende weibliche Jugend auszubilden. Die Vorbereitung auf ein Universitätsstudium, wie die Knabengymnasien sie gewährleisteten, war jedoch nicht vorgesehen[2].

Im Jahre 1858 tauchten auch die ersten Frauen in den Hörsälen der Petersburger Universität auf. Ihre Zahl stieg schnell, sodaß binnen kurzer Zeit die Präsenz weiblicher Hörer an der Universität nicht mehr als außergewöhnlich galt. Auch an der dem Kriegsministerium unterstellten Medizinisch-Chirurgischen Akademie, die als Medizinische Fakultät der Petersburger Universität fungierte, wurden Frauen als Hörerinnen stillschweigend geduldet und in ihrem Studium sogar von einem Teil der dort lehrenden Professoren ausdrücklich unterstützt. Unter ihnen befanden sich auch Nadeshda Suslova und Marija Bokova, die später als erste Frauen an der Züricher Universität studierten[3]. Der wachsende Zustrom von Frauen an die Medizinisch-Chirurgische Akademie in St. Petersburg veranlaßte die russische Regierung, im Jahre 1860 einen Gesandten in die USA zu schicken. Dieser sollte Informationen über die erste, ausschließlich von weiblichem Personal geführte Klinik der Vereinigten Staaten – das 1857 gegründete „New York Infirmary for Women and Children" – sowie über die medizinische Ausbildung von Ärztinnen an den bereits bestehenden „Women's Medical Colleges" in Boston und Philadelphia sammeln[4]. Die russische Regierung bat außerdem im Jahre 1861 die Universitäten des Zarenreiches um eine Stellungnahme zum Frauenstudium. Fast alle Universitäten äußerten sich in dieser Frage zustimmend[5]. Dennoch ließ in dieser Zeit nur die Petersburger Universität Frauen als Hörerinnen zu ihren Veranstaltungen zu[6]. Dort beschloß man am 24. Oktober 1861 einstimmig, die Zulassung von Frauen zu Universitätsvorlesungen an allen Fakultäten als „gerecht und nützlich"[7] anzuerkennen und ihnen die Erlaubnis zu erteilen, „sich den Prüfungen aller Grade zu unterziehen und ein Diplom zu erlangen, das ihnen das Recht gibt, [...] die medizinische Praxis auszuüben"⁸. Als Begründung für diese fortschrittliche Entscheidung wurde angeführt, daß mögliche Hindernisse für diesen Schritt nur in der „Neuheit der Erscheinung" und „historischen Gewöhnung an die antiquierte Weise"⁹ bestünden, dies aber kein Grund zur Ablehnung sein könne. Innerhalb der letzten drei Jahre sei die Universität von einer großen Zahl weiblicher Hörer besucht worden. Die Anwesenheit der Frauen habe keinerlei Anlaß zur Unruhe gegeben, vielmehr seien die männlichen Studierenden besonders bemüht gewesen, die „Gebote des Anstands strengstens einzuhalten"¹⁰. Schließlich spräche kein einziges Argument gegen die Zulassung von Frauen zu den wissenschaftlichen Prüfungen, da beim wissenschaftlichen Examen ausschließlich Wissen geprüft werde und „Personen männlichen Geschlechts [...] den wissenschaftlichen Grad nicht allein deswegen bekommen [dürften, A. B.], weil sie zum entsprechenden Geschlecht gehören."¹¹

Das studierwilligen Russinnen wohlmeinende und entgegenkommende Klima war jedoch nicht von langer Dauer. Ende 1861 kam es auf Grund von Studentenprotesten gegen die Politik der russischen Regierung zur Schließung der Petersburger Universität. Obwohl nur wenige Studentinnen aktiv an den Unruhen beteiligt waren, führte die Angst vor den „wildgewordenen intellektuellen Frauen"¹² zu einer abrupten Änderung in der Haltung der russischen Behörden gegenüber dem Frauenstudium. Hatte man zuvor noch erwogen, die Immatrikulation von Frauen in der neu zu planenden Universitätsordnung zu verankern, so wurde 1863 bei der Wiedereröffnung der Universitäten Frauen der Zutritt zur Hochschule kategorisch verweigert¹³. Der Ausschluß der Hörerinnen von der Medizinisch-Chirurgischen Akademie, deren Vorlesungen in den frühen 60er Jahren des 19. Jahrhunderts von zeitweilig mehr als 60 Frauen besucht wurden, vollzog sich kurze Zeit später. Auch hier hatten einige Studentinnen mit den Protesten der Studentenschaft sympathisiert und sich an den Demonstrationen gegen die Regierungspolitik beteiligt. Die Behörden untersagten daraufhin 1864 auch das weitere Studium von Frauen an der Medizinisch-Chirurgischen Akademie¹⁴. Nach Schätzungen lag die Gesamtzahl russischer Studentinnen, die zwischen 1858 und 1863 an der Petersburger Universität einschließlich der Medizinisch-Chrirugischen Akademie studierten, bei etwa 200 bis 300 Frauen¹⁵.

Nach der abrupten Beendigung ihrer Studienmöglichkeiten begaben sich die ersten Russinnen in die Schweiz und suchten an der Universität Zürich erfolgreich um Aufnahme nach. Pionierin des Frauenstudiums in Zürich war die russische Medizinstudentin Nadeshda Suslova, der 1865 als erster Frau der Zutritt zu den Vorlesungen der Universität gestattet wurde. Im Jahre 1867 gewährte man ihr die reguläre Immatrikulation, um ihr die Ablegung des medizinischen Staatsexamens zu ermöglichen. Noch im selben Jahr promovierte sie als erste Frau an der Züricher Medizinischen Fakultät mit einer Arbeit über „Beiträge zur Physiologie der Lymphherzen."¹⁶. Anschließend kehrte Suslova nach St. Petersburg zurück und erreichte dort 1868 ihre Zulassung zum russischen Staatsexamen, das die Voraussetzung zur Ausübung des ärztlichen Berufs im Zarenreich darstellte. Die Nachricht über Suslovas Zielstrebigkeit und ihren Erfolg verbreitete sich wie ein Lauffeuer in ganz Rußland. Ihr Vorbild erweckte in vielen jungen Russinnen den Wunsch, es ihr gleich zu tun und Ärztin zu werden. Ihrem Beispiel folgten in den nächsten Jahren Hunderte von Russinnen, die als die eigentlichen Pionierinnen des Frauenstudiums in Europa anzusehen sind[17].

Die Universität Zürich war die erste in Europa, die Frauen ein reguläres Medizinstudium ermöglichte und sie gemeinsam mit männlichen Studierenden für den ärztlichen Beruf ausbildete. Bereits seit Beginn der 60er Jahre des 19. Jahrhunderts existierte in Zürich eine russische Studentenkolonie, die sich auf Grund des wachsenden Zustroms der aus politischen Gründen in der Schweiz asylsuchenden Russen rasch vergrößerte. Binnen weniger Jahre entwickelte sich Zürich zum Zentrum der damaligen russischen revolutionären Bewegung. Etwa die Hälfte der russischen Studentinnen kam während ihres Studiums mit revolutionären Kreisen in Kontakt und beteiligte sich aktiv an der politischen Arbeit[18]. Die Züricher Studentenkolonie unterlag einer scharfen Überwachung durch die russische Geheimpolizei, der auch das Engagement der Studentinnen nicht verborgen blieb. Der Argwohn der russischen Behörden gegenüber studierenden Frauen, der mit den Petersburger Studentenunruhen anfang 1862 erstmals offen zu Tage getreten war, wuchs beständig und blieb nicht ohne Folgen: Am 4. Juni 1873 wurde in den schweizer Tageszeitungen ein Ukaz (Erlaß) der russischen Regierung veröffentlicht, der unter der Androhung, ihnen im Heimatland die Zulassung zur Staatsprüfung und jegliche Berufserlaubnis zu verweigern, allen in Zürich studierenden Russinnen befahl, bis zum Ende des Jahres in ihr Heimatland zurückzukehren[19]. Die russischen Behörden waren offensichtlich im Laufe der vergangenen zehn Jahre zu der Erkenntnis gelangt, daß studierende Frauen im eigenen Land, wo man sie wesentlich leichter überwachen konnte, eine weit geringere Gefahr für die zaristische Regierung darstellten.

Da die Mehrzahl der russischen Studentinnen in der Schweiz Medizin studierte, sah sich die russische Regierung offenbar genötigt, ihnen in Rußland eine Studienalternative zu bieten, um den Ukaz erfolgreich durchsetzen zu können. Auch die russische Frauenbewegung war seit dem kategorischen Ausschluß der Frauen von den russischen Universitäten im Jahre 1863 nicht untätig geblieben und hatte unter wachsender Zustimmung der Öffentlichkeit immer wieder gefordert, die höheren Bildungsinstitutionen Rußlands für Frauen erneut zugänglich zu machen. Auch das russische Kriegsministerium äußerte Interesse an der Fortsetzung einer medizinischen Ausbildung von Frauen, denn der im Zarenreich bestehende Ärztemangel hatte sich in Kriegsfällen besonders stark bemerkbar gemacht. Man war daher darauf bedacht, in zukünftigen Feldzügen auf ein möglichst großes medizinisch ausgebildetes Personal zurückgreifen zu können, und wollte das Potential der Frauen, die auf eine medizinische Ausbildung drängten, für diese Zwecke nutzen[20].

Am 1. November 1872 wurden die „Kurse zur Ausbildung gelehrter Hebammen" an der Medizinisch-Chirurgischen Akademie in St. Petersburg eröffnet[21]. Die Namensgebung der Kurse ist auf den ersten Blick irreführend: Der Lehrplan, der die Ausbildungsdauer zunächst auf vier Jahre festlegte, war dem eines universitären Medizinstudiums durchaus gleichwertig. Im Gegensatz zu früheren Zeiten wurde nun allerdings darauf geachtet, daß männliche und weibliche Studierende an der Akademie nicht mehr in Kontakt miteinander traten. Durch die Einrichtung der „Kurse zur Ausbildung gelehrter Hebammen" konnte die russische Regierung bei der Bekanntgabe des Ukaz im Sommer 1873 den russischen Studentinnen in Zürich eine Studienalternative im Zarenreich nachweisen und diese mit größerem Nachdruck zur Rückkehr zwingen. Nur ein geringer Teil der Studentinnen wechselte an eine andere schweizer Universität, da der Erlaß ausschließlich das weitere Studium in Zürich verbot. Einige versuchten erfolglos, ihr Studium an deutschen Universitäten fortzusetzen. Die Mehrzahl der in Zürich studierenden Russinnen fügte sich jedoch dem Erlaß der zaristischen Regierung, kehrte in ihr Heimatland zurück und setzte das Medizinstudium an den „Kursen zur Ausbildung gelehrter Hebammen" fort.

Bereits im ersten Jahr gab es jedoch weit mehr Bewerberinnen, als Kursplätze für Studierwillige an der Medizinischen-Chirurgischen Akademie zur Verfügung standen. Das Reglement, dem die 89 Studentinnen des ersten Kurses und alle weiteren, die ihnen folgten, unterworfen wurden, war außerordentlich streng. Jede hatte eine Studienerlaubnis der Eltern oder des Ehemannes sowie einen Finanzierungsnachweis beizubringen, aus dem die Gewährleistung des während der gesamten Kursdauer von vier Jahren benötigten Unterhalts hervorging. Es galten strenge Vorschriften bezüglich Kleidung und Haartracht der Studentinnen sowie ein striktes Rauchverbot. Untersagt war weiterhin, gegenüber den unterrichtenden Professoren Zeichen von Kritik zu erkennen zu geben oder diesen in der Vorlesung auch nur zu applaudieren. Schließlich war es den Studentinnen auch strengstens verboten, sich in den Hauptgängen der Akademie aufzuhalten, da ein Zusammentreffen mit den männlichen Kommilitonen unbedingt vermieden werden sollte. Eine eigens für diesen Zweck eingestellte Inspekteurin sorgte für die strikte Einhaltung des Reglements. Auch außerhalb der Akademie wurden die Studentinnen von der russischen Geheimpolizei streng überwacht. Es war ihnen verboten, ohne Sondergenehmigung die Stadt zu verlassen. Desöfteren wurden sie auf Grund des Verdachts der Beteiligung an politischen Aktivitäten ausgiebigen Verhören unterzogen. Wünsche der Studentinnen, wie etwa der nach Einrichtung einer eigenen medizinischen Bibliothek, wurden wegen der potentiellen Konspirativität dieses Vorhabens beargwöhnt. Trotz allen Mißtrauens waren die russischen Behörden im Jahre 1876 von der Nützlichkeit und dem Erfolg der Kurse weitgehend überzeugt. Es erfolgte eine Umbenennung in „Ärztliche Frauenkurse", und die Ausbildungszeit wurde auf fünf Jahre ausgedehnt, um die praktische Ausbildung umfassender zu gestalten. Allerdings wurde der Ausbildungsort der Studentinnen an ein eigens zu diesem Zweck umgebautes Militärhospital verlagert, um die strikte räumliche Trennung von der männlichen Studentenschaft noch besser gewährleisten zu können[22].

Im Jahre 1876 erteilte die russische Regierung außerdem die Erlaubnis, weitere „Höhere Frauenkurse" in anderen Universitätsstädten einzurichten, was die Motivation vieler junger Russinnen, ein Studium zu beginnen, offenbar immens verstärkte. Die Zahl aller studierenden Frauen im Russischen Reich stieg von 145 (1872) auf 2.457 (1881/82) an[23].

Wie es das Kriegsministerium geplant hatte, wurden die sich in fortgeschrittenen Semestern befindenden Studentinnen der „Ärztlichen Frauenkurse" während des russisch-türkischen Krieges (1876-1877) zum Einsatz herangezogen. Ihre Tätigkeit für das russische Heer wurde in der Öffentlichkeit ausführlich diskutiert und gelobt. Der Zar belohnte nach Beendigung des Krieges die Medizinstudentinnen der Kurse für ihre Leistungen und gewährte den Absolventinnen das Recht, den Titel „weiblicher Arzt" zu führen. Im Jahre 1878 erließ er ein Dekret, das den Ärztinnen den Erwerb des medizinischen Doktorgrades gestattete. Zwei Jahre später wurden auch die vormals geltende Beschränkung ihrer Berufsausübung auf die ausschließliche Behandlung von Frauen und Kindern aufgehoben und den Ärztinnen die Erlaubnis erteilt, frei zu praktizieren[24].

Obwohl die Leistungen der ersten Absolventinnen der „Ärztlichen Frauenkurse" somit auch von höchster Seite offiziell anerkannt wurden, blieb der Argwohn der russischen Behörden gegenüber den Petersburger Medizinstudentinnen bestehen. Die Zemstvo-Verwaltungen wurden angewiesen, sich vor Einstellung einer Absolventin der „Ärztlichen Frauenkurse" bei der Geheimpolizei umfassend über die Bewerberin zu informieren. Als im Jahre 1881 Alexander II., der zu Lebzeiten hinter jeder Studentin eine potentielle Attentäterin vermutet hatte[25], ermordet wurde, fühlten sich die russischen Behörden in ihrem Mißtrauen gegenüber den Medizinstudentinnen bestätigt. Sechs der acht Frauen, denen in den der Ermordung folgenden politischen Prozessen eine Beteiligung am Attentat auf den Zaren nachgewiesen wurde, hatten zuvor eine medizinische Ausbildung erhalten oder in einer medizinischen Institution gearbeitet. Und obwohl die große Mehrheit der Petersburger Medizinstudentinnen nachweislich nicht mit der revolutionären Bewegung Rußlands in Verbindung stand, befahl der nachfolgende Zar Alexander III., der dem Frauenstudium prinzipiell ablehnend gegenüberstand, die Schließung aller höheren, für Frauen zugänglichen Ausbildungsinstitutionen. Diese Anordnung betraf auch die „Ärztlichen Frauenkurse" in St. Petersburg. Den Absolventinnen wurde das Recht, den Titel „weiblicher Arzt" zu führen, wieder entzogen. Sie wurden erneut zu „gelehrten Hebammen" degradiert. Diejenigen Studentinnen, die ihre Ausbildung an der Medizinisch-Chirurgischen Akademie noch im Jahre 1882 begonnen hatten, erhielten die Erlaubnis, ihr Studium zum Abschluß zu bringen. Doch bereits im darauffolgenden Jahr wurden keine neuen Bewerberinnen mehr an der Akademie aufgenommen. Nachdem die Studentinnen des letzten Jahrgangs im Jahre 1887 die Abschlußprüfungen absolviert hatten, wurden die „Ärztlichen Frauenkurse", die 15 Jahre lang russische Frauen für den ärztlichen Beruf ausgebildet hatten, geschlossen[26].

Somit war russischen Frauen der Zutritt zu höheren Bildungsinstitutionen und medizinischer Ausbildung zum zweiten Mal versperrt worden. Infolgedessen kam es ab 1882 zu einer neuen Migrationswelle russischer Studentinnen an schweizer Universitäten. Frauen bildeten in den folgenden Jahren in der Schweiz sogar den Hauptteil der studierenden russischen Emigranten. Wiederum sammelte sich in Zürich auch ein Großteil der im Zarenreich verfolgten politischen Kreise[27]. Und wie eine Dekade zuvor fürchtete die russische Regierung nun erneut, daß die jungen Russinnen im Ausland eine politische Radikalisierung erfahren würden. Ein Versuch der russischen Behörden, die schweizer Regierung dahingehend zu bewegen, nur von der russischen Botschaft explizit empfohlene Personen zum Studium zuzulassen, schlug fehl. Im Jahre 1894 warnte der Leiter der russischen Geheimpolizei seine Vorgesetzten, daß etwa die Hälfte der in der Schweiz studierenden russischen Medizinerinnen ihrem Lande gegenüber illoyal eingestellt sei. Er drängte die Regierung, russischen Frauen erneut Studienmöglichkeiten im Zarenreich zu eröffnen, um sie dem radikalisierenden Einfluß der politischen Emigranten im Ausland zu entziehen[28].

Doch erst mit dem Machtantritt des Zaren Nikolaus II. im Jahre 1895 änderten sich die Chancen der russischen Frauen auf erneuten Zutritt zu medizinischer Ausbildung in ihrem Heimatland. Bereits kurz nach seinem Regierungsantritt billigte Nikolaus II. die Gründung eines neuen medizinischen Instituts für Frauen. Nicht nur die Bestrebungen der russischen Frauenbewegung hatten diesen langerwarteten Umschwung unterstützt, auch die Provinzverwaltungen des Russischen Reiches hatten um Wiedereröffnung der „Medizinischen Frauenkurse" gebeten. Zum einen mangelte es besonders in den östlichen Provinzen an Ärztinnen, die die medizinische Versorgung mohammedanischer Frauen sicherstellen konnten, weil diese oftmals die Behandlung durch einen männlichen Arzt ablehnten[29]. Zum anderen argumentierten die Provinzverwaltungen, daß Ärztinnen bei einer Anstellung wesentlich weniger Gehalt als ihre männlichen Berufsgenossen bezögen und ihre Kassen somit entlastet werden könnten[30]. Zu diesem Zeitpunkt gab es im gesamten Russischen Reich annähernd 16.000 männliche und etwa 550 weibliche Ärzte. Die russischen Ärztinnen waren in der Mehrzahl in Privatpraxen niedergelassen. Nur etwa hundert arbeiteten für die Zvemstvo-Verwaltungen, was den Bedarf an Ärztinnen offensichtlich nicht deckte[31].

Das neue medizinische Institut für Frauen wurde 1897 in St. Petersburg eröffnet und sah ein Curriculum und Abschlußexamen vor, das dem der männlichen Medizinstudenten annähernd entsprach. Die restriktive Überwachung des privaten und öffentlichen Lebens der Studentinnen war ebenso scharf wie in den ehemaligen Petersburger „Ärztlichen Frauenkursen". Bereits seit 1886 existierte zudem ein Gesetz, das einen Numerus clausus von 3% für Angehörige des jüdischen Glaubens an den höheren Bildungsinstitutionen Rußlands festschrieb. Desweiteren war die Mobilität jüdischer Studienanwärterinnen durch rigide Reisebestimmungen stark behindert[32]. Dennoch war der Andrang studierwilliger Frauen derart groß, daß bereits bei der Eröffnung des medizinischen Instituts über 200 Bewerberinnen keine Aufnahme fanden[33]. Auch nach der Jahrhundertwende mußten jährlich etwa 500 Bewerberinnen abgewiesen werden[34].

2. Die Migration russischer Studentinnen an westeuropäische Universitäten (1882-1914)

Die Entwicklung des medizinischen Frauenstudiums in Rußland hatte seit ihrem vielversprechenden Beginn am Ende der 50er Jahre des 19. Jahrhunderts mehrere schwere Rückschläge zu verzeichnen. Die zunächst erstaunlich zugewandte Haltung der Regierung gegenüber dem Wunsch russischer Frauen, den ärztlichen Beruf zu ergreifen, änderte sich bereits mit den ersten politischen Unruhen an russischen Universitäten zu Beginn der 60er Jahre des 19. Jahrhunderts. Kurze Zeit, nachdem Russinnen scheinbar ohne größere Widerstände ihren Anspruch auf höhere Bildung im Zarenreich hatten geltend machen können, wurden sie mit dem Argument, politische Unruhestifter zu sein, vom Zugang zur akademischen Ausbildung ausgeschlossen. Daraufhin erfolgte die erste Emigrationswelle russischer Studentinnen an die Universitäten der Schweiz. Dem Ukaz, der 1873 die russischen Studentinnen Zürichs zur Rückkehr in ihr Heimatland zwang, wurde in ganz Europa große Aufmerksamkeit zuteil. In dieser Zeit wurde das Thema Frauenstudium in Deutschland erstmals Gegenstand einer öffentlichen Debatte. Fortan wurden die im Ukaz formulierten Anschuldigungen gegen die russischen Studentinnen als Argument gegen die Zulassung von Frauen zu deutschen Universitäten mißbraucht[35]. Diejenigen Russinnen, die sich infolge des Ukaz um Aufnahme an deutschen Universitäten bemühten, wurden abgewiesen. Das gleiche Phänomen läßt sich auch für die Österreichischen Universitäten nachweisen[36]. Die wenigen deutschen Universitäten, die zuvor vereinzelt Frauen unter Sondergenehmigung die Erlaubnis zum Hören einzelner Vorlesungen erteilt hatten, verschlossen ihnen für die folgenden Jahrzehnte ganz ihre Tore. Auf Grund der Beteiligung mehrerer medizinisch ausgebildeter Frauen an der Ermordung des Zaren Alexander II. im Jahre 1881 konnte das Bild von der russischen Studentin als gefährlicher Staatsfeindin in ganz Europa etabliert werden. Bertha von Suttner beschreibt dies im Jahre 1889 folgendermaßen:

„Ja – im Maschinenalter sehen wir dieses Phänomen zuerst auftreten – angestaunt, ausgelacht, verleumdet, verhöhnt –: der weibliche Student. [...] Eine sehr geringe Anzahl von Lehrsälen – zumeist in der Schweiz – stand der weiblichen Jugend offen, und die Kandidatinnen kamen zumeist aus Rußland. Und weil von demselben der Nihilismus ausgegangen war, so entstand in der Vorstellung der Menge eine Vermischung der Begriffe Nihilismus und weibliches Studententum: eine Ideenverbindung, die umso natürlicher war, als beides auf Befreiungsprinzipien beruhte und die Vertreterinnen beider Richtungen kurz geschorenes Haar zu tragen pflegten. So geschah es, daß für die ängstlichen Gemüter der am Hergebrachten Geklammerten das Bild einer die Universität besuchenden Hörerin denselben Schauer erweckte wie dasjenige einer am Galgen baumelnden Zarenmörderin."[37]

Die in den folgenden Jahrzehnten anhaltenden repressiven Maßnahmen der russischen Regierung gegenüber der Studentenschaft des Zarenreichs trafen russische Frauen – und besonders die Jüdinnen unter ihnen – hart. Viele Russinnen, die ein Universitätsstudium absolvieren wollten, hatten keine andere Wahl, als sich an schweizer oder an französische Universitäten zu begeben. Das anhaltend konservativ-reaktionär bestimmte innenpolitische Klima im Zarenreich behinderte die dortige Entwicklung der Studienmöglichkeiten für Frauen; zwischen 1887 und 1897 hatte keine Russin in ihrem Heimatland Zutritt zu einer medizinischen Ausbildung. Erst kurz vor der Jahrhundertwende wurde wieder ein medizinisches Fraueninstitut in St. Petersburg eröffnet. Weitere „Höhere Frauenkurse", die den Zugang zu anderen wissenschaftlichen Disziplinen ermöglichten, folgten in kurzer Zeit.

Die Situation studierwilliger Russinnen jüdischen Glaubens im Zarenreich bedarf besonderer Aufmerksamkeit: Bei der Eröffnung staatlicher Mädchengymnasien in Rußland im Jahre 1858 wurden jüdische Schülerinnen gleichberechtigt zum Besuch dieser

Lehranstalten zugelassen. Nach der Ermordung Alexander II. im Jahre 1881 gewannen jedoch reaktionäre, antisemitische Strömungen innerhalb der russischen Regierung zunehmend an Einfluß. Unter dem Vorwand, insbesondere die jüdische Jugend Rußlands sei wesentlich an der revolutionären Bewegung beteiligt, wurde 1883 ein Numerus clausus für jüdische Schüler und Studenten an den russischen Mittel- und Hochschulen eingeführt. Dieser betrug für die Schulen innerhalb des jüdischen Ansiedlungsrayons 10%, außerhalb desselben 5% und für die Schulen in Moskau und St. Petersburg wie für alle Universitäten des Russischen Reichs 3%. Desweiteren wurde die Zahl der Gymnasien, die überhaupt jüdische Schülerinnen und Schüler aufnahmen, um die Hälfte reduziert. Gegen Ende des 19. Jahrhunderts waren fünf Millionen Menschen (4%) der russischen Bevölkerung jüdischen Glaubens. Ein erheblicher Teil der jüdischen Einwohner war erst durch die polnischen Teilungen im 18. Jahrhunderts unter zaristische Herrschaft geraten. Durch eine Reihe von Gesetzen, die zwischen 1791 und 1804 erlassen worden waren, war es Juden verboten, sich außerhalb des sogenannten Ansiedlungsrayons niederzulassen. Dieses Gebiet beschränkte sich auf die westlichen und südwestlichen Provinzen und den von Rußland besetzten Teil Polens. Auflockerungen innerhalb der Niederlassungsbegrenzung gab es nur zu bestimmten Zeiten und für bestimmte Berufsgruppen, so u. a. für Ärzte, Apotheker, Hebammen und Prostituierte. Doch auch die privilegierten jüdischen Familien, die es geschafft hatten, dem Ansiedlungsrayon zu entkommen, konnten jederzeit von ihrem Wohnort und zurück in den Rayon getrieben werden, wie es beispielsweise in Moskau Anfang der 90er Jahre des 19. Jahrhunderts geschah. Auch innerhalb des Ansiedlungsrayons war Juden der Erwerb von Grundbesitz verboten. Somit waren sie von der Landwirtschaft als Erwerbszweig ausgeschlossen, das Leben der russischen Juden konzentrierte sich vor allem in den Städten des Rayons, wo der Anteil der jüdischen Bevölkerung häufig weit mehr als 50% betrug. Die Einführung des Numerus clausus für den Besuch aller weiterführenden Schulen traf die jüdische Jugend im Ansiedlungsrayon also besonders hart[38]. Studierwillige jüdische Frauen waren jedoch noch weiteren Diskriminierungen unterworfen: Wollten sich Jüdinnen außerhalb der für die jüdische Bevölkerung vorgesehenen Wohngebiete aufhalten, waren sie gezwungen, einen für die Polizeibehörden akzeptablen Grund für ihr Vorhaben anzugeben. Als solcher galten eine Heirat, der Besuch bei Verwandten oder eine Anstellung. Um letzteres nachweisen zu können, hatten Jüdinnen oftmals keine andere Wahl, als sich als Prostituierte registrieren zu lassen. Bei ihren männlichen Glaubensgenossen hingegen wurde ein Universitätsstudium als ausreichender Grund für das Verlassen des Siedlungsgebietes anerkannt[39]. Russische Frauen jüdischen Glaubens waren somit zweifach, auf Grund ihrer Glaubenszugehörigkeit und auf Grund ihrer Geschlechtszugehörigkeit, diskriminiert.

Ebenso wie in anderen europäischen Ländern waren es in Rußland jedoch gerade jüdische Mädchen und Frauen, die weitaus schneller und stärker als ihre andersgläubigen Geschlechtsgenossinnen von der Bildungsbewegung des 19. Jahrhunderts ergriffen wurden. Schon in den „Kursen zur Ausbildung gelehrter Hebammen" der Jahre 1872 bis 1886 waren bis zu 35% der Studentinnen jüdischen Glaubens[40]. Auch in der Schweiz war in den 80er Jahren des 19. Jahrhunderts die Mehrheit der russischen Studentinnen jüdischer Herkunft. Nur die Einführung des Numerus clausus im Jahre 1883 verhinderte in den darauffolgenden Jahren ihr zahlenmäßiges Überwiegen an den höheren Bildungsinstitutionen für Frauen im Zarenreich. Andersgläubige Russinnen, die in ihrem Heimatland studierten, strebten in großer Mehrheit den Lehrerinnenberuf an, der Jüdinnen weitgehend verschlossen war. Diese Diskriminierung mag das große Interesse der russischen Jüdinnen am Medizinstudium erklären. Die Mehrzahl von ihnen hatte über die folgenden Jahrzehnte hinweg keine andere Wahl, als sich für eine universitäre Ausbildung und die Erlangung einer realen Berufsperspektive ins Ausland zu begeben[41]. Dies macht auch der erste Staatpräsident Israels Chaim Weizmann, dessen Frau Vera in Bern und dessen Schwester Minna in Berlin ihr Medizinstudium abschlossen, in seinen Memoiren deutlich:

> „Diese Studentenkolonien waren eine interessante und charakteristische Erscheinung in Westeuropa zur Zeit des zaristischen Rußland. In Berlin, München, Heidelberg, Bern, Zürich, Genf, Paris, Montpellier, Nancy schlossen sich besondere, einander ähnliche Gruppen von jungen russischen Juden zusammen, die Verfolgung, Verfehmung und geistiger Hunger aus ihrem Geburtsland vertrieben hatte. Darunter waren fast ebenso viele weibliche wie männliche Studenten, an manchen Universitäten waren die weiblichen Studenten sogar in der Überzahl. Das bevorzugte Studium war Medizin, denn es was der sicherste Weg, sich eine Existenz aufbauen zu können [...]."[42]

Ab der Jahrhundertwende kam es im Vorfeld des ersten russischen Revolutionsversuchs erneut zu Studentenunruhen im Zarenreich. Da politische Parteien zum damaligen Zeitpunkt in Rußland verboten waren, hatte sich die politische Opposition von je her hauptsächlich an den Universitäten organisiert. Die russische Studentenschaft wurde somit zu einem wesentlichen Träger revolutionären Gedankenguts[43]. Die Studentenunruhen behinderten auch das Studium am medizinischen Saueninstitut in St. Petersburg. Willkürliche Aktionen seitens der Regierung gegen die russische Studentenschaft führten vor 1905 zur zweimaligen kurzfristigen Schließung des Instituts, ein Großteil der Medizinstudentinnen wurde vorübergehend verhaftet[44]. Im Umfeld des Revolutionsversuchs kam es zwischen 1905 und 1907 mehrfach zur teilweisen oder vollständigen Schließung aller Hochschuleinrichtungen im Russischen Reich[45]. Doch auch nachdem sich die politische Lage beruhigt hatte, zogen es noch mehr als 1.500 Russinnen vor, das Medizinstudium außerhalb ihres Heimatlandes zu absolvieren[46]. Zwischen 1898 und 1911 erschien in Rußland eine Serie von Studienführern über ausländische Hochschulen. Scapov zählte allein sieben derartiger Nachschlagewerke, die studierwilligen jungen Russinnen Informationen über die Aufnahmebedingungen für Frauen an den verschiedenen westeuropäischen Universitäten, über die bestehenden Studienordnungen sowie praktische Ratschläge zur Lebensführung in den jeweiligen Universitätsstädten gaben[47].

Die in Rußland geborene Ärztin Dr. Elsa Winokurow beschreibt in einem autobiographischen Rückblick die Studienbedingungen zur damaligen Zeit als unberechenbar: Nachdem sie im Frühjahr 1903 die naturwissenschaftlichen Examina der „Höheren

Frauenkurse" in Moskau absolviert hatte, war ihr der lang geplante Wechsel zum Medizinstudium plötzlich versperrt. Vorlesungsstreiks und Studentenversammlungen, in denen antizaristische Parolen verbreitet worden waren, hatten zur Verhaftung einer großen Zahl von Studenten und schließlich zur Schließung der Universität geführt. Die erneute Eröffnung eines medizinischen Instituts für Frauen war zwar angekündigt worden, jedoch nicht absehbar gewesen. Die Unsicherheit bewog Winokurow, noch im gleichen Jahr das Medizinstudium in Zürich aufzunehmen. Nach Ablegung des Physikums wechselte sie 1905 zum klinischen Studienabschnitt an die Berliner Medizinische Fakultät. Private Gründe zwangen sie 1906 zur überstürzten Rückkehr nach Moskau, wo erneut keine Aufnahme an der Universität möglich war. Um die Zeit nicht gänzlich ungenutzt verstreichen zu lassen, arbeitete Winokurow als Hilfsassistentin in einem Städtischen Krankenhaus. Nach einem neuerlichen Regierungswechsel, der liberal gesinnte Minister ins Amt rief, konnte sie sich schließlich doch noch an der Moskauer Universität immatrikulieren. Doch nachdem sie bereits neun schriftliche Schlußexamen absolviert hatte, kam es zu einem neuerlichen Regierungswechsel. Der neue Kultusminister ließ wiederum ein Gesetz von 1861 zur Anwendung kommen, nach dem die russische Staatsangehörigkeit sowie die Promotion an einer anerkannten ausländischen Universität für eine Zulassung vorausgesetzt wurden. Noch rückblickend wird Winokurows Empörung über die damaligen Zustände deutlich. Obwohl sie das Studium mit allen Testaten abgeleistet und die Semestergelder bezahlt hatte, seien sie und elf weitere Examenskandidatinnen gezwungen worden, erneut an eine ausländische Universität zu wechseln: „[...] im Grunde ein groß angelegter Betrug"[48].

Winokurow begab sich erneut nach Deutschland. Sie absolvierte zwei weitere klinische Semester in Bonn und promovierte dort 1908. Auf Grund der Promotion war sie nun zur Ablegung des medizinischen Staatsexamens in Rußland berechtigt. Sie bestand dies noch im Jahre 1908 an der Moskauer Universität[49].

Ab 1905 begann sich mit der offiziellen Zulassung politischer Parteien das vormals illegale politische Leben an den russischen Universitäten zunehmend zu beruhigen. Es wurde ein neues Gesetz zur Autonomie der Universitäten verabschiedet, das Frauen als außerordentliche Hörerinnen an russischen Universitäten zuließ. Auch der Numerus clausus, der den Anteil jüdischer Studenten auf ein Minimum begrenzte, wurde kurzzeitig außer Kraft gesetzt. Mit der endgültigen Reetablierung staatliche Kontrolle über die Universitäten im Jahre 1908 wurden Frauen jedoch erneut von den Universitäten ausgeschlossen. Auch der Numerus clausus für jüdische Studenten wurde wieder eingeführt. Die russische Regierung ging mit der Einrichtung weiterer Frauenkurse in den Großstädten des Zarenreichs Kompromisse ein, die die Studienmöglichkeiten für Frauen erweiterten. In dieser kurzen Zeit der Liberalisierung stieg die Zahl aller Studentinnen in Rußland von 6.831 im Wintersemester 1905/06 auf 16.993 im Wintersemester 1907/08, was einem Anstieg von mehr als 250% entspricht[50]. Es vergingen jedoch einige Jahre, bis die russischen Studentinnen mit einer ungestörten Ausbildung in ihrem Heimatland rechnen konnten. Besonders die Jüdinnen unter ihnen unterlagen weiterhin dem Numerus clausus. Im Jahre 1915 betrug die Zahl weiblicher Studierender im Zarenreich bereits 44.000, der Frauenanteil an der russischen Studentenschaft lag damit annähernd bei einem Drittel[51]. Den Absolventinnen der verschiedenen Höheren Frauenkurse in Rußland wurde ab 1911 erlaubt, ihre Prüfungen an einer russischen Universität abzulegen. Damit wurden sie rechtlich den Universitätsabsolventen gleichgestellt, was einen großen Schritt in Richtung Gleichberechtigung russischer Frauen im Bildungsbereich bedeutete. Ab 1913 wurden Frauen mit Einschränkungen, ab 1917 uneingeschränkt zur Immatrikulation an den Universitäten Rußlands zugelassen[52]. Der Numerus clausus für jüdische Medizinstudierende wurde 1915 auf Grund der kriegsbedingten Nachfrage an Ärzten aufgehoben, woraufhin der Anteil von Jüdinnen und Juden an den medizinischen Fakultäten des Russischen Reiches binnen eines Jahres auf über 50% anstieg[53].

An der skizzierten Entwicklung wird deutlich, daß auch noch zu Beginn des 20. Jahrhunderts junge Russinnen vielfältige Gründe hatten, sich für ein Medizinstudium an einer westeuropäischen Universität zu entscheiden. Viele von ihnen erhielten wegen der begrenzten Ausbildungskapazitäten in ihrem Heimatland keinen Studienplatz. Studentinnen jüdischen Glaubens mußten den Diskriminierungen auf Grund ihrer Glaubenszugehörigkeit entgehen. Andere mochten politische Verfolgung seitens der russischen Behörden gefürchtet haben. Viele zogen es vermutlich schlicht vor, in ihrer Berufsausbildung nicht von der ständig drohenden Schließung der Lehranstalten behindert zu werden, und entschieden sich für ein ungestörtes Studium unter politisch konstanteren Verhältnissen. Obwohl 1904 das Medizinische Fraueninstitut in St. Petersburg in den Rang einer Universität erhoben worden war und die Konferenz der Militär-Medizinischen Akademie beschlossen hatte, Frauen in Rußland erneut zum Doktorexamen zuzulassen, versprach auch noch in den Jahren nach der Niederschlagung des ersten Revolutionsversuchs ein Medizinstudium im Ausland wesentlich ungestörter und geordneter zu verlaufen[54]. Dort galt es, den Doktortitel zu erwerben, um im Heimatland zum russischen Staatsexamen zugelassen zu werden. Noch im Jahre 1908 waren über 2.500 der etwa 6.000 an schweizer Universitäten Studierenden russischer Nationalität. Besonders an den medizinischen Fakultäten war spätestens seit der Jahrhundertwende die Feminisierung der Studentenschaft nicht mehr zu übersehen. Die Zahl der weiblichen überwog die der männlichen Studierenden bei weitem, was im wesentlichen durch die Zunahme der russischen Studentinnenzahlen verursacht wurde[55]. Im Jahre 1904 stammten annähernd 90% der Studentinnen an der Berner Universität, die überwiegend Medizin studierten, aus dem Russischen Reich[56]. Nach einer ersten, der Ermordung des Zaren im Jahre 1882 folgenden „Russenwelle" konstatiert Neumann für den Zeitraum zwischen 1902 und 1912 eine zweite „Russenwelle"[57] an schweizer Universitäten. Sie weist nach, daß überdurchschnittlich viele dieser russischen Studenten weiblichen Geschlechts waren und Medizin als Studienfach wählten[58]. Mit der Öffnung des Frauenstudiums in Deutschland gewannen auch deutsche Universitäten für die jungen Russinnen zunehmend an Attraktivität. Viele derjenigen russischen Studentinnen, die zuvor in der Schweiz studiert hatten, wechselten nun an eine deutsche Universität.

Nach der Freigabe des medizinischen Staatsexamens für Frauen durch den Bundesratsbeschluß vom April 1899 begannen die einzelnen deutschen Staaten nach und nach,

Frauen an ihren Universitäten die Immatrikulation zu gestatten. Obwohl die preußischen Universitäten in dieser Reihe fast das Schlußlicht bildeten, besaß Berlin als Studienort für junge Russinnen eine starke Anziehungskraft. Einerseits galt die Berliner Medizinische Fakultät als führend in Europa, andererseits spielte vermutlich die im Vergleich zur Schweiz geringere Distanz zum Heimatland eine nicht unbedeutende Rolle. So verwundert es nicht, daß die von Neumann für die schweizer Universitäten nachgewiesene sogenannte zweite Russenwelle sich auch stark auf die Entwicklung der Studentinnenzahlen an der Berliner Medizinischen Fakultät auswirkte: Im Wintersemester 1899/1900 tauchten erstmals russische Medizinstudentinnen in größerer Zahl in Berlin auf. Sie stellten in den folgenden Semestern streckenweise einen Anteil von über 60% der Medizin studierenden Frauen. Die plötzliche Verdreifachung ihrer Zahl auf 124 Frauen im Wintersemester 1905/06 bzw. 103 Frauen im Sommersemester 1906 muß auf die unsicheren innenpolitischen Zustände in Folge des Revolutionsversuchs in Rußland sowie auf die stark anwachsende Bereitschaft russischer Frauen zum Studium überhaupt zurückgeführt werden. Neumann ist der Ansicht, daß viele Russinnen erst nach Gewährung des Immatrikulationsrechts für Frauen an die Berliner Universität wechselten. Die Zunahme russischer Medizinerinnen ab 1901 weist jedoch darauf hin, daß Berlin bereits in früheren Jahren als attraktiver Studienort für studierwillige Russinnen galt[59].

Heindl konstatiert für das Jahr 1906 einen auffälligen Anstieg der Zahl russischer Studentinnen an der Wiener Universität und nimmt einen Zusammenhang mit den revolutionären Unruhen im Zarenreich an. Da jedoch die überwiegende Zahl der neu hinzugekommenen russischen Studentinnen mosaischen Glaubens war, führt sie die Ursachen der Migrationswelle nach 1905 auch auf die zahlreichen Pogrome im Russischen Reich in den Jahren 1903 bis 1905 zurück. Die Universität Wien hatte Frauen ab 1897 zur Philosophischen, ab 1900 auch zur Medizinischen Fakultät zugelassen. Letztere machte jedoch die Aufnahme von Ausländerinnen von der Nostrifikation eines medizinischen Doktortitels einer westeuropäischen Universität oder aber vom Besitz des österreichischen Abiturs abhängig. Da jedoch das Ziel der russischen Medizinstudentinnen der Erwerb des Doktortitels war und andere Universitäten die Reifeprüfung eines russischen Mädchengymnasiums für eine Immatrikulation als ausreichend erachteten, wandten sich russische Medizinstudentinnen vorrangig anderen europäischen Universitäten zu. Die Wiener Medizinische Fakultät hatte somit auch nach der Jahrhundertwende einen geeigneten Weg gefunden, den Andrang von Russinnen zu unterbinden[60].

Wie Neumann dargelegt hat, war auch die Schweiz in diesen Jahren mit einem ungewöhnlich starken Andrang politischer Emigranten aus dem Zarenreich konfrontiert. Einige schweizer Universitäten reagierten auf das plötzliche Anwachsen der Zahl russischer Studierwilliger beiderlei Geschlechts mit einer Aufnahmebeschränkung oder einem verschärften Aufnahmemodus für Ausländer: So hatte sich die Berner Universität vor allem mit Protesten männlicher Medizinstudenten auseinanderzusetzen, die seit der Jahrhundertwende mit zunehmendem Druck eine Aufnahmebeschränkung für russische Studentinnen forderten. Der Rektor der Berner Universität war diesen jedoch außerordentlich wohlgesonnen und konnte zunächst eine Verschärfung der Zulassungsbedingungen für ausländische Studierende noch hinauszögern. 1901 wurde er jedoch schließlich gezwungen, sich dem von der schweizer Regierung verabschiedeten neuen Eintrittsreglement für Ausländer an der Universität zu fügen. Dieses Reglement sah unter anderem vor, nur noch Studentinnen, die im Besitz des Abgangszeugnisses eines russischen Mädchengymnasiums waren, zum Studium zuzulassen. Der Rektor der Berner Universität entschärfte diese Bestimmung jedoch dahingehend, daß er auch noch in den folgenden Jahren die Exmatrikulation einer anderen Universität als ausreichend für die Aufnahme befand. Erst als er 1905 von seinem Amt zurücktrat, kam das Eintrittsreglement für russische Studentinnen an der Berner Universität voll zum Tragen: Zum Wintersemester 1905/06 wurden etwa 90 Russinnen unter Hinweis auf Nichterfüllung der Zulassungsbedingungen abgewiesen. Im Jahre 1908 wurde das Aufnahmereglement für ausländische Studierende nochmals verschärft, woraufhin der Frauenanteil an der Berner Medizinischen Fakultät erstmals wieder unter 60% sank[61]. Die Universität Zürich lehnte im Wintersemester 1906/07 insgesamt 276 Aufnahmegesuche russischer Studentinnen aus Platzmangel von vornherein ab. Zugleich erhöhte sie die bei Aufnahme fälligen Kanzleigebühren um das Zehnfache, eine Anordnung, die ausschließlich für ausländische Studierende galt. Der Beitrag zur Kranken- und Unfallkasse stieg für schweizer Studenten um das doppelte, ausländische Studenten hatten nun jedoch die achtfache Summe zu bezahlen[62]. Auch an deutschen Universitäten wurden derartige Forderungen laut. An der Berliner Medizinischen Fakultät studierten in den folgenden Jahren im Durchschnitt 50 Frauen und 200 bis 300 Männer russischer Nationalität. Erst ab 1913 sank die Zahl der russischen Medizinstudentinnen erstmals wieder unter 30 Frauen[63], was auf die eingeschränkte Öffnung der Universitäten Rußlands für Frauen in jenem Jahr zurückzuführen ist.

Offenbar sind die russischen Regierungen in ihrer Haltung gegenüber der Ausbildung von Ärztinnen nur sehr begrenzt von der Einsicht in notwendige Reformen im Bildungswesen beeinflußt worden. Für sie mag zum einen die Frage nach verbesserter medizinischer Versorgung der moslemischen Frauen im Zarenreich eine Rolle gespielt haben. Zum anderen waren Entscheidungen in der Frauenstudiumsfrage von den jeweils wechselnden Antworten auf die Frage geprägt, wie eine Politisierung und Radikalisierung im Ausland studierender Russinnen am besten verhindert werden könne. Dabei schwankten die Verantwortlichen zwischen der Befürchtung, studierende Frauen würden sich zwangsläufig revolutionären Gruppierungen zuwenden, weshalb das Universitätsstudium von Frauen prinzipiell als gefährlich einzuschätzen und zu unterbinden sei, und der Erkenntnis, daß der Ausschluß der Frauen von den Ausbildungsmöglichkeiten im Zarenreich diese erst recht ins Ausland treiben würde. Dort aber drohte die gefürchtete politische Beeinflussung umso mehr und war weitaus schwieriger zu kontrollieren. Die Entscheidungen der russischen Regierung in Fragen der medizinischen Ausbildung von Frauen scheinen demnach wesentlich stärker vom politischen Tagesgeschehen und weniger von zunehmender Durchsetzung der Ideen der russischen Frauenbewegung beeinflußt worden zu sein.

Die Entwicklung des Frauenstudiums in Deutschland stellt sich dagegen fast konträr dar. Die deutsche Regierung schien einem Medizinstudium von Frauen seit den frühen

90er Jahren des 19. Jahrhunderts nicht gänzlich abgeneigt zu sein, zumal sie sich mit der „Frauenfrage" und der damit verbundenen Erweiterung der Erwerbsmöglichkeiten unverheirateter Töchter bürgerlicher Kreise auseinanderzusetzen hatte. Man wollte jedoch diesbezügliche Entscheidungen von den Angehörigen der deutschen Universitäten wie auch der akademischen Berufe weitgehend mitgetragen wissen. Die deutsche Ärzteschaft erwies sich als einflußreicher Gegner, der die Durchsetzung des medizinischen Frauenstudiums im Deutschen Reich für lange Zeit erfolgreich zu behindern wußte. Die russische Ärzteschaft und ihre führende Standesorganisation, die „Pirogov-Gesellschaft der russischen Ärzte", standen hingegen dem medizinischen Frauenstudium seit den frühen 60er Jahren des 19. Jahrhunderts positiv gegenüber. Dies liegt sicherlich auch darin begründet, daß der Arztberuf in Rußland mit weit weniger Sozialprestige verbunden war als in Deutschland[64].

Seit den Anfängen des Frauenstudiums in Zürich waren es vor allem russische Studentinnen, die das Bild der Medizinstudentin in Europa prägten. Auch in Berlin waren es seit der Jahrhundertwende vor allem Russinnen, die als erste in größerer Zahl Medizin studierten und an der Medizinischen Fakultät promovierten. Ihre deutschen Kommilitoninnen folgten ihnen in Zahl und Zeit eher zögerlich. Über die Existenz und die Leistung dieser Frauen, die wie zuvor in der Schweiz auch in Berlin als die Pionierinnen an der Medizinischen Fakultät gelten müssen, ist bisher nichts bekannt. Bonner und Glaser haben die These aufgestellt, daß die zwischen 1873 und 1910 in Deutschland immer wieder aufs Neue aufflammende Diskussion um das Für und Wider des Medizinstudiums von Frauen nicht etwa von den Forderungen der deutschen Frauenbewegung, sondern vielmehr durch die Aufnahmegesuche russischer Studentinnen ausgelöst worden sei[65]. Im folgenden wird daher der Frage nachgegangen, inwieweit die über Jahrzehnte in der Öffentlichkeit propagierte Vorstellung von der russischen Studentin als potentieller „am Galgen baumelnder Zarenmörderin"[66] die Diskussionen um das Frauenstudium in Deutschland beeinflußte und ob sie sich konkret auf die Situation russischer Medizinerinnen an der Berliner Universität auswirkte.

3. DIE AUSEINANDERSETZUNG UM MORAL UND POLITISCHE ZUVERLÄSSIGKEIT RUSSISCHER STUDENTINNEN UND STUDENTEN

Am 21. August 1871 erschien in der Berliner Wochenzeitschrift „Der Bazar. Illustrirte Damen-Zeitung" der Artikel einer Studentin, die im dritten Semester an der Philosophischen Fakultät Zürichs studierte. Sie berichtete über die dortigen Studienverhältnisse und beschrieb auch ihre Studiengenossinnen näher:

> „[...] Russinnen bilden jedoch die Mehrzahl; Manche Studentin ist allerliebst – so jene kleine, kaum zwanzigjährige Frau aus Rußland, der das Kindermädchen den Sprößling, der kaum ein Jahr alt ist, in einem Kinderwagen zum Colleg nachfährt. Mama geht in die Anatomie – das Kindchen sonnt sich inzwischen in den Gartenanlagen vor der Universität."[67]

Die Studentin zeichnete ein harmonisches Bild vom Leben und Studieren in Zürich zu Beginn der 70er Jahre des 19. Jahrhunderts. Sie lobte Fleiß und Eifer aller studierenden Frauen und bezeichnete das Verhältnis zwischen männlichen und weiblichen Studierenden als „correct collegial"[68]. Daß niemals Ausschreitungen vorgekommen seien, sei nicht nur dem „gediegenen, nüchternen Sinne der Schweizer Studentenschaft", sondern auch dem „würdigen Benehmen"[69] der Studentinnen zuzuschreiben. Ihre russischen Kommilitoninnen schienen ihr in keiner Weise ungewöhnlich aufgefallen zu sein.

Emilie Lehmus und Franziska Tiburtius waren die ersten beiden deutschen Ärztinnen, die an der Universität Zürich Anfang der 70er Jahre des 19. Jahrhunderts ein reguläres Medizinstudium absolvierten. Dort bildeten sie als Deutsche eine kleine Minderheit unter den Studentinnen an der Medizinischen Fakultät, die Mehrzahl der studierenden Frauen in dieser Zeit stammte aus dem Russischen Reich[70]. Gleich am ersten Tag nach ihrer Ankunft im Jahre 1871 kam Tiburtius mit einigen russischen Kommilitoninnen in näheren Kontakt:

> „Ein mittelgroßes Zimmer, vier jugendliche, etwas exotisch aussehende weibliche Wesen um den Tisch in der Mitte; darauf ein Schädel, ein aufgeschlagener anatomischer Atlas, ein mächtiger geheizter Samowar, der unendliche Mengen Tee spenden konnte, Tassen, eingemachte Früchte, die der Russe gern zum Tee nimmt, Zigarettenschachteln, Tabaksbeutelchen; in der Sofaecke lehnte freundlich ein halbes Skelett [...]. Ich war durch Fräulein Lehmus angemeldet und wurde in liebenswürdigster Weise empfangen, kann überhaupt die hilfsbereite Freundlichkeit der russischen Kolleginnen nicht genug rühmen. Zwei von ihnen hatten schon zwei Semester hinter sich, waren die Berater und Führer der ‚Neuen', die gleich mir Rat und Einführung suchten. Alle vier waren Jüdinnen aus Südrußland. Sie sprachen ein recht gutes Deutsch [...]. Der erste Eindruck war durchaus günstig."[71]

Später traf Tiburtius jedoch auf andere russische Kommilitoninnen, die das positive Urteil relativierten: Sie war schockiert über die Begegnung mit einer unablässig rauchenden Philosophiestudentin, die auf Grund ihrer kurz geschnittenen Haare, einer großen blauen Brille und männlich anmutender Kleidung Tiburtius zunächst über ihre Geschlechtszugehörigkeit täuschte. Tiburtius bemängelte an den russischen Studentinnen nicht nur „diese schmuddeligen, zerknüllten Kragen, diese ungebürsteten Röcke, wuscheligen Haare, – das Ungepflegte der ganzen Person"[72], sondern auch das häufige Fehlen jeglicher, für das Studium notwendiger Vorkenntnisse und die mangelhafte Beherrschung der deutschen Sprache. In ihren Memoiren faßt Tiburtius ihre Eindrücke von der russischen Studentinnenschaft Zürichs in den 70er Jahren des 19. Jahrhunderts folgendermaßen zusammen: Die Russinnen hätten sich in drei Kategorien unterschieden. Einige wenige Aristokratinnen hätten sich in jeglicher Hinsicht bewußt von den übrigen abgegrenzt und seien dafür mit Geringschätzung und Ablehnung belohnt worden. Die zweite Kategorie habe aus einer Gruppe talentierter und gebildeter Frauen bestanden, die anfangs zwar durchaus von politischen Idealen eingenommen waren, dann aber vom Berufsidealismus ergriffen wurden und ihre Studien mit dem nötigen Ernst betrieben. Viele von diesen seien später in ihrem Heimatland tüchtige Ärztinnen

Abb. 5: Franziskua Tiburtius (Porträt vor 1900).
In: Tiburtius, Franziska: Erinnerungen einer Achtzigjährigen. Berlin 1929, S. 27.

geworden[73]. Die dritte Kategorie bildeten die von Tiburtius „Kosakenpferdchen" genannten russischen Studentinnen:

> „Es waren meist ganz junge Mädchen, die dem Nihilismus und dem Bakuninschen Katechismus mit religiöser Begeisterung bis zum Fanatismus anhingen. Da sie in den Hörsälen und auf der Straße am auffälligsten waren, so wurde ihre Erscheinung bald als typisch aufgefaßt. [...] das kurzgeschnittene Haar, die gewaltige blaue Brille [...], das kurze gänzlich schmucklose, regenschirmfutteralähnliche Kleidchen, der runde Matrosenhut von schwarzglänzendem Wachstuch, die Zigarette und – die schweigsame, düstere, abweisend hoheitsvolle Miene [galten, A. B.] als charakteristisch für ‚die Studentin'! Sie verstanden meist nur wenig Deutsch, ließen sich auf der medizinischen oder philosophischen Fakultät einschreiben, um einen Ausweis zu haben. Ihre Haupttätigkeit entfalteten sie aber in den sehr häufig tagenden politischen Versammlungen, wo über das Wohl der Welt und die Pflichten des Nihilisten verhandelt, Meinungsverschiedenheiten aber auch mit Eifer bis zur Schlagfertigkeit ausgetragen wurden."[74]

Auch die Observierung der russischen Studentinnen Zürichs durch die Petersburger Geheimpolizei war Franziska Tiburtius bekannt. Die Mehrzahl ihrer russischen Kommilitoninnen sei scharf überwacht worden und habe es als ein Zeichen der Ehre empfunden, in den Listen der Geheimpolizei verzeichnet zu sein[75]. Im Sommer 1873 wurde in den schweizer Tageszeitungen jener Ukaz der russischen Regierung veröffentlicht, der den in Zürich studierenden Russinnen bis zum Ende des Jahres die Rückkehr in ihr Heimatland befahl. Dies wurde seitens der Regierung damit begründet, daß die Studentinnen unter dem Einfluß der in Zürich lebenden russischen Revolutionäre ihre wissenschaftliche Arbeit vernachlässigt und sich stattdessen der politischen Agitation zugewandt hätten. Als folgsame Werkzeuge der Rädelsführer nähmen sie Anteil an der verbrecherischen Propaganda, indem sie als Kuriere revolutionäre Traktate nach Rußland schmuggelten. Die Anschuldigungen der russischen Regierung gegenüber den Studentinnen gingen jedoch noch weiter:

> „Andere lassen sich von den kommunistischen Theorien der freien Liebe hinreissen und treiben – die Scheinheirath als Vorwand gebrauchend – die Verachtung der ersten Grundsätze der Sittlichkeit und der Frauenkeuschheit bis auf die höchste Spitze. [...] *Einige dieser Mädchen sind so niedrig gefallen, dass sie speziell denjenigen Theil der Geburtshülfe studiren, welcher in allen Ländern vom Kriminalgesetz und von der Verachtung aller ehrlichen Leute verfolgt wird.* Die Regierung ist genöthigt, ihre Aufmerksamkeit auf eine solche Erniedrigung aller Sittlichkeit zu lenken. [...] Die Regierung kann nicht und soll nicht als gleichgültiger Zuschauer dieser sittlichen Fäulniss [...] bleiben. Die Regierung erkennt als ihre unumgängliche Pflicht den Kampf mit dem heranwachsenden Bösen [...]."[76]

Derart skandalöse Vorwürfe warfen ein schlechtes Licht auf das Bild der Studentin in der Öffentlichkeit. Tiburtius erinnert sich, daß sie in den russischen Studentinnen eine ernste Gefahr für das Frauenstudium gesehen habe, weil sie befürchtete, daß die Universität Zürich deren Verhalten zum Anlaß nehmen könnte, ihre liberale Haltung bezüglich des Frauenstudiums aufzugeben. Wäre allen Ausländerinnen der Besuch der Universität untersagt worden, wäre auch ihre eigene medizinische Ausbildung zunichte gemacht worden[77]. Der Senat der Zürcher Universität zeigte sich hingegen erstaunt über die im Ukaz formulierten Vorwürfe. Die Professoren schritten sogar zur Verteidigung ihrer russischen Schülerinnen und forderten den Zaren zur Rücknahme des Erlasses auf[78]. Ihre Bemühungen blieben jedoch ohne Erfolg.

Franziska Tiburtius veröffentlichte ihre Memoiren „Erinnerungen einer Achtzigjährigen" erstmals im Jahre 1923. Beim Lesen ihrer Schilderungen der Zürcher Studienzeit sollte bedacht werden, daß die 50 Jahre später reflektierten Eindrücke vermutlich auch die in den folgenden Jahrzehnten stattfindenden Debatten über politische Zuverlässigkeit und Moral studierender Frauen widerspiegeln.

Indessen begannen sich die Gerüchte über die Lebensweise der russischen Studentinnen auch in Deutschland zu verbreiten. Als 1872 der Münchener Anatom Theodor Bischoff das erste im Deutschen Reich erschienene Traktat gegen das Medizinstudium von Frauen veröffentlichte, machte er deutlich, was von medizinstudierenden Frauen zu erwarten sei: Diese zeigten „Zeichen der äussersten Rohheit des Gefühls und des Charakters"[79], und es sei gewiß, daß die Zerstörung der weiblichen Tugenden „den Untergang und die Vernichtung der Völker herbeigeführt hat und herbeiführt"[80]. Bischoff war unbegreiflich, daß aus Zürich, „dem Hauptsitz dieses Unwesens"[81], noch keine Beanstandungen laut geworden seien. Neueste Berichte aus St. Petersburg, daß „die ‚Damen' Excesse aller Art veranlaßt haben"[82], gaben Bischoff ausreichend Aufschluß über die wahre Natur des Frauenstudiums.

16 Jahre später äußerte sich in Deutschland erneut ein einflußreicher Anatom über das Medizinstudium von Frauen. In seiner verurteilenden Grundsatzrede vor der „Versammlung Deutscher Naturforscher und Ärzte" im Jahre 1888 griff der Berliner Anatom Wilhelm Waldeyer die im Ukaz formulierten Anschuldigungen gegenüber den russischen Studentinnen auf. Er berichtete, daß er sich erstmals mit dem Thema des Frauenstudiums beschäftigt habe, nachdem sich russische Studentinnen infolge des Ukaz um Aufnahme an deutschen Universitäten bemüht hatten. Sein Resümee, wie die Situation in Zürich in jenen Jahren denn nun tatsächlich zu bewerten sei, lautete folgendermaßen:

„Politische Rücksichten mit Bezug auf nihilistische Bestrebungen scheinen diese Verfügung diktiert zu haben; aber es werden den Studentinnen auch sehr harte Vorwürfe im Punkte guter Sitte gemacht. Gegen diese Vorwürfe hat [...] der Zürcher Universitätssenat seiner Zeit entschieden Einsprache erhoben. [...] Man müsse glauben, die Zürcher Professoren seien blind gewesen, wenn sie von all' diesem unsittlichen Treiben nichts bemerkt haben – oder die Russische Regierung sei in diesem Falle von einem argen Verleumder bedient worden; ein Drittes sei kaum denkbar. Wenn man aber weiss, wie schwer es ist, das Privatleben der akademischen Bürger von Seiten der Universitätsbehörden genauer kennen zu lernen, so ist die Möglichkeit nicht abzuweisen, dass für vereinzelte Fälle die Russische Regierung im Recht war, ohne dass daraus der Züricher Universitätsbehörde ein Vorwurf erwächst. Es ist eben ein bedenkliches Experiment, auf welches die Letztere sich eingelassen hat."[83]

Nicht nur einflußreiche Professoren wie Waldeyer nutzten das Argument der politisch radikalen, moralisch verdorbenen und daher äußerst gefährlichen Russinnen zur Untermauerung ihrer ablehnenden Haltung gegenüber der Zulassung von Frauen zu den Universitäten des Deutschen Reiches. Als die Frage der Ausbildung weiblicher Ärzte am 11. März 1891 erstmals im Reichstag zur Sprache kam, äußerte ein Abgeordneter der Zentrumspartei, die im wesentlichen die ablehnenden Argumente der deutschen Ärzteschaft vertrat, folgende Bedenken:

„Wenn sie diese Möglichkeit schaffen, daß Frauen [...] die Universität ohne weiteres besuchen dürfen, dann fürchte ich die schwerste Kalamität in Richtung der weiteren Ueberbevölkerung derselben und der *Produktion eines sehr gefährlichen Proletariats.* [...] Denn das ist doch wohl nicht zweifellos, daß, wenn das neulich angezogenen männliche gebildete Proletariat schon eine eminente Gefahr für die Gesellschaft ist, dann das auf Hochschulen herangebildete weibliche Proletariat noch erheblichere Gefahren hervorruft. Beweise dafür haben wir [...] in *Rußland.* Sie wissen, was für Früchte aus jenen Verhältnissen hervorgegangen sind [...]. Aus solchen ‚Studentinnen‘ sind jene staatsgefährlichen und umstürzlerischen Elemente hervorgegangen."[84]

Als sich der Reichstag am 23. Februar 1893 zum zweiten Mal mit der Frage nach Zulassung der Frauen zum Medizinstudium befaßte, wurden ähnliche Warnungen laut. Man nahm Bezug auf eine Äußerung des Leiters der 1. Medizinischen Klinik der Berliner Charité Ernst von Leyden, „daß die Studentinnen in der Schweiz keinen guten Einfluß auf ihre Umgebung ausgeübt hätten"[85], und wies daraufhin, daß besonders die Russinnen unter den Züricher Studentinnen durch „ein gewisses extravagantes Benehmen"[86] aufgefallen seien. Sozialdemokratische Abgeordnete, ihrerseits Befürworter der Ausbildung von Ärztinnen, widersprachen derartigen Äußerungen. Der Abgeordnete Baumbach argumentierte, die russische Regierung habe, da sie die Neueinrichtung medizinischer Frauenkurse an russischen Universitäten ins Auge fasse, ihren Standpunkt, jede Studentin sei zugleich auch eine Nihilistin, offenbar aufgegeben[87]. Auch August Bebel teilte diese Auffassung:

„Ich muß [...] zur Ehre der russischen Studentinnen hier konstatiren, daß jene Vorgänge durchaus unrichtig dargestellt sind, und daß, wenn einige Russinnen in Frage kamen, es keine Studentinnen waren, daß aber, selbst wenn die eine oder die andere Studentin dabei in Frage kam, das nichts bedeuten will gegenüber der großen Zahl von Studentinnen, die an der Züricher Universität studirt haben. Im Gegenteil stellen die Professoren an der Züricher Universität den russischen wie den Studentinnen überhaupt das günstigste Zeugniß aus. Und die Schritte, welche die russische Regierung vor einigen Jahren gegen ihre weiblichen Unterthanen in Zürich that, richteten sich nicht gegen sogenannte sittliche Ausschreitungen, sondern dagegen, daß sie befürchtete, daß die zahlreichen Studenten und Studentinnen russischer Nationalität politisch in ein Fahrwasser getrieben werden möchten, wodurch sie, wenn sie in die

Heimat zurückkehrten, den Bestand des russischen Reiches gefährdeten. Aus diesem Grunde wurde das Studium den russischen Studentinnen im Auslande verboten. – Wie recht ich hier habe, beweist am besten die Thatsache, daß die russische Regierung sich veranlaßt sah, im eigenen Lande das medizinische Studium für Frauen zuzulassen; sie konnte sonst gar nicht die nöthige Zahl von Aerzten bekommen, die für das ungeheure Reich nothwendig ist."[88]

Daß diese Einschätzung nicht in jedem Punkt die Haltung der russischen Regierung traf, zeigt die scharfe Reglementierung der Studentinnen an den 1897 neu eröffneten „Medizinischen Frauenkursen" in St. Petersburg.

Kurz nach der Jahrhundertwende stieg die Zahl der russischen Studentinnen an der Berliner Medizinischen Fakultät merklich an. Die Debatten um politische Verstrickungen und Lebenswandel der russischen Studentinnen setzten sich fort. Otto Hildebrand, zwischen 1896 und 1899 Leiter der Chirurgischen Poliklinik der Charité, übernahm im Jahre 1899 das Ordinariat an der Universität Basel, bevor er 1904 an die Berliner Universität zurückkehrte. Während seines Basler Aufenthalts unterrichtete er die Berliner Kollegen über seine Erfahrungen mit weiblichen Medizinstudierenden: Da in Basel nur diejenigen Frauen, In- und Ausländerinnen, zum Medizinstudium zugelassen würden, die die schweizer Reifeprüfung abgelegt hätten, nähmen dort nur zwei Studentinnen am klinischen Unterricht teil. Seine persönlichen Erfahrungen mit diesen seien positiv:

„Der Verkehr zwischen Studenten und Studentinnen ist ein durchaus angemessener. Dadurch daß die letzten in so geringer Zahl sind, ist der Verkehrston ein so guter, daß man hier, so weit ich weiß, nichts unangenehmes [sic!] erlebt hat. In Bern und Zürich freilich scheinen sich doch manche Unzuträglichkeiten herausgestellt zu haben. […] Ich glaube, das Fernhalten der uncultivierten Ausländerinnen ist ein Hauptpunct."[89]

Zu Beginn des Jahres 1901 zogen die knapp 250 russischen Studierenden an der Berliner Friedrich-Wilhelms-Universität die Aufmerksamkeit der Berliner Polizeibehörde auf sich[90]. Die der Ermordung des russischen Unterrichtsministers am 27. Februar 1901 in St. Petersburg folgenden Ermittlungen der russischen Geheimpolizei ergaben, daß sich der Attentäter kurz vor seiner Tat in Berlin aufgehalten hatte und an der Universität als Student immatrikuliert gewesen war. Man schloß daraus, daß sich in Berlin ein gefährlicher Agitationsherd der russischen Studentenschaft gegen das zaristische Regime etabliert habe. Um diesen zukünftig schärfer zu überwachen, wurden mehrere russische Beamte nach Berlin entsandt. Der Berliner Polizeipräsident informierte den preußischen Kultusminister im März 1901 über die Zusammenarbeit zwischen deutscher und russischer Polizei und wies darauf hin, daß diese von Kaiser Wilhelm II. persönlich angeordnet worden sei[91]. Am 21. August 1901 forderte der Kultusminister von der Berliner Friedrich-Wilhelms-Universität eine Überprüfung, ob durch die an preußischen Universitäten und insbesondere in Berlin immatrikulierten Russen und hospitierenden Russinnen „eine sozialistische Agitation in die Universität hineingetragen"[92] werde. Der

Universitätsrichter erwiderte, daß zu einer derartigen Annahme derzeit kein Grund vorhanden sei[93]. Wenige Monate später relativierte jedoch ein Skandal an der Berliner Philosophischen Fakultät diese Einschätzung: Im Dezember 1901 kam es in einer Vorlesung des Historikers Schiemann über die aus seiner Sicht positiven Folgen der polnischen Teilung zum offenen Eklat zwischen polnisch-russischen und deutschnational gesinnten Studenten. Schiemann war ein vom Reichskanzler Bülow wie auch vom Kaiser protegierter Historiker, der im Sommersemester eine außerordentliche Professur an der Friedrich-Wilhelms-Universität erhalten hatte. Im Rahmen seiner Vorlesung über die Geschichte der polnischen Nation Anfang Dezember 1901 rechtfertigte er die Germanisierungspolitik des Deutschen Reiches. Dies führte zum offenen Protest der russisch-polnischen Studentenschaft. Als Schiemann am 13. Dezember 1901 erneut das Auditorium betrat, wurde er durch Pfiffe, Johlen und Trampeln der Protestierenden am Sprechen gehindert. Anwesende deutschnational gesinnte Studenten griffen in gleicher Manier in die Auseinandersetzung ein. Als eine gewalttätige Eskalation der Auseinandersetzungen drohte, verließen die ausländischen Studierenden den Hörsaal. Fünf Tage später berief der nationalkonservative „Verein Deutscher Studenten" eine Versammlung ein und forderte von den Regierungsbehörden ein unnachsichtiges Einschreiten gegen die russischen Kommilitonen sowie die „Lösung der Ausländerfrage" an der Berliner Universität. Der preußische Kultusminister forderte daraufhin die Berliner Universitätsbehörde zu einer engeren Zusammenarbeit mit der politischen Abteilung des Polizeipräsidiums auf. Infolgedessen stellte der Universitätsrichter der Berliner Polizeibehörde die Vernehmungsprotokolle der am Schiemann-Skandal beteiligten russisch-polnischen Studenten zur Verfügung. Aufgrund der Protokolle kam es im Januar 1902 zur Ausweisung zweier russisch-polnischer Studenten aus Preußen[94].

Über dieses Vorgehen drangen im Laufe des Jahres 1902 erste Hinweise an die Öffentlichkeit, die Proteste auslösten. Der im selben Jahr in Berlin abgehaltene „erste Kongreß der russischen Studenten und Studentinnen, die im Ausland studieren"[95] mag ebenfalls mit dem Vorfall in Zusammenhang stehen. Die SPD sprach sich mehrfach im „Vorwärts" gegen eine derartige Behandlung russischer Studenten in Berlin aus[96] und brachte das Thema schließlich am 19. und 20. März 1903 vor den Reichstag: Sie prangerte die Bespitzelung russischer Studenten, die Weitergabe von Personalunterlagen durch die Universitätsbehörde an die russische Geheimpolizei und deren Unterstützung durch die Berliner Polizeibehörde an. Der Abgeordnete Gradnauer zitierte aus einer Erklärung der Universitätsbehörde, daß

> „[...] im Einverständnis mit der Polizei die Papiere der sich zur Immatrikulation meldenden russischen und polnischen Studenten der Polizei übergeben werden, damit diese untersucht, ob der Betreffende nicht etwa irgend welcher Umtriebe verdächtig ist [...] diese Anordnung gilt nicht nur für die Berliner Universität, sondern für sämmtliche [sic!] Universitäten und die Hochschule in Charlottenburg. Sie ist geschehen im Einverständnis mit den Hochschulverwaltungen."[97]

Der Staatssekretär des Auswärtigen Amtes Freiherr von Richthofen mußte daraufhin zugeben, daß der zaristischen Regierung die Überwachung von russischen Staatsan-

gehörigen auf deutschem Territorium gestattet worden war. Er verteidigte diese Maßnahme, verschwieg jedoch die diesbezügliche Weisung des Kaisers[98]. In den kommenden Monaten wurde die polizeiliche Überwachung der russischen Studierenden
verstärkt: So vermerkte ein Polizeibericht im Dezember 1903, daß in der Wohnung des
russischen Medizinstudenten Michael Sergov Versammlungen abgehalten würden, an
denen revolutionärer Umtriebe verdächtige Russen derart zahlreich teilnähmen, daß sie
Schulter an Schulter stünden[99].

Die SPD reagierte auf die sich verschärfende Überwachung erneut mit einer Pressekampagne und griff am 19. Januar 1904 im Reichstag das Verhalten der Berliner Universitätsbehörde öffentlich an:

„Unsere Universitätsbehörden lassen sich mißbrauchen zu Liebediensten [sic!] gegenüber dem Zarismus. Wenn ein russischer Student oder eine russische Studentin ihre
Papiere zum Zweck der Immatrikulation einreichen, so werden diese Papiere, die
vertrauensvoll der Universitätsbehörde übergeben werden, von dieser zunächst der
Polizei überliefert, und zwar der Abteilung für politische Polizei. [...] Erst wenn die
politische Polizei in einem Formular [...] der Universitätsbehörde mitteilt, daß
‚politisch Nachteiliges nicht bekannt worden sei' – und ihre Information holt sie
ja wieder von den russischen Behörden –, dann erst erhält der Student oder die
Studentin von der Universitätsbehörde die Nachricht von der Zulassung zur Immatrikulation. Meine Herren, man sollte doch meinen, daß wenigstens unsere Universitätslehrer Verständnis haben für den *hochfliegenden Idealismus* der russischen
studierenden Jugend; [...] nein, meine Herren, auch die Universitätsbehörden – und
das ist beschämend und niederdrückend! – fügen sich dem *Machtwort des Zarismus.*"[100]

Auch die Praktiken der russischen Geheimpolizei bei der Überwachung der Studierenden wurden heftig kritisiert. Der sozialdemokratische Abgeordnete Haase benannte als
Beispiel die Bespitzelung eines an der Berliner Medizinischen Fakultät eingeschriebenen
russischen Arztes und seiner Familie, zu dessen Wohnung sich die Geheimagenten illegal Zutritt verschafft und auf dem Postamt Einsicht in seine Post genommen hätten.
Daß darüber Kenntnisse vorlägen, sei allein dem Mut einer russischen Studentin zu verdanken, der die Öffnung eines an sie gerichteten Briefes aufgefallen war und die den
zuständigen Postbeamten unter Androhung einer Klage zum Geständnis gezwungen
habe[101]. Der Staatssekretär des Auswärtigen Amtes Freiherr von Richthofen verteidigte
die Maßnahmen der Regierung erneut und richtete sich abschließend an die Adresse der
russischen Studierenden:

„Bei einer so gewichtigen Frage wie die Anarchistenfrage [...] ist irgend welche Sen-
timentalität von unserer Seite nicht am Platze. [...] Es ist sehr bequem, wenn die
Herren sich hier bei uns aufhalten, wo es ihnen vielleicht besser geht als in ihrer russischen Heimat, und dabei noch die Krone politischer Märtyrer tragen wollen. Dies
zu fördern haben wir keinen Anlaß, und diese Herren und [...] Damen – ich glaube,
die Damen sind sogar sehr stark vertreten, und zuweilen in freier Liebe [...]."[102]

Stürmischer Tumult in den Reihen der Sozialdemokratie unterbrach den Staatssekretär an diesem Punkt. August Bebel stellte in seiner Widerrede klar, daß in allen Fällen, in denen russische Studenten und Studentinnen von der Polizei belästigt worden seien, nicht ein einziges Mal der Beweis erbracht worden sei, daß es sich um Anarchisten handele[103]. Auch die Behauptungen über den angeblich unmoralischen Lebenswandel der russischen Studentinnen wies er in einer der folgenden Reichstagsverhandlungen zurück[104]. Die Äußerungen Richthofens zogen eine Protestkundgebung der russischen Studentenschaft nach sich, die am 25. Januar 1904 in den Berliner Johannissälen statt-fand. In einer Resolution verwahrten sie sich entschieden gegen den Versuch des Staats-sekretärs, das Ansehen der russischen Studentinnen in der öffentlichen Meinung des Deutschen Volkes herabzusetzen:

„Des ferneren machte Freiherr von Richthofen den Versuch, die in Deutschland lebenden Russinnen auch noch dadurch in der öffentlichen Meinung herabzusetzen, daß er sie ohne einen Schein der Berechtigung als ein Milieu der Unsittlichkeit schil-derte. Als vor zwei Jahren der berüchtigte Vertreter der russischen Reaktion, *Fürst Meschtschersky*, [...] es gewagt hatte, gegen die russischen Studentinnen dieselbe Anklage zu erheben, entfesselte er damit einen Sturm der Entrüstung durch ganz Rußland, und selbst der damalige Minister der Volksaufklärung, *Wannowski*, obwohl in seiner ganzen Tätigkeit ein getreuer Durchführer der reaktionären russischen Re-gierungspolitik, erteilte [...] den Rat, dem Verfasser in einer Resolution die Verachtung der Studentenschaft auszudrücken."[105]

Eine weitere Protestversammlung gegen die Behauptungen Richthofens fand am 11. Fe-bruar 1904 auf Initiative der deutschen Sozialdemokratinnen statt. Clara Zetkin vertei-digte vor 2.500 Zuhörern energisch die Ehre der in Berlin studierenden Russinnen[106]. Als das Thema am 27. und 29. Februar 1904 erneut Gegenstand der Erörterungen im Reichstag wurde, schränkte der preußische Innenminister Freiherr von Hammerstein die Behauptungen Richthofens dahingehend ein, daß die russischen Studenten in Berlin zwar keine Anarchisten seien, viele von ihnen jedoch auf dem besten Wege seien, es zu werden[107]. Es dürfe schließlich nicht übersehen werden, daß sich unter den rus-sischen Studierenden der letzten Jahre auch der Student Karpowitsch, der Mörder des russischen Ministers Bogolepoff, und die Studentin Frumkine, die im Jahre 1903 ein Attentat auf den russischen General Nowitzki in Kiew verübte, befanden: „Also so ganz unschuldig scheinen die russischen Elemente hier in Berlin nicht zu sein."[108] Explizite Seitenhiebe auf Moral und Lebenswandel der russischen Studentinnen erlaubte von Hammerstein sich nicht. Reichskanzler Bülow hingegen verdeutlichte noch einmal die Haltung der Regierung zur „Anarchistenfrage": Die Proteste der russischen Studenten-schaft seien „impertinent", und man werde sich nicht „von solchen Schnorrern und Verschwörern auf der Nase herumtanzen lassen"[109].

Die Äußerungen des Reichskanzlers zogen weitere Proteste der russischen Studen-tenschaft nach sich. Auf einer dieser Versammlungen im März 1904 schritt die Polizei ein: Etwa 100 Teilnehmer wurden festgenommen und von der politischen Abteilung des Berliner Polizeipräsidiums verhört. Noch im gleichen Monat kam es mit der Begründung, es handele sich um „lästige Ausländer", zur Ausweisung von vierzehn russischen Studenten. Sie wurden unter der Anteilnahme von über einhundert russischen Kommilitonen am 24. März am Anhalter Bahnhof verabschiedet[110].

Auch in schweizer Universitätsstädten kam es zu Beginn des 20. Jahrhunderts zu einer Welle der Xenophobie. So wurde in der Berner Lokalpresse von „halbasiatischer Invasion" und von der Medizinischen Fakultät als einer „slawischen Mädchenschule"[111] gesprochen. Die Phantasie von der russischen Studentin als gefährlicher Attentäterin und amoralischer Person, die die Jugend eines ganzes Landes zu verderben drohe, gewann neuen Auftrieb: Hatte sich das „Berner Tageblatt" im Mai 1904 noch mit dem Hinweis begnügt, daß die russischen Studentinnen zwar einen großen Einfluß auf die freiheitliche Bewegung in Rußland hätten, aber eher als Opfer denn als Mittäterinnen anzusehen seien[112], so informierte die „Berner Volkszeitung" 18 Monate später ihre Leserschaft über die wahren Hintergründe ihres Treibens:

> „Sie spielen in der russischen Revolution nicht die Rolle von Mitgängerinnen, sondern sind entschieden die treibende Kraft und die Vollstrecker der gefährlichsten ‚Hinrichtungen' – sie opfern alles: Zukunft, Freiheit, Leben und das, was über allem steht, ihre weibliche Ehre. Die Studentinnen sind furchtbar als Verführerinnen der unreifen Jugend, die sie durch Liebesraserei sich gefügig zu machen und zu verzweifelten Dingen anzuspornen wissen. Neun Zehntel der grünen Bengel aus den Gymnasien und den Realschulen, die dem Revolutionsteufel verfallen sind, befinden sich in den Klauen der Studentinnen, die sie mit Wollust und Blutdurst durchtränken und ihnen im nötigen Augenblick Dolch oder Bombe in die Hand drücken."[113]

Die Phantasien über den Lebenswandel der russischen Studentinnen an westeuropäischen Universitäten erreichten zu Beginn des 20. Jahrhunderts eine neue Qualität. Die in der Berner Lokalpresse formulierten Beschuldigungen entsprachen den Vorwürfen, die die russische Regierung den Studentinnen im Ukaz von 1873 gemacht hatte. Auch in Berlin glich das Bild der russischen Studentin demjenigen, welches seit den 70er Jahren des 19. Jahrhunderts von der russischen Regierung gezeichnet worden war. Wie alle russischen Studierenden an westeuropäischen Universitäten sahen sich auch die Russinnen an der Berliner Universität unaufhörlich dem Verdacht ausgesetzt, dem Anarchismus nahe zu stehen oder sich an revolutionären Umtrieben zu beteiligen. Darüber hinaus wurde das Schreckensbild der Anarchistin angereichert mit Phantasien über libidinös entfesselte Studentinnen, die die Jugend des Gastlandes zu politischen Attentaten zu verführen trachteten.

4. Ausländerfeindlichkeit und Antisemitismus an der Berliner Friedrich-Wilhelms-Universität

Die offizielle Hochschulpolitik des Kaiserreichs bezüglich der russischen Studierenden wurde ab 1900 überwiegend von innen- und außenpolitischen Interressen der deutschen Regierung geprägt. Die an den Universitäten in den folgenden Jahren lauter werdende „Ausländerfrage" war im Kern eigentlich eine „Russenfrage". Da ein Großteil aller russischen Studierenden sich zum mosaischen Glauben bekannte, fanden zunehmend auch antisemitische Parolen Eingang in die Diskussion. Von 360 im Wintersemester 1904/05 an der Berliner Universität eingeschriebenen männlichen russischen Studierenden waren 261 (= 72 %) Juden[114]. Kampe hingegen betont, daß die Etablierung des Antisemitismus an deutschen Universitäten bereits in der Mitte der 90er Jahre des vorigen Jahrhunderts abgeschlossen gewesen sei und der Zuzug der russisch-jüdischen Studenten zu spät eingesetzt habe, um für diese Entwicklung von entscheidender Bedeutung gewesen zu sein[115].

Antisemitische Vorbehalte wurden nicht nur gegen das Studium von Ausländern an deutschen Universitäten vorgebracht. Auch in die Debatte um das Frauenstudium fanden derartige Äußerungen Eingang. So suchte die „Deutsche Zeitung" wenige Tage vor der Zulassung der Frauen zu den medizinischen, zahnmedizinischen und pharmazeutischen Staatsexamina im April 1899 nachzuweisen, daß die Etablierung des Frauenstudiums ausschließlich dazu führen werde, die Ehelosigkeit der deutschen Frauen weiter voranzutreiben: Würden deutsche Männer durch den überproportionalen Anteil jüdischer Frauen an der Universität noch stärker aus dem Gelehrtenstande verdrängt, so komme es unweigerlich zu einem weiteren Absinken ihrer Heiratsbereitschaft. Deutsche Frauen würden demnach weitaus mehr Nachteile erleiden, als ihnen die Zulassung zu den akademischen Berufen an Vorteilen gewähren könne. Der Autor lehnte die Zulassung der Frauen zum Studium und zu den Staatsprüfungen vehement ab, weil diese ausschließlich die „Geschäfte des Judentums"[116] fördere.

Bereits im Rahmen des Schiemann-Skandals Ende 1901 hatte sich der nationalkonservative „Verein Deutscher Studenten" mit einer Resolution an den preußischen Kultusminister gewandt, in der „Vorkehrungen gegen die Beeinträchtigung des Studiums durch Ausländer" gefordert wurden, „soweit deren minderwertige wissenschaftliche Leistungen oder *gesellschaftliche Gewohnheiten* die notwendigen Voraussetzungen für den Zuschnitt unsres akademischen Lebens"[117] vermissen ließen. Die russische Studentenschaft erklärte ihrerseits im „Vorwärts":

> „Wie auch unsre gesellschaftlichen Gepflogenheiten sein mögen, jedenfalls sind sie derart, daß wir uns in unserem Heimatlande niemals erlauben würden, ausländischen Studierenden gegenüber, welche die Gastfreundschaft unseres Landes in Anspruch zu nehmen genötigt sind, vor der Öffentlichkeit ohne jedweden Versuch einer Begründung einen so schweren, für sie in hohem Grade beleidigenden Vorwurf zu erheben. – Vielleicht wird die moderne Universitätsschneidigkeit den russischen Studenten freundschaftlicher gegenübertreten, sobald diese erst durch Anrempelung einer anständigen Frau auf offener Straße den Beweis geliefert haben, daß auch sie sich gewissen ‚deutschen' Sitten zu nähern verstehen."[118]

Nachdem Reichskanzler Bülow am 27. Februar 1904 im Reichstag die russischen Studenten öffentlich als „Schnorrer"[119] bezeichnet hatte, empörten sich diese erneut in der sozialdemokratischen Zeitung, daß das Land eines Lessing oder Fichte noch im 20. Jahrhundert eine derartige Mißachtung des Humanitätsgedankens ertragen müsse, wie sie in den antisemitischen Ausfällen des Reichskanzlers zutage getreten sei[120]. Als im

Zuge des Revolutionsversuchs in Rußland die Zahl russischer Studenten an deutschen Universitäten weiter anstieg, gab Kaiser Wilhelm II. die Direktive: „Die russischen Studenten müssen hinaus!"[121]. Daraufhin arbeitete der Universitätsrichter der Berliner Friedrich-Wilhelms-Universität Daude einen Entwurf zur Verschärfung der Zulassungsbedingungen für russische Studierende aus: Dieser sah eine Aufnahme an einer deutschen Universität nur dann vor, wenn ein Reifezeugnis eines russischen „klassischen Gymnasiums" vorgelegt – worunter die russischen Mädchengymnasien mit Sicherheit nicht gerechnet wurden –, ein Befähigungsnachweis der deutschen Sprache geführt würde, vom polizeilichen Standpunkt keine Bedenken vorlägen und die russische Botschaft die Aufnahme an der Universität befürworte. Die Aufnahme sollte zunächst auf ein Semester beschränkt werden und eine Verlängerung nur dann stattfinden, wenn die entsprechenden Hochschullehrer dem Kandidaten ein „Fleißzeugniß" ausstellten und die Polizeibehörde ihre „Unbedenklichkeitsbescheinigung" erneuere. Diese Regelung sollte explizit auch bei weiblichen Studierenden aus dem Ausland Anwendung finden. Daß sie schließlich verworfen wurde, führt Brachmann auf den auf außenpolitischen Bedenken beruhenden Einspruch des preußischen Ministers für auswärtige Angelegenheiten zurück[122].

Auf Anordnung des preußischen Kultusministers im Oktober 1906 wurde schließlich die Zusammenarbeit zwischen der Berliner Polizei und der Universitätsbehörde als Vorbild genommen und ebenso wie die in Berlin bis dahin übliche Aufnahmepraxis auf alle preußischen Universitäten ausgedehnt: Die Unterlagen all derer, die sich nicht durch „besondere [...] Zeugnisse [...] über ihre bisherige, sittliche Führung"[123] ausweisen konnten, wurden zunächst dem zuständigen Polizeipräsidium übersandt. Auch bereits bestehende Bedenken gegen eine Immatrikulation wurden mitgeteilt. Nach eingehender Überprüfung ihrer Papiere hatten sich die russischen Studienbewerber zu einem gesonderten Immatrikulationstermin einzufinden.

Auf Grund dieser Verschärfung der Aufnahmebestimmungen ging die Zahl aller in Preußen immatrikulierten russischen Studenten zeitweilig leicht zurück. Trotz des wachsenden Drucks in der „Ausländerfrage" an den deutschen Universitäten wurden jedoch bis 1913 keine weiteren Maßnahmen gegen die insgesamt steigende Zahl russischer Studierender in Preußen ergriffen, obwohl dies auch im Reichstag zunehmend gefordert wurde: So verlangte eine Gruppe von Abgeordneten am 3. Dezember 1909 „Vereinbarungen zwischen den deutschen Bundesregierungen herbeizuführen, durch welche das den nationalen und wirtschaftlichen Interessen unseres Volkes gefährliche Vordringen des *Ausländertums an deutschen Hochschulen* verhindert wird."[124] Eine weitere Petition forderte am 10. Januar 1913 eine gesetzliche Regelung der „immer brennender werdenden *Ausländerfrage an den deutschen Hochschulen und Universitäten* im Interesse unseres Volkstums, unseres geistigen und wirtschaflichen Lebens."[125]

Zwischen 1899 und 1912 hatte sich die Zahl aller russischen Medizinstudierenden im Deutschen Reich verzehnfacht. In dieser Zeit hatte sich die Ausländerfeindlichkeit inner- und außerhalb der Universitäten, die in der Gleichsetzung der „Ausländerfrage" als „Russen-" und „Judenfrage" kulminierte, zugespitzt. Am 15. Januar 1913 formulierte schließlich der Abgeordnete Dr. Werner im Reichstag diesbezüglichen Ansichten folgendermaßen:

„Wenn man allerdings von der Ausländerfrage spricht, so ist das etwas euphemistisch ausgedrückt; näher kommen wir schon der Sache, wenn wir von der Russenfrage sprechen, und noch näher, wenn wir von der Judenfrage an deutschen Universitäten reden. Denn es handelt sich bei den lästigen Ausländern nicht um Schweizer, Franzosen, nicht um unsere germanischen Stammesgenossen aus dem Norden, sondern um jüdische Leute aus Rußland, die mit durchaus ungenügender Vorbildung an unsere Universitäten kommen, den deutschen Studenten die besten Plätze wegnehmen usw. Wir brauchen daher nicht nur einen Grenzschutz für unsere Tiere, sondern auch vor allen Dingen einen Grenzschutz für den deutschen Menschen."[126]

Im Wintersemester 1911/12 stammten annähernd 45% aller an deutschen Universitäten eingeschriebenen Ausländer aus Rußland. Besonders augenfällig war das Anwachsen der russischen Studenten an den Medizinischen Fakultäten. Im darauffolgenden Wintersemester 1912/13 hatte Berlin nicht nur die meisten Studenten reichsweit zu verzeichnen, sondern auch die höchste Anzahl russischer Studenten: Von über 10.000 ausländischen Studierenden an deutschen Universitäten waren 4.658 russischer Nationalität, mehr als 1.100 von diesen studierten an einer Berliner Hochschule[127]. Im Jahre 1912 waren 90% der insgesamt 1.244 russischen Medizinstudierenden in Preußen jüdischen Glaubens. Ein in Berlin in russischer Sprache herausgegebenes „Studentisches Informationsblatt" benennt für die Medizinische Fakultät der Berliner Friedrich-Wilhelms-Universität im Sommersemester 1912 sogar einen Anteil von 97% mosaischer Religionszugehörigkeit unter den russischen Medizinstudenten[128].

Ab Mitte 1912 kam es vielerorts erneut zu nationalistisch geprägten Kundgebungen deutscher Studenten gegen das Studium von Ausländern an deutschen Universitäten. Im Juli 1912 beschloß der 4. Verbandstag Deutscher Klinikerschaften in Leipzig eine von Hallenser Medizinstudenten eingebrachte Resolution gegen ihre russischen Kommilitonen. Höhepunkt der Aktionen war ein erneuter Streik der Medizinstudenten in Halle, die sich am 16. Dezember 1912 „in corpore absentierten"[129]. Ihr Forderung, Ausländer ohne deutsches Physikum nicht mehr zum klinischen Unterricht zuzulassen, war faktisch gleichbedeutend mit einem Ausschluß der russischen Kommilitonen vom medizinischen Unterricht, da Ausländer nicht zu den deutschen Staatsprüfungen zugelassen waren. Auf einer Versammlung deutscher Medizinstudenten, die am 21. Januar 1913 in Berlin stattfand, wurde diese Forderung wiederholt[130]. Die Medizinischen Fakultäten in Halle und Berlin zeigten für die Proteste der deutschen Studenten wenig Verständnis. In Halle erklärte man gegenüber dem preußischen Kultusministerium, daß eine Beeinträchtigung des Studiums der deutschen durch russische Medizinstudenten nicht stattgefunden habe. Die Äußerungen der Berliner Medizinischen Fakultät gingen sogar noch weiter. In ihrer Stellungnahme heißt es,

„daß die Ausländer im allgemeinen viel regelmäßigeren Fleiß zeigten als die Inländer, und daß diese die ihnen gebotenen Gelegenheiten zu lernen nicht in dem Maße ausnutzen, wie sie es könnten und wie sie es sollten. Also nicht die Anwesenheit der Ausländer, sondern der eigene Unfleiß trägt die Schuld, wenn die Inländer aus den Universitätseinrichtungen nicht denjenigen Nutzen ziehen, welchen sie ziehen könnten."[131]

Dennoch nahm in den folgenden Monaten die Pressekampagne gegen russische Studierende zu und fand nur wenig öffentlichen Widerspruch. So konstatierte im März 1913 eine Berliner Zeitschrift großes Verständnis für das Vorgehen der Hallenser Kliniker und bescheinigte der deutschen Studentenschaft, daß sie „seit jeher ungemein gastlich jedem wohlerzogenen Fremden begegnet"[132] sei. Anhand einer Analyse der Zusammensetzung der russischen Studentenschaft an deutschen Universitäten klärte der Autor die Öffentlichkeit darüber auf, daß es sich bei diesen überwiegend um einen „relativen Überschuß, der sich nur allzuoft auch noch in qualitativer Hinsicht als Ausschuß erweist"[133] handele. Seiner Ansicht nach setzte sich dieser „Ausschuß" einmal aus „Minderbefähigten"[134], die in ihrem Heimatland keine Aufnahme an der Universität fänden, dann aus „mindererwünschten oder minderbegabten [...] gewissen Bevölkerungselementen [...] innerhalb des studierenden Judentums"[135] und schließlich auch aus „von politischer Agitation zerfressenen [...] unliebsamen und gefährlichen Leuten"[136] zusammen. Die Regierung habe lediglich dafür zu sorgen,

> „daß das im Auslande sich bildende Milieu der russischen Studenten nicht aus als minder erwünscht abgestossenen Leuten sich zusammensetze – und Russen und deutsche Kommilitonen werden schiedlich-friedlich nebeneinander auskommen und sich gut verstehen lernen. Griffe die deutsche Behörde hier durch, dann könnte es nimmer geschehen, daß [...] wie in der Schweiz das Gastrecht durch Morde besudelt würde. [...] Seinerseits würde Deutschland durch Fernhaltung dieser Elemente nicht verlieren; denn was stets so gern angeführt wird von den werbenden Geistesbanden zwischen Zöglingen und Lehrmutter, das trifft gerade für die hier in Frage stehenden Leute nicht zu. Ihnen gilt Preußen-Deutschland als der reaktionäre Büttel Europas, das Deutschtum als die schwerfälligste, jedem politischen Fortschritt abholde Nation. Zu dieser vorgefaßten Meinung gesellt sich dann später erboste Verbissenheit ob mancher erlittener, meist wohlverdienter Erfahrungen, so daß diese Menschen [...] meist als Träger des verbohrtesten Deutschenhasses auftreten."[137]

Die Aktivitäten der deutschen Studentenschaft gegen ihre ausländischen Kommilitonen führten zu neuerlichen Organisationsbestrebungen innerhalb der russischen Studentenschaft, um sich möglichst geschlossen gegen die zunehmenden Diffamierungen zur Wehr zu setzen[138]. So beschloß der „Verein jüdischer Studierender aus Rußland in Berlin" auf einer Protestversammlung, die sich gegen die Vorgänge in Halle richtete, die Einberufung eines russischen Studententages in Deutschland. Die sich daraufhin am 23. Februar 1913 in Karlsruhe versammelnden Studenten drückten ihren Wunsch aus, die Beziehungen zu ihren deutschen Kommilitonen zu verbessern und äußerten die Hoffnung, daß diese nicht „den Weg reaktionärer und antisemitischer Auftritte"[139] einschlagen würden. Da die Lage der russischen Studentenschaft jedoch nur durch Selbsthilfe gebessert werden könne, forderte man alle russischen Studierenden auf, sich „zur Vertretung ihrer Würde und ihrer gemeinschaftlichen Interessen"[140] zu organisieren. Es wurde die „Organisation russischer Studierender in Deutschland" gegründet, deren Zentralbüro seinen Sitz in Berlin erhielt[141]. Die etwa 150 im „Verein jüdischer Studierender aus Rußland in Berlin" zusammengeschlossenen Medizinstudenten tagten am 4. Januar 1913 ein zweites Mal und verfaßten ein Memorandum zu den Vorgängen in Halle, welches sie dem Rektor und Senat der Berliner Friedrich-Wilhelms-Universität übergaben. Darin heißt es:

> „So wurden z. B. in der letzten Zeit unseren Kameraden in Verfolg der gehässigen, von politischen Motiven diktierten Ausfällen [...] ganz allgemeine Vorwürfe über angebliche Kultur und Sittenlosigkeit gemacht. Solche haltlosen Anschuldigungen erledigen sich indes von selbst und bedürfen unsererseits keiner weiteren Erörterungen. Anders steht es aber mit der Ansicht, als ob unsere Kameraden ungenügend vorbereitet wären, und die zum Hochschulstudium notwendigen Kenntnisse nicht besäßen. [...] Außerdem weisen zahlreiche Erfahrungen der deutschen Professoren, soweit wir die Stimmen unserer hochverehrten deutschen Lehrer vernommen haben, daraufhin, daß von einer mangelhaften Vorbildung der Studierenden aus Rußland keine Rede sein kann."[142]

Die Studenten erbaten den Schutz der Universitätsbehörden gegen die ungerechtfertigten Angriffe seitens der deutschen Studentenschaft und ersuchten um rechtliche Gleichstellung an der Universität in dem Sinne, daß ihnen die Erlaubnis zur Ablegung des Physikums erteilt werden möge. Der Universitätsrichter bezeichnete die Eingabe als „durchaus maßvoll"[143] und erwog, den preußischen Kultusminister darüber in Kenntnis zu setzen. Zum gleichen Zeitpunkt informierte der Berliner Polizeipräsident den Kultusminister, daß sich die russischen Studenten in Deutschland wieder zu regen begännen[144].

Ausgehend vom Hallenser Klinizistenstreik im Dezember 1912 führten die Proteste der deutschen Studentenschaft gegen ihre russischen Kommilitonen zu entscheidenden Veränderungen in der preußischen Hochschulpolitik. Ab dem Wintersemester 1913/14 kam es zur Studienplatzbegrenzung für russische Studierende in Preußen, wobei den einzelnen Universitäten je nach ihrer Größe Kontingente zugeteilt wurden: Von einer Gesamtzahl von 900 Plätzen für russische Studierende an preußischen Universitäten fielen 280 auf Berlin, die übrigen verteilten sich auf die anderen Universitätsstädte (Königsberg 140, Halle 120, Breslau 100, Bonn 80, Göttingen 60, den Universitäten Greifswald, Kiel, Marburg und Münster je 30 Plätze). Der diesbezügliche Erlaß des preußischen Kultusministers vom 24. September 1913 wies darauf hin, daß diese Kontingente von den russischen Studierenden bereits weit überschritten seien, allerdings keine Absicht bestehe, den derzeit Immatrikulierten bei der Beendigung ihrer Studien Hindernisse in den Weg zu legen. Die Festlegung der maximal zu verteilenden Studienplätze sollte sich lediglich auf die Zahl der Neuimmatrikulationen auswirken[145]. Ein knappes Jahr später wurden mit dem Erlaß des preußischen Kultusministers vom 30. August 1914 die russischen Studierenden als „Angehörige der Feindstaaten" vom weiteren Hochschulbesuch im Deutschen Reich ausgeschlossen.

5. Das Verhältnis zwischen russischen und deutschen Studentinnen (1870-1914)

Franziska Tiburtius schildert in ihren Memoiren ihre in Studienzeiten empfundene Angst, daß sich die in Zürich studierenden Russinnen zu einer ernsten Gefahr für das Frauenstudium entwickeln könnten. Und tatsächlich nutzten dessen Gegner in Deutschland, Medizinprofessoren wie auch Reichstagsabgeordnete, das Schreckensbild der „radikalen Frauenzimmer", um die Öffnung der deutschen Universitäten hinauszuzögern. Die deutsche Frauenbewegung bemühte sich in ihrem Kampf für die Ausbildung weiblicher Ärzte, derartigen Gerüchten über die Gefährlichkeit studierender Frauen entgegenzutreten.

Mathilde Weber, deren Streitschrift „Aerztinnen für Frauenkrankheiten, eine ethische und sanitäre Notwendigkeit" in Deutschland eine breite Öffentlichkeit erreichte, reiste selbst im Sommer 1887 nach Zürich, um die dortigen Verhältnisse zu begutachten. In ihrem kurz darauf veröffentlichten Bericht betonte sie, sie habe während ihres Aufenthalts in Zürich „von all den Bischoffischen Gespenstern nie etwas gesehen"[146]. Weder sei ihr extravagantes oder unweibliches Benehmen der Studentinnen aufgefallen, noch sei sie rauchenden oder herrenkostümtragenden, nervösen und ob der ungewohnten Anstrengung grämlich gewordenen „schrecklichen Zwitterwesen"[147] begegnet. Stattdessen habe sie frische, kräftige Frauen voll weiblichen Anstands und in unauffälliger Kleidung angetroffen, die sich durch würdiges Benehmen ausgezeichnet hätten. Die hartnäckig kursierenden Gerüchte über den Lebenswandel der Studentinnen erklärte Mathilde Weber folgendermaßen:

> „Es scheint, daß das auswärts verbreitete Vorurteil gegen die Studentinnen noch von früheren Vorgängen herstammt, und nur durch die Gedankenlosigkeit der Menge und den Mangel an selbständiger Beobachtung auch noch auf die heutige Generation der Schülerinnen übertragen wird. Damals, vor fünfzehn bis zwanzig Jahren, studierten vorherrschend nur Russinnen. Dieselben standen auf einer uns fremdartigen Kulturstufe und hatten auch andere gesellschaftliche Anschauungen als wir Westeuropäer."[148]

Weber äußerte für die russischen Studentinnen zwar Verständnis, denn „andere, als besonders Mutige und gegen herkömmliche Gebräuche und falschen Schein Gleichgiltige [sic!]"[149] hätten es nie gewagt, selbständig neue Berufswege zu erobern. Zugleich machte sie die Russinnen jedoch auch verantwortlich dafür, daß das Frauenstudium frühzeitig in Verruf geraten war. Weber konstatierte, daß im Laufe der letzten 20 Jahre das Studium von Frauen in der Schweiz eine feste Basis erlangt habe und die Studentinnen der neuen Generation vom „früheren Irrwahn [...], als müßten sie durch das ebenbürtige Lernen mit den Männern mehr von deren Sitten und Trachten annehmen"[150] geheilt seien. Obwohl sie „aus Sorge vor schlimmer Nachrede" ein „wahrhaft klösterliches Leben unter strengster Klausur"[151] führten, hätten die Studentinnen noch immer unter der „bösen Erbschaft von den früheren Russinnen"[152] zu leiden.

In diesem Sinne schildert auch Ricarda Huch, die zwischen 1887 und 1889 an der Züricher Philosophischen Fakultät studierte, in einem autobiographischen Bericht über ihre Studienzeit:

„Ich hatte mir, bevor der Gedanke an das Studium auftauchte, die Haare abschneiden lassen, weil [...] sie mir eher unbequem waren. Zu Beginn der Studienzeit ließ ich sie wieder wachsen, weil es unter uns Studentinnen Grundsatz war, uns in keiner Weise von anderen jungen Mädchen zu unterscheiden. [...] es sollte [...] jede als männlich zu deutende Note in der äußeren Erscheinung und im Auftreten vermieden werden."[153]

Mathilde Weber forderte in ihrer Streitschrift eine gerechte Beurteilung der neuen Studentinnengeneration. Sie unterschied die Studentinnen in drei Gruppen, die sich in ihren „Geschmacksrichtungen und Lebensanschauungen"[154] stark unterschieden (Schweizerinnen und Deutsche, Amerikanerinnen und Engländerinnen sowie Russinnen und Polinnen) und äußerte die Hoffnung, daß die Gründung des Züricher Studentinnenvereins entscheidend dazu beitragen werde, die ungerechtfertigte Voreingenommenheit gegenüber studierenden Frauen zu beseitigen. Voraussetzung sei, daß der Verein darauf achte, in seinen Reihen stets die Gründerinnen, nämlich deutsche und schweizer Studentinnen, vorherrschen zu lassen,

„[...] damit es nicht vorkommen kann, daß durch eine andere Nation deren Beschlüsse durchgesetzt oder durch dieselbe das Präsidium gebildet wird in einer deutsch lehrenden Universität und deutsch sprechenden Stadt. Leicht würde sonst durch die unvergessenen, so fest gewurzelten Traditionen von den früheren Russinnen das Mißtrauen gegen den Verein auftauchen, als beschäftige er sich mit sozialen oder sogar politischen Fragen. Mit aller Dringlichkeit, die mir zu Gebot steht, möchte ich deshalb unsere jungen Gesinnungsgenossinnen warnen, sie möchten sich nie in Abhandlungen oder Betrachtungen und Urteile über die soziale oder die Frauenfrage einlassen. [...] Möge es den Studentinnen genügen, daß sie durch ihren Beruf selbst praktisch zur Lösung beitragen."[155]

Nach Ansicht Webers sollte sich der Verein auf kleine Vorträge zur Hebung der allgemeinen Bildung, auf literarische, historische, künstlerische oder ästhetische Themen beschränken, zumal es für die soziale Stellung der späteren Ärztin auch von großem Wert sei, wenn ihre Allgemeinbildung nicht unter ihrem Fachwissen gelitten habe[156].

Um der Voreingenommenheit der Öffentlichkeit gegenüber weiblichen Studierenden noch wirkungsvoller entgegenzutreten, veröffentlichte Weber ihren Bericht zusätzlich im Anhang ihrer weit verbreiteten, 1889 bereits in 4. Auflage erschienenen Streitschrift „Aerztinnen für Frauenkrankheiten, eine ethische und sanitäre Notwendigkeit". Als prominente deutsche Verfechterin für die Ausbildung von Ärztinnen war Mathilde Weber von der Notwendigkeit überzeugt, ein Gegenbild von der studierenden deutschen Frau zu zeichnen, welches sich in jeder Hinsicht von dem der Russin unterschied. Um dieses Bild dauerhaft zu etablieren, forderte Weber von der neuen Studentinnengeneration, sich bewußt von den russischen Kommilitoninnen abzugrenzen.

Innerhalb der deutschen Frauenbewegung gab es auch Stimmen, die für mehr Toleranz gegenüber den russischen Studiengenossinnen eintraten. So schrieb Käthe Schirmacher in einem Resümee über das Frauenstudium in Zürich im Jahre 1896:

„Ich weiß nicht, wie und wann gerade *sie* [die „typische" russische Studentin, A. B.] in einen so schlechten Ruf gekommen ist; was ich von Russinnen in Zürich gesehen habe, waren weit mehr rührende und oft bedauernswerte Gestalten als flotte Umstürzlerinnen. Wie manche habe ich tagtäglich mit blassen Gesichtern, dünnen Jäckchen und dürftigem Schuhwerk pünktlich ins Kolleg trotten sehen; von anderen erfuhr ich, daß sie ein monatliches Einkommen von 45 Fr. hatten und davon alles bestreiten mußten [...]. Dabei mochten dann allerdings Zustände herauskommen, die Westeuropäern ungewohnt sind. [...] Gewiß, das sind uns fremdartige Zustände und um sich in ihnen zu gefallen, um ein solches Leben überhaupt führen zu können, muß man vielleicht russische Gewohnheiten [...] im Blute haben. Aber ist das uns Ungewohnte auch gleich schlecht? Gewiß nicht, und in dieser polnisch-russischen Studentenkolonie, die ehrlich zusammenhält und ihre Frauen als durchaus gleichberechtigt betrachtet, lieg viel stiller Heroismus und viel reine Güte."[157]

Offenbar setzten sich jedoch die Ansichten und Ratschläge Mathilde Webers unter den Studentinnen durch. So schildert Ricarda Huch, die über mehrere Jahre hinweg dem Züricher Studentinnenverein vorstand:

„Sehr unzufrieden waren die russischen Studentinnen mit mir, die in großer Zahl zum Verein gehörten. Diese wünschten, daß Vorträge gehalten würden, an die sich Diskussionen knüpften, während ich für zwangloses Zusammensein war. Die meisten waren so, wie man sie aus russischen Romanen kennt: sie konnten Nächte hindurch zusammensitzen und in endlosen Gesprächen über Welt und Lebensrätsel sich ergehen, wobei die Probleme immer verworrener wurden. Wir sprachen auch über alles, was junge Menschen bewegt und interessiert; aber es war nicht ein so uferloses, gewissermaßen aus Schwäche sich und den Gegenstand auflösendes Überschwemmen."[158]

Gleichermaßen äußerte sich auch die in Berlin niedergelassene Ärztin Dr. Agnes Bluhm, die von 1884 bis 1890 in Zürich studiert hatte, in einem Rückblick auf ihre Studienzeit:

„Mit den ausländischen Studentinnen [...] haben wir zumeist nur, soweit es sich aus der Berufsarbeit ergab, verkehrt. Den internationalen Studentinnen-Verein habe ich bewußt vermieden. Die uferlosen, sich oft im Kreise drehenden Diskussionen der Russinnen konnten mich, wenn es auch nicht mehr ganz so schlimm damit war wie zur Zeit der Kollegin Tiburtius, ebensowenig locken wie die wissenschaftlichen Vorträge unberufener, z. B. einer deutschen Philologin über den Bau des menschlichen Gehirns."[159]

Wie Weber es gefordert hatte, präsentierten sich die deutschen Studentinnen als unpolitische, ernsthaft studierende und moralisch intakte Frauen. Den russischen Studentinnen hingegen hingen auch weiterhin ein zweifelhafter Ruf sowie der Vorwurf mangelnder Vorbildung und des fraglichen Einsatzes für das wissenschaftliche Studium an. All dies stellte für die Frauenbewegung eine Gefährdung des bereits Erreichten dar. Die von Weber geforderte Distanzierung von den Russinnen führte zu einer Spaltung innerhalb der Studentinnenschaft und etablierte sich in den folgenden Jahrzehnten: So gab der „Schweizerische Verband der Akademikerinnen" 1928 eine umfassende Abhandlung über das Frauenstudium und dessen Geschichte an den schweizer Hochschulen heraus. Die Haltung der Akademikerinnen gegenüber den Russinnen als den eigentlichen Wegbereiterinnen des Frauenstudiums in Europa, in deren Schatten sich die deutschen und schweizer Frauen nur zögerlich auf den Weg in die akademischen Berufe machten, hatte sich kaum geändert:

> „Um den Versuch zum Gelingen zu führen, brauchte es aber nicht nur grosszügige Staats- und Universitätsbehörden, sondern vor allem tüchtige Frauen, welche den verlangten Befähigungsbeweis nach jeder Richtung restlos zu erbringen vermochten. Als 1864 die erste russische Studentin in Zürich erschien, als ihr im nächsten Jahr die zweite folgte […], da gab sich in Zürich wohl noch kaum jemand über die Tragweite der sozialen Wende, die das bedeutete, Rechenschaft. Erst die Russenüberschwemmung der Jahre 1872/73 mahnte zum Aufsehen. Sie ging allerdings auf Veranlassungen zurück, die an sich wenig mit den Fortschritten ernsten Frauenstudiums zu tun hatten, ja sie brachte dieses vorübergehend geradezu in ernstliche Gefahr, und da war es denn ein grosses Glück für die Sache, dass in der Zwischenzeit eine Anzahl tüchtiger, hochstrebender Schweizerinnen, Deutsche und Angelsächsinnen, durch ihre Leistungen das Terrain bereits befestigt hatten. Insbesondere der mit frischer, gewinnender Menschlichkeit verbundenen Tüchtigkeit der ersten schweizerischen Medizinstudentin Marie Voegtlin, ist es wohl zu einem guten Teil zu danken, dass der Umschlag in der allgemeinen Stimmung damals nicht gefährliche Formen annahm."[160]

Neben allen wohlmeinenden Ratschlägen hatten deutsche und schweizer Medizinstudentinnen ihrerseits bereits frühzeitig begonnen, sich von ihren russischen Studiengenossinnen abzugrenzen. So richtete im Jahre 1870 die erste Medizinstudentin schweizerischer Nationalität Marie Vögtlin gemeinsam mit fünf weiteren Kommilitoninnen eine Eingabe an den Senat der Züricher Universität. Darin beschwerten sich die Studentinnen, daß die mangelhafte Vorbildung ihrer russischen Kommilitoninnen das wissenschaftliche Niveau der Vorlesungen gefährde und diese den ernsthaft Studierenden die besten Plätze in den Hörsälen wegnähmen. Sie forderten, daß nur noch diejenigen Russinnen, die eine der schweizer Maturitätsprüfung gleichwertige Vorbildung vorweisen könnten, zum Studium an der Universität zugelassen würden[161].

Mit dieser Eingabe bildeten die schweizer Medizinstudentinnen den Anfang in einer langen Kette von Widerständen gegen die Anwesenheit russischer Studentinnen an Medizinischen Fakultäten: Kurz nach Bekanntgabe des Ukaz der russischen Regierung im Sommer 1873 versammelten sich die Studierenden an der Berner Medizinischen Fakultät auf Grund von Gerüchten, daß eine Hundertschaft russischer Medizinerinnen

Abb. 6: Marie Vögtlin (Porträt).
In: August Forel. Arzt. Naturforscher. Sozialreformer. Bern 1988, S. 32.

von Zürich an ihre Universität wechseln wolle, zu einer Protestkundgebung. Die angehenden jungen Ärzte wiesen eindringlich auf den bereits bestehenden Platz- und Materialmangel im medizinischen Unterricht hin und äußerten ihre Befürchtung, daß ihr Studium durch die Zulassung der Russinnen ernsthaft gefährdet sei. Im Jahre 1885 veröffentlichte die „Deutsche Medizinische Wochenschrift" eine weitere Erklärung der Berner Medizinstudentenschaft, „wie am besten gewissen Uebelständen, die Studentinnen betreffend abgeholfen werden könne"[162]. Sie warfen ihren Kommilitoninnen „und speciell den Russinnen"[163] unter ihnen mangelnde Bildung vor und beschwerten sich, daß diese ihnen das ohnehin knapp bemessene Material wegnähmen. Sollten nicht all diejenigen von der Fakultät ausgeschlossen werden, die nicht im Besitz eines schweizer Reifezeugnisses oder einer gleichwertigen Legitimation seien, drohte eine größere Zahl der Studenten an die Basler Universität zu wechseln. Auch in den folgenden Jahren stellte die schweizer Studentenschaft – und besonders die Studenten der Medizinischen Fakultäten – wiederholt Forderungen nach einer Aufnahmebeschränkung für ausländische Studierende. Zielscheibe all dieser Aktivitäten waren jedoch ausschließlich die russischen Medizinerinnen, denn die Studienqualitäten der männlichen Mediziner aus dem Zarenreich wurden nicht in Zweifel gezogen. Die unzureichenden Kenntnisse der Studentinnen hingegen sollten eine solide medizinische Ausbildung unmöglich machen. Stets wurde mit Nachdruck auf die Begrenztheit der zur Verfügung stehenden Räumlichkeiten hingewiesen[164]. So war beispielsweise zur Jahrhundertwende der Anteil weiblicher Studierender an der Berner Medizinischen Fakultät auf über 50% angestiegen, die überwiegende Mehrheit der Studentinnen war russischer Nationalität[165].

Beschwerden der männlichen Studentenschaft gegen die weiblichen Kommilitonen wurden in dieser Zeit merklich lauter. Auch deutsche Studenten begannen sich nun gegen die Anwesenheit von Frauen im medizinischen Unterricht zu organisieren. So rief die Hallenser Klinikerschaft im Frühjahr 1899 alle Medizinstudenten an den Fakultäten des Reiches auf, sich ihrem Protest gegen die steigende Zahl der medizinischen Gasthörerinnen anzuschließen:

> „In die Stätten ehrlichen Strebens ist mit den Frauen der Cynismus eingezogen und Scenen, für Lehrer und Schüler wie für die Patienten in gleichem Maasse [sic!] anstosserregend, sind an der Tagesordnung. Hier wird die Emancipation der Frau zur Calamität; hier geräth sie mit der Sittlichkeit in Conflict und deshalb muss ihr hier ein Riegel vorgeschoben werden. [...] Wir fordern: die Ausschliessung der Frauen vom klinischen Unterrichte, weil uns die Erfahrung gelehrt hat, dass ein gemeinsamer klinischer Unterricht [...] sich mit dem Interesse eines gründlichen medicinischen Studiums ebenso wenig verträgt, als mit den Grundsätzen der Sittlichkeit und Moral."[166]

Der Dekan der Hallenser Medizinischen Fakultät erfuhr von diesem Aufruf aus der Tagespresse und zeigte sich entsetzt. Er stellte klar, daß es keinerlei Zwischenfälle im klinischen Unterricht gegeben habe, daß er die „Animosität gegen die weiblichen Studirenden"[167] zutiefst bedauere und nur deshalb von einem disziplinarischen Einschreiten absehe, weil er glaube, daß sich die Studenten der Bedeutung und Tragweite ihres Vorgehens nicht bewußt gewesen seien.

Im Jahre 1901 wurden in Halle nochmals Äußerungen laut, die den Ausschluß von Personen weiblichen Geschlechts vom medizinischen Unterricht verlangten. Diesmal kamen die Forderungen jedoch aus dem Munde der deutschen Medizinstudentinnen, die sich gegen ihre russischen Kommilitoninnen wandten. In einer Eingabe an den preußischen Kultusminister baten die Studentinnen, nur noch diejenigen Frauen zum Medizinstudium zuzulassen, die ein deutsches Abitur oder Physikum vorweisen könnten, und daß besonders gegenüber den Russinnen ein deutscher Maßstab bei der Beurteilung ihrer Vorbildung angelegt werde:

„Zu dieser Bitte veranlassen uns die augenblicklichen Verhältnisse in Halle, wo zur Anatomie und zu den Kliniken 35 Russinnen zugelassen sind auf ein einfaches Hauslehrerinnenzeugnis hin oder das Abgangszeugnis eines sogenannten russischen ‚Gymnasiums‘, das in Wirklichkeit kaum mit unsrer höheren Töchterschule auf gleicher Stufe steht, und in keiner Weise Anspruch erheben kann auf Gleichstellung mit deutschen Gymnasien. [...] Wir deutschen Studentinnen in unsrer geringen Zahl verschwinden unter dieser Masse von Russinnen, und die natürliche Folge davon ist, daß alles, was man ihnen zur Last, legt, auch uns zugeschoben wird, worin wir eine Beeinträchtigung unseres Ansehens erblicken zu müssen glauben. Ferner glauben wir wahrzunehmen, daß sich unter der hiesigen deutschen Studentenschaft infolge dieser Zustände eine steigende Mißstimmung geltend macht, die geeignet wäre, das bis dahin gute Einvernehmen zwischen den Studierenden beider Geschlechter ernstlich zu stören."[168]

Unter den Petitentinnen befand sich auch die Medizinstudentin Hermine Edenhuizen, die ihr Studium im Jahre 1898 an der Berliner Medizinischen Fakultät begonnen hatte. In ihren Memoiren beschreibt sie Motivation und Vorgehensweise der Studentinnen folgendermaßen:

„Die inzwischen zahlreicher gewordenen deutschen Studentinnen (etwa zehn) revoltierten [...] gegen eine Invasion von russischen Studentinnen ohne genügende und vielfach sogar ohne jede Vorbildung, manche nur mit einem Handarbeitsexamen. Diese Damen hatten merkwürdigerweise von den Professoren der vorklinischen Semester Hörererlaubnis bekommen, voran vom Dekan der medizinischen Universität. Weil wir uns sagten, daß doch das nicht ohne Einverständnis des Kultusministeriums geschehen sein könnte, das als höhere Instanz von uns Einheimischen als Vorbedingung für das medizinische Studium das humanistische Abiturientenexamen verlangte, wandten wir deutschen Hallenser Studentinnen in corpore, klinische und vorklinische Semester, uns über den Kopf des Dekans hinweg mit einer Eingabe dorthin. [...] Die Eingabe hatte zweierlei Wirkung: Wir erregten den bitteren Zorn des Dekans, weil wir ihn übergangen hatten, aber im nächsten Semester waren alle ungenügend vorgebildeten Russinnen verschwunden."[169]

Die Studentinnen konnten in ihrem Vorgehen mit der vollen Unterstützung der deutschen Frauenbewegung rechnen, die gehofft hatte, für deutsche Abiturientinnen die reguläre Immatrikulation durchzusetzen. Helene Lange beklagte, daß sich die Sache stattdesssen umgekehrt vollzogen habe, den Abiturientinnen in Preußen das ihnen zustehende Recht versagt bliebe und stattdessen „mit allzu großer Liberalität Thür und Thor" für „eine Schar ungenügend qualifizierter In- und Ausländerinnen"[170] geöffnet worden sei. Infolge dessen werde nicht nur in Berlin das Frauenstudium bereits als eine „Kalamität"[171] bezeichnet. Der Protest der Hallenser Medizinstudentinnen war in Langes Augen durchaus gerechtfertigt:

> „So konnte es denn vorkommen, daß auf dem Präpariersaal in Halle diese russischen ‚Medizinstudierenden' vergebens nach der Übersetzung von *musculus obliquus externus* gefragt wurden. Auf die Bedeutung von *musculus* führt die Wortähnlichkeit, *obliquus* weiß keine, zu *externus* meldet eine schüchtern mit der Übersetzung ‚erster'. Eine Szene, der deutschen Quarta würdig! [...] Lag es doch bei der großen Menge der Russinnen, die den deutschen (!) in siebenfacher Zahl gegenüberstanden, nur zu nahe, daß die durch sie erregte Mißstimmung sich gegen das Frauenstudium überhaupt wandte. Ebenso klar war es den Deutschen aber auch, daß eine schwere Schädigung des Frauenstudiums lediglich durch den Ausschluß der Russinnen verhindert werden könne. [...] Bei diesem Stand der Dinge dürfen wir wohl sagen, daß die fünf Medizinstudentinnen durch ihr energisches, aber in jeder Beziehung maßvolles und korrektes Vorgehen dem Frauenstudium einen wesentlichen Dienst geleistet haben."[172]

In ihrem Bemühen, eine Akzeptanz studierender Frauen inner- und außerhalb der Universitäten zu erreichen, ging Helene Lange darüber hinweg, daß sich zwei Jahre zuvor die männlichen Studierenden an der Hallenser Klinik im Namen von Sittlichkeit und Moral gegen die prinzipielle Anwesenheit von Frauen an der Fakultät gewandt hatten. Sie war der Ansicht, daß „deren Kollegialität den vollgiltig [sic!] vorgebildeten Studiengenossinnen gegenüber nicht zu wünschen übrig ließ"[173] und sich die Proteste lediglich gegen „Elemente von unzureichender Qualifikation"[174] gerichtet hätten. Lange sah in den russischen Studentinnen das eigentliche Hindernis für die Durchsetzung der Immatrikulation für Frauen an preußischen Universitäten, denn die von den Professoren postulierte „mechanische Gerechtigkeit"[175] für alle resultierte in ihren Augen in einer Ungerechtigkeit gegenüber den deutschen Abiturientinnen. Deren Ansehen werde um so mehr geschädigt, seit alle unzureichend vorgebildeten Russinnen an deutsche Universitäten abgewandert seien, nachdem die Universität Zürich ihre Aufnahmebedingung verschärft habe und Abschlüsse russischer Mädchengymnasien nicht mehr als Zugangsvoraussetzung akzeptiere[176].

Um der zunehmenden Abwanderung der in der Schweiz studierenden Russinnen an deutsche Universitäten entgegenzutreten, hatte sich der Verein „Frauenbildung-Frauenstudium" unter Anita Augspurg bereits im Januar 1900 sowohl an den Senat der Berliner Universität als auch an den preußischen Kultusminister gewandt und darum gebeten, analog schweizerischen Gepflogenheiten ausländischen Studienbewerberinnen eine angemessene Aufnahmeprüfung aufzuerlegen[177].

An der Berliner Friedrich-Wilhelms-Universität wagte es die Medizinstudentin Elise Taube als erste, ihrem Ärger über die russischen Hörerinnen an der Fakultät Ausdruck zu geben. Sie wandte sich im Juli 1901 mit einer Eingabe an den preußischen Kultusminister, in der sie sich über ihren Ausschluß von der Chirurgischen Klinik beschwerte. Dies sei ihr gegenüber dadurch begründet worden, daß im Falle ihrer Aufnahme auch die ausländischen Studentinnen zugelassen werden müßten, für derart viele jedoch kein Platz vorhanden sei. Elise Taube nahm in ihrer Verbitterung über die herrschenden Zustände kein Blatt vor den Mund:

„So drängt sich einem unwillkürlich die Frage auf, ob es nicht eine ungerechtfertigte Härte ist, die deutschen Frauen in ihren Interessen nur deshalb zu schädigen, weil man die Ausländerinnen nicht vernachlässigen will. Es giebt unter diesen Ausländerinnen (meist Russinnen) gewiß vereinzelte tüchtige Persönlichkeiten [...] – der weitaus größere Teil jedoch besitzt keine andere Vorbildung als unsere Mädchen aus der II. Klasse einer höheren Mädchenschule, nur mit dem Unterschied, daß letztere wenigstens die deutsche Sprache beherrschen, daß diese Schilderung keine übertriebene ist, geht schon aus dem Umstand hervor, daß Russinnen, die bereits 2-3 Jahre an der berliner Universität studirt haben, noch nachträglich lateinische und mathematische Studien treiben müssen [...]. Die Ausländerinnen erdrücken uns durch ihre Überzahl [...] und zu den Ausländerinnen kommt noch eine Anzahl von deutschen, die ebenfalls ohne entsprechende Vorbildung – das Medizinstudium nicht als Brotstudium betreiben, sondern nur um hier und da ohne Plan und Ziel diese oder jene Vorlesung zu hören, diese oder jene Klinik zu besuchen. [...] Und da mutet man uns von Seiten einiger Docenten noch zu, wir sollten uns mit diesen Frauen, die niemals das deutsche Staatsexamen machen können, zusammenzuthun zu sogenannten Privatkursen. – Derartige Institutionen mögen ja für Ausländerinnen ausreichen und auch für unterhaltungsbedürftige deutsche am Platze sein, diejenigen deutschen aber, die auf das Staatsexamen hinarbeiten, könnten sich an solchen Kursen – selbst wenn sie aus weniger minderwertigen Elementen zusammengesetzt wären – schon aus dem Grunde nicht beteiligen, weil ihnen nur das gemeinsame Studium mit den männlichen Studierenden die Gewähr bietet, in den Augen des Publikums später als vollberechtigte Ärztinnen vorzustehen. Und für die wenigen Medizinerinnen, die das Reifzeugnis besitzen, dürfte die Platzfrage wohl kaum in Betracht kommen. Mehr als 10 werden es selbst an der berliner Universität schwerlich jemals werden."[178]

In letzterem irrte Taube. Zwar befanden sich im Sommersemester 1901 unter den fünf deutschen an der Berliner Medizinischen Fakultät eingeschriebenen Gasthörerinnen nur zwei Abiturientinnen, denen sechzehn Russinnen und sechs Gasthörerinnen anderer Nationalität gegenüberstanden[179], doch im darauffolgenden Semester stieg die Zahl der deutschen Medizinstudentinnen auf zwölf an, wovon bereits sieben im Besitz eines deutschen Reifezeugnisses waren. Zwei weitere holten das deutsche Abitur in den folgenden Jahren nach[180]. Im Wintersemester 1904/5 studirten jeweils 26 russische und deutsche Gasthörerinnen an der Berliner Medizinischen Fakultät. Von letzteren hatten 18 das deutsche Abitur abgelegt, eine weitere stand kurz vor der Prüfung[181].

Wie bereits dargestellt, teilte die deutsche Frauenbewegung Taubes Auffassung, daß besonders die Ausländerinnen die Studienmöglichkeiten der deutschen Medizinstudentinnen wesentlich beeinträchtigten. Helene Lange forderte für das Frauenstudium einen durchgreifenden „Schutz gegen Dilettantismus"[182], denn von allen Studentinnen gehöre „mindestens die Hälfte" überhaupt nicht auf die Universität: Entweder handele es sich um „schlecht vorbereitete Ausländerinnen, die hier ihrer mangelhaften Vorbildung wegen doch nichts lernen können, oder um Damen, die eine Mode mitmachen, bei der für sie ein kleiner Nimbus abfällt."[183]

Wenige Monate später organisierte sich eine weitere Gruppe von 42 Abiturientinnen an verschiedenen preußischen Universitäten, die sich zwar nicht explizit gegen die Anwesenheit der russischen Kommilitoninnen, wohl aber gegen alle unzureichend vorgebildeten Gasthörerinnen aussprach. In ihrer Eingabe an die jeweiligen akademischen Senate der Universitäten vom 3. Februar 1902 heißt es:

„Wir befinden uns bei dem gegenwärtigen Zustand des Frauenstudiums in unbilliger Benachtheiligung. Denn abgesehen von den Abiturientinnen [...] drängt sich eine unverhältnismäßig große Zahl von Frauen ohne genügende Vorbildung zur Universität. Diesen völlig gleichgesetzt zu werden, ist für uns um so bedenklicher, als unsere Zahl neben der der übrigen Hörerinnen vollständig verschwindet. [...] Der gegenwärtige Zustand ist für eine gedeihliche Durchführung unserer Studien insofern höchst hinderlich, als wir, von dem Ermessen des einzelnen Dozenten abhängig, von manchen Vorlesungen und Uebungen ausgeschlossen sind. [...] Die Immatrikulation würde der einzige Weg sein, um das Frauenstudium aus dem gegenwärtigen unorganischen Zustand einer organischen Regelung zuzuführen. [...] Diese Regelung würde für den Augenblick um so geringere Schwierigkeiten bieten, als bis jetzt nur eine kleine Zahl von studirenden Frauen in Betracht kommen würde."[184]

Die deutschen Medizinstudentinnen Hedwig Danielewicz, Antonia Weitzmann, Käte Hirsch, Johanna Maass, Elise Ebstein, Margarete Breymann und Johanna Kappes, die alle das deutsche Abitur abgelegt hatten und im Wintersemester 1901/02 an der Berliner Medizinischen Fakultät studierten, unterzeichneten die Petition. Außer ihnen waren noch fünf weitere deutsche Gasthörerinnen, von denen eine im Besitz der schweizer Matura war und 1904 die deutsche Reifeprüfung nachholte und eine weitere sich in Vorbereitung auf das Abitur befand, das sie 1902 in Berlin ablegte, an der Fakultät eingeschrieben[185]. Ihnen standen in jenem Semester 30 Russinnen und sechs Gasthörerinnen anderer Nationalität gegenüber. Es ist davon auszugehen, daß die sieben mitunterzeichnenden Studentinnen der Berliner Fakultät sich mit ihrer Beschwerde ob der „unverhältnismäßig großen Zahl von Frauen ohne genügende Vorbildung" vor allem gegen ihre russischen Kommilitoninnen wandten.

Das preußische Kultusministerium beschäftigte sich auf Grund der zunehmenden Proteste tatsächlich eingehender mit der Frage nach der Vorbildung der russischen Studentinnen. Bereits im Juni 1901 sandte es eine „Darlegung über die höheren Mädchenschulen in Rußland" an preußische Universitäten, in der die Abschlußprüfung eines russischen Mädchengymnasiums wie auch die Absolvierung der Ergänzungsklasse in lateinischer Sprache als nicht gleichwertig mit dem deutschen Lehrerinnenprädikat ein-gestuft wurden. Das Kultusministerium empfahl, russische Studienbewerberinnen mit derartiger Qualifikation nicht mehr als Hospitantinnen an preußischen Universitäten aufzunehmen. Dem folgten unter anderem die Universitäten Halle, Leipzig und Göt-tingen[186]. In den Unterlagen der Berliner Medizinischen Fakultät findet sich kein entsprechender Hinweis, daß hier ebenso verfahren wurde. In der Frauenpresse war im Herbst 1901 zwar auf „bedeutend verschärfte Zulassungsbedingungen"[187] an der Berli-ner Friedrich-Wilhelms-Universität hingewiesen worden, die russische Studienbewer-berinnen jedoch offenbar nicht betrafen[188]. Die Zahl der an der Berliner Medizinischen Fakultät studierenden Russinnen stieg von 16 im Sommersemester 1901 auf 30 im Wintersemester 1901/02 an[189].

Im Jahre 1904 befaßte sich das Kultusministerium auch mit der Frage nach der Be-wertung der schweizer „Maturitätsausweise", auf Grund derer viele russische Studentin-nen von schweizer Universitäten an die Berliner Medizinische Fakultät wechselten. Von den insgesamt 112 Russinnen, die zwischen 1905 und 1918 an der Berliner Medizi-nischen Fakultät promovierten, hatten 94 mehrere Semester an einer schweizer Univer-sität studiert. Nur 13 von ihnen absolvierten das gesamte Medizinstudium in Deutsch-land, fünf von ihnen ausschließlich an der Berliner Fakultät. Der mit der Frage der schweizer „Maturitätsausweise" betraute Sachbearbeiter des Kultusministeriums legte in seinem Resümee größten Wert auf die Unterscheidung zwischen der „Medizinalmatu-rität", die durch Ablegung der eidgenössischen Reifeprüfung erworben wurde, und der „Fremdenmaturität", die ausländische Studierende auf Grund einer an schweizer Uni-versitäten abgelegten Aufnahmeprüfung zum dortigen Studium berechtigte. Letztere seien von vornherein abzulehnen, erstere bedürften einer eingehenden Prüfung im Ein-zelfalle, da die „rückhaltlose Gleichstellung mit deutschen Reifezeugnissen [...] auch bei der Medizinmaturität"[190] ausgeschlossen sei.

Die Frage der ausreichenden Vorbildung ausländischer Studierender an den deut-schen Universitäten beschäftigte das preußische Kultusministerium auch in den folgen-den Jahren: Eine vermutlich auf das Jahr 1907 zu datierende Untersuchung wurde auf die Beurteilung der Abschlüsse höherer Lehranstalten in allen europäischen Ländern einschließlich dem russischen Reich ausgedehnt. Jener Sachbearbeiter kam zu einem ähnlichen Urteil: Die „Eidgenössische Maturität" könne in der Regel ohne weiteres anerkannt werden, die „Fremdenmaturität" hingegen müsse beim Aufnahmebegehren an eine deutsche Universität als nicht ausreichend zurückgewiesen werden. Für das Sprachproblem ausländischer Studierender, denen oftmals von deutschen Kommilito-nen die mangelnde Beherrschung der deutschen Sprache vorgeworfen wurde, äußerte dieser Referent großes Verständnis:

„Denn es wird ja von den Ausländern nicht eine der deutschen Vorbildung gleiche, sondern eine ihr gleichwertige gefordert. Man kann selbstverständlich auch nicht von ihnen verlangen, daß sie in der deutschen Sprache und Literatur dieselben Kenntnisse besitzen, wie die deutschen Studierenden, sondern sie sollen in ihrer Muttersprache auf demselben Standpunkte stehen, wie die Deutschen in der ihrigen.

Tatsächlich werden Ausländer, die einige Semester in Deutschland studiert haben, es im Deutschen entschieden weiter gebracht haben, als in der Regel die Kenntnisse der deutschen Studierenden in der betreffenden fremden Sprache reichen, wenn sie überhaupt etwas von dieser wissen. [...] ein Russe [...] wird außer seiner Muttersprache schon beim Beginn seiner Studium meistens [...] einigermaßen Deutsch sprechen und verstehen und schließlich diese Sprache mehr oder weniger beherrschen. In seiner sprachlichen Bildung hat er dann also einen Vorsprung, der ihm billigerweise angerechnet werden muß."[191]

Die Reifeprüfung eines russischen Gymnasiums erkannte der Referent als „in der Regel zur vollen Immatrikulation an deutschen Universitäten" ausreichend an. Zur Bewertung der Abschlüsse eines russischen Mädchengymnasiums nahm er nicht Stellung. Obwohl derartige Abschlüsse im Jahre 1901 vom preußischen Kultusministerium als nicht ausreichende Qualifikation für den Besuch der Universität eingestuft worden waren und es daraufhin im Wintersemester 1901/02 offenbar zu einer Verschärfung der Aufnahmebedingungen an der Berliner Universität gekommen war, wirkte sich dies, wie bereits dargestellt, nicht verringernd auf die Zahl der russischen Medizinstudentinnen aus. In den Lebensläufen der 112 Russinnen, die zwischen 1905 und 1918 ihr Medizinstudium an der Berliner Fakultät mit der Promotion abschlossen, findet sich als Angabe über den schulischen Ausbildungsgang durchgehend die Reifeprüfung eines russischen Mädchengymnasiums verbunden mit einer Ergänzungsprüfung in lateinischer Sprache nach der Absolvierung eines einjährigen Zusatzkurses. Die Berliner Medizinische Fakultät verlangte demnach trotz aller Proteste auch weiterhin von den russischen Studentinnen nur diejenige Vorbildung, die diese in ihrem Heimatland zum Studium und zur Promotion berechtigte[192].

Es muß davon ausgegangen werden, daß seit den Anfängen des Frauenstudiums an schweizer und später auch an deutschen Universitäten die Studentinnenschaft keine homogene Gruppe bildete. Eine Spaltung vollzog sich zunächst vorrangig nach den jeweiligen Nationalitäten, vor allem unter dem Aspekt der Abgrenzung gegenüber den studierenden Frauen aus Rußland. Um die Zulassung der Frauen zu den Universitäten des Deutschen Reiches zu erreichen, versuchte die deutsche Frauenbewegung zu beweisen, daß sich die studierende deutsche Frau von der studierenden Russin grundlegend unterschied. In diesem Sinne bemühten sich die deutschen Studentinnen, auch in ihrer äußeren Erscheinung Maßstäbe zu setzen, die sie als ernsthaft, anständig und solide kennzeichnen sollten.

Nachdem Frauen ab 1896 als Gasthörerinnen Zutritt zu den Universitäten des Deutschen Reiches erhalten hatten, zeigten sich die deutschen Abiturientinnen und die hinter ihnen stehende Frauenbewegung über die Vorenthaltung der rechtlichen Gleichstellung mit männlichen Abiturienten empört. Im Kampf für Anerkennung des Frauenstudiums und Durchsetzung der Immatrikulation versuchten sie, die Reputation der „ernsthaft" studierenden Abiturientinnen vor negativem Einfluß „minderqualifizierter" Gasthörerinnen zu schützen. Darunter wurden einerseits diejenigen deutschen Frauen verstanden, die nicht über den mühevollen Weg des Abiturs, sondern nur auf Grund eines Zeugnisses einer höheren Töchterschule oder des Lehrerinnenexamens an die Universität gelangt waren. An der Berliner Medizinischen Fakultät waren diese jedoch stets in der Minderheit. Die russischen Studentinnen konnten im allgemeinen ebenfalls keine deutsche Reifeprüfung vorweisen, sondern wurden entweder auf Grund des Zeugnisses eines russischen Mädchengymnasiums aufgenommen oder wechselten auf Grund einer an schweizer Universitäten abgelegten Aufnahmeprüfung an die Berliner Universität. Somit wurden auch die Russinnen zum Objekt der Abgrenzungsbemühungen, mit deren Hilfe sowohl die deutsche Frauenbewegung als auch die medizinstudierenden deutschen Abiturientinnen ihre Anerkennung und Durchsetzung der ihnen zustehenden Rechte zu erreichen suchten. Als sich mit der Zunahme der Gasthörerinnenzahlen der Widerstand der männlichen Studentenschaft gegen die Anwesenheit von Frauen in den Hörsälen verstärkte, wandten sich die deutschen Abiturientinnen gezielt gegen ihre russischen Kommilitoninnen, um diese zur Zielscheibe der frauenfeindlichen Aktionen zu machen. Als angeblich „ernsthaft" studierende Gasthörerinnen legten sie die von männlichen Kommilitonen und Professorenschaft zugefügten Diskriminierungen der Anwesenheit aller „Minderqualifizierten" zur Last. Sie glaubten, ohne weiteres eine gutes Einvernehmen der Geschlechter an der Universität herstellen zu können, wenn die Diskussionen um „Russinnenfrage" und „Modestudium" von den Hochschulen verschwunden seien.

Es ist als Teil einer Anerkennungsstrategie zu verstehen, wenn Frauenbewegung und Abiturientinnen forderten, daß nur der mühevolle Weg über das Abitur Frauen zum Studium berechtigen sollte und den Abiturientinnen folgerichtig auch die lang verweigerte Immatrikulation zustände. Die Anwesenheit der anderweitig qualifizierten Hörerinnen verhinderte in ihren Augen die rechtliche Gleichstellung als Studentin an der Universität. Die derart konzipierten Anerkennungsbemühungen führten jedoch nicht zum gewünschten Erfolg. Zum Wintersemester 1908/09 wurde die Immatrikulation an preußischen Universitäten In- und Ausländerinnen gleichermaßen eröffnet[193]. Das Abitur war auch weiterhin keine zwingende Voraussetzung, um sich an der Hochschule zu immatrikulieren. Im Laufe der Jahre hatte die überwiegende Zahl der deutschen Medizinerinnen die Reifeprüfung vor Studienbeginn abgelegt, da sie diese zur Zulassung zu den medizinischen Staatsprüfungen benötigten. Die russischen Medizinstudentinnen, die „nur" die medizinische Promotion anstrebten, um in ihrem Heimatland zu den Examina zugelassen zu werden, benötigten auch nach dem Wintersemester 1908/09 kein deutsches Abitur, um ihr Studienziel zu erreichen.

Weder die Frauenbewegung noch die deutschen Studentinnen gingen in ihrer Abgrenzungsstrategie gegenüber den studierenden Russinnen jemals so weit, diese einer unsittlichen Lebensführung oder der politischen Subversivität zu beschuldigen, wie dies von zahlreichen Gegnern des Frauenstudiums, von Teilen der deutschen und russischen Regierung sowie von national-konservativen Strömungen innerhalb der deutschen Studentenschaft zur Verfolgung ihrer jeweiligen Ziele als Argument eingesetzt wurde. Dennoch führten die seit Beginn des Frauenstudiums an schweizer Universitäten gezogenen Abgrenzungslinien gegenüber den Russinnen zu einer Entsolidarisierung innerhalb der ersten Generationen studierender Frauen an der Universität. Es waren insbesondere Russinnen, die Frauen den Weg zum Hochschulstudium ebneten und durch eine Art „Blitzableiter-Funktion"[194] deutschen und schweizer Studentinnen ermöglichten, sich in ihrem Schatten an den Universitäten nach und nach einzuleben und Erfolge zu erzielen. In der Geschichtsforschung ist der Bedeutung der russischen Studentinnen an westeuropäischen Hochschulen bisher zu wenig Beachtung geschenkt worden. Ihr Werdegang und ihr Schicksal sind kaum dokumentiert. Es ist zu hoffen, daß diesen Frauen in Zukunft verstärkt Aufmerksamkeit geschenkt wird.

IV. DIE BERLINER MEDIZINSTUDENTINNEN

Besonders in den ersten Jahren des medizinischen Frauenstudiums an der Berliner Friedrich-Wilhelms-Universität stand eine kleine Zahl von deutschen einer größeren Zahl von russischen Medizinstudentinnen gegenüber. Wie bereits dargestellt, unterschied sich die Situation der russischen von derjenigen der deutschen Medizinerinnen an der Universität grundlegend. Zwischen beiden Gruppierungen bestand offensichtlich wenig Kontakt, der über die Begegnungen im Hörsaal oder anderweitigem medizinischen Unterricht hinausging. Nach Beendigung des Studiums und der Promotion kehrten – mit Ausnahme einer einzigen Russin, die offenbar einen deutschen Arzt heiratete – alle russischen Doktorandinnen in ihr Heimatland zurück. Ihre Namen sind in keinem Verzeichnis der in Deutschland niedergelassenen Ärztinnen und Ärzte aufzufinden[1]. Das Interesse konzentriert sich im folgenden vor allem auf die Gruppe der deutschen Medizinstudentinnen an der Berliner Fakultät. Über diese liegt inzwischen Quellenmaterial vor, das nicht nur über ihre Studiensituation, sondern auch über ihren weiteren Lebens- und Arbeitsweg in Grundzügen Auskunft gibt.

1. UNIVERSITÄTSALLTAG ZWISCHEN „PEINLICHKEITEN" DER KOEDUKATION UND SONDERKURSEN

Nach der offiziellen Zulassung von Frauen als Gasthörerinnen zur Friedrich-Wilhelms-Universität im Wintersemester 1896/97 stieg die Zahl der Medizinstudentinnen in Berlin zunächst nur zögernd an: Im Wintersemester 1896/97 hörten vier, im Sommersemester 1897 fünf, im Wintersemester 1897/98 vier und im Sommersemester 1898 sieben Gasthörerinnen an der Medizinischen Fakultät[2]. Unter den im Sommersemester 1898 an der Fakultät eingeschriebenen Studentinnen befand sich auch die spätere Ärztin Dr. Hermine Heusler-Edenhuizen. Nach dem Besuch der höheren Töchterschule hatte sie sich von 1894 bis 1898 an den von Helene Lange eingerichteten Gymnasialkursen in Berlin auf die Reifeprüfung vorbereitet, die sie im Frühjahr 1898 als Externe am Städtischen Luisen-Gymnasium in Berlin-Moabit ablegte. Im Alter von 26 Jahren begann Edenhuizen ihr Medizinstudium voller Enthusiasmus an der Berliner Medizinischen Fakultät, doch die Erfahrungen des ersten Studiensemesters sind ihr in schrecklicher Erinnerung geblieben:

„Das Unglück wollte, daß wir beide als erste Berliner Medizinstudentinnen stets an ‚Müller und Schulzefiguren' erinnerten, wie sie der Kladderadatsch zu dieser Zeit brachte. Ich war groß, schlank und blond und meine Gefährtin dunkel und klein. Das forderte fraglos die Spottlust der dreihundert Studenten noch mehr heraus, als sie ohnehin schon den Studentinnen gegenüber lebendig war. Erschwerend kam hinzu, daß, wie ich hörte, die Berliner Medizinstudenten von jeher nicht viel Wert auf gute Formen gelegt hätten, [...] die männlichen Studenten kamen uns ja nicht als Kameraden entgegen, sondern ausgesprochen als Feinde, die sich gegen verächtliche

Eindringlinge wehrten. Von unserer Seite kam dagegen nur ein Abstandhalten in Frage, das in der Folge dann wieder als Hochmut ausgelegt wurde. [...] Wir mischten uns [...] nur mit Grausen unter sie, die bei unserem Eintritt in den Vorlesungsraum als Äusserung ihrer Mißbilligung regelmässig mit den Füßen scharrten und dazu pfiffen."[3]

Es mag Edenhuizens selektiver Erinnerung zuzuschreiben sein, daß sie im Rückblick glaubte, bei Studienbeginn nur eine Gefährtin zur Seite gehabt zu haben. Neben Edenhuizen hatten sich außerdem die Deutschen Anna Hutze, Therese Gyster, Margarete Mortier, Elise Troschel, die Polin Anna Limbert und die Russin Dr. med. Prascovia Beloussowa an der Fakultät eingeschrieben[4]. Es ist allerdings durchaus möglich, daß Edenhuizen mit ihren Kommilitoninnen nicht in näheren Kontakt kam, weil diese entweder in ihren Studien bereits fortgeschritten waren[5] oder aber trotz Einschreibung aus verschiedenen Gründen unregelmäßig oder möglicherweise gar nicht an den Veranstaltungen der Medizinischen Fakultät teilnahmen[6]. Aus der Quellenlage geht nicht eindeutig hervor, wer Edenhuizens Studiengenossin in jenem Semester gewesen sein könnte. Heusler-Edenhuizen beschreibt, wie sie als Studentin mehr oder weniger erfolglos mit den oben dargestellten Schwierigkeiten umzugehen versuchte:

„Zum ersten Kolleg kamen wir so früh, daß möglichst noch kein Student anwesend war. Aber bei den folgenden war es nicht zu vermeiden, daß wir eintraten, wenn das Auditorium halb oder ganz gefüllt war. Ein Platzgedränge wie heute gab es damals noch nicht, sonst hätte man uns sicher mit Brachialgewalt ganz herausgedrängt. Wir hatten im Gegenteil jeder seinen bestimmten Platz, den wir mit unseren Visitenkarten kennzeichneten. Unter Scharren und Tuscheln mußten wir uns unseren Weg bahnen. Den jungen Herren wurde dieser Tumult das ganze Semester hindurch nicht langweilig. Sie erlaubten sich im Gegenteil noch einen Extraspaß, indem sie taktlose Witze auf unsere Visitenkarten schrieben. Anfangs haben wir dann die Karte gegen eine neue ausgetauscht; weil das allmählich zu viele wurden, ließen wir schließlich alles stehen."[7]

Heusler-Edenhuizen schildert in ihren Memoiren weiterhin, daß es ihr in Berlin zu keinem Zeitpunkt möglich gewesen sei, auch nur ein einziges Wort mit den männlichen Kommilitonen zu wechseln[8]. Als Höhepunkt der Verhöhnungen habe sie jedoch empfunden, als ein Assistent den Hörsaaldiener beauftragte, den beiden Hörerinnen unter dem Johlen der versammelten Studentenschaft durch ein chemisches Experiment entfärbte Rosenblätter zu überreichen – mit dem Kommentar, sie seien schließlich die „Rosen des Auditoriums"[9]. Trotz aller Begeisterung für die Medizin habe sie zum damaligen Zeitpunkt auf Grund der „Verzweiflung und Mutlosigkeit wegen der Kollegschwierigkeiten"[10] ihr Studium beinahe abgebrochen. Nach eingehender Beratung mit Helene Lange entschloß sich Edenhuizen im folgenden Semester für einen Wechsel an die Züricher Universität, wo sie auf Grund des nüchternen, sachlichen Verhältnisses zwischen männlichen und weiblichen Studierenden ihr Studium entspannt fortsetzen konnte[11]. Wie nachhaltig prägend sich die ersten Erlebnisse im Hörsaal auf eine der ersten Studentinnen an der Berliner Medizinischen Fakultät ausgewirkt haben, zeigt sich nicht nur an Edenhuizens mehrfach formuliertem Lob des zurückhaltenden oder gar guten Benehmens der männlichen Kommilitonen an den Medizinischen Fakultäten in Zürich, Halle und Bonn. Sie machte ihre Erlebnisse an der Berliner Universität auch für ihren lebenslangen „Widerwillen gegen jede Teilnahme an Versammlungen von Männern"[12] verantwortlich.

Daß sich der Eintritt der Frauen in die medizinische Hörsäle an anderen deutschen Universitäten einfacher gestaltete, verdeutlicht auch die autobiographische Schilderung von Rahel Straus, die ab 1900 als erste Medizinstudentin in Heidelberg studierte:

> „Drei Semester war ich unter den Kollegen das einzige weibliche Wesen [...]. In strenger Orthodoxie in einer kleinen Stadt erzogen, war man harmlos und naiv, [...] man war trotz Abitur und Buchweisheit so ganz ‚kleines Mädchen‘, daß alle Kollegen sofort bereit waren, sich als Beschützer zu fühlen, dafür zu sorgen, daß keiner auch nur einen gewagten Witz in meiner Nähe erzählte. Das alles geschah so selbstverständlich, daß ich es gar nicht einmal bemerkte."[13]

Das Ausmaß des eher hinderlichen Einflusses der männlichen Studentenschaft auf den Ablauf und die Atmosphäre der Lehrveranstaltungen in Berlin zeigt sich auch an folgendem Beispiel: Der Privatdozent für Haut- und Geschlechtskrankheiten Gustav Behrend hatte im Wintersemester 1899/1900 einer „Dame, die schon länger an der Berliner Universität sozialwissenschaftliche Studien treibt"[14], die Erlaubnis zur Teilnahme an seiner Vorlesung über Prostitution erteilt. Das Erscheinen der Studentin im Hörsaal führte jedoch wiederholt zur „lärmend geäußerten Massenkritik seines Auditoriums"[15]. Die männlichen Studierenden konnten schließlich durchsetzen, daß Behrend nach anfänglichem Zögern der Studentin die Teilnahmeerlaubnis wieder entzog. Zur Verteidigung seiner Entscheidung führte Behrend die neu gewonnene Einsicht an, daß „zarteren Gemütern"[16] unter den Studenten die Beschäftigung mit derartigen Themen unter Anwesenheit einer Frau nicht zuzumuten sei. Da er das Interesse der Hörerin am Vorlesungsgegenstand auch weiterhin für berechtigt hielt, kündigte der Privatdozent an, die Vorlesung im folgenden Semester separat für weibliche Hörer zu wiederholen. Behrend erklärte außerdem, daß er sich auf Grund dieses Vorfalls der Meinung seines Kollegen Waldeyer angeschlossen habe, daß gewisse Dinge tatsächlich nicht vor beiden Geschlechtern zugleich im Unterricht verhandelbar seien[17].

Die den Vorfall kommentierende Vertreterin der deutschen Frauenbewegung Ilse Eckart sah „trotz der im allgemeinen durchaus ritterlichen Haltung der Berliner Studenten [...] in der Kundgebung [...] die Auflehnung gegen die studierende Frau als solche"[18]. Sie widersprach der Einschätzung Behrends, daß es sich bei den Protestierenden um die „zarteren Gemüter" unter den Studenten gehandelt habe, was allein aus der Art der Proteste zu ersehen sei. Eckart kritisierte die Haltung des Privatdozenten scharf, weil dieser – statt von den männlichen Studierenden jene Reife zu fordern, die eine „wissenschaftliche Behandlung des Verhältnisses der Geschlechter"[19] ermögliche – sich entgegen seinen ursprünglichen Anschauungen deren Willen gebeugt und sich für die Einrichtung eines Sonderkurses entschieden habe. Dies sei als Konzession an die

„augenblicklichen Anschauungen der Studenten" zu werten, und es sei auf „das tiefste zu bedauern, wenn man [...] sie über die künftige Gestaltung des Frauenstudiums entscheiden lassen wollte."[20]

Nachdem Frauen sich ab dem Wintersemester 1896/97 als Gasthörerinnen an der Universität einschreiben durften, war die Einrichtung von Sonderkursen jedoch auch die von der Majorität der medizinischen Professorenschaft bevorzugte und durchgesetzte Unterrichtsform.

Nach § 3 der ministeriellen Verfügung vom 12. Juli 1896, die die Zulassung von Frauen als Hospitantinnen zu den preußischen Universitäten regelte, lag es im Ermessen der einzelnen Professoren, Gasthörerinnen Zutritt zu ihren Lehrveranstaltungen zu gewähren. Auf der im Januar 1897 vom Universitätsrektor einberufenen Kommissionssitzung der vier Fakultäten der Berliner Universität, die der Beseitigung von Ungleichheiten in der Zulassungspraxis dienen sollte, hatte sich die Philosophische Fakultät ausschließlich für die Einrichtung von „Doppelvorlesungen und Doppelkursen bei Kollegien in welchen Geschlechtsverhältnisse zur Sprache kommen können"[21] ausgesprochen. Die Medizinische Fakultät stellte hingegen klar, daß sie die Hospitantinnen – neben Veranstaltungen, welche „sexuelle Dinge"[22] zum Gegenstand hätten – prinzipiell auch „zu stark frequentierten (überfüllten) Vorlesungen"[23] nicht zulassen werde. Der starke Einfluß der Fakultät auf Entscheidungen, die die gesamte Berliner Universität betrafen, drückt sich im gemeinsamen Kommissionsbeschluß aus,

„[...] daß dem vorgeordneten Ministerium gegenüber Parallelvorlesungen und Parallelkurse für alle Kollegien, in welchen sexuelle Materien berührt werden und für stark gefüllte Kollegien als nothwendig, für die übrigen Kollegien als *wünschenswerth* zu bezeichnen seien. Die Dozenten seien allgemein zu ermächtigen, Frauenkurse zu geben. Als erstrebenswerthes Ziel sei die Einrichtung einer besonderen Frauen-Universität außerhalb Berlins ins Auge zu fassen."[24]

Die Entscheidung, ob eine Veranstaltung als „überfüllt" zu gelten hatte, lag offenbar unabhängig von der zu erwartenden Hörerzahl ebenfalls im Ermessen des jeweiligen akademischen Lehrers. Hermine Heusler-Edenhuizen berichtet über ihre Teilnahme an Lehrveranstaltungen, in denen sie unter 300 Kommilitonen gesessen habe. Sie besuchte unter anderem im Sommersemester 1898 die Vorlesungen über Physik bei Emil Warburg, über Botanik bei Simon Schwendener und über Chemie bei Hans Landolt. Außerdem wurde sie zur zoologischen Vorlesung zugelassen. Die Teilnahme an der anatomischen Hauptvorlesung hatte der Ordinarius für Anatomie Wilhelm Waldeyer ihr zu Beginn des Semesters rigoros verweigert[25].

Als Waldeyer am 15. Oktober 1898 das Rektorat der Berliner Friedrich-Wilhelms-Universität übernahm, widmete er seine Antrittsrede erstaunlicherweise dem Thema „Frauenstudium". Zehn Jahre zuvor hatte er auf der 61. Versammlung Deutscher Naturforscher und Ärzte die Ausbildung von Ärztinnen „*im Interesse der Entwicklung unserer medicinischen Wissenschaft, im Interesse der Frauen selbst und im Interesse der gesamten Menschheit*" grundsätzlich verworfen[26]. Auch erste Erfahrungen mit einer amerikanischen Ärztin, die sich nach seinen Worten „die Achtung, welche sie sich sowohl im Kreise der Studenten als auch bei ihren Lehrern erwarb, im vollsten Maasse verdiente"[27], ließen Waldeyer an dieser Entscheidung nicht zweifeln. In seiner Zeit am Pathologischen Institut in Breslau (1864-1872) hatte er eine Frau mit histologischen Arbeiten beauftragt, ob es sich um dieselbe Studentin handelt, bleibt unklar[28]. Auch auf dem Anthropologischen Kongress in Kassel im Jahre 1895 hatte Waldeyer nochmals eindringlich unter zu Hilfenahme von biologisch-physiologischen Argumenten vor der Zulassung der Frauen zu den Universitäten des Deutschen Reiches gewarnt: Da zwischen den Geschlechtern besonders in Bezug auf Gehirn, Muskulatur sowie in Zusammensetzung und Menge des Blutes entscheidende Unterschiede bestünden, könne sich das Universitätsstudium für Frauen als gesundheitsschädlich erweisen[29]. Bei der Übernahme des Berliner Rektorats erklärte Waldeyer nun entgegen all seinen früheren Überzeugungen:

> „Ich habe früher der Frauenfrage, insoweit sie die Zulassung zu den durch die Universitäten gepflegten Berufsstudien betraf, gegnerisch gegenüber gestanden, nicht, weil ich etwa die Frauen für nicht genügend befähigt gehalten oder die Konkurrenz für die Männer gefürchtet hätte, nein, lediglich im Interesse der Frauen selbst. Nach reiflicher, jahrelanger Beschäftigung mit dieser Angelegenheit bin ich heute anderer Meinung. […] Dass wir unter diesen Verhältnissen den Frauen möglichst viele Erwerbswege eröffnen, durch welche die Minderbegünstigten sich ein passendes Auskommen zu sichern vermögen, ist nur billig; ja es wird zur Notwendigkeit! […] Mit Rücksicht hierauf muss auch der Vorsichtigste schon heute sagen, dass es Unrecht wäre, den Frauen die Möglichkeit einer Universitätsausbildung zu versperren. […] Ich trage keinen Augenblick Bedenken, die Frauen zur Approbation als Aerztinnen zuzulassen, wenn sie dieselben Bedingungen erfüllen wie die Männer."[30]

Waldeyer insistierte jedoch erneut, daß Dozenten keinesfalls zur Akzeptanz weiblicher Hörer gezwungen werden dürften, da dies einer Beschränkung der Lehrfreiheit gleichkomme. Er bekräftigte das zwei Jahre zuvor von der Medizinischen Fakultät im Kommissionsbeschluß durchgesetzte Votum, daß gegenüber dem gemeinsamen Unterricht der Geschlechter prinzipielle Bedenken bestünden und die Einrichtung separater Vorlesungen und Kurse für weibliche Studierende nur einen vorläufigen Kompromiß darstelle. Die langfristig einzig befriedigende Alternative lag für die Fakultät auch weiterhin in der Errichtung einer separaten Frauenuniversität. Diese Möglichkeit hatte Waldeyer bereits zehn Jahre zuvor in Betracht gezogen, sie zum damaligen Zeitpunkt jedoch als zu kostspielig befunden, als daß möglicherweise gewonnene Vorteile ausgeglichen würden[31].

Bereits im Wintersemester 1896/97 wurde den ersten vier Gasthörerinnen an der Medizinischen Fakultät der Besuch der anatomischen Hauptvorlesung verweigert[32] und stattdessen „ausnahmsweise Specialkollegien für Damen"[33] eingerichtet. Der Anatom Gustav Fritsch unterwies in jenem Semester zwei Gasthörerinnen in der von ihm geleiteten mikroskopisch-biologischen Abteilung im Zeichnen mikroskopischer Präparate[34]. Auch dies fand – obwohl es die Geschlechterfrage kaum berührt haben dürfte – mit großer Wahrscheinlichkeit nicht in Anwesenheit der männlichen Kommilitonen statt.

Abb. 7: Sonderkurs für Studentinnen im Sezieren in der Dachkammer des Berliner Anatomischen Instituts (WS 1904/05). Interfoto: Friedrich Rauch.

Die separaten anatomischen Kurse für weibliche Hörer an der Fakultät wurden in den folgenden Jahren zu einer dauerhaften Einrichtung. Im Sommersemester 1898 übernahm der Anatom Karl Benda den Unterricht im Präparieren und Sezieren für Hospitantinnen[35]. Die Medizinstudentin Edenhuizen besuchte in jenem Sommer eine Vorlesung zur Knochen- und Bänderlehre bei dem Anatom Hans Virchow und bei dem Anatom Oskar Hertwig eine Vorlesung über Histologie[36]. Auch diese beiden Veranstaltungen wurden vermutlich ausschließlich für Frauen abgehalten. In den folgenden Semestern wurde die Leitung des Sonderkurses, der weibliche Studierende im Präparieren und Sezieren unterwies, an Hans Virchow übergeben[37]. Allerdings konnten die Studentinnen vermutlich nicht in jedem Semester mit dem Angebot eines Sezierkurses für weibliche Studierende rechnen, denn der Frauenpresse war es immer wieder aufs Neue eine Einzelmeldung wert, wenn ein derartiger Kursus an der Berliner Medizinischen Fakultät angekündigt worden war[38]. So wurde auch im Wintersemester 1904/05 ein anatomisches Praktikum für weibliche Studierende im sogenannten Museumsraum in der Dachkammer des Berliner Institutes veranstaltet. Wilhelm Waldeyer, der seit dem Wintersemester 1896/97 den Medizinstudentinnen die Teilnahme an seiner Hauptvorlesung verweigert hatte, praktizierte nach seinem öffentlich bekundeten Einstellungswandel zum Frauenstudium auch in den nächsten zwölf Jahren den Ausschluß.

Es war den Gasthörerinnen – trotz derartiger Behinderungen seitens des anatomischen Instituts bei der Absolvierung des vorklinischen Studienabschnitts zumindest nach der Zulassung von Frauen zu den medizinischen Staatsprüfungen durch den Bundesratsbeschluß vom April 1899 – offenbar dennoch möglich, die für die ersten fünf Semester vorgesehenen Inhalte des Lehrstoffs an der Berliner Universität zu erlernen. Elise Taube, die im Frühjahr 1899 nach privater Vorbereitung im Alter von 38 Jahren das Abitur am Berliner Luisen-Gymnasium abgelegt hatte, nahm ihr Medizinstudium im Sommersemester 1899 an der Berliner Universität auf. Sie absolvierte hier alle fünf vorklinischen Semester und legte an der Fakultät im April 1901 das Physikum ab[39]. Dies war vermutlich ein gewagtes Unterfangen, da es zu dieser Zeit üblich war, daß der Ordinarius eines Faches die Kandidaten gemäß den in seiner Hauptvorlesung vermittelten Inhalten prüfte.

Auch die Ärztin Jenny Bornstein bestand das Physikum im Frühjahr 1901 in Berlin. Ihr fiel die Prüfung vermutlich leichter, da sie wenige Jahre zuvor das Medizinstudium in der Schweiz abgeschlossen und dort im Jahre 1898 auch den medizinischen Doktortitel erworben hatte. Bornstein schickte sich an, die medizinischen Staatsprüfungen im Deutschen Reich zu wiederholen, um auch die deutsche Approbation zu erhalten[40].

Wenn also die Hospitantinnen seit der Jahrhundertwende eine den Prüfungsanforderungen genügende Absolvierung der Vorklinik an der Berliner Fakultät trotz einiger Hindernisse realisieren konnten, so begegneten ihnen beim Eintritt in die klinischen Semester ernsthafte Schwierigkeiten. Der klinische Unterricht lag vollständig in den Händen des Lehrkörpers der Medizinischen Fakultät, dessen einzelne Professoren zum einen nach persönlichem Gutdünken über die Teilnahme von Frauen am Unterricht entscheiden konnten. Zum anderen hatte sich die Fakultät auf den Weg eines separaten Unterrichts für die Hospitantinnen verständigt. Die Studentin Elise Taube wollte nach der Ablegung des Physikums im April 1901 auch ihre klinische Ausbildung an der Berliner Medizinischen Fakultät erhalten. Am 8. Juli 1901 wandte sie sich jedoch voller Verzweiflung an den stellvertretenden Reichskanzler und bat, daß es ihr und allen übrigen Abiturientinnen gestattet werde, das Studium an der Berliner Universität zu vollenden. Zwar seien sie zu Physikum und Staatsexamen zugelassen, müßten jedoch die der Meldung beizulegenden Praktikantenscheine an anderen Universitäten erwerben. Sie selbst sei gezwungen, nun die Universität zu wechseln, da sie zur Chirurgischen Klinik in Berlin nicht zugelassen werde[41]. Der sich für in dieser Sache als nicht zuständig erklärende stellvertretende Reichskanzler übergab die Angelegenheit dem preußischen Kultusminister. Dieser wiederum war der Ansicht, daß die Zahl der zur Prüfung zugelassenen Medizinerinnen die Möglichkeit des Medizinstudiums von Frauen in Preußen beweise und die noch vorhandene Ablehung von Studentinnen seitens einiger Dozenten nicht von langer Dauer sein werde. Einen Handlungsbedarf konnte der Kultusminister nicht erkennen[42]. Nach einem weiteren erfolglosen Versuch, das Recht zur Teilnahme am klinischen Unterricht über die Genehmigung zur Immatrikulation zu erreichen, zog Elise Taube schließlich die Konsequenz und ging zur Fortsetzung ihres Studiums im Wintersemester 1901/02 nach Halle. Mit Ausnahme des Sommersemesters 1903, welches sie in Berlin studierte, absolvierte sie alle übrigen klinischen Semester an der Hallenser Medizinischen Fakultät, wo sie im Wintersemester 1903/04 auch das medizinische Staatsexamen ablegte[43]. Im Wintersemester 1904/05 kehrte Taube an die Berliner Universität zurück und promovierte am 20. April 1905 als erste Frau an der Medizinischen Fakultät bei dem Ordinarius für Innere Medizin Ernst von Leyden mit einer Arbeit über „Rückenmarksaffektionen im Gefolge von Schwangerschaft und Puerperium mit Einschluß der unter denselben Verhältnissen auftretenden Neuritis und Polyneuritis"[44].

Neben Taube, die sich für die Fortsetzung ihrer klinischen Ausbildung in Halle entschieden hatte, gab es jedoch in den ersten Jahren des 20. Jahrhunderts offenbar einige Frauen, die die Teilnahme an einer Reihe von klinischen Veranstaltungen erreichen konnten. Helenefriderike Stelzner, die im Oktober 1899 in Zürich das schweizer Physikum absolviert hatte, besuchte im Sommersemester 1900 die „Berliner Universitätskliniken"[45], was nach damaligem Sprachgebrauch den Besuch klinischer Hauptvorlesungen einiger Lehrstuhlinhaber bedeutet. Stelzner erhielt Unterricht vom Ordinarius für Pädiatrie Otto Heubner, vom Ordinarius der 1. Medizinischen Klinik Ernst von Leyden, vom Ordinarius für Gynäkologie Robert Olshausen, vom a. o. Professor für Augenheilkunde Karl Greef, vom Privatdozenten für Innere Medizin Heinrich Rosin sowie von dem Privatdozenten für Allgemeine Pathologie und Pathologische Anatomie Robert Langerhans[46]. Doch im folgenden Semester begab sich auch Stelzner an die Hallenser Medizinische Fakultät und legte dort im November 1900 die ärztliche Vorprüfung für das deutsche Reich ab. Wie Elise Taube beendete Stelzner den klinischen Studienabschnitt in Halle, wo sie am 1. Juli 1902 das deutsche Staatsexamen bestand und am 16. Juli 1902 promovierte. Erst dann kehrte sie nach Berlin zurück und wurde der erste weibliche Volontärassistent an der Charité sowie am Städtischen Krankenhaus am Urban[47].

Die Studienverläufe einiger weiterer Gasthörerinnen an der Berliner Medizinischen Fakultät lassen ebenfalls vermuten, daß diese kurz nach der Jahrhundertwende in klinischen Semestern studierten: Margarete Breymann hatte das Physikum kurz nach der Zulassung der Frauen zu den deutschen Staatsprüfungen durch den Bundesratsbeschluß von 1899 in Freiburg abgelegt. Im Wintersemester 1901/02 war sie als Gasthörerin an der Berliner Medizinischen Fakultät eingeschrieben. Das deutsche Staatsexamen absolvierte sie vermutlich im Jahre 1903 in Straßburg, wo sie im selben Jahr promovierte und die Approbation erhielt. Leider fügte Breymann ihrer Dissertation keinen Lebenslauf bei, sodaß nicht ersichtlich ist, von welchen Professoren sie ihre klinische Ausbildung in Berlin erhalten hat [48].

Else von der Leyen war im Sommersemester 1897, Wintersemester 1899/1900 und noch einmal im Wintersemester 1900/1901 als Gasthörerin an der Berliner Medizinischen Fakultät eingeschrieben. Sie hatte 1896 nach dem Besuch der Gymnasialkurse von Helene Lange im Alter von 22 Jahren als eine der ersten Frauen in Deutschland das Abitur abgelegt. Die vorklinischen Studiensemester absolvierte sie größtenteils in Halle, wo sie am 3. Mai 1899 – also nur neun Tage nach der Zulassung von Frauen zu den medizinischen Staatsprüfungen des Deutschen Reiches durch den Bundesratsbeschluß vom 24. April 1899 – ihr Physikum bestand. Demnach befand sich Else von der Leyen im Wintersemester 1899/1900 und im Wintersemester 1900/01 an der Berliner Universität eindeutig im klinischen Studienabschnitt. Sie erhielt Unterricht von dem a. o. Professor für Kinderheilkunde Adolf Baginsky, dem a. o. Professor für Neurologie und Psychiatrie Emanuel Mendel, dem Privatdozenten für Hygiene Karl Günther, dem Privatdozenten für Gynäkologie und Geburtshilfe Alfred Koblanck sowie von dem Privatdozenten für Innere Medizin Max Michaelis [49]. Ob es sich bei diesem Unterricht um separate Veranstaltungen handelte oder ob diese Kliniker bereits so fortschrittlich waren, Else von der Leyen gemeinsam mit den männlichen Studierenden auszubilden, kann nicht geklärt werden. Dennoch fällt bei dieser Aufzählung auf, daß sie in jenen Semestern ausschließlich von Privatdozenten oder außerordentlichen Professoren unterrichtet wurde. Ein Lehrstuhlinhaber findet sich unter ihren damaligen akademischen Lehrern an der Berliner Medizinischen Fakultät nicht.

Die Gasthörerin Paula Buché hatte nach dem Erwerb des Abiturs im Juli 1901 ihr Medizinstudium im Wintersemester 1901/02 an der Universität Bonn begonnen und dort im Februar 1904 das Physikum bestanden. Die folgenden drei Semester studierte Buché an der Berliner Medizinischen Fakultät. Auch sie befand sich demnach im klinischen Studienabschnitt. Wenn man Buchés Danksagung an ihre Berliner akademischen Lehrer betrachtet, fällt auf, daß sich im Sommersemester 1904 nicht nur vermehrt außerordentliche Professoren bereit fanden, weibliche Hörer zu unterrichten, sondern auch Ordinarien wie Ernst Bumm, Friedrich Kraus, Robert Olshausen und Theodor Ziehen sich zur Ausbildung der angehenden Ärztin bereit erklärten [50].

Darüber hinaus ist nun zu konstatieren, daß es den Gasthörerinnen inzwischen gelungen war, Zutritt zu einer der feindlichsten Bastionen gegen das Frauenstudium überhaupt – der Chirurgischen Klinik – zu erhalten. An dieser Hürde war Elise Taube drei Jahre zuvor noch gescheitert. Die ehemalige Berliner Medizinstudentin Elsa

Winokurow berichtet in ihrem Lebensrückblick, sie habe während ihres Studiums an der Berliner Medizinischen Fakultät im Jahre 1905 trotz der kategorischen Ablehnung des Frauenstudiums seitens des Ordinarius für Chirurgie Ernst von Bergmann „vollen Ersatz"[51] bei den Professoren Otto Hildebrand und Friedrich Pels-Leusden gefunden. Otto Hildebrand hatte bereits in Basel ausreichend Erfahrungen mit weiblichen Studierenden sammeln können. Anfangs, so teilte er seinen Berliner Kollegen schriftlich mit, sei ihm der Unterricht zwar peinlich gewesen sei, er habe sich jedoch bald daran gewöhnt:

„Freilich bei der Besprechung genitaler Leiden hat's für mich immer noch etwas unangenehmes, man wählt den Ausdruck sorgfältiger und spricht gelegentlich über die Dinge nicht so deutlich, wie's im Intresse [sic!] der männlichen Studenten wünschenswerth wäre. Es würde mir wohl auch peinlich sein, eine der Studentinnen bei einem männlichen Genitalleiden practizieren zu lassen."[52]

Der Ordinarius und Leiter der Chirurgischen Klinik Ernst von Bergmann war lebenslang ein entschiedener Gegner des Frauenstudiums, dessen Einfluß weit über die Grenzen der Berliner Medizinischen Fakultät reichte: Im Jahre 1893 wurde in einer der ersten Reichstagsdiskussionen über die Zulassung von Frauen zum Medizinstudium mit Nachdruck auf seine diesbezüglichen Ansichten hingewiesen: Die Frage der Ausbildung von Ärztinnen sei schon deshalb nicht ernst zu nehmen, weil sie „genau denselben praktischen Werth [hat, A. B.] wie die Frage, welche Temperatur auf dem Mond herrsche."[53] Einem nie widerlegten Gerücht zufolge war es auch von Bergmann gewesen, der im Jahre 1895 unter Androhung seines Rücktritts den preußischen Kultusminister in letzter Minute von der Unterzeichnung des Erlasses über Zulassung der ersten Abiturientinnen zur regulären Immatrikulation abgehalten hatte[54]. In der Kirchhoffschen Gutachtensammlung benötigte Ernst von Bergmann nur einen einzigen Satz, um seine Haltung zur Frauenstudiumsfrage ausreichend zu kennzeichnen: *Ich halte die Frauen zum akademischen Studium und zur Ausübung der durch dieses Studium bedingten Berufszweige, für in körperlicher wie geistiger Beziehung für völlig ungeeignet.*"[55] 1901 konnte von Bergmann in der Berlin-Brandenburgischen Ärztekammer durchsetzen, daß fortan die Zusammenarbeit mit im Ausland approbierten Ärzten als standeswidrig eingestuft wurde. Dieses Vorgehen richtete sich explizit gegen die ersten, auf Grund der in der Gewerbeordnung festgeschriebenen Kurierfreiheit in Berlin praktizierenden Ärztinnen, die in der Schweiz studiert hatten und nur die schweizer Approbation besaßen[56]. Es blieb von Bergmann erspart, die Zulassung der Frauen zur regulären Immatrikulation an preußischen Universitäten mitzuerleben, er starb am 25. März 1907 in Wiesbaden.

Als letztes Beispiel für die Eroberung der klinischen Studienfächer mag der Studiengang von Hedwig Danielewicz dienen. Sie hatte nach dem Besuch der Gymnasialkurse von Helene Lange im Frühjahr 1901 in Berlin das Abitur bestanden und das Medizinstudium im Wintersemester 1901/02 an der Berliner Friedrich-Wilhelms-Universität begonnen. Hier studierte sie zwei vorklinische Semester, ging dann für die anatomische Hauptvorlesung im Wintersemester 1902/03 nach Heidelberg und kehrte im Sommersemester 1903 nach Berlin zurück. Eine erneute Weigerung eines Dozenten, sie am Unterricht teilnehmen zu lassen, veranlaßte Danielewicz zum Wechsel nach Freiburg, wo sie im März 1904 das Physikum bestand. Mit Ausnahme des Wintersemesters 1904/05 absolvierte sie jedoch den nun folgenden, gesamten klinischen Studienabschnitt wie auch am 29. Januar 1907 das medizinische Staatsexamen an der Berliner Medizinischen Fakultät. Im darauffolgenden Jahr promovierte Hedwig Danielewicz an der Universität Halle und erhielt am 30. März 1908 die deutsche Approbation[57]. Auch an ihrem Beispiel wird somit deutlich, daß weibliche Studierende zumindest ab 1904 an der Berliner Medizinischen Fakultät auch den klinischen Studienabschnitt mehr oder weniger vollständig absolvieren konnten und daß sich zunehmend Ordinarien bereit erklärten, Frauen zu unterrichten[58].

Es bleibt jedoch weiterhin offen, inwieweit die klinischen Professoren der Berliner Medizinischen Fakultät die Studentinnen an ihren regulären Veranstaltungen teilnehmen ließen, oder ob sie weiterhin generell oder auch nur vereinzelt separaten Unterricht für Frauen abhielten. Belegbar ist allein, daß der Lehrkörper des Anatomischen Instituts die Hospitantinnen in diesen Jahren auch weiterhin in Sonderkursen unterrichtete.

Nach Auskunft des Schriftleiters der „Deutschen Medizinischen Wochenschrift" weigerten sich 1907 „nur" noch zehn Professoren der Berliner Medizinischen Fakultät prinzipiell, Frauen an ihren Lehrveranstaltungen teilnehmen zu lassen. Unter diesen fällt die Häufigkeit der Vertreter der chirurgischen Fachrichtung ins Auge[59]. Zwei weitere Professoren schlossen die medizinischen Gasthörerinnen nur von bestimmten Übungen aus[60]. Darüber hinaus gab es 25 Dozenten an der Fakultät, die von den Studentinnen die Einholung einer schriftlichen Erlaubnis erwarteten, bevor sie im Einzelfall den Zutritt zu ihren Veranstaltungen gestatteten[61].

Am 18. August 1908 wurde der Erlaß des preußischen Kultusministers bekanntgegeben, der Frauen ab dem Wintersemester 1908/09 die reguläre Immatrikulation gestattete. Der Ordinarius für Anatomie Waldeyer war der erste Professor der Berliner Fakultät, der beim Minister gemäß § 3 der neuen Immatrikulationsordnung eine Sondergenehmigung für den weiteren Ausschluß der Studentinnen von seinem Unterricht beantragte. Waldeyer wandte sich am 23. August 1908 – also nur fünf Tage nach Bekanntgabe des Erlasses – aus seinem Urlaubsdomizil Bad Nenndorf bei Hannover mit einem sechsseitigen Schreiben an den Kultusminister[62]. Seine Motive für den bisherigen Ausschluß von Studentinnen aus seinem Unterricht seien „theils allgemeiner, theils besonderer, hauptsächlich für Berlin bestehender Art". Für die Anatomie läge ein besonderer Grund für eine Separierung der Geschlechter in der hohen „Frequenz" der Präparanden auf kleinstem Raum, bei der Unzuträglichkeiten nicht mehr ausreichend kontrolliert werden könnten. Selbst bei vorläufiger Beibehaltung der bestehenden Regelung müsse außerdem strengstens darauf geachtet werden, daß das Niveau der Männeruniversität auf seiner bisherigen Höhe gehalten werde. Waldeyer vertrat gegenüber dem Minister erneut die Position, daß die „Eigenart der Begabung der Frau" die Einrichtung besonderer Frauenuniversitäten verlange[63]. Zugleich wies er jedoch auch daraufhin, daß mehrere Dozenten der Anatomie Frauen inzwischen an ihren regulären Veranstaltungen teilnehmen ließen und er selbst die Einrichtung der Sonderkurse initiiert habe. Derzeit,

Abb. 8: Ausbildung von Medizinerinnen: Blick in eine Frauenklasse, die mikroskopische Untersuchungen durchführt (1910). Ullstein Bilderdienst, Berlin.

so Waldeyer, könnten weibliche Studierende am Anatomischen Institut der Berliner Universität ausschließlich an den Vorlesungen über Muskel-, Eingeweide- und Gefäß-lehre nicht teilnehmen. Da es sich dabei jedoch um wichtigen Unterrichtsstoff handele, erklärte er seine Bereitschaft, eine Anordnung zu treffen, „die den Studentinnen auch diese Abschnitte der Anatomie zugängig macht"[64]. Waldeyer verzichtete allerdings nicht auf die Bemerkung, daß es den Studentinnen bisher keinesfalls geschadet habe, für das Erlernen dieser Inhalte andere Universitäten aufzusuchen; im Gegenteil sei ein mehr-facher Wechsel des Studienortes durchaus erwünscht. Zwar gibt die Aktenlage keine Auskunft darüber, wie der preußische Kultusminister auf das Gesuch Waldeyers reagier-te. Dessen Memoiren ist jedoch zu entnehmen, daß er fortan gezwungen war, Studen-tinnen in seiner Hauptvorlesung zu dulden. Waldeyer beschreibt, wie er seit diesem Zeitpunkt wiederholt im Hörsaal um Ruhe habe bitten müssen, da durch die Anwesen-heit der Frauen die Gespräche unter den Studierenden „wie das ja auch natürlich war, lebhafter"[65] geworden seien. Nach der Zulassung von Frauen zur Immatrikulation habe er darüber hinaus für die dauerhafte Einrichtung eines „besonderen Präpariersaales"[66] für Frauen am Anatomischen Institut gesorgt, dessen Leitung er wie in den Jahren zuvor seinem ersten Prosektor Hans Virchow übergab.

Durch ministeriellen Druck stand den Studentinnen demnach im Wintersemester 1908/09 erstmals der Besuch der anatomischen Hauptvorlesung an der Berliner Fakul-tät offen. Das anatomische Praktikum absolvierten sie jedoch auch weiterhin separat von den männlichen Kommilitonen. Offenbar hatte es gegen das Fortführen dieser Regelung seitens einiger Studentinnen Proteste gegeben. Waldeyer schreibt dazu rück-blickend:

„Anfangs sprachen sich manche der studierenden Frauen gegen diese Einrichtung aus; sie meinten vielleicht, daß sie nicht den gleichen Unterricht auf dem Präparier-saale erhielten wie ihre männlichen Kommilitonen. Diese Einsprachen ließen aber bald nach, als die Studentinnen einsahen, daß sie genau denselben Unterricht und dieselbe Berücksichtigung erhielten und erfuhren wie die Studenten. Ich glaube nicht, daß sie jetzt eine andere Einrichtung wünschen würden."[67]

Neben Waldeyer wandten sich im Oktober 1908 noch drei weitere Professoren der Ber-liner Medizinischen Fakultät an den preußischen Kultusminister, um eine Geneh-migung auf Anwendung des § 3 für den weiteren Ausschluß der Studentinnen zu erhalten. Dies waren der Gerichtsmediziner Kurt Strauch[68], der Dermatologe Edmund Lesser[69] sowie der Medizinhistoriker Julius Pagel[70]. Pagel und Strauch hatten sich auch in den Jahren zuvor konsequent geweigert, weibliche Studierende in irgendeiner Form zu unterrichten. Lesser hingegen hatte Frauen nur von seiner Vorlesung über „die Ge-schlechtskrankheiten, ihre Gefahren und ihre Verhütung"[71] ausgeschlossen und erbat vom Kultusminister die Genehmigung, auch in Zukunft gleichermaßen fortfahren zu dürfen. Eine nähere Begründung fügte Lesser seinem Antrag nicht bei. Friedrich Kraus als amtierender Dekan der Medizinischen Fakultät sowie der Ordinarius für Pädiatrie Otto Heubner sprachen sich gegenüber dem Minister „aus naheliegenden Gründen"[72] für die Genehmigung des Lesserschen Antrag aus. Der preußische Kultusminister erteilte daraufhin „ausnahmsweise"[73] seine Erlaubnis, Studentinnen auch weiterhin von dieser Vorlesung auszuschließen.

Der Gerichtsmediziner Strauch legte in seinem Antrag dem Minister dar, daß in der von ihm gehaltenen Vorlesungen viele Dinge derart eingehend zu erörtern seien, daß auch bei noch so wissenschaftlicher Behandlung das Schamgefühl der Studierenden verletzt würde. Sein Unterricht sei eher praktisch als theoretisch organisiert. Er lehre nicht nur „die wichtigen und großen Kapitel der verschiedenen Sittlichkeitsverbrechen, der Notzucht, der männlichen Zeugungsunfähigkeit, der vielfältigen, zum Teil weiblichen Verirrungen des Geschlechtstriebs"[74], sondern demonstriere häufig auch Abbildungen und Präparate, ja er stelle sogar die betreffenden Individuen seinem Auditorium vor. Selbst eine noch so geschickte Behandlung des Themas seinerseits könne nicht über die auftretenden Peinlichkeiten hinweghelfen, da die unentbehrliche Präsentation jener Individuen und deren ausführliche Schilderungen zu ihrer Person und ihrem Schicksal zwangsläufig anstößig seien. Strauch klärte den Kultusminister auch dahingehend auf, daß der Besuch seiner Veranstaltungen – solange es sich „nur" um den Erwerb der Approbation und nicht um die Vorbereitung auf die Medizinalbeamtenlaufbahn handele – keineswegs obligatorisch sei. Der Dekan der Fakultät Friedrich Kraus und der Anatom Oskar Hertwig befürworteten auch diesen Antrag[75], dem der Kultusminister ebenfalls „ausnahmsweise"[76] stattgab.

Der Medizinhistoriker Julius Pagel hatte bereits in seinem Lehrbuch „Grundriß eines Systems der Medizinischen Kulturgeschichte" seine Haltung zum Frauenstudium eindeutig formuliert:

„Ich muß sagen, seitdem Haarnadeln hier und da auf dem Vorhof der Berliner Universität zu finden sind, hat das akademische Leben eine gewisse Depression erfahren. Seine Würde leidet darunter [...]. Nur in *einer* Beziehung ist für mich auch die ‚Ärztin' diskutabel, nämlich als Helferin für die Krankenküche. Ich fürchte, gerade in diesem Punkte werden die gelehrten Damen versagen, weil sie sich hierfür vielleicht für zu vornehm halten."[77]

Pagel rechnete das Frauenstudium zu den „Perversitäten der Gegenwart"[78] und beantragte beim preußischen Kultusminister die Anwendung des § 3 auf seine Vorlesung „Einführung in das Studium der Medizin. Medizinische Enzyklopädie und Methodologie". Wie Strauch argumentierte auch Pagel mit einer drohenden Verletzung des Schamgefühls durch die Anwesenheit weiblicher Studierender und erklärte gegenüber dem Minister, es werde ihm allzu große Mühe bereiten, die seit 17 Jahren in ein- und derselben Form gehaltene Vorlesung mit Rücksicht auf ein gemischtgeschlechtliches Auditorium umzuarbeiten. Pagel erklärte sich jedoch bei bestehendem Bedarf bereit, eine separate Vorlesung für Damen einzurichten[79]. Auch zu Pagels Antrag nahmen zwei Mitglieder der Medizinischen Fakultät Stellung, äußerten jedoch die Ansicht, daß sich Pagels Vorlesung ohne weiteres für ein gemischtes Auditorium umarbeiten lasse und der wissenschaftliche Charakter des Lehrstoffes darunter keineswegs zu leiden habe. In Solidarität mit seinem langjährigen Kollegen befürwortete der Dekan jedoch, dem Wunsch des Medizinhistorikers nach Einrichtung einer separaten Vorlesung stattzugeben[80]. Der preußische Kultusminister lehnte vehement ab und forderte Pagel in knappen Worten zur Umgestaltung seines Vorlesungskonzepts für ein gemischtgeschlechtliches Auditorium auf[81]. Wenige Tage darauf stellte der Minister in einem Schreiben an die Fakultät noch einmal ausdrücklich klar, daß er die persönliche Abneigung gegen einen koedukativen Unterricht seitens einzelner Dozenten nicht zu berücksichtigen gedenke und grundsätzlichen Zugang für die Studentinnen zu allen Lehrveranstaltungen wünsche[82].

Zusammenfassend kann festgestellt werden, daß die erstmals im Wintersemester 1896/97 zum Medizinstudium an der Berliner Universität zugelassenen Gasthörerinnen anfangs nur bei den Professoren der Philosophischen Fakultät soviel Entgegenkommen fanden, daß sie an deren regulären vorklinischen Lehrveranstaltungen teilnehmen konnten[83]. Doch die Akzeptanz seitens einzelner akademischen Lehrer bewirkte keine Normalität. Vielmehr trafen die zunächst nur in geringer Zahl eingeschriebenen Studentinnen im Hörsaal auf Konflikte mit ihren männlichen Kommilitonen, deren Lösung ihnen große Schwierigkeiten bereitete oder gar unmöglich war. Das Beispiel Gustav Behrends zeigt, daß Professoren offenbar nicht in der Lage waren, die Gasthörerinnen vor der feindlichen Reaktion der männlichen Studierenden auf die Anwesenheit einer Frau ausreichend in Schutz zu nehmen. Die Schilderungen Hermine Heusler-Edenhuizens zeigen allerdings, daß manche akademische Lehrer dies auch nicht beabsichtigten, sondern stattdessen das zu erwartende schlechte Benehmen der Studenten als Argument für ihre Ablehnung des Frauenstudiums nutzten. Andere mochten die Anwesenheit der Studentinnen im Hörsaal zwar formal akzeptieren, unterstützten jedoch durchaus die Schikanen, mit denen die männlichen Kommilitonen auf das Auftauchen der ersten Gasthörerinnen an der Medizinischen Fakultät reagierten.

Besonders angesichts der vor der Jahrhundertwende nur geringen Zahl weiblicher Hörer an der Berliner Medizinischen Fakultät ist die Überlegung angebracht, ob diesen durch die Einrichtung der separaten Frauenkurse nicht ein geschützter Raum geschaffen worden ist, in dem sie sich ohne anderweitige Belästigungen auf das Studium konzentrieren konnten. Dabei soll keinesfalls außer acht gelassen werden, daß die hinter der Separierung stehende Intention der medizinischen Professorenschaft ursprünglich auf die Etablierung einer gesonderten Frauenuniversität außerhalb Berlins gerichtet war.

Die ab der Jahrhundertwende an der Berliner Medizinischen Fakultät studierenden Gasthörerinnen trafen kaum noch im vorklinischen, sondern vielmehr im klinischen Studienabschnitt auf Hindernisse bei ihrer Ausbildung. Nicht wenige Studentinnen wechselten aus diesem Grunde an andere deutsche Universitäten, deren medizinischer Lehrkörper dem Frauenstudium offenbar wesentlich liberaler gegenüberstand. Erst ab 1904 war der Zugang für Gasthörerinnen zu den Berliner Universitätskliniken offenbar selbstverständlicher geworden. Darüber hinaus war ihre Zahl inzwischen beträchtlich gestiegen, sodaß sie sich nicht mehr allzu vereinzelt der zahlenmäßigen Übermacht der männlichen Kommilitonen stellen mußten. Diese wiederum hatten sich vermutlich im Laufe der Zeit zunehmend an die Anwesenheit von Frauen an der Fakultät gewöhnt. Gleiches mag auch für einen Großteil der medizinischen Professoren zutreffen, von denen sich immer mehr – und vor allem nun auch die einzelnen Ordinarien – zum Unterrichten der Hörerinnen bereit erklärten.

Als zwölf Jahre nach dem Erscheinen der ersten Gasthörerinnen an der Berliner Medizinischen Fakultät den Frauen die reguläre Immatrikulation eröffnet wurde, waren es nur noch vereinzelte Professoren, die sich gegen die Anwesenheit der Studentinnen in ihrem Unterricht wandten, und dies auch nicht mehr unbedingt aus grundsätzlichen Motiven. In den folgenden Jahren wurde den Medizinerinnen der freie Zugang zu einigen Lehrveranstaltungen nur noch dann verwehrt, bzw. deren Inhalte in separatem Unterricht vermittelt, wenn es sich um in damaliger Zeit eindeutig als prekär empfundene Themen wie Sexualverbrechen oder Geschlechtskrankheiten handelte. Der anatomische Sezierkurs fand weiterhin in Form eines fortan allerdings „regulären" Sonderkurses statt. Die Motivation der damaligen Studentinnen, Zutritt zu derselben medizinischen Ausbildung wie ihre männlichen Kommilitonen zu erhalten, sollte bei Diskussionen in den Reihen der heutigen Studentinnenschaft, ob gewisse Inhalte des Medizinstudiums nicht in separaten Frauenkursen zu vermitteln seien, berücksichtigt werden.

2. VORBILDUNG, STUDIENDAUER UND STUDIENERFOLG DER MEDIZINSTUDENTINNEN

Zwischen dem Wintersemester 1896/97 und dem Sommersemester 1908 schrieben sich insgesamt 157 Frauen deutscher Nationalität für mindestens ein Semester als Gasthörerinnen an der Berliner Medizinischen Fakultät ein. Von diesen hatten nachweislich 121 Frauen, im allgemeinen vor Studienbeginn, die deutsche oder die schweizer Reifeprüfung abgelegt[84]. Darüber hinaus hatten 14 dieser 121 Abiturientinnen außerdem einige Jahre zuvor das Lehrerinnenexamen absolviert. Sie waren daher bei ihrem Eintritt in die Berliner Universität bereits in fortgeschrittenem Alter. Als exemplarisches Beispiel soll hier der Lebenslauf von Johanna Schwaan (später verheiratete Angerer-Schwaan) dienen: Geboren am 27. Oktober 1875 in Danzig, besuchte sie die Höhere Töchterschule und das Lehrerinnenseminar ihrer Geburtsstadt und legte im Jahre 1895 das Lehrerinnenexamen ab. Die folgenden sechs Jahre war Schwaan als Lehrerin an einer Danziger Privatschule tätig. Neben der Vorbereitung durch Privatunterricht besuchte sie von Oktober 1901 bis September 1902 die Gymnasialkurse von Helene Lange und bestand im September 1902 das Abitur am Friedrich-Realgymnasium in Berlin. Johanna Schwaan begann ihr Medizinstudium im Wintersemester 1902/03 im Alter von 27 Jahren an der Berliner Fakultät. Sie wechselte im Wintersemester 1903/04 an die Universität München und absolvierte dort mit Ausnahme des Sommersemester 1906, das sie in Würzburg verbrachte, ihre restliche Studienzeit. Nach Ablegung des Staatsexamens im Dezember 1907 promovierte Johanna Schwaan am 5. Juli 1909 in München mit einer Arbeit „Ueber Regenerationsvorgänge bei akuter gelber Leberdystrophie"[85].

Von insgesamt zehn Gasthörerinnen, die zunächst das schweizer Abitur erworben hatte, holten drei zu einem späteren Zeitpunkt die deutsche Reifeprüfung nach: Es handelt sich um Anna Martha Kannegiesser (später verheiratete Engelhardt von

Reding), Jenny Brinitzer und Hanny Margarete Fett. Exemplarisch soll Anna Martha Kannegiessers schulischer Ausbildungsgang stehen: Geboren am 25. Oktober 1875 in Barmen, legte sie nach privater Vorbereitung im April 1900 in Zürich die schweizer Reifeprüfung ab. Kannegiesser begann das Medizinstudium in Zürich, wechselte nach zwei Semestern an die Freiburger Universität. Nachdem sie das Graecum im Sinne einer Ergänzungsprüfung vor einer Kommission in Karlsruhe abgelegt hatte, wurde ihr im Juni 1902 die deutsche Reifeprüfung zuerkannt. Damit war sie nun zur Ablegung der medizinischen Staatsprüfungen des deutschen Reiches berechtigt und absolvierte das Physikum im November 1902 in Freiburg. Nach weiteren Studiensemestern in Leipzig, Berlin (Sommersemester 1902, Wintersemester 1902/03) bestand Kannegiesser im Sommer 1904 in Heidelberg das Staatsexamen und promovierte im Februar 1905 mit einer Arbeit „Über intermittierende und cyklisch-orthotische Albuminurie"[86].

Neun Gasthörerinnen hatten vor Aufnahme ihres Studiums in Berlin bereits an einer anderen Universität den medizinischen Doktortitel erworben, davon fünf in der Schweiz, zwei in den Vereinigten Staaten, eine an der Universität Paris und eine an der Medizinischen Fakultät Bonn[87]. 20 Frauen wurden ausschließlich auf Grund eines Lehrerinnenexamens als Gasthörerinnen an der Berliner Universität aufgenommen, eine deutsche Gasthörerin kam mit dem Zeugnis eines russischen Mädchengymnasiums an die Medizinische Fakultät[88]. Diese Frauen waren daher nicht zur Ablegung der medizinischen Staatsprüfungen des deutschen Reiches berechtigt. Gleiches gilt für diejenigen wenigen Hospitantinnen, die als Vorbildung den Beruf der Kunstmalerin, der Krankenschwester oder der Leiterin einer orthopädischen Anstalt benannten. Einige machten bei ihrer Eintragung in das Gasthörerverzeichnis der Friedrich-Wilhelms-Universität keine näheren Angaben zu ihrer Vorbildung.

Bisher konnte bei 95 der 121 deutschen Gasthörerinnen, die auf Grund eines deutschen oder schweizer Abiturs an der Berliner Universität studierten, nachgewiesen werden, daß sie ihr medizinisches Studium abgeschlossen, die deutsche Approbation erlangt und den ärztlichen Beruf ausgeübt haben[89]. Eine Hospitantin starb vor der Beendigung ihres Medizinstudiums[90]. Bei den restlichen 25 konnte nicht ermittelt werden, ob sie je an einer Universität des Deutschen Reiches promoviert haben oder später als Ärztinnen tätig gewesen sind. Dabei muß jedoch bedacht werden, daß diese Frauen möglicherweise während oder nach Abschluß ihres Studiums eine Ehe eingingen, dabei ihren Namen wechselten und ihr Lebensweg aus diesem Grunde bisher nicht weiterverfolgt werden konnte. Es besteht die berechtigte Hoffnung, daß auf Grund künftiger Forschungsergebnisse die Karrieren weiterer Berliner Gasthörerinnen nachvollzogen werden können. Als Beispiel für einen der bislang unvollständigen Lebensläufe mag der folgende stehen: Hanny Margarete Fett, geboren am 8. Dezember 1859 in Dittmarschen, beantragte im Alter von 41 Jahren auf Grund der schweizer Matura die Aufnahme an der Berliner Medizinischen Fakultät zum Wintersemester 1901/02. 1904 legte sie das deutsche Abitur am Realgymnasium in Rendsburg ab und studierte vom Wintersemester 1905/06 bis zum Sommersemester 1908 erneut als Gasthörerin an der Berliner Universität. Es ist anzunehmen, daß diese Frau, die in ihrem fünften Lebensjahrzehnt die Mühe von zwei Reifeprüfungen auf sich genommen und mindesten sieben medizinische Studiensemester absolviert hatte, ihr Studium auch zu Ende führte[91].

Doch selbst das zur Zeit bereits verfügbare Material erlaubt die Feststellung, daß die große Mehrheit der Gasthörerinnen, die mit der Reifeprüfung die formale Voraussetzung für einen Studienabschluß erfüllten, diesen auch – und zwar immer mit erstaunlich geringem Zeitverlust – erreicht haben und später ärztlich tätig waren.

Das Medizinstudium bestand in der damaligen Zeit aus zehn, fünf vorklinischen und fünf klinischen Semestern. Bevor nicht die ärztliche Vorprüfung absolviert worden war, war niemandem der Eintritt in den klinischen Studienabschnitt gestattet. Die Ablegung des medizinischen Staatsexamens war für das elfte Studiensemester vorgesehen[92]. Nach der Prüfungsordnung für Ärzte vom 28. Mai 1901 hatten Medizinstudierende nach dem Staatsexamen außerdem ein Praktisches Jahr zu absolvieren, um die deutsche Approbation zu erhalten. Die Prüfungsordnung trat am 1. Oktober 1901 in Kraft. Diejenigen, die das Studium vor diesem Zeitpunkt begonnen hatten, erhielten die Approbation nur dann unmittelbar nach dem Staatsexamen, wenn sie dies vor dem 1. Oktober 1903 absolviert hatten[93]. Die bereits mehrfach erwähnte Berliner Medizinstudentin Elise Taube erreichte auch diesbezüglich eine Ausnahmeregelung. Ihr wurde das praktische Jahr erlassen, obwohl sie das Staatsexamen erst im Wintersemester 1903/04 in Halle ablegte[94].

Angesichts der bereits beschriebenen Hindernisse, die den Studentinnen besonders bis zum Jahre 1902 bei der Absolvierung des klinischen Studienabschnitts an der Berliner Universität in den Weg gelegt wurden, ist es nachvollziehbar, daß sie im Laufe ihrer klinischen Ausbildung bevorzugt andere Universitäten des Deutschen Reiches aufsuchten[95]. Dabei muß jedoch auch berücksichtigt werden, daß in der damaligen Zeit ein mehrfacher Wechsel des Studienortes durchaus üblich war und daß sich Studierende der Medizin, wenn sie es sich leisten konnten, während ihres Studiums an verschiedene Universitäten begaben, um Vorlesungen in bestimmten Fächern bei besonders berühmten Professoren zu hören.

Wie bereits dargelegt, begaben sich diejenigen Gasthörerinnen, die um die Jahrhundertwende an der Berliner Medizinischen Fakultät studierten, häufig zur Absolvierung des klinischen Studienabschnitts an die Universitäten Halle und Freiburg. Nach der Zulassung von Frauen zu den ärztlichen Prüfungen für das Deutsche Reich mit dem Bundesratsbeschluß vom 24. April 1899 legten die angehenden Medizinerinnen in diesen Jahren die ärztliche Vorprüfung und das medizinische Staatsexamen bevorzugt an diesen Universitäten ab, was eine im Anhang aufgeführte Auflistung von Studien- und Examensorten verdeutlicht[96]. Nur eine sehr geringe Zahl von Frauen absolvierte die Prüfungen an der Berliner Fakultät. Hier war es bei der Umsetzung des Bundesratsbeschluß von 1899 offenbar zu Verzögerungen gekommen, denn Elise Taube und Hermine Edenhuizen hatten sich Ende 1899 mit einer Eingabe an die Petitionskommission des Reichstages gewandt, in der sie unter anderem um Zulassung zu den betreffenden Prüfungen baten[97]. In ihrer Petition vom 8. Juli 1901 an den stellvertretenden Reichskanzler gab Taube an, Frauen seien inzwischen an der Berliner Medizinischen Fakultät zur Ablegung des Physikums und des medizinischen Staatsexamens berechtigt[98]. Sie selbst wie auch die Studentin Jenny Bornstein hatten das Physikum im Frühjahr 1901 an der Fakultät abgelegt.

Da die medizinische Promotion nur nach bestandenem Staatsexamen erfolgen konnte, sind den üblicherweise den Dissertationen beigefügten Lebensläufen die Examensorte der Doktorandinnen zu entnehmen[99]: Von den 95 deutschen Gasthörerinnen, die zwischen dem Wintersemester 1896/97 und Sommersemester 1908 an der Berliner Fakultät studiert und die ihr Studium nachweislich beendet haben, sind bisher 84 derartige Dissertationen bekannt. Aus diesen geht hervor, daß weniger als die Hälfte dieser Hörerinnen eine medizinische Prüfung an der Berliner Universität ablegte. Nach der ärztlichen Vorprüfung von Elise Taube und Jenny Bornstein im Jahre 1901 absolvierten offenbar erst ab 1906 wieder einige Gasthörerinnen das Physikum in Berlin. Auch zum Staatsexamen wählte die Mehrzahl der Medizinstudentinnen eine andere Universität. Das erste Staatsexamen einer Frau an der Berliner Medizinischen Fakultät kann für das Jahr 1907 belegt werden. Hedwig Danielewicz bestand nach zehnsemestrigem Studium, wovon sie acht Semester an der Berliner Universität absolviert hatte, am 29. Januar 1907 die ärztliche Prüfung an der Berliner Medizinischen Fakultät[100]. Ihr folgte im Mai 1908 Ottilie Hoffmann, die drei Semester als Gasthörerin in Berlin studiert hatte[101]. Somit läßt sich an Einzelfällen nachweisen, daß bereits vor der Gewährung der regulären Immatrikulation für Frauen im Wintersemester 1908/09 die Ablegung von Physikum und Staatsexamen an der Berliner Medizinischen Fakultät möglich war[102]. Die genaue Zahl der abgelegten Prüfungen läßt sich anhand des verfügbaren Quellenmaterials jedoch nicht belegen, ergänzend sind im Anhang die Namen derjenigen Berliner Gasthörerinnen benannt, die nachweislich ein Examen oder die Promotion in Berlin absolvierten[103].

Die Schwierigkeit der Unterscheidung zwischen Legende und Realität verdeutlicht der Werdegang der Ärztin Jenny Springer, die sich nach dem schweizer Staatsexamen vermutlich im Jahre 1898 in Berlin niederließ: In einem Nachruf heißt es, sie habe im Jahre 1904 als eine der ersten Ärztinnen in Berlin das deutsche Staatsexamen abgelegt[104]. Springer war im Wintersemester 1897/98 kurzfristig als Gasthörerin an der Berliner Medizinischen Fakultät eingeschrieben und erhielt nachweislich im Jahre 1904 die deutsche Approbation[105]. Wo sie ihre deutschen Examina allerdings tatsächlich abgelegt hat, läßt sich bislang nicht feststellen.

Offenbar lagen bei den Doktorprüfungen die Verhältnisse ähnlich. Nachdem im Jahre 1905 Elise Taube als erste Medizinerin in Berlin promoviert hatte, verstrichen noch weitere fünf Jahre, bevor die Berliner Fakultät zwei weiteren deutschen Frauen den Doktortitel verlieh[106]. Dieses Fehlen von Promotionen läßt sich auch dahingehend interpretieren, daß in Berlin so gut wie keine Staatsexamensprüfungen für Frauen stattgefunden haben. Es stellt sich die Frage, ob nicht – trotz der seit 1899 existierenden formalen Berechtigung – den Gasthörerinnen vor 1909 die Ablegung der medizinischen Staatsprüfung an der Berliner Fakultät zumindest derart erschwert wurde, daß diese sich zu diesem Zweck bevorzugt anderen Universitäten zuwandten. Denn im allgemeinen promovierten Medizinstudierende an derjenigen Universität, an der sie das ärztliche

Staatsexamen abgelegt hatten. Daß mit Ausnahme von Elise Taube bis 1910 keine einzige deutsche Medizinerin in Berlin promovierte, kann mit einer ablehnenden Haltung vieler Professoren allein nicht erklärt werden. Immerhin schlossen in diesem Zeitraum 34 Russinnen ihr Medizinstudium an der Berliner Fakultät mit der Promotion ab[107]. Außerdem gab es neben denjenigen Professoren, die zur Betreuung russischer Doktorandinnen bereit waren, auch einige, die einer deutschen Medizinerin ein Dissertationsthema überließen. Diese Ärztinnen reichten ihre Arbeit jedoch an einer anderen Fakultät ein: Ethel Blume promovierte am 11. Oktober 1902 als erste Frau an der Medizinischen Fakultät der Universität Leipzig mit einer Arbeit „Zur Kenntnis der tuberculösen Blutgefässerkrankungen". Nach der Ablegung des Staatsexamens im Juli 1901 hatte sie im September 1901 die ärztliche Tätigkeit an der Pathologisch-Anatomischen Anstalt des Städtischen Krankenhauses am Urban unter ihrem Doktorvater, dem Prosektor Benda, aufgenommen[108]. Die ehemalige Gasthörerin Julie Freiin von Kittlitz, die im Wintersemester 1904/05 an der Berliner Fakultät studiert hatte, arbeitete nach ihrer Approbation im Oktober 1908 als Volontärassistentin am Städtischen Krankenhaus in Berlin-Moabit. Diesem entstammten auch die Patienten, über deren Erkrankung sie unter Anleitung von Prof. Klemperer ihre Dissertation anfertigte. Auch Kittlitz reichte ihre Arbeit an der Universität Leipzig ein, wo sie im Jahre 1909 den medizinischen Doktortitel erhielt[109]. Dasselbe Phänomen findet sich auch bei einigen Doktorandinnen der Berliner Medizinischen Fakultät: So hatte die Russin Sara Chassin die ihrer Dissertation zugrundeliegenden Experimente im Physiologischen Institut der Universität Zürich durchgeführt, reichte die Arbeit selbst jedoch im Jahre 1911 an der Berliner Fakultät ein[110]. Die Ärztinnen Ida Berendsen und Regina Hoffmann hatten ihre Dissertationen als Medizinalpraktikantinnen oder Assistenzärztinnen an Krankenhäusern außerhalb Berlins angefertigt und promovierten ebenfalls an der hiesigen Fakultät[111].

Ob sich also die maßgeblichen Professoren der Berliner Fakultät einfach weigerten, vor 1907 bei Frauen die Prüfung abzunehmen, ob die Fakultät einen formalen Beschluß durchgesetzt hatte, in Berlin keine Staatsexamina durchzuführen oder ob die Studentinnen allein aus psychologischen Gründen einen anderen Examensort wählten, obwohl sie zumindest ab 1904 zunehmend auch die klinischen Lehrveranstaltungen besuchen konnten, muß auf Grund der derzeitigen Quellenlage offen bleiben. Von 34 deutschen Gasthörerinnen, die zwischen dem Wintersemester 1896/97 und Sommersemester 1908 an der Berliner Medizinischen Fakultät studierten und die in diesem Zeitraum ihr Medizinstudium zum Abschluß brachten, legten neun das medizinische Staatsexamen in Freiburg, sechs in München, vier in Heidelberg, drei in Halle und drei weitere in Bonn ab. Vier Gasthörerinnen beendeten ihr Studium an den Universitäten Königsberg, Würzburg, Kiel und Straßburg. Nur zwei der angehenden Ärztinnen wählten in dieser Zeit Berlin als Examensort.

Die geringe Zahl von Prüfungen und Promotionen, die Medizinerinnen deutscher Nationalität vor ihrer Zulassung zur Immatrikulation im Wintersemester 1908/09 in Berlin abgelegt haben, weist darauf hin, daß die Studentinnen die Berliner Fakultät offenbar als einen zu unfreundlichen Ort empfanden, um hier bevorzugt ihr Studium abzuschließen. Wie zuvor ausgeführt, begannen sich etwa ab 1904 in Berlin offenbar sowohl die Studienatmossphäre als auch die Studienmöglichkeiten für Frauen positiv zu verändern. Dies läßt sich auch am Studienverhalten derjenigen Gasthörerinnen, die ihr Medizinstudium in diesen Jahren begonnen haben, ablesen. Einige Beispiele sollen dies verdeutlichen:

Martha Thimm nahm ihr Medizinstudium im Wintersemester 1903/04 im Alter von 28 Jahren an der Berliner Fakultät auf. Das Abitur hatte sie nach privater Vorbereitung im August 1903 am Königsstädtischen Realgymnasium in Berlin abgelegt. Thimm studierte alle vorklinischen und klinischen Semester in Berlin, legte hier im März 1906 die medizinische Vorprüfung, im Juni 1909 das deutsche Staatsexamen ab und promovierte am 18. Januar 1910 bei Robert von Olshausen mit einer Arbeit über „Ursachen und Wirkungen des Fiebers in der Geburt."[112]

Martha Hellendall begann das Studium im Wintersemester 1905/06 im Alter von 29 Jahren in Berlin. Sie hatte zuvor von 1892 bis 1901 als Korrespondentin für holländische, deutsche, französische und englische Sprache einer Handelsfirma in Amsterdam gearbeitet und von 1901 bis 1905 ein eigenes Geschäft in Aachen geführt. Ab 1903 begann Hellendall, sich durch Privatunterricht auf das Abitur vorzubereiten. Zugleich gelang ihr im Sommersemester 1904 die Aufnahme als Hospitantin an der Technischen Hochschule in Aachen, wo sie während der folgenden drei Semester die Vorlesungen über Physik und Chemie besuchte. Nach der Ablegung des Abiturs im September 1905 am Realgymnasium in Düren schrieb Hellendall sich als Gasthörerin an der Berliner Universität ein. Mit Ausnahme des Sommersemesters 1909, welches sie an der Universität München verbrachte, absolvierte sie das gesamte Studium an der Berliner Fakultät, legte hier im Februar 1908 das Physikum, im Wintersemester 1910/11 das medizinische Staatsexamen ab und promovierte am 4. Mai 1912 bei His mit einer Arbeit „Ueber den Kältereiz als Mittel zur Funktionsprüfung der Arterien."[113]

Ella Hering (geb. Köhler, später verheiratete Büsselberg) begann das Medizinstudium im Sommersemester 1905 im Alter von 25 Jahren. Die Reifeprüfung hatte sie nach privater Vorbereitung im Frühjahr 1905 am Sophien-Realgymnasium in Berlin bestanden. Auch Hering verbrachte sowohl den vorklinischen als auch den gesamten klinischen Studienabschnitt in Berlin, bestand hier im Jahre 1908 das Physikum, legte im Wintersemester 1910/11 das Staatsexamen ab und promovierte am 26. Juni 1912 bei Franz mit einem „Beitrag zur Belastungstherapie in der Gynäkologie."[114] Ergänzend sind im Anhang die Beispiele weiterer Studentinnen genannt, deren Studienverlauf den beschriebenen gleicht[115].

Martha Thimm, Martha Hellendall und Ella Hering näherten sich erst nach 1910 dem Ende ihres Studiums und somit der Möglichkeit zur Promotion. Dies mag eine mögliche Erklärung dafür sein, weshalb nach der Promotion Taubes im Jahre 1905 erst ab 1910 wieder deutsche Medizinerinnen unter den Promovendinnen an der Berliner Fakultät zu finden sind. Im Jahre 1910 promovierten zwei, im darauffolgenden Jahr keine, im Jahre 1912 vier und im Jahre 1913 bereits sieben deutsche Ärztinnen in Berlin[116]. Doch bereits vor 1910 hatten sich zunehmend Professoren der Berliner Fakultät bereit erklärt, Dissertationsthemen an Frauen zu vergeben. Zwischen den Promotionen

Elise Taubes im Jahre 1905 und Martha Thimms im Jahre 1910 schlossen immerhin 34 Ausländerinnen ihr Medizinstudium an der Berliner Fakultät mit der Promotion ab[117].

Die Anerkennung, der erste Professor gewesen zu sein, der mit Elise Taube im Jahre 1905 erstmals eine Frau in Berlin durch die Promotion begleitete, gebührt dem Ordinarius für Innere Medizin und Leiter der 1. Medizinischen Klinik der Charité Ernst von Leyden. Noch 1893 hatte von Leyden anläßlich einer Reichstagsdebatte um die Zulassung von Frauen zum Medizinstudium erklärt, daß ein Arzt zur erfolgreichen Therapie und Führung eines Kranken „festen, konsequenten, zielbewußten Charakter"[118] benötige, den Frauen von wenigen Ausnahmen abgesehen nicht besäßen. In der Kirchhoffschen Gutachtensammlung aus dem Jahre 1897 äußerte sich von Leyden bereits zurückhaltender: Daß geringere physische und geistige Kräfte der Frau die Absolvierung eines Studiums unmöglich machen sollten, hielt er nun nicht mehr für stichhaltig. Zwar seien die vorliegenden Erfahrungen zu gering, um sich eindeutig positiv über die Ausbildung weiblicher Ärzte zu äußern, eine Zulassung der Abiturientinnen zum Medizinstudium sei jedoch durchaus zu befürworten. Daß von Leyden die Frauenfrage als „äußerst wichtig und bedeutungsvoll"[119] befand, mag auch mit dem Einfluß seiner Frau zuzuschreiben sein: Maria von Leyden gründete im Jahre 1898 den „Deutschen Frauenklub", den sie noch 1913 als Vorsitzende leitete. Anekdotenhaft erinnert eine im gleichen Jahr in einem Berlinführer für Frauen gegebene Charakterisierung des Klubs an den „Sturm moralischer Entrüstung", den die Einrichtung eines Raucherzimmers in der Anfangszeit ausgelöst hatte. Zahlreiche Karikaturen hatten dies in Zeitungen und Witzblättern kommentiert. Der „Deutsche Frauenklub" diente dem gesellschaftlichen Zusammenschluß von Frauen gebildeter Kreise, die keine besonderen Berufsinteressen verfolgten. Obwohl keine spezifischen frauenrechtlerischen, fachwissenschaftlichen oder künstlerischen Tendenzen bestanden, wirkte der Klub als erster seiner Art „bahnbrechend […] und [hatte, A. B.] bei seiner Gründung mannigfache Schwierigkeiten zu überwinden."[120]

Untersucht man die Bereitschaft der Berliner Medizinprofessoren, die Betreuung von weiblichen Doktoranden zu übernehmen, bzw. versucht man aus der Häufigkeit der an eine Frau vergebenen Dissertationsthemen die Haltung der einzelnen Professoren gegenüber den Studentinnen abzulesen, so ergibt sich folgendes Bild: Zwischen 1905 und 1918 promovierten an der Medizinischen Fakultät der Berliner Friedrich-Wilhelms-Universität 191 Frauen. Der Lehrkörper der Fakultät setzte sich in diesem Zeitraum aus durchschnittlich 200 Professoren und Privatdozenten zusammen, die theoretisch zur Vergabe eines Dissertationsthemas berechtigt waren[121]. Bis 1918 übernahmen etwa 20% der medizinischen Hochschullehrer an der Berliner Universität die Betreuung einer Studentin im Promotionsverfahren. Dabei wurden mehr als 85% der Doktorandinnen jedoch von einer kleinen, nur aus zwölf Professoren bestehenden Gruppe von Hochschullehrern betreut. Diese Zahlen mögen dazu verleiten, den medizinischen Lehrkörper der Berliner Universität in eine kleine, den angehenden Ärztinnen wohlmeinend gegenüberstehende, bzw. eine große, diese eher ablehnende Gruppe zu unterteilen. Jene zwölf Professoren hatten jedoch alle den Lehrstuhl ihres jeweiligen Faches inne. Im allgemeinen bemühten sich Studierende um die Überlassung eines

Dissertationsthemas, indem sie sich an denjenigen Ordinarius wandten, dessen Hauptvorlesung sie besucht und besonders interessant gefunden hatten. Als Alternative war allerdings auch denkbar, eine Fragestellung, die sich den Studierenden während ihrer Medizinalpraktikanten- oder Assistentenzeit an einem Krankenhaus gestellt hatte, zum Gegenstand einer Promotion zu wählen. Dies setzte jedoch voraus, daß der Leiter der jeweiligen Abteilung sich zur Vergabe und zumindest teilweisen Betreuung einer derartigen Arbeit bereit erklärte.

Der Studiengang der Berliner Medizinstudentin Martha Strucksberg verdeutlicht beide Möglichkeiten: Sie hatte die ersten beiden Studiensemester in Jena, alle weiteren an der Berliner Medizinischen Fakultät absolviert und hier im Juli 1914 das Physikum und im Mai 1917 das medizinische Staatsexamen bestanden. Im Anschluß arbeitete sie als Medizinalpraktikantin in der 2. Medizinischen Klinik der Charité unter der Leitung des Ordinarius für Innere Medizin Friedrich Kraus. Martha Strucksberg promovierte am 1. August 1918 bei Kraus mit einer Arbeit „Ueber sterile Perforation eines Duodenalgeschwürs und consecutives Pneumoperitoneum."[122], die sie während ihrer Medizinalpraktikantenzeit in der 2. Medizinischen Klinik angefertigt hatte. Ein weiteres Beispiel ist die Arbeit der Bulgarin Bertha Kohenowa: Sie hatte zwar als Ausländerin nicht die Möglichkeit, das deutsche Staatsexamen zu absolvieren und war dementsprechend auch nicht zum Medizinalpraktikum zugelassen. Dennoch wählte sie für ihre Promotion ein Thema, für das sie Patienten der Inneren Abteilung von Friedrich Kraus heranzog: „Ueber den diagnostischen Wert des Milchsäurebazillenbefundes im Stuhle bei Magenkrankheiten – insonderheit beim Magencarcinom."[123]

Friedrich Kraus war derjenige Professor an der Berliner Medizinischen Fakultät, der bis 1918 mit 33 Themen die weitaus meisten Promotionsvorhaben an Frauen vergab. Daß junge Medizinerinnen sich bevorzugt mit der Bitte um Überlassung eines Dissertationsthemas an Kraus gewandt haben, verdeutlicht auch die Beschreibung der ehemaligen Berliner Medizinstudentin Charlotte Wolff. Sie charakterisiert Kraus in ihren Memoiren als

> „[…] überschwenglichen Professor […], der hübschen Studentinnen gern schöne Augen machte. Bei seinen Vorlesungen war der Hörsaal bis auf den letzten Platz besetzt. Dieser extrovertierte und charmante Dozent der Inneren Medizin schrieb mehrere Standardwerke in seinem Fachgebiet. Jüdische Frauen schienen unter seiner besonderen Gunst zu stehen. Gelegentlich rief er eine von ihnen auf, zu ihm herunter aufs Podium zu kommen, um ihm bei seinen Demonstrationen zu helfen."[124]

Kraus war zugleich der zweite Berliner Hochschullehrer der Medizin, der mit Helenefriderike Stelzner im Jahre 1903 eine Frau als Volontärassistent an der Charité einstellte[125]. Ihr folgte 1903 Rahel Hirsch, die im Jahre 1906 von Kraus eine außerordentliche Assistentenstelle erhielt. Zwei Jahre später übergab er Rahel Hirsch als erster Frau die Leitung seiner Poliklinik, die sie bis 1919 innehatte. Hirsch wurde im Jahre 1913 als dritter Frau im Deutschen Reich für ihre wissenschaftlichen Leistungen das „Professorenpatent" verliehen, lange bevor Frauen das Recht auf Habilitation zugestanden wurde[126].

Neben Kraus betreuten der Ordinarius für Innere Medizin und Leiter der 1. Medizinischen Klinik der Charité Wilhelm His 20 Medizinerinnen, der Ordinarius für Gynäkologe und Geburtshilfe Ernst Bumm 19 und dessen Nachfolger an der Frauenklinik der Charité Karl Franz 16 Ärztinnen im Promotionsvorhaben. Bei dem Ordinarius für Kinderheilkunde Adalbert Czerny promovierten 15 Frauen. August Bier, der 1907 die Nachfolge Ernst von Bergmanns als Ordinarius der Chirurgischen Universitätsklinik angetreten hatte, der Ordinarius für Chirurgie an der Charité Otto Hildebrand sowie der Ordinarius für Pathologische Anatomie Johannes Orth vergaben je 13 Themen an eine Studentin. Der Ordinarius für Kinderheilkunde Otto Heubner überließ neun, der Ordinarius für Psychiatrie und Neurologie Karl Bonhoeffer sieben und der Ordinarius für Gynäkologie und Geburtshilfe Robert von Olshausen sechs Frauen ein Dissertationsthema. Der Ordinarius für Neurologe und Psychiatrie Theodor Ziehen betreute vier Doktorandinnen, darunter auch die Russin Sophie Strisower, die am 20. Juli 1905 als zweite Frau mit einer Arbeit über „Die Beziehungen der trophischen Störung bei Tabes zu den Sensibilitätsstörungen."[127] an der Berliner Fakultät promovierte.

Bei Johannes Orth kann der Wandel seiner Einstellung bezüglich der Ausbildung von Ärztinnen im Laufe der Jahrhundertwende besonders gut nachvollzogen werden: Im Jahre 1892 hatte Orth die Zulassung von Frauen zum Medizinstudium selbst bei gleichwertiger gymnasialer Vorbildung „aus theoretischen wie praktischen Gründen"[128] abgelehnt. Aufgrund eines Mißgeschicks seinerseits gelang jedoch im Wintersemester 1895/96 einer Frau die Aufnahme an der Göttinger Medizinischen Fakultät: Die 26jährige Amerikanerin Florence A. Dyer hatte sich mit dem Nachweis des Abschlusses des „Women's Medical College of Pennsylvania" an Orth gewandt und um Zutritt zu dessen Vorlesung und mikroskopischen Übungen in Pathologischer Anatomie gebeten. Orth übersah, daß die Anfrage von einer Frau stammte, und erteilte seine Zusage. Nachdem er beim Erscheinen Dyers im Hörsaal seinen Irrtum erkannt hatte, mußte Orth sich gegenüber seinen aufgebrachten Kollegen an der Medizinischen Fakultät rechtfertigen:

> „Durch eine Verkettung an Umständen hatte ich der Petentin, in der Meinung mit einem Manne zu verhandeln, schriftlich auf ihr Gesuch, bei mir mikroskopieren zu dürfen, zustimmend geantwortet [...]. Es war mir peinlich, als mir statt des erwarteten Mannes eine Dame persönlich entgegentrat, meine zustimmende Erklärung zurückzunehmen. Ich bin nach wie vor ein prinzipieller Gegner der freien Zulassung von Frauen zum medizinischen Universitätsstudium, glaube aber andererseits, daß man dem einzelnen Docenten es überlassen sollte, in besonderen Fällen die Theilnahme von Frauen an Vorlesungen oder Übungen zu gestatten. Ich werde [...] die Sache als einen Versuch betrachten, der für die Zukunft gar nichts präjudizieren soll [...]."[129]

Letzteres bewies Orth wenig später durch seine Ablehnung eines Gesuchs der Ärztin Elise Troschel, die sich nach Beendigung ihres Medizinstudiums in Zürich mit der Bitte um Zulassung zur Promotion an die Göttinger Medizinische Fakultät gewandt hatte[130].

In der Kirchhoffschen Gutachtensammlung aus dem Jahre 1897 sprach Johannes Orth Frauen die Studierfähigkeit keinesfalls ab. Vielmehr bezeichnete er sie sogar als fleißiger, zielstrebiger und geschickter als viele männliche Studierende, besonders was manche praktische Anforderungen wie die Handhabung von Instrumenten oder die Herstellung mikroskopischer Präparate betraf. Für die Ausübung des ärztlichen Berufs hielt Orth das weibliche Geschlecht jedoch dennoch für denkbar ungeeignet. Eine Ärztin sei auf Grund ihrer Unfähigkeit zu „von jeder Gemütserregung unbeeinflußten Verstandesoperation" und „wechselnder Körperzustände"[131] nicht in der Lage, rasche Entschlüsse zu fassen und in verantwortungsvoller Lage energisch zu handeln. Obwohl Orth auch am gemeinsamen Unterricht der Studierenden Anstoß nahm, plädierte er dennoch dafür, in Zukunft weitere Erfahrungen über die Leistungsfähigkeit des weiblichen Geschlechts in Bezug auf Studium und Praxis der Medizin zu sammeln, und befürwortete, besonders geprüfte Frauen unter Vorbehalt der Zustimmung eines jeden Dozenten zu bestimmten Vorlesungen zuzulassen. Orth schien jedoch bis auf weiteres keine neuen Erfahrungen mit weiblichen Schülern machen zu wollen. 1898 lehnte er das Promotionsgesuch Elise Troschels mit den Worten: „Da ich mich gegebenenfalls weigern werde, Damen als reguläre Studentinnen zu meinen Vorlesungen etc. zuzulassen, so bin ich auch gegen Zulassung der Damen zum Doktorexamen"[132] ab. Noch im Jahre 1907 reihte er sich in die Gruppe derjenigen Dozenten an der Berliner Fakultät ein, die Studentinnen generell von ihrem Unterricht ausschlossen[133]. Dennoch betreute er im selben Jahr drei der ersten zehn Doktorandinnen bei ihrer Promotion an der Berliner Medizinischen Fakultät. Die Frage, wie Johannes Orth die Ablehnung der Anwesenheit von Studentinnen in seinem Unterricht mit einer gleichzeitigen Betreuung von Frauen im Promotionsverfahren begründet hat, muß offen bleiben. Es ist jedoch nicht als Widerspruch zu werten, daß ein Hochschullehrer die angestrebten Berufsziele weiblicher Ärzte ablehnte, deren wissenschaftliche Fähigkeiten und Resultate aber durchaus zu nutzen wußte, diente doch die forschungsorientierte Vergabe von Dissertationen auch eigenen Interessen. Orth konnte sich zum damaligen Zeitpunkt mit der Existenz von Wissenschaftlerinnen bereits durchaus arrangieren. So ermöglichte er der Bakteriologin Lydia Rabinowitsch-Kempner zwischen 1904 und 1920 als wissenschaftliche Assistentin am Pathologischen Institut der Charité zu arbeiten. Mit ihr zusammen veröffentlichte Orth mehrere Artikel in wissenschaftlichen Zeitschriften. Ob Rabinowitsch-Kempner allerdings eine bezahlte Assistentenstelle innehatte, ist ungeklärt[134].

Bei der Frage, ob bei einer geringeren Anzahl von Dissertationsbetreuungen auf eine Zurückhaltung oder gar Ablehnung der Professoren gegenüber weiblichen Studierenden geschlossen werden kann, muß neben dem potentiellen Interesse der Studentinnen am jeweiligen Fach auch die Dauer der Lehrtätigkeit der einzelnen Dozenten an der Berliner Universität berücksichtigt werden. In Anbetracht ihres vergleichsweise kurzen Wirkens als Hochschullehrer in Berlin, während dessen ihnen die Vergabe einer Doktorarbeit möglich war, haben Professoren wie der Pädiater Heubner (9 Arbeiten, emeritiert 1913), der Gynäkologe von Olshausen (6 Arbeiten, emeritiert 1910), der Neurologe und Psychiater Ziehen (4 Arbeiten, Niederlegung des Ordinariats 1912) sowie der Neurologe und Psychiater Bonhoeffer (7 Arbeiten, Übernahme des Ordinariats 1912) demnach relativ viele Medinerzinnen betreut. Alle anderen Professoren, die im bearbeiteten Zeitraum einer Studentin ein Dissertationsthema überließen, standen zwischen 1905 und 1918 mehr oder weniger durchgehend als potentielle Doktorväter zur Verfügung. Die Anzahl der von ihnen betreuten Promotionen ist im Anhang aufgeführt[135].

Bei dem Versuch einer Einschätzung der professoralen Betreuungsbereitschaft gegenüber Studentinnen muß jedoch bedacht werden, daß es die Regel war, sich mit einem Promotionsvorhaben in die Obhut eines Ordinarius zu begeben. Dies zeigt sich auch daran, daß viele der Doktorandinnen, die ihre Dissertation als Medizinalpraktikantinnen oder Assistenzärztinnen an einem Berliner Krankenhaus unter dem Leiter der jeweiligen Abteilung angefertigt hatten, von zwei Professoren im Promotionsverfahren betreut wurden. Sie benennen in ihrer Dissertation nicht nur den Leiter der jeweiligen Abteilung, der ihnen das Thema überlassen hat, sondern auch den Ordinarius des entsprechenden Fachgebiets als Doktorvater. Derartige Doppelbetreuungen erklären auch die große Zahl der einmaligen Namensnennung in der Betreuerliste der Doktorandinnen. Einige Beispiele sollen diesen Umstand verdeutlichen: David Hansemann arbeitete ab 1906 als Prosektor am Rudolf-Virchow-Krankenhaus. Bei der von ihm betreuten Arbeit der Ärztin Elisabeth Aschenheim „Ueber Polyposis intestinalis"[136] fungierte zugleich der Ordinarius für Pathologische Anatomie Johannes Orth als Doktorvater. Die Ärztin Grace Jaffé promovierte mit einer Arbeit über „Funktionsprüfungen bei Kriegsnephritiden"[137], die sie während ihrer Assistenzarztzeit am Jüdischen Krankenhaus unter dem Direktor der Inneren Abteilung Hermann Strauß angefertigt hatte. Hier hatte der Ordinarius für Innere Medizin Friedrich Kraus die Funktion des Zweitbetreuers inne. Die Ärztin Elisabeth Bennecke fertigte ihre Dissertation ebenfalls während ihrer Assistentenzeit auf der 1. Inneren Abteilung des Krankenhauses Moabit an: „Ueber hämorraghische Diathesen mit Thrombopenie und fehlender Regeneration im Knochenmark bei Jugendlichen"[138]. Sie wurde vom Ärztlichen Direktor und Leiter der Abteilung Klemperer sowie dem Ordinarius für Kinderheilkunde Adalbert Czerny begleitet. Nur wenige Doktorandinnen erarbeiteten ihre Dissertation ausschließlich unter der Obhut eines dem akademischen Lehrbetrieb ferner stehenden Klinikers. So schrieb Toni Jacobs eine Arbeit „Aus der Frauenklinik von Professor Straßmann in Berlin. Untersuchungen über 16 Fälle vaginaler Totalexstirpation des graviden Uterus ohne Adnexe wegen Lungentuberkulose"[139] und Margarethe Alschwang promovierte mit einer Arbeit „Aus der Privatklinik von Blumreich. Jauchige und nekrotische Veränderungen der Uterusmyome und ihre operative Behandlung."[140] Die jeweils genannten Kliniker waren zugleich die offiziellen Doktorväter der Promovendinnen und standen in keiner unmittelbaren Beziehung zur Universität.

Bis einschließlich 1918 hatten fast alle Ordinarien der großen klinischen Fächer Dissertationsthemen an weibliche Studierende vergeben. Die einzige Ausnahme bildet in dieser Hinsicht der Ordinarius für Laryngologie Gustav Killian, dessen Name in keiner der Dissertationen als Betreuer genannt wird. Einige Ordinarien hatten sich zwar bei der Vergabe von Themen an Frauen, vorausgesetzt daß diese ein prinzipielles Interesse an der Überlassung einer Arbeit hatten, offenbar eher zurückgehalten[141]. Doch selbst der Ordinarius für Anatomie Wilhelm Waldeyer beteiligte sich kurz vor seiner

Emeritierung im Jahre 1917 an der Betreuung einer angehenden Ärztin im Promotionsverfahren, auch wenn die Initiative vermutlich bei dem außerordentlichen Professor für Staats- und Gerichtliche Medizin Fritz Straßmann lag: Erna Grass promovierte im Jahre 1916 mit einer Arbeit: „Aus dem Institut für Staatsarzneikunde an der Universität zu Berlin. Untersuchungen zur Frage der Differentialdiagnose zwischen Menschen und Tierknochen"[142]. Der Ordinarius für Hals-, Nasen- und Ohrenheilkunde Adolf Passow trat bis Ende 1918 als Doktorvater von Medizinerinnen zweifach auf[143], und auch der Ordinarius für Pharmakologie Arthur Heffter hatte bis zu diesem Zeitpunkt gemeinsam mit dem Internisten Theodor Brugsch ein Dissertationsthema an eine Frau vergeben[144]. Zu erwähnen sind schließlich noch der langjährige Ordinarius für Physiologie Wilhelm Engelmann, der noch kurz vor seiner Emeritierung im Jahre 1909 eine Medizinerin im Promotionsverfahren begleitete[145], und der Ordinarius für vergleichende Anatomie und Embryologie Oskar Hertwig, der bis 1918 ebenfalls zwei Medizinerinnen ein Dissertationsthema überließ[146].

Bei einer Analyse der Fachgebiete, in denen die angehenden Ärztinnen promovierten, sollte nicht automatisch vom Fachgebiet des betreuenden Hochschullehrers auf das Dissertationsthema der Medizinerinnen geschlossen werden. Wie heute konnte ein Hochschullehrer jedwede Aufgabenstellung – unabhängig davon, ob diese in seinen konkreten Arbeitsbereich gehörte – für ein Promotionsvorhaben vergeben. Daher erfolgt die Einschätzung des Arbeitsbereichs nach der heute üblichen Fachgebietsnähe, auch wenn die Spezialisierung und Unterteilung der einzelnen Disziplinen innerhalb der medizinischen Wissenschaft zum damaligen Zeitpunkt noch nicht abgeschlossen war.

Der weitaus größte Anteil der Doktorandinnen promovierte über eine klinische Fragestellung. 64 Doktorandinnen schrieben ihre Dissertation im Bereich der Inneren Medizin, 40 Medizinerinnen promovierten über ein Thema aus dem Bereich der Gynäkologie und 25 weitere aus dem Bereich der Chirurgie. 15 Doktorandinnen bearbeiteten eine Aufgabe aus dem Gebiet der Kinderheilkunde. Doch auch die kleineren Spezialgebiete wurden von einer Reihe der angehenden oder bereits approbierten Ärztinnen zum Gegenstand der Promotion gewählt. Neun Frauen bearbeiteten ein neurologisches Thema, drei weitere eine psychiatrische Fragestellung. Sechs Doktorandinnen schrieben ihre Dissertation über Haut- oder Geschlechtskrankheiten. Je drei Frauen bearbeiteten ein ophtalmologisches bzw. ein Thema aus dem Gebiet der Hygiene und Bakteriologie. Eine Frau wandte sich der Pharmakologie, eine weitere der Hals-, Nasen- und Ohrenheilkunde zu. Zehn Medizinstudentinnen promovierten in einem Grundlagenfach über physiologische oder biochemische Aufgabenstellungen. Zehn weitere schrieben ihre Dissertation in vergleichender Anatomie oder Anatomischer und Klinischer Pathologie.

Nauck kommt in seiner Analyse der Promotionsgebiete von Freiburger Medizinstudentinnen zwischen 1900 und 1930 zu einem ähnlich breit gefächerten Ergebnis. Hinsichtlich des Fächerspektrums schränkt er die Aussagekraft der von ihm erhobenen Zahlen zwar dahingehend ein, daß nicht allen Medizinerinnen die freie Wahl eines Disserationsthemas nach persönlichen Interessen möglich war, denn je größer die Zahl potentieller Doktorandinnen, desto schwieriger habe sich für diese auch die Erlangung des gewünschten Themas gestaltet. Teils seien die Studentinnen von Professoren aus Gründen der Überlastung abgewiesen worden, teils hätten diese weibliche Studierende erst in zweiter Linie bei der Vergabe von Dissertationsthemen berücksichtigt[147]. Dennoch vertritt Nauck die Auffassung, daß die Wahl der Dissertationsthemen sich doch aus „spezifisch weiblicher Veranlagung" ableiten ließe. Die werdenden Ärztinnen hätten sich vor allem in denjenigen Gebieten wissenschaftlich bewährt, die die Möglichkeit zu praktisch-ärztlicher Hilfeleistung in besonders hohem Maß beinhalteten. Kleinere klinische und theoretische Fächer seien dagegen weniger gewählt worden, da bei diesen „doch eine minutiöse Handfertigkeit und rationales Denken weit mehr im Vordergrund"[148] stehe. Nauck bleibt mit dieser Interpretation dem bereits allzu bekannten Argumentationsmuster über die unterschiedlichen Geschlechtercharaktere und deren angebliche Begabungen treu. Dabei übersieht er, daß für die Medizinerinnen die Möglichkeit einer beruflichen Existenz zum damaligen Zeitpunkt fast ausschließlich im Bereich der Praxistätigkeit als niedergelassene Ärztinnen lag, wobei sich das Arbeitsfeld selbst da zunächst vorrangig auf eine allgemeinmedizinische Praxis bzw. auf die spezielle Behandlung von Frauen und Kindern konzentrierte. Mit einer wissenschaftlichen Karriere im Bereich grundlagenorientierter oder bereits weitergehend spezialisierter Fachdisziplinen konnten Ärztinnen zum damaligen Zeitpunkt noch viel weniger als heute rechnen. Der berufliche Werdegang von Wissenschaftlerinnen der damaligen Zeit wie Agnes Bluhm[149], Lydia Rabinowitsch-Kempner[150] oder Rahel Hirsch[151], die sich dennoch für eine forschungsorientierte Karriere in Spezialdisziplinen entschieden haben, war dementsprechend von vielfältigen Hindernissen geprägt.

Fragwürdig erscheinen auch die Fragestellungen, die jüngst Kästner anhand der Promotionen von Frauen an der Leipziger Medizinischen Fakultät in den Jahren zwischen 1902 und 1913 vorlegte. Sie will überprüfen, „ob diese Arbeiten im Niveau denen der männlichen Absolventen vergleichbar und von wissenschaftlichem Wert waren"[152]. Zu diesem Zweck untersucht Kästner jede Dissertation unter anderem auf die Anzahl der Anmerkungen im Text sowie der vorhandenen Literaturangaben. Bei einer abschließenden, inhaltlichen Bewertung der Dissertationen kommt sie zu dem Schluß, daß die Promovendinnen mit „großem Fleiß" und „sehr gründlich" die Befunde erfaßt, dargestellt und diskutiert haben, eine „gute Kenntnis der Literatur"[153] deutlich wird und Methoden oder Therapieempfehlungen kritisch hinterfragt wurden. Letztlich konstatiert Kästner, daß Inhalt, Art der Darstellung, die Wertung der Ergebnisse und der Stil der Arbeiten sich nicht von denen der männlichen Kommilitonen unterscheiden und die Promovendinnen dadurch selbst das Vorurteil widerlegt hätten, sie seien zu wissenschaftlicher Arbeit nicht fähig.

Zum einen ist zu berücksichtigen, daß zur damaligen Zeit ein Promotionsvorhaben nicht ein derart aufwendiges Unterfangen wie heute darstellte, sondern daß vielmehr Dissertationen, die aus selten mehr als 20 Seiten umfassenden Fall- oder Versuchsdarstellungen mit anschließender Diskussion der gewonnenen Resultate bestanden, auch bei männlichen Studierenden die Regel waren. Darüber hinaus kann nicht davon ausgegangen werden, daß Medizinische Fakultäten zu einem Zeitpunkt, wo das Studium oder die Erlangung des medizinischen Doktortitels von Frauen als ein aufsehenerregendes Novum galten, die Doktorwürde an Frauen auf Grund von Arbeiten, die nicht dem aktuellen Stand der Wissenschaft oder den damals geltenden wissenschaftlichen Anforderungen genügten, „verschenkt" haben. Dennoch geschieht es offenbar immer wieder, daß wissenschaftliche Leistungen von Frauen selbst mit dem Ziel, Vorurteile über die Leistungsfähigkeit des weiblichen Geschlechts widerlegen zu wollen, mit gleichermaßen antiquierten Kriterien überprüft werden.

3. Soziale Herkunft und finanzielle Situation der deutschen und russischen Medizinstudentinnen

Als Basis der Analyse der sozialen Herkunft der Doktorandinnen an der Berliner Medizinischen Fakultät dienten die den medizinischen Dissertationen beigefügten Lebensläufe der Verfasserinnen. Die darin enthaltenen Angaben über den Beruf des Vaters lassen auf den sozialen Status des Elternhauses schließen. Der Versuch einer sozialen Klassifizierung kann jedoch nur unter Einschränkungen vorgenommen werden, weil mehr als ein Drittel der Doktorandinnen an der Berliner Medizinischen Fakultät den väterlichen Beruf mit „Kaufmann" betitelte. Da sich hinter dieser Berufsbezeichnung sowohl Besitzer eines bescheidenen Einzelhandelgeschäfts wie auch Großunternehmer verbergen können, wurden diese Fälle in einer gesonderten, schichtspezifisch nicht näher definierten Rubrik zusammengefaßt: Von den 74 Studentinnen deutscher Nationalität, die zwischen 1905 und 1918 an der Berliner Medizinischen Fakultät ihr Studium mit der Promotion abschlossen, gaben 30% und von den 112 russischen Doktorandinnen 46% an, Kaufmannstöchter zu sein. Die dem höheren Bildungsbürger- und gehobenen Beamtentum zuzuordnenden väterlichen Berufe waren bei den deutschen Doktorandinnen mit etwa 40%, bei den Russinnen hingegen nur mit 16% vertreten[154]. Die dem Mittel- und Kleinbürgertum zugehörigen Elternhäuser waren bei den deutschen mit knapp 20%, bei den russischen Promovendinnen mit etwa 11% vertreten[155]. Von den deutschen machten 10%, von den russischen Doktorandinnen annähernd 30% keine nähere Angabe zum Status ihres Elternhauses[156]. Somit stellt sich bei den deutschen Doktorandinnen der Jahre 1905 bis 1918 an der Berliner Medizinischen Fakultät das Bildungsbürger- und gehobene Beamtentum als vorrangiges Herkunftsmilieu dar[157].

Bei den russischen Doktorandinnen hingegen treten die Töchter des Bildungsbürgertums hinter der hier dominierenden Gruppe der Kaufmannstöchter zurück. Tichy hingegen benennt für die Wiener Philosophischen Fakultät in dieser Zeit das Bildungsbürgertum als vorrangiges Herkunftsmilieu der russischen Studentinnen[158]. Auch Heindl konstatiert trotz der schwierigen Klassifizierbarkeit der Kaufmannstöchter für die Wiener Studentinnen russischer Nationalität eine vorrangige Herkunft aus der bürgerlichen Mittelklasse oder gar einer noch höheren Gesellschaftsschicht, da sie davon ausgeht, daß der Entschluß, eine Tochter studieren zu lassen, ein wirtschaftlich gesichertes und vom geistigen Standpunkt her ein fortschrittliches, aufgeklärtes Milieu voraussetzt[159]. Beide Autorinnen widersprechen in dieser Hinsicht explizit einer angeblichen

These Neumanns, daß besonders die jüdisch-russischen Studentinnen der „zweiten Emigration" an der Universität Zürich (um 1900) im Gegensatz zu denen der „ersten Emigration" (um 1870) einer sozial tieferen Schicht angehörten. Neumann weist auf Unterschiede in der sozialen Zusammensetzung studierender Russinnen in der Schweiz und im Zarenreich sowie auf die große Armut unter den russischen Studentinnen hin. Dies führt sie auf deren überwiegend jüdische Herkunft zurück, formuliert jedoch keine explizit schichtspezifische These[160]. Bei dieser Diskussion könnte ausschlaggebend sein, daß – obwohl die Universität Wien Frauen ab 1898 zum Studium an der Philosophischen, ab 1900 an der Medizinischen und erst ab 1919 auch an der Juristischen Fakultät zuließ – an der Wiener Universität bis 1914 fast keine Russin Medizin studierte[161]. Das Medizinstudium bot jedoch gerade für die große Zahl der Russinnen jüdischen Glaubens häufig die einzig aussichtsreiche Berufsperspektive im Zarenreich. Im Rahmen dieser Untersuchung war keine abschließende Klärung einer „korrekten" schichtspezifischen Einordnung russisch-jüdischer Kaufmannstöchter möglich. Die Zahl der russischen Doktorandinnen an der Berliner Medizinischen Fakultät, die einem mittel- oder kleinbürgerlichen Herkunftsmilieu entstammen, ist verglichen mit derjenigen der deutschen Doktorandinnen geringer. Zwar machte fast ein Drittel der Russinnen in den Lebensläufen keine näheren Angaben zum Sozialstatus ihres Elternhauses und fast die Hälfte der verbleibenden entstammte den schichtspezifisch schwer einschätzbaren „Kaufmannsfamilien". Doch gibt es weitere Hinweise, die vermuten lassen, daß besonders die jüdisch-russischen Medizinstudentinnen an der Berliner Friedrich-Wilhelms-Universität mehrheitlich aus einem schichtspezifisch eher „niedriger" einzustufenden Herkunftsmilieu kamen. Die „Kaufmannstöchter" sind diesem am ehesten zuzuordnen, da sie – wie im folgenden noch dargelegt wird – finanziell häufig weitaus schlechter gestellt waren als ihre deutschen Kommilitoninnen.

Bevor zunächst auf die materielle Situation deutscher Medizinstudentinnen an der Berliner Universität eingegangen wird, soll an dieser Stelle kurz die Frage nach einer möglichen Beeinflussung der Studienfachwahl der Töchter durch den väterlichen Beruf diskutiert werden. Es ist durchaus denkbar, daß sich Arzttöchter auf Grund des väterlichen Vorbilds überdurchschnittlich häufig für ein Medizinstudium entschieden haben. Eine direkte Korrelation zwischen väterlicher Tätigkeit und den von den Studentinnen bevorzugten Studienfächern kann jedoch zumindest anhand des im Rahmen dieser Untersuchung zusammengetragenen Datenmaterials nicht abgelesen werden. Unter den Doktorandinnen der Jahre 1905 bis 1918 an der Berliner Medizinischen Fakultät treten Arzttöchter nicht auffällig hervor[162]. Von den 74 deutschen Promovendinnen gaben fünf, von den 112 russischen Promovendinnen sechs den väterlichen Beruf mit Arzt an. Allgemein kann jedoch sicherlich vermutet werden, daß die einer bildungsbürgerlichen Berufsgruppe angehörenden Väter, wie sie in der Gruppe der deutschen Medizinstudentinnen dominieren, den Töchtern als Identifikationsmodell gedient und deren Entschluß, ein Studium zu beginnen, entscheidend mitgeprägt haben[163].

Mit der steten Zunahme der Studentinnenzahlen nach 1908 lebte die Diskussion über die für ein Studium notwendigen Fähigkeiten und Charaktereigenschaften studierender

Frauen erneut auf. Stichwort der Kritik war das sogenannte Modestudium junger Damen, denen man ernsthafte Ausbildungs- bzw. Berufsabsichten absprach. In diesem Zusammenhang wies Alice Salomon im Jahre 1913 „mit allem Nachdruck"[164] daraufhin:

„[…] daß ein wissenschaftlicher Beruf *kein Zeitvertreib* ist. […] Es kann deshalb gar nicht deutlich und oft genug ausgesprochen werden, daß nur solche Mädchen das Studium ergreifen sollten, die über eine gute Begabung, über ausreichende Mittel und eine feste Gesundheit verfügen. […] Zur Erwerbung eines akademischen Grades […] erfordert es doch einen klaren Verstand, den ernsten Willen zur Arbeit, Ausdauer, und neben allem die Möglichkeit, während einer jahrelangen Ausbildungszeit pekuniär versorgt zu werden. […] Wenn es auch eine Härte erscheint, Mädchen, die aus bescheidenen Verhältnissen stammen, und deren Eltern solche Opfer nicht bringen können, vom Studium fernzuhalten, so ist es noch eine viel größere Härte, wenn man die Mädchen der Doppelbelastung, zu studieren und sich gleichzeitig den Unterhalt erwerben zu müssen, aussetzt, unter der sie in den meisten Fällen zusammenbrechen."[165]

Salomon bezifferte die jährlich allein an der Universität anfallenden Kosten für ein medizinisches Studium auf durchschnittlich 400 Mark, worin weder Aufwendungen für Lehrbücher, Prüfungs- oder Promotionsgebühren[166] noch der benötigte Lebensunterhalt eingeschlossen waren. Sie warnte zugleich vor der Berliner Universität als Studienort, da alle nicht außergewöhnlich begabten Frauen vermutlich mit einem kostspieligen zusätzlichen Aufenthalt an einer auswärtigen Universität rechnen müßten. Grundsätzlich war Salomon jedoch durchaus der Ansicht, daß studierwilligen Mädchen – vorausgesetzt, sie könnten die „sehr hohen Kosten"[167] einer medizinischen Ausbildung aufbringen – auch zum Studium der Medizin geraten werden könne, da kein anderer Beruf jungen Akademikerinnen bessere pekuniäre Chancen böte.

Warnungen vor der Unterschätzung der Studienkosten waren bereits in früheren Jahren laut geworden: Die Berliner Ärztin Dr. Jenny Springer informierte im Jahre 1904 in einer Frauenzeitung über die finanziellen Belastungen, die mit einem Medizinstudium an der Universität Zürich verbunden seien: Sie schätzte den Unterhalt für elf Studiensemester, von denen das letzte der Ablegung des Staatsexamens und der Promotion vorbehalten war, auf 13.000 Schweizer Franken. Diese Summe entsprach zum damaligen Zeitpunkt etwa 12.000 Mark[168]. Springers detaillierte Auflistung berücksichtigte sowohl Kurs-, Examens- und Diplomgebühren wie auch die Kosten für Lehrmaterial und Lebensunterhalt. Letzterer umschloß die Miete für ein bescheidenes Zimmer, ein tägliches auswärtiges Mittagessen sowie Eigenverpflegung bei Frühstück und Abendbrot. Dabei wies Springer ausdrücklich darauf hin, daß sie „irgendeine Liebhaberei"[169] oder „unvorhergesehene Ausgaben"[170] nicht berücksichtigt, sondern eine Minimalsumme kalkuliert habe, „ohne deren Besitz das medizinische Studium ein Wagnis"[171] sei. Für die meisten deutschen Universitätsstädte konstatierte sie annähernd gleiche Lebens- und Studienverhältnisse, sehr große Universitätsstädte wie Berlin und Leipzig bildeten ihrer Ansicht nach jedoch eine Ausnahme, da dort mit höheren Kosten gerechnet werden müsse[172]. Tatsächlich bezifferte Altmann-Gottheimer im Jahre 1913 die für ein Medizinstudium aufzubringenden Kosten inklusive Lebensunterhalt auf insgesamt etwa 25.000 Mark[173].

Auch Julius Schwalbe warnte im Jahre 1918 in der „Deutschen Medizinischen Wochenschrift" noch einmal ausdrücklich vor der Unterschätzung der finanziellen Belastungen, die ein Medizinstudium mit sich brächte:

> „Sehr bedenklich ist es auch, wenn das Studium mit unzureichenden Mitteln begonnen wird. Nur wenige Frauen haben genügende geistige und körperliche Kraft, um neben den Anstrengungen des Studiums durch Stundengeben, schriftliche Arbeiten usw. ihren Unterhalt und das Honorar für die Vorlesungen zu erwerben. Viele brechen unter der Doppelbelastung zusammen."[174]

Gerta Stücklen veranstaltete im Wintersemester 1913/14 eine Umfrage unter den deutschen Studentinnen an der Berliner Friedrich-Wilhelms-Universität und bat diese um Auskunft über ihre finanzielle und soziale Situation. Bei der Darstellung der von ihr zusammengetragenen Ergebnisse ging sie auch speziell auf die Lage der Medizinstudentinnen ein, wobei sie zwischen der Situation von auswärts kommender und in Berlin beheimateter Medizinerinnen differenzierte. Laut Stücklen verfügten beide Gruppen im allgemeinen über höhere Monatseinkommen als die Studentinnen an der Philosophischen Fakultät: Die von auswärts kommenden Medizinstudentinnen konnten auf ein durchschnittliches monatliches Einkommen von 196,91 Mark (Studentinnen der Philosophischen Fakultät durchschnittlich 168,29 Mark) zurückgreifen, von dem Studienkosten und Lebensunterhalt bestritten werden mußten. Stücklen führte die Einkommensunterschiede zwischen Studentinnen an der Medizinischen und Philosophischen Fakultät einerseits auf die wesentlich höheren Kosten für Kolleggelder und medizinisches Lehrmaterial zurück, nahm andererseits jedoch auch an, daß sich weniger bemittelte Frauen oftmals gegen ein Medizinstudium entschlössen[175]. Eine finanzielle Besserstellung der Medizinerinnen gegenüber den Studentinnen an der Philosophischen Fakultät fand Stücklen anhand der Häufigkeit der Nebenerwerbstätigkeiten der Studentinnen bestätigt: Nur 17% der Medizinerinnen, aber 36% der Studentinnen an der Philosophischen Fakultät übten neben ihrem Studium eine Erwerbstätigkeit aus, wobei bei beiden Fakultäten die Gruppe der Kaufmannstöchter den jeweils größten Anteil stellte. Der Nebenerwerb der Studentinnen bestand überwiegend im Erteilen von Privatstunden, deren Bezahlung auf Grund des großen Angebots innerhalb Berlins jedoch unter dem im allgemeinen üblichen Preis lag[176]. Insgesamt bewertete Stücklen die wirtschaftlichen Verhältnisse der deutschen Studentinnen an der Berliner Friedrich-Wilhelms-Universität zwar als relativ günstig, doch auch sie wollte eine ausreichende pekuniäre Versorgung bei dem Entschluß, ein Studium aufzunehmen, bedacht wissen:

> „Im allgemeinen mag man den studierenden Frauen sagen: Wer die nötige Begabung zu wissenschaftlichem Arbeiten in sich fühlt, wer eine kräftige Gesundheit besitzt und über genügende Mittel verfügt, um die Sorgen um das tägliche Brot nicht die Oberhand gewinnen lassen zu müssen, der entschließe sich zum Studium."[177]

Stücklen verwies auch auf eine Möglichkeit der Studienfinanzierung, um die sich minderbemittelte Frauen ihrer Ansicht nach stärker als zuvor bemühen sollten. Die Stundung der Kolleggelder oder die Bewerbung um Stipendien sei einer Überlastung der eigenen Kräfte und der zur Verfügung stehenden Zeit durch „allzu vieles Unterrichten"[178] vorzuziehen. Der Staat und die Universität verfügten über genügend Gelder, die nicht allein den männlichen Studierenden überlassen werden sollten.

Mit Zulassung der Frauen zur Immatrikulation an preußischen Universitäten im Wintersemester 1908/09 erhielten Studentinnen zugleich das Recht, sich um staatliche oder universitäre Stipendien und Stiftungsgelder zu bemühen. Auf Grund ihres Gasthörerinnenstatus waren sie bis zu diesem Zeitpunkt von der Gewährung „akademischer Benefizien einschließlich der Honorarstundung"[179] prinzipiell ausgeschlossen und daher allein auf Förderung durch private Institutionen angewiesen gewesen. Doch auch fünf Jahre nach Zulassung der Frauen zur Immatrikulation konstatierte Stücklen, daß – trotz der ihrer Ansicht nach außerordentlich großen Zahl der in Frage kommenden Universitätsstipendien und universitären Stiftungen und trotz ausdrücklicher Erklärung des Berliner Universitätssenats, auch weibliche Studierende in den Genuß dieser Förderungen kommen zu lassen – die Studentinnen gemäß dem geringen Frauenanteil an der Gesamtstudentenschaft einer großen Masse männlicher Bedürftiger gegenüberstünden und daher nur einen minimalen Anteil der Gelder zugeteilt bekämen. Zwischen dem Wintersemester 1908/09 und dem Wintersemester 1913/14 erhielten elf Berliner Studentinnen eine finanzielle Unterstützung aus universitären Geldern, 27 weiteren war auf Grund besonderer Bedürftigkeit eine Honorarstundung gewährt worden[180]. Die Honorarstundungsverordnung der Berliner Universiät vom 22. Mai 1901 forderte als Voraussetzung die nachgewiesene Bedürfigkeit des Studierenden, den Nachweis tadelloser sittlicher Führung, den Nachweis andauernden Fleißes sowie das Fehlen „besonderer Umstände […], welche darauf schließen lassen, daß dem Studierenden die zur ordnungsgemäßen Durchführung des von ihm gewählten Studiums erforderliche Anlagen fehlen."[181] Gasthörer und Gasthörerinnen gleich welcher Nationalität waren prinzipiell von der Honorarstundung ausgeschlossen.

Die einzige speziell weiblichen Studierenden vorbehaltene universitäre Stiftung an der Berliner Friedrich-Wilhelms-Universität, welche kurz nach Bekanntgabe der Immatrikulationsverordnung für Frauen im Jahre 1908 errichtet worden war, kam nie zur Auszahlung. Ottilie von Hansemann hatte die Verwendung von Erträgen aus einem von ihr zur Verfügung gestellten Fonds über 300.000 Reichsmark an die Bedingung geknüpft, daß Frauen der Besuch der Vorlesungen „in genau der gleichen Weise wie den Männern"[182] gestattet werden würde, d. h. der § 3 der Immatrikulationsverordnung entweder gestrichen werde oder zumindest nicht zur Anwendung gelangen dürfe. Der Senat der Berliner Universität konnte sich auch in den folgenden Jahren zu diesem Schritt nicht entschließen, sodaß von Hansemann ihre Stiftung im Jahre 1913 zurückzog und die Gelder anderweitig verwendete.

Somit hatten minderbemittelte oder akut bedürftige Studentinnen wie in den Jahren vor ihrer Zulassung zur regulären Immatrikulation fast ausschließlich bei privaten Initiativen oder Vereinigungen eine reale Chance, ein Stipendium oder eine anderweitige finanzielle Unterstützungen zu erhalten[183]. Sie konnten sich zu diesem Zweck an mehrere Institutionen wenden: Der „Allgemeine Deutsche Frauenverein" (A. D. F.) erteilte seit dem Jahre 1885 Stipendiengelder an bedürftige Studentinnen. Erträge aus einem Fonds über 200.000 Reichsmark wurden ausschließlich als Stipendien an weibliche Studierende der Medizin, der Pharmazie und der Chemie vergeben. Ein weiterer Stipendienfonds des „A. D. F." – die „Ferdinand und Luise Lenz-Stiftung" – förderte hingegen Studentinnen aller akademischen Fachrichtungen, diente zugleich jedoch auch der „Unterstützung höherer Bildungszwecke für Frauen und Mädchen, namentlich auch der Gymnasialkurse in Leipzig"[184] sowie als finanzielle Basis des vereinseigenen Organs. Die Stipendien bestanden aus einer jährlichen Summe von 400 Mark, wurden zunächst nur für ein Jahr gewährt und maximal fünf Jahre lang ausgezahlt[185].

Der im Jahre 1899 von Dr. Lydia Rabinowitsch-Kempner[186] und Dr. Elsa Neumann gegründete „Verein zur Gewährung zinsfreier Darlehen an studierende Frauen" verlieh Gelder an Studentinnen jeglicher Fachrichtung, die bereits zwei Semester an einer in- oder ausländischen Universität studiert hatten[187]. Gleiches galt für die dem Verein angegliederte „Dr. Elsa Neumann-Stiftung", benannt nach der bereits 1902 im Alter von dreißig Jahren verstorbenen Mitbegründerin des Vereins[188]. Rückzahlungen der gewährten Darlehen hatten zu erfolgen, sobald nach Studienabschluß ein steuerpflichtiges Einkommen vorhanden war[189]. Die „Dr. med.-Heinrich-Gobureck-Stiftung" war ebenfalls dem „Verein zur Gewährung zinsfreier Darlehen an studierende Frauen" angeschlossen[190]. Das Stiftungskapital betrug 250.000 Reichsmark, die daraus erwirtschafteten Erträge waren, in Form von Darlehen, speziell deutschen Medizinstudentinnen vorbehalten, die das Physikum bereits abgelegt hatten. Die zinsfreien Darlehen wurden in Jahresbeträgen von maximal 1.200 Mark ausgezahlt. Darüber hinaus gewährte die Stiftung approbierten Ärztinnen bei ihrer ersten Niederlassung ein einmaliges Darlehen von bis zu 1.500 Mark[191].

Die „Natalie von Milde-Stiftung" des Vereins „Frauenbildung-Frauenstudium" erteilte Stipendien für die Dauer von drei Jahren in Höhe von jährlich 500 Mark an Studentinnen sowie „an solche Frauen [...], die in einem Beruf stehen, für den nur die Primarreife verlangt wird"[192]. Bedürftige Studentinnen der jeweiligen Religionszugehörigkeit konnten sich außerdem an den „Hildegardis-Verein für studierende katholische Frauen"[193], an den „Hilfsverein für jüdische Studierende" sowie an die „Oskar Lassar-Stiftung" mit der Bitte um Unterstützung wenden[194]. Die „Helene Lange-Stiftung" hingegen war ausschließlich dazu bestimmt, „selbständige wissenschaftliche Leistungen von Frauen"[195] zu fördern. Zu diesem Zweck wurden jährlich 500 Mark an Akademikerinnen mit abgeschlossenem Hochschulstudium für wissenschaftliche Arbeiten oder Studienreisen vergeben.

Die „Ferdinand und Luise Lenz-Stiftung" des „A. D. F." vergab zwischen 1885 und 1912 insgesamt 561 Jahresstipendien an 163 Studentinnen. Fast die Hälfte von diesen studierte Medizin. Etwa 30% der Gelder gingen an Studentinnen der Philologie, die übrigen 20% verteilten sich auf Studentinnen der Naturwissenschaften, Zahnheilkunde, Pharmazie, Theologie, Jura sowie auf diejenigen, die sich auf das preußische Oberlehrerinnenexamen vorbereiteten. Etwa 25% der Stipendiatinnen waren Töchter von Lehrern, annähernd 20% von Kaufleuten und weitere 20% entstammten einem Beamtenhaushalt. Töchter von Geistlichen und Gutsbesitzern stellten einen Anteil von etwa 15% der Stipendienempfängerinnen. Die Gruppe derjenigen, die aus einem finanziell vermutlich bessergestellten bildungsbürgerlichen oder freiberuflichen Elternhaus stammten, war mit knapp 20% eher gering[196]. Wie die „Ferdinand und Luise Lenz-Stiftung" vergab auch der „Verein zur Gewährung zinsfreier Darlehen an studierende Frauen" zwischen 1900 und 1912 häufig mehrere Darlehen an dieselbe Studentin. Der Anteil der geförderten Medizinerinnen lag bei dieser Stiftung bei etwa 25%, wobei die meisten Darlehen an in Berlin studierende Frauen ausgezahlt wurden[197].

Offenbar überstieg die Anzahl der gestellten Gesuche um Förderung jedoch weit die den privaten Vereinigungen und Stiftungen zur Verfügung stehenden Mittel. So wies Stücklen im Jahre 1916 darauf hin, daß die jeweiligen Vereine auf Stiftungen aus Interessentenkreisen angewiesen waren. Bei der Zunahme der Studentinnenzahlen waren die verfügbaren Mittel im Vergleich zum Bedarf „nur bescheiden"[198]. Zahlreiche Gesuche mußten abgewiesen, bei anderen Abstriche der erbetenen Summe gemacht werden. Die ausgezahlten Unterstützungen waren daher oftmals zu gering, um die Studentinnen von der Notwendigkeit einer Nebenerwerbstätigkeit zu befreien: Die ehemalige Berliner Medizinstudentin und spätere Ärztin Mathilde Ludendorff erhielt, nachdem sie einen Artikel für die Zeitschrift des „Allgemeinen Deutschen Frauenvereins" geschrieben hatte, von diesem ein Stipendium von jährlich 400 Mark über die maximal mögliche Förderungsdauer von fünf Jahren zugesprochen. Nach ihrer Schilderung bedeutete dies zwar ein große Hilfestellung, da sie sich nunmehr auf eine pünktliche Zahlung ihrer Studiengebühren verlassen konnte. Dennoch war Mathilde Spiess, wie sie zum damaligen Zeitpunkt hieß, auch weiterhin gezwungen, sich die Kosten für Lebensunterhalt und Lehrmaterial durch das Erteilen von Privatstunden zu verdienen. Nachdem sie sich ein Semester lang bemüht hatte, Studium und Nebenerwerb miteinander zu verbinden, mußte Spiess einsehen:

„Bei der täglichen Aufsicht über Schularbeiten, über Klavierstunden zweimal in der Woche und Privatstunden, die ich übernommen hatte, blieb mir gar nicht die Möglichkeit, alle Fächer, die ich belegt hatte, auch regelmäßig zu hören. So konnte ich z. B. Entwicklungsgeschichte, das Fach, für das ich mich am meisten interessierte, nicht besuchen, da ich unterdes einem Obertertianer Mathematik u. a. beizubringen hatte. Klar erkannte ich da, daß ich zwar mein Studium wirtschaftlich möglich gemacht hatte, mir aber doch die Zeit viel zu sehr verbaut hatte, und ich in den späteren Semestern keineswegs so vorgehen konnte. [...] so fing ich, sobald ich das alles einsah, sofort ein Sparsystem an. [...] Mit Zimmerheizen außerhalb der Aufsichtsstunden war es wieder nichts, Mittagessen für mehr als 40 Pfennig und Abendessen für mehr als 10 Pfennig konnte nicht gewagt werden."[199]

Dem Rat eines ihr wohlgesonnenen Professors folgend, bewarb Mathilde Spiess sich daraufhin um ein zusätzliches, von der Universität vergebenes Stipendium, welches die bestmögliche Note im Hauptfach zur Voraussetzung hatte. Sie meldete sich daher zu Beginn des zweiten vorklinischen Semesters zur Prüfung in Anatomie. Ihr Antrag auf

Gewährung eines Stipendiums verursachte Aufregung unter den Professoren der Medizinischen Fakultät. Obgleich die Studentin die angestrebte Note erhielt, wurde ihr eine Unterstützung nicht gewährt[200]. Derartige Rückschläge bei der Suche nach finanzieller Unterstützung stellten vermutlich keine Ausnahme dar. Dennoch kam Gerta Stücklen nach ihrer ausführlichen Analyse der finanziellen und sozialen Lage der Berliner Studentinnen des Wintersemester 1913/1914 zu dem Ergebnis, daß zumindest der Durchschnitt der studierenden deutschen Frauen „günstigen wirtschaftlichen Verhältnissen"[201] entstammte. Stücklen bezweifelte auch, daß es an anderen deutschen Universitäten eine wesentlich größere Zahl gänzlich unbemittelter Studentinnen gegeben habe.

Russische Frauen, die ab 1880 zum Studium an westeuropäische Universitäten kamen, befanden sich in der Regel in einer schlechteren finanziellen Lage als ihre deutschen Kommilitoninnen. Die an den „Höheren Frauenkursen" im Zarenreich studierenden Russinnen rekrutierten sich zunächst überwiegend aus den privilegierten Schichten des Adels und des Beamtentums. Nur etwa ein Viertel entstammte dem Kleinbürgertum oder der Handwerkerklasse. Nach 1905 begann der Anteil der aus unteren Schichten kommenden Studentinnen kontinuierlich anzusteigen. Im Jahre 1913 stammten bereits etwa 10% der Studentinnen im Russischen Reich aus „bäuerlichen Verhältnissen"[202]. Doch obwohl die privilegierten Schichten unter den Besucherinnen der russischen Frauenkurse überwogen, war die materielle Situation vieler russischer Studentinnen schlecht. Nach einer Untersuchung aus dem Jahre 1909 litt etwa ein Drittel der Studentinnen in St. Petersburg an Unterernährung oder verschiedenen Krankheiten. Es wurde eine überdurchschnittlich hohe Suizidrate konstatiert, die auf die schwierigen Lebensumstände der Studentinnen zurückgeführt wurde[203].

Unter Berücksichtigung dieser Ergebnisse meint Neumann, daß sich die soziale Zusammensetzung der Russinnen, die in ihrem Heimatland studierten, von der Zusammensetzung derjenigen, die sich zum Studium an eine Schweizer Universität begaben, grundlegend unterschied. Dies leitet sie aus der unterschiedlichen Wahl der Studienfächer, vor allem jedoch aus dem signifikanten Unterschied bezüglich der Religionszugehörigkeit der russischen Studentinnen im Zarenreich und in der Schweiz ab: Während sich die im Heimatland studierenden Russinnen mehrheitlich für eine Ausbildung an den „Höheren Frauenkursen" entschieden, die in den Lehrbereich einer Philosophischen Fakultät fielen und in den Lehrberuf mündeten, so inskribierten sich die russischen Studentinnen an den Universitäten der Schweiz zu fast 75% an einer Medizinischen Fakultät. Der Anteil der Jüdinnen unter diesen lag zwischen 1880 und 1914 zwischen 60 und 80%, der Anteil der aus privilegierten Schichten oder Adelskreisen stammenden Studentinnen fiel dementsprechend gering aus[204].

Laut Neumann waren bei der von ihr beschriebenen „zweiten Russenwelle"[205], die um die Jahrhundertwende die Schweizer Universitäten erreichte, kaum noch Angehörige der Adelsschicht vertreten. Selbst die wenigen verbliebenen Töchter aus privilegierteren Gesellschaftsschichten waren finanziell häufig völlig unzureichend ausgestattet und litten oftmals unter schlechtem, hauptsächlich durch Mangelernährung verursachten Gesundheitszustand[206].

Die elende soziale Lage der in der Schweiz studierenden Russen und Russinnen wird von zahlreichen Zeitzeugen beschrieben und auch in zeitgenössischen Enquêten dokumentiert[207]. Es kann davon ausgegangen werden, daß bei den an der Berliner Universität studierenden Russinnen eine ähnliche materielle Notlage herrschte. Nur fünf der 112 russischen Promovendinnen an der Berliner Medizinischen Fakultät der Jahre 1905 bis 1918 hatten das gesamte Studium in Berlin und sieben weitere ausschließlich an einer deutschen Universität absolviert. Der überwiegende Teil der russischen Doktorandinnen an der Fakultät hatte mehr als die Hälfte – also mindestens fünf Studiensemester – ihrer medizinischen Ausbildung an einer Schweizer Universität, vor allem an den Fakultäten in Zürich, Bern und Genf absolviert[208].

Kampe weist darauf hin, daß besonders russische Studierende jüdischen Glaubens Berlin als Studienort bevorzugten, da die Großstadt Berlin einerseits eine größere Anonymität geboten habe und Armut für die Studierenden daher leichter kaschierbar gewesen sei, sich die Studierenden andererseits aber auch bessere Möglichkeiten zum Nebenerwerb erhofft hätten. Viele hätten sich Hilfestellungen seitens der großen Berliner jüdischen Gemeinde versprochen, dann jedoch enttäuscht feststellen müssen, „daß die traditionellen sozialen Verhaltensweisen ihrer Heimatgemeinden in den Gemeinden am Studienort nicht mehr vorhanden waren"[209].

Ebenso wie die deutschen Medizinstudentinnen an der Berliner Universität hatten auch ihre russischen Kommilitoninnen fast ausschließlich bei privaten Institutionen eine reale Chance, finanzielle Unterstützung zum Studium zu erhalten. Die auf privater Basis existierenden deutschen Stipendienstiftungen für studierende Frauen – wie etwa die des „Allgemeinen Deutschen Frauenvereins" – machten jedoch die deutsche Staatsangehörigkeit zur Voraussetzung einer Förderung[210]. Allerdings existierten auch in Berlin, wie in Schweizer Universitätsstädten, private russische Vereine, an die sich die russischen Studentinnen wenden konnten: So beispielsweise der 1908 gegründete „russische gesellige Klub", dessen Statuten die Gründung einer Hilfskasse für notleidende russische Staatsangehörige sowie die Einrichtung einer russischen Speisehalle vorsahen[211], oder die im Jahre 1902 eingerichtete „Dr. G. B. Jollos-Stiftung", die nicht nur in Berlin, sondern auch in vielen anderen westeuropäischen Universitätsstädten Filialen unterhielt[212]. Deren Berliner Dependance – das „Berliner Komitee zur Unterstützung der in Deutschland studierenden Angehörigen des russischen Staates" – leitete nicht nur ein stark frequentiertes Arbeitsvermittlungsbüro, sondern zahlte auch Gelder an bedürftige Studenten aus[213]. Daß die der „Jollos-Stiftung" zur Verfügung stehenden Mittel jedoch gering waren und bei der großen Anzahl bedürftiger Studierender aus dem Zarenreich für eine regelmäßige Förderung bei weitem nicht ausreichten, belegen die Zahlungsbeträge der Einrichtung: Die Unterstützungskasse verteilte in einem Jahr insgesamt 12.161 Reichsmark an 210 Antragsteller, was unter der Voraussetzung gleicher Zahlungsbeträge bei einmaliger Zahlung nicht einmal 60 Mark pro Person entspricht[214]. Fraglich ist, ob der im Januar 1911 gegründete „Verein Jüdischer Studierender aus Rußland in Berlin" seine Mitglieder auch finanziell unterstützen konnte. Hinweise, daß in Berlin studierende russische Medizinerinnen in den Genuß einer Förderung kamen oder diese zumindest beantragten, liegen zur Zeit nicht vor.

Für die russischen Studentinnen war das ohnehin teure Medizinstudium an der Berliner Universität noch in einer weiteren Hinsicht erschwert. Die Honorarstundungsverordnung der Friedrich-Wilhelms-Universität vom 22. Mai 1901 war durch einen Senatsbeschluß vom 26. Juni 1901 zwar dahingehend erweitert worden, daß prinzipiell auch ausländische Studierende in den Genuß einer Honorarstundung kommen könnten. Doch dies war für die russischen Studentinnen im Gegensatz zu ihren männlichen Kommilitonen nicht von Belang, da sie ja wie die deutschen Hospitantinnen auf Grund ihres Gasthörerinnenstatus bis zum Wintersemester 1908/09 per se von jeglicher Honorarstundung ausgeschlossen waren[215]. Doch auch nach Einführung der regulären Immatrikulation für Frauen in Preußen war es den russischen Studentinnen vermutlich so gut wie unmöglich, eine Stundung der anfallenden Gebühren und Auditoriengelder zu erreichen. Setzte doch eine Honorarstundung voraus, daß die Antragstellende „der Honorarstundung bedürftig und würdig ist, insbesondere den Nachweis tadelloser sittlicher Führung und andauernden Fleißes zu erbringen vermag"[216]. Angesichts der zum damaligen Zeitpunkt herrschenden inner- und außeruniversitären Diskussion um die sittliche und politische Unzuverlässigkeit der russischen Studentinnen an der Berliner Universität mögen die Aussichten der russischen Medizinstudentinnen auf eine Stundung der anfallenden Auditoriengelder eher gering gewesen sein. Die Tatsache, daß in den ersten sechs Jahren nach Einführung der Immatrikulation für Frauen nur insgesamt 27 Antragstellerinnen, deren Studienfach und Nationalität in der Quelle nicht genannt werden, an der Berliner Universität eine Honorarstundung gewährt wurde, läßt es eher unwahrscheinlich erscheinen, daß die russischen Studentinnen entsprechend ihrer Bedürftigkeit von dieser Möglichkeit profitierten[217]. Angesichts der großen Armut dieser Frauen und der Tatsache, daß ihnen als Ausländerinnen Studiengebühren und Auditoriengelder in doppelte Höhe abverlangt wurden[218], muß dies als gravierende Benachteiligung bezeichnet werden. Der ehemalige Staatspräsident Israels Chaim Weizmann, der vor der Jahrhundertwende an der Berliner Universität studiert hatte, schildert die Not der russisch-jüdischen Studierenden in der Stadt in seiner Autobiographie anschaulich:

„Zuerst merkte ich das in Berlin […]. Wir russischen Juden, besonders diejenigen, die studierten, waren schwer gehandicapt. Unsere erste Erziehung in Rußland war kläglich. Die meisten von uns waren bettelarm, wenn sie auf die westlichen Universitäten kamen. Ich war so glücklich, daß ich Hunger und Überarbeitung nur das eine Jahr […] am eigenen Leibe verspürte; und trotzdem wurde meine Gesundheit dadurch angegriffen und meine Leistungsfähigkeit geschwächt. Und nun erst die, denen es nie gelang aus diesen Verhältnissen herauszukommen! Sie mußten die meiste Zeit darauf verwenden, mühselige untergeordnete Arbeiten zu verrichten, um sich über Wasser zu halten; und das alles bei dauernder Unterernährung. […] Von den Tausenden fähiger junger Studenten beiderlei Geschlechts, die an westlichen Universitäten studierten, brachten es erstaunlich wenige zu etwas in Wissenschaft, Kunst oder Literatur. Die Zersplitterung ihrer Kräfte schwächte sie nervlich und physisch. […] Bestenfalls gelang es ihnen, ihre Prüfungen zu bestehen und den Doktorgrad zu erlangen, aber dann war es zu Ende."[219]

Unter diesen Umständen muß es als eine besondere Leistung angesehen werden, daß zwischen 1905 und 1914 insgesamt 112 Russinnen, von denen sich 70% zum mosaischen Glauben bekannten, in Berlin ihr Medizinstudium mit der Promotion abschlossen. Neumann ist dem Schicksal russischer Studentinnen nach dem Abschluß ihrer Studien in der Schweiz nachgegangen: Die Mehrzahl kehrte nach Rußland zurück, um dort als Ärztin in Krankenhäusern und Zvemstvo-Verwaltungen zu arbeiten[220]. Jedoch war von insgesamt 200 Russinnen, die zwischen 1908 und 1913 an der Universität Genf promoviert hatten, jede vierte im Jahre 1916 bereits nicht mehr am Leben. Die hohe Morbidität führt Neumann auf den chronischen Geldmangel und schlechte Ernährung der russischen Studentinnen zurück[221]. Das Schicksal der russischen Doktorandinnen an der Berliner Medizinischen Fakultät konnte im Rahmen dieser Arbeit nicht weiter verfolgt werden. Es sei jedoch darauf hingewiesen, daß von den 112 bis zum Jahre 1918 promovierten russischen Ärztinnen nur eine später vom Reichsmedizinalkalender als in Deutschland praktizierende Ärztin benannt wird: Die am 25. Januar 1889 in Woronesch (Südrußland) geborene Adele Heinrichsdorff absolvierte nach Abschluß des russischen Mädchen-Gymnasiums in ihrer Heimatstadt im Jahre 1906 im darauffolgenden Jahr die Ergänzungsprüfung in Latein und begann im Wintersemester 1907/08 das Medizinstudium in Berlin. Nach einigen Studiensemestern in Freiburg und München promovierte Heinrichsdorff 1912 an der Berliner Medizinischen Fakultät bei Friedrich Kraus mit einer Arbeit „Über die Beziehungen der perniziösen Anämie zum Carcinome." Zu diesem Zeitpunkt muß Adele Heinrichsdorff noch russische Staatsbürgerin gewesen sein, da sie wie alle Ausländer an der Berliner Fakultät die Rigorosumsprüfung ablegte. Im Jahre 1914 gelangte sie, vermutlich durch Heirat mit einem deutschen Arzt, in Besitz der Approbation. Im Reichsmedizinalkalender des Jahres 1919 ist Adele Heinrichsdorff als in Charlottenburg praktizierende Ärztin für Haut- und Geschlechtskrankheiten verzeichnet. 1933 wurde ihr als „nichtarischer" Ärztin die Kassenzulassung entzogen. Heinrichsdorff emigrierte mit ihrem Ehemann Karl im Frühjahr 1936 nach Haifa in Palästina. Über ihren weiteren Lebensweg ist bisher nichts bekannt[222].

4. Wohnungssituation und Ernährungsfrage – Studentinnenalltag ausserhalb der Universität

Die um die Jahrhundertwende kursierenden Vorbehalte und Vorurteile, die Akademiker und Politiker gegen das Universitätsstudium von Frauen popularisierten, zeitigten in der gesellschaftlichen Meinung und Einstellung zu studierenden Frauen eine nachhaltige Wirkung. Dies hatte für die Alltagsbewältigung der Studentinnen weitreichende Konsequenzen. So sahen sie sich beispielsweise bei der Zimmersuche am Studienort mit Vorurteilen und Ablehnung seitens der Bevölkerung konfrontiert. Die Ärztin Dr. Hermine Heusler-Edenhuizen vergleicht in ihren Memoiren die Erfahrungen bei der Zimmersuche an ihren Studienorten Berlin, Zürich und Halle:

„Merkwürdigerweise hatte sich in der Bevölkerung ein starkes Vorurteil gegen die Studentinnen gebildet, ohne daß die vier sich bei ihrer geringen Zahl hätten besonders hervortun können. Es hielt [sic!] schwer, als Studentin eine Wohnung zu bekommen. Ich bin nach angegebenen Adressen von Haus zu Haus gelaufen. Sobald ich mich als Studentin zu erkennen gab, wurde mir mit mehr oder weniger Höflichkeit erklärt, ‚studierende Frauen nehmen wir nicht auf'. Manchmal wurde auch ohne Antwort die Tür vor mir zugeschlagen. Weil die Vier von unserem Kursus alle sehr ernst und einwandfrei waren, also niemand einen Anlaß gegeben hatte zu solchem Vorurteil, konnte das nur theoretisch sein, entstanden durch die Reden unserer Abgeordneten im Reichstag und durch Witze in den Zeitungen. – Das war nach Zürich eine bittere Erfahrung im Vaterland. Wir kamen schließlich bei einer Lokomotivführerfrau in einer 3-Zimmerwohnung unter."[223]

In der Großstadt Berlin stellten sich die Dinge ebenfalls schwierig dar, obwohl das Angebot an freistehenden Zimmern oder Pensionsplätzen sicherlich größer war als in den meisten anderen deutschen Universitätsstädten. Für alleinstehende Studentinnen kamen zur damaligen Zeit, wenn sie nicht in ihrer Heimatstadt studierten und im Elternhaus wohnen konnten, hauptsächlich zwei Unterkunftsmöglichkeiten in Betracht: die Einmietung in einer der zahlreichen Pensionen der Stadt oder der Bezug eines möblierten Zimmers. Ein Berlinführer für Frauen beschrieb im Jahre 1913 die bestehenden Alternativen folgendermaßen:

> „*Alleinstehende Frauen* – vom jungen Mädchen bis zur älteren Dame – werden sich meist am liebsten in Pensionen begeben; wo sie sorglos und selbständig leben können und doch erforderlichenfalls Beratung und Pflege finden. Nur wer auch den geringsten Pensionspreis nicht erschwingen kann, behilft sich mit dem privaten *möblierten Zimmer*, das natürlich in Berlin in ungezählten Exemplaren vorhanden ist, mit dessen Wahl man aber gar nicht vorsichtig genug sein kann. ‚Möbliert' zu wohnen – ohne Anschluß an eine Pension oder eine Familie – ist für einzelne Damen in der Riesenstadt mißlich und führt leicht zu unangenehmen Situationen und zu schiefer Beurteilung. Für diejenigen Damen, die *dauernd* hier leben – weil sie müssen oder weil sie wollen – war es bisher noch nicht ganz leicht, ein angenehmes Unterkommen zu finden."[224]

Gerta Stücklen, die 1913/14 die Enquête unter den Studentinnen an der Berliner Friedrich-Wilhelms-Universität veranstaltet hatte, kam zu einem ähnlichen, jedoch wesentlich schärfer formulierten Ergebnis: Durch die hohen Bodenpreise hätten die Mieten eine „unverhältnismäßige Höhe" erreicht, sodaß es für Studentinnen besonders schwer sei, in Berlin eine „wohnliche, einwandfreie, nicht zu teure Wohnung" zu finden. Klagen über Mißstände seien allgemein, aber auch Berichte über das Antreffen „unmöglicher Zustände für Damen" seien zahlreich[225]. Auch fünf Jahre nach Gewährung der Immatrikulation in Preußen bekamen studierende Frauen bei der Zimmersuche in Berlin noch häufig zur Antwort: „Wir vermieten nicht an Damen"[226], oder sie mußten zur Kenntnis nehmen, daß das Geschlecht ausschlaggebend für die Höhe des Mietpreises war. Oftmals wurden den Studentinnen mit den Worten „Das Zimmer ist aber zu teuer für Sie als Dame"[227] Preise genannt, die einen Einzug entweder undenkbar machten oder in keiner Weise durch den gebotenen Service gerechtfertigt waren. Unterkünfte wurden unter anderem auch deshalb bevorzugt an männliche Studierende vergeben, weil die Vermieterinnen befürchteten, die Anwesenheit einer Studentin könne sich negativ auf den Charakter der eigenen Töchter auswirken[228]. Studierende Frauen konnten auch selten auf Vereinsräumlichkeiten oder gar ein Verbindungshaus zurückgreifen, um sich dort über Tage aufzuhalten, sodaß die eigene Unterkunft häufig die einzige Studier- oder Rückzugmöglichkeit darstellte, die sich ihnen bot. Dies bestätigten 1916 zwei Studentinnen:

> „Denn die Studentin will doch einen großen Teil ihrer freien Zeit ‚zu Hause‘ zubringen, wo sie zur Arbeit und Erholung weilt, während die Kommilitonen zur Ausspannung und Pflege der Geselligkeit weit häufiger ein öffentliches Lokal oder irgend welche Vereinsräume bevorzugen.“[229]

Mitunter wurden Studentinnen allerdings dazu gezwungen, zur Verbilligung des überhöhten Mietpreises auf das Recht der Zimmernutzung über Tag zu verzichten, so daß manche „zu der übelsten Förm des Schlafburschentums verurteilt“[230] waren. Möblierte Zimmer wurden auf Grund der wesentlich geringeren Mietkosten im Vergleich zu den Pensionspreisen von der Mehrzahl der studierenden Frauen bevorzugt. Die monatliche Miete für ein möbliertes Zimmer betrug 1913 im Durchschnitt 30 bis 40 Mark. Dazu addierten sich etwa 5 bis 6 Mark im Monat für Frühstück, 7 bis 8 Mark für Licht und Heizung sowie durchschnittlich 3 Mark für eine „Bedienung“ seitens der Vermieterin. Die Pensionspreise lagen durchschnittlich mit monatlich etwa 120 Mark wesentlich höher, allerdings variierten die einzelnen Preisklassen erheblich zwischen 60 bis 80 Mark und 140 bis 170 Mark im Monat. Dementsprechend waren die in Pensionen lebenden Studentinnen weitaus wohlhabender als ihre in möblierten Zimmern lebenden Kommilitoninnen[231]. Studentinnen hatten bei der Zimmersuche jedoch noch weitere Einschränkungen zu berücksichtigen, mit denen sich ihre männlichen Kommilitonen nicht unbedingt auseinanderzusetzen hatten. So wies von Velsen in einer der ersten Ausgaben der Zeitschrift „Die Studentin“ mit Nachdruck darauf hin, daß „Quartiere im Universitätsviertel [...] wegen der vielen Nachtlokale und wegen der Mißdeutung [...], der jedes in dieser Gegend wohnende Mädchen ausgesetzt ist“ ausgeschlossen waren und die Studentinnen daher „zu einem Weg von einer halben bis zu einer Stunde gezwungen“[232] waren. Eine Krankenkassenerhebung, wonach ein Viertel der männlichen Studierenden zweier Berliner Hochschulen, die in der Nähe der Universität wohnten, zur damaligen Zeit geschlechtskrank waren, macht eine derartige Vorsicht durchaus verständlich[233]. Doch offenbar setzten sich manche der studierenden Frauen unwissentlich oder wissentlich über derartige Widrigkeiten hinweg. Daher warnte die Jurastudentin Anna Irmer ihre Kommilitoninnen 1916 in einer Studentinnenzeitschrift noch einmal ausdrücklich:

> „[...] viele der [...] angebotenen Zimmer [werden, A. B.] von der jungen Studentin aus Gleichgültigkeit oder Unwissenheit nur zu oft bloß deshalb gemietet [...], weil sie billig oder recht nahe an der Universität oder Klinik gelegen sind. [...] Noch

wichtiger ist es, die Akademikerin, die aus dem Elternhause kommend, sich zuerst in der fremden Universitätsstadt ein möbliertes Zimmer sucht, auf die sittlichen Gefahren aufmerksam zu machen, die ihr durch ein Wohnen in einer von zweideutigen Elementen bevölkerten Gegend drohen. Auch sollte sie nötigenfalls Erkundigungen bei andern Hausbewohnern einziehen, wenn ihr der Lebenswandel der Vermieterin zu Bedenken Anlaß geben sollte oder sie mit männlichen Hausgenossen in demselben Stockwerk wohnen muß, ehe sie eine Wohnung mietet, die ihr nicht von vornherein einen Vertrauen erweckenden Eindruck macht."[234]

Von den insgesamt 88 im Wintersemester 1908/09 an der Berliner Medizinischen Fakultät immatrikulierten Studentinnen wohnten etwa 45 % im Norden und Nordwesten, annähernd 25 % im Westen und etwa 15 % in Charlottenburg. Die übrigen 15 % verteilten sich auf die Bezirke Wilmersdorf, Schöneberg, Friedenau und Zehlendorf. Je eine Studentin wohnte in Lichterfelde, Babelsberg und Köpenick[235]. Wegen der großen Entfernung dieser Wohngegenden, die die Studentinnen zu einem täglichen Weg von mehr als einer Stunde zwangen, war laut Stücklen vor allem für Medizinstudentinnen eine Unterkunft in den entlegenen Bezirken unzumutbar[236]. Mechow weist daraufhin, daß in den entlegenen Quartieren im Norden der Stadt vor allem ausländische Studierende wohnten[237]. Besonders für die Quartiere im Norden und Nordwesten mußte für die vergleichsweise billigen Mieten neben langen Anfahrtszeiten noch weiteres in Kauf genommen werden. So berichtete eine Berliner Studentin des Wintersemesters 1913/14:

„Nach Ankunft in Berlin wollte ich in der Nähe der Universität ein möbliertes Zimmer mieten, aber der Lärm der Straßen, die Treppenaufgänge mit mangelhafter Beleuchtung, der Zustand der Wohnungen, die Gerüche, meist auch die Wirtinnen in Berlin-Nord haben mich in die Flucht geschlagen. Eine Wohnung mußte ich verlassen, weil Wanzen darinnen waren. Dasselbe habe ich schon von vielen Kommilitoninnen gehört. Die Einrichtung meines jetzigen Zimmers ist reichlich verwohnt. Einmal mußte ich fast Gewalt anwenden, um die Bilder der Wirtin und ihre Nippsachen wenigstens vom Schreibtisch zu entfernen."[238]

Angesicht derartiger Zustände konnte sich eine andere Berliner Studentin, die sich mit der Kehrseite derartiger Übergriffe durch die Vermieterin konfrontiert sah, fast glücklich schätzen:

„Um mir ein passendes Zimmer zu suchen, sah ich mir zu Beginn des Semesters mindestens 50 verschiedene Zimmer an. Endlich hatte ich eins gefunden, daß mir halbwegs zusagte. Ich zog ein, zahlte Miete, dann verschwand jeden Tag ein anderes Stück der Zimmereinrichtung. Schließlich war nur noch ein Sofa, ein Kleiderschrank, ein Bett und ein Stuhl, auf dem das Waschgeschirr stand, darinnen."[239]

Die Medizinstudentinnen Hermine Heusler-Edenhuizen und Frida Busch hatten ebenfalls schlechte Erfahrungen gemacht: Nachdem sie nach langer Suche endlich eine Unterkunft in Halle gefunden hatten und sich freuten, „alle Hindernisse überwunden" zu haben, mußten sie „anhand eines Zoologiebuches" feststellen,

„[...] daß wir allnächtlich von Wanzen zerbissen wurden. Die Hauswirtin tat entsetzt, erklärte sich aber dann doch bereit, das Ungeziefer in den Pfingstferien ausräuchern zu lassen. Aus Mitleid mit ihr [...] blieben wir bis zum Ende des Semesters wohnen, trotzdem wir nach dem Gesetz das Recht gehabt hätten, sofort auszuziehen. Diese Gutmütigkeit wirkte aber auf sie so begeisternd, daß sie uns von da an mit ernsthaften Anträgen verfolgte, ihren Sohn zu heiraten; bald wollte sie Frida Busch als Schwiegertochter, bald mich. Nach solchen Erlebnissen sicherten wir uns für das folgende Semester [...] je ein Zimmer im sogenannten ‚Marthahaus‘; das war eine von Diakonissen geleitete Anstalt.“[240]

Übergriffe der Wirtinnen auf das Privatleben der Studentinnen konnten jedoch auch einen anderen Charakter annehmen: Mathilde Ludendorff, die im Sommersemester 1904 und Wintersemester 1904/05 an der Berliner Medizinischen Fakultät studierte und in dieser Zeit ihrem zukünftigen Ehemann bei dessen Vorbereitung auf das Abitur half, berichtet in ihren Memoiren:

„Ganz unmöglich aber wurde diese Hilfe [...]. Kam mittags Gustav Adolf in unser Wohnzimmerchen, damit ich mit ihm arbeiten konnte, so hörte ich am anderen Morgen in der dreistesten Tonart die Frage der Wirtin: ‚Wer ist denn der Herr, Fräulein Spiess?‘ ‚Mein Bräutigam.‘ Ein rohes Lächeln und ‚Das kann jeder sagen.‘ Unerträglich waren doch diese heruntergekommenen Menschen, die [...] ihre erbärmlichen Erwartungen und Maßstäbe an andere Menschen zu legen wagten [...].“[241]

Doch auch damit waren noch nicht alle denkbaren Erlebnisse als Untermieterin ausgeschöpft. So bezeichnete eine im Wintersemester 1913/14 an der Berliner Universität immatrikulierte Studentin ihre Erfahrungen bei der Zimmersuche in Berlin als „die denkbar schlimmsten“:

„Ich habe z. B. die Exmittierung einer anscheinend sehr netten und soliden Pension durch einen Gerichtsvollzieher erlebt, wobei es unendliche Schwierigkeiten gab, bis wir Pensionäre endlich unsere zum Teil beschlagnahmten Sachen wieder zugestellt bekamen. Ein zweites Mal konnte ich nur durch rechtzeitiges Ausziehen einem gleichen Schicksal entgehen.“[242]

Die Mißstände bei der Unterbringung wurden im Laufe des ersten Jahrzehnts des 20. Jahrhunderts von den Studentinnen zunehmend öffentlich beklagt. Die Jurastudentin Anna Irmer faßte im Jahre 1916 die bestehenden Mängel anschaulich zusammen:

„Dunkle Höfe und zu dicht bevölkerte Hinterhäuser, [...] düstere, feuchte oder schlecht heizbare Zimmer, in die nie ein Sonnenstrahl fällt, sind nur zu leicht geeignet, das gesundheitliche Wohlbefinden der oft zu sitzender Arbeit gezwungenen Studentin erheblich zu schädigen. [...] Selten ist mit den möblierten Zimmern die Benutzung einer Badegelegenheit im Hause verbunden, schlechter Geruch vom Hofe her oder infolge mangelhafter Lüftung in der Wohnung und ruhestörender Lärm verleiden nur gar zu oft das stille, gesammelte Arbeiten in der Einsamkeit der Studierstube. Auch die Möbel sind zuweilen recht verbraucht und schlecht gehalten, das Geschirr ist unsauber und das Zimmer wird gewöhnlich nur oberflächlich gereinigt. [...] Die junge Studentin hat oft nicht den Mut, energisch auf Abhilfe solcher gesundheitlicher Schäden zu dringen [...].“[243]

Im Rahmen einer im Sommersemester 1913 unter insgesamt 20 Studentinnenvereinen in Deutschland durchgeführten Umfrage beantworteten die Berliner Studentinnen die Frage nach Freiheit von Ungezieferbefall mit „meistens“. Sie wünschten sich jedoch eine „größere Zweckmäßigkeit und Sauberkeit der Möbel“ und erhofften sich von der Einrichtung eines Studentinnenhauses vor allem „gute Lese, Wohn- und Versammlungsräume“[244].

Selbst wenn die Studentinnen über genügend Geld verfügten, um die durchschnittlich mindestens doppelt so teure Unterkunft in einer Pension zu bezahlen, schien dies auch für diejenigen, die es sich leisten konnten, nicht unbedingt eine erstrebenswerte Alternative des Wohnens darzustellen. Es galt auch die in Frage kommenden Pensionen sorgfältig auszuwählen. Ein Berliner Frauenführer aus dem Jahre 1913 warnte besonders vor großen Berliner Pensionen mit internationalem Publikum: Die dort Zutritt suchenden Herren ließen es besonders Ausländerinnen gegenüber „nur zu häufig an derjenigen Rücksicht fehlen, die ihnen sonst Gewohnheit ist.“[245]

In Pensionen lebende Studentinnen äußerten Unbehagen über den Zwang, sich während der Mahlzeiten mit häufig wechselnden Gästen unterhalten zu müssen und störten sich an der „Neugierde, mit der die ‚Emanzipierte‘ leider noch vielfach betrachtet wird“ ebenso wie an der „Gebundenheit des äußeren Lebens“[246]. Diese „Gebundenheit des äußeren Lebens“ war allerdings vor allem ein Problem der aus Berlin stammenden Studentinnen, von denen laut Stücklen annähernd zwei Drittel im Elternhaus wohnten[247]. Dort waren sie zwar vor den Unannehmlichkeiten, die sich ihren zur Untermiete oder in Pensionen wohnenden Kommilitoninnen stellten, geschützt. Dafür hatte sie sich jedoch mit anderweitigen Schwierigkeiten auseinanderzusetzen, die ihren studierenden Brüdern im allgemeinen erspart blieben. Stücklen schrieb dazu:

„Allerdings birgt der doppelte Charakter der Haustochter und der sich auf einen selbständigen Beruf vorbereitenden Studentin für viele Konflikte in sich [...]. Mütter, die zwar theoretisch mit der geistigen Ausbildung ihrer Tochter einverstanden sind, vermissen in praxi ihre Unterstützung in allen häuslichen Obliegenheiten oft sehr ungern, während andererseits die Tochter, gerade wenn sie einem ernsten Ziele zustrebt, Zeit und Aufmerksamkeit nur in geringem Maße den häuslichen Dingen zuwenden kann. Wie jedes pflichttreue Mitglied des Hauses empfindet sie die Entziehung ihrer Kräfte und die Inanspruchnahme fremder Hilfe für ihr äußeres Wohl ebenso peinlich als das Gefühl, der Befriedigung ihrer persönlichen Ausbildung allein zu leben.“[248]

Diesen Konflikt zwischen Müttern und Töchtern schildert auch die ehemalige Medizinstudentin Rahel Straus in ihren Memoiren:

„So war es mir ganz selbstverständlich, daß wir alle mithalfen, soviel in unseren schwachen Kräften stand. [...] Mutter hat mir später einmal erzählt, wie ich eines

Tages dagegen protestiert habe, daß ich, die ich in derselben Gymnasialklasse war wie mein Bruder, so vieles tun müsse, was man von ihm nicht verlange. Und Mutter sagte mir, sie habe es eigentlich eingesehen, nur war es wirklich nicht zu ändern"[249]

Die Ärztin Julie Ohr wies im Jahre 1909 kritisch auf eine ungebührliche Doppelbelastung der im Elternhaus wohnenden Studentinnen hin:

„Der Unterschied zwischen Sohn und Tochter führt sehr häufig zur Hintansetzung der Töchter zu Gunsten der Söhne [...]. Ein Menschenkind von fünfundzwanzig Jahren, das am Krankenbette steht und entscheiden soll, dem wissenschaftliche Untersuchungen aufgetragen werden, [...] muß viel Freiheit gegeben werden. [...] Leider ziehen aber die wenigsten Eltern diese Konsequenzen. Abgesehen davon, daß von mancher Gymnasiastin oder Studentin eine Fülle häuslicher Dienste verlangt wird, [...] suchen sehr viele Eltern den engen Kreis veralteter Ansichten stehen zu lassen, in den herkömmlicherweise die Töchter eingeschlossen werden. Sie bewachen genau jeden Schritt der jungen Studentin und verlangen Rechenschaft über alles, was sie tut."[250]

Die Mißstände bei den vorhandenen Unterkunftsmöglichkeiten für studierende Frauen wurden bereits frühzeitig erkannt und von Vertreterinnen der deutschen Frauenbewegung thematisiert. So diskutierte Elsbeth Krukenberg-Conze im Jahre 1903 unter anderem die Frage, ob den bestehenden Mängeln durch die Einrichtung eines Studentinnenwohnheims abgeholfen werden könnte. Selbst noch Studentin, stellte für sie die Vereinsamung der studierenden Frauen durch das „Einzeldasein, das Leben auf der ‚Bude‘"[251] und mangelhafte Ernährungsmöglichkeiten das Hauptproblem dar. Krukenberg-Conze sprach sich jedoch gegen die Unterbringung studierender Frauen in eigens für sie geschaffenen Wohnheimen aus, da dies die Studentinnen „der Welt fern halten, sie dadurch weltfremd machen würde"[252]. Mit dieser Ansicht stand sie jedoch offenbar eher isoliert da, denn in den folgenden Jahren wurde – besonders auch seitens der studierenden Frauen selbst – der Wunsch nach Studentinnenheimen laut:

„Man würde dort unter sich sein, unter Kameradinnen, die das gleiche Ziel verfolgen. Es wäre für Anschluß gesorgt, ohne daß das Bedürfnis nach Zurückgezogenheit übel vermerkt würde. Natürlich ist Voraussetzung, daß die Leiterin Verständnis für studentisches Leben und für das berechtigte Freiheitsbedürfnis ihrer Hausbewohner besitzt. Gelänge es, solche Heime zu schaffen, die dem jungen Mädchen geeignete Unterkunft und geselligen Anschluß bieten, ohne sie in ihrer Bewegungsfreiheit zu hemmen, so würde mancher Studentin Beeinträchtigung ihrer Arbeitskraft und manchen Eltern große Sorge abgenommen werden."[253]

Von den 74 deutschen Medizinstudentinnen, die zwischen 1905 und 1918 ihr Studium in Berlin mit einer Promotion abschlossen, waren annähernd ein Viertel in Berlin geboren, sodaß zu vermuten ist, daß sie auch während ihrer Studienzeit an der Berliner Universität auf ein sich in der Stadt befindendes Elternhaus zurückgreifen konnten[254]. Vier dieser Berlinerinnen waren vor Beginn oder im Laufe ihres Studiums eine Ehe eingegangen. Unter den von auswärts kommenden Doktorandinnen an der Medizinischen Fakultät befanden sich vierzehn verheiratete Frauen. Demnach konnte knapp ein weiteres Viertel der Studentinnen vermutlich auf eine eheliche Wohnung zurückgreifen. Etwa die Hälfte der deutschen Doktorandinnen an der Berliner Medizinischen Fakultät war jedoch ursprünglich nicht in Berlin ansässig und zudem ledig. Sie mußten sich unter den gegebenen Umständen um eine wie auch immer geartete Unterkunft in der Stadt bemühen.

Zunächst versuchten die Studentinnenvereine an der Berliner Universität, den bestehenden Mißständen bei den zur Verfügung stehenden Unterkunftsmöglichkeiten entgegenzutreten. Sie organisierten Wohnungsvermittlungen und hinterlegten beim akademischen Wohnungsamt Listen, die auschließlich an studierende Frauen kostenlos ausgegeben wurden. Auf diesen empfahlen Studentinnen, die an eine andere Universität wechselten, ihre Unterkunft an Kommilitoninnen weiter. Es waren auch die Studentinnenorganisationen und christliche Institutionen, die mit begrenzten Mitteln erste Unterbringungsmöglichkeiten für ihre Mitglieder zu schaffen suchten. So brachte die „Deutsch-Christliche Vereinigung studierender Frauen" drei ihrer Mitglieder in einer von ihr angemieteten Wohnung unter. Der „Katholische Mädchenschutzverein" gründet im Oktober 1912 ein Heim, das sechs bis sieben Studentinnen Unterkunft gewährte. Das Berliner „Christliche Hospiz", die verschiedenen „Marienheime" der Stadt und der katholische „Xaverius-Stift" vergaben ebenfalls Zimmer an studierende Frauen[255]. Doch auch diese Unterkünfte wurden nicht immer als ideal empfunden. Hermine Heusler-Edenhuizen und Frida Busch flüchteten sich aus ihrer ersten Unterkunft in Halle in ein von Diakonissen geleitetes Haus:

„Hier herrschten Sauberkeit und ein froher, frischer Ton. Die Oberschwester wie auch die Haushaltsschwester hatten warmes Interesse für uns und halfen uns, wo sie nur konnten. Das hinderte aber nicht, daß wir bei konzentrierter Arbeit mehrmals hintereinander gestört wurden; das erste Mal durch Klopfen und Anfrage, ob man den Kaffee bringen dürfe, danach das zweite Mal, daß man den Kaffee bringe, das dritte Mal, daß man das Geschirr abräumen wolle, und das vierte Mal endlich, ‚ob man auch nicht gestört hätte?' Manchmal kam das fünfte Mal dann noch die Schwester selbst, um sich zu erkundigen, ob das Mädchen auch leise gewesen sei. – Mit Humor erträgt sich alles, aber wir wurden nolens volens zu Nachtarbeit getrieben, um genügend Ruhe zu haben."[256]

Aber auch die Unterkunftsmöglichkeiten für Berliner Studentinnen in den christlichen Hospizen und Heimen der Stadt waren angesichts der zunehmenden Studentinnenzahlen an der Friedrich-Wilhelms-Universität völlig unzureichend. Stücklen kommentierte im Jahre 1916, daß diese Heime auf Grund der beschränkten Aufnahmekapazitäten nur für eine Minderheit in Betracht kämen. Um Abhilfe zu schaffen, schlug sie die Gründung eines „Zentral-Studentinnenausschusses für den Nachweis geeigneter Wohnungen"[257] vor.

Eine der ersten Initiativen zur Behebung des Wohnungsproblems ergriff Ottilie von Hansemann, die ihre der Berliner Friedrich-Wilhelms-Universität zur Verfügung ge-

Abb. 9: Ottilie von Hansemann (Porträt).
Archiv der deutschen Frauenbewegung.

stellte Stipendienstiftung für studierende Frauen auf Grund der jahrelangen Weigerung des Senats, den § 3 der Immatrikulationsverordnung außer Kraft zu setzen, 1913 zurückzog. Von Hansemann plante stattdessen in der „Erkenntnis der Notwendigkeit, für die an Berliner Hochschulen studierenden Frauen eine Stätte zu schaffen, die ihnen durch die Möglichkeiten häuslichen Zusammenlebens durch Schutz, die Ruhe und sonstige Art der Förderung tunlichst vollkommene Erreichung des Studienzweckes"[258] ermöglicht, gemeinsam mit dem Verein „Victoria-Lyzeum" die Errichtung eines Wohnhauses für studierende Frauen. Das „Victoria-Studienhaus" wurde unter dem Protektorat der Kaiserin von der ersten in Deutschland selbständig arbeitenden Architektin Emilie Winkelmann[259] erbaut und im Oktober 1915 in der damaligen Berliner Straße 37/38 in Charlottenburg eröffnet[260]. Das Gebäude beherbergte neben dem Wohnheim – „Haus Ottilie von Hansemann" genannt – auch die Unterrichtsräume des „Victoria-Lyceums". Das Studentinnenwohnheim umfaßte 96 Einzelzimmer und war mit einer zentralen Warmwasserversorgung und -heizung, Fahrstühlen, Badezimmern, gemeinsamen Arbeitsräumen, Wohn- und Empfangszimmern, einer Bibliothek, einer Lesehalle, einem Versammlungsraum für Vereine, einem Saal mit einer Bühne und Projektionsvorrichtungen für Vorträge und Festlichkeiten, Dunkelkammer, einem Turnsaal sowie einem Speiseraum und Garten ausgestattet. Die Einzelzimmer wurden je nach Größe zu Mietpreisen zwischen 30 und 60 Mark einschließlich Bad und Heizung, Benutzung der Bibliothek und der gemeinsamen Wohnräume vergeben[261]. Für soziale Härtefälle unter den Studentinnen wurden eine begrenzte Anzahl ganzer und halber Freistellen zur Verfügung gestellt[262]. Zur Eröffnung des Studentinnenwohnheims lagen „überreichlich"[263] Anmeldungen vor, sodaß nach wenigen Tagen alle Zimmer vergeben waren. Die Studentin der Rechtswissenschaften und Nationalökonomie Elisabeth Flitner war eine der Glücklichen, die ein Zimmer ergattern konnten. Sie hatte sich in ihrer ersten Unterkunft in Wilmersdorf nicht besonders wohl gefühlt. Ihre Vermieterin war eine „adlige, ältere, betont ‚christliche'"[264] Studentin, die den Besuch von jüdischen Freundinnen Flitners mit antisemitischen Äußerungen kommentiert hatte. Über die Unterkunft im Studentinnenwohnheim war Flitner dementsprechend erleichtert. Sie schätzte auch die Möglichkeit, dort mit Kommilitoninnen anderer Fakultäten in Kontakt zu kommen.

Die große Zahl derjenigen Studentinnen, die im Studentinnenwohnheim kein Zimmer fanden, konnte sich zur Vermittlung einer Unterkunft an die seit 1912 existierende „Vereinigung für Frauenwohnungen" wenden. Diese verfügte über ein Reihe von Wohnungen, die sowohl ganz als auch in Einzelzimmern ausschließlich an Frauen vermietet wurden. Zielsetzung dieses Vorläufers einer „Frauenmitwohnzentrale" war es,

> „daß womöglich mehrere Mieterinnen sich zu gemeinsamem Haushalt zusammentun sollen, um Mühe und Kosten für die einzelne zu sparen. Vorausgesetzt ist dabei unbestreitbar eine gewisse Gleichheit der Lebensanschauungen, eine gleichmäßige Bewertung von Äußerlichkeiten – ein über Kleinlichkeiten erhabenes Bildungsniveau."[265]

Gleichartige Ziele verfolgte auch die Berliner Genossenschaft „Die Frauenwohnung". Darüber hinaus gab es in Berlin mehrere Wohnungsvermittlungsstellen für Frauen, an die sich Wohnungssuchende kostenlos wenden konnten[266]. Die Ergebnisse der von Stücklen im Wintersemester 1913/14 unter Berliner Studentinnen durchgeführten Enquête bestätigen, daß sich einige Studentinnen durchaus zusammenfanden, um gemeinsam eine Wohnung anzumieten, die sie auch mit eigenen Möbeln ausstatteten. Laut Stücklen befanden die studierenden Frauen „diese Art für die Idealwohnung einer Studentin infolge der Unabhängigkeit von Wirtinnen und der Möglichkeit, sich nach eigenem Geschmack mit Behaglichkeit einzurichten."[267] Stücklen fügte jedoch hinzu, daß sich diese „Form sich natürlich für alle verbietet, die nur kurze Zeit in einer Stadt zu bleiben beabsichtigen. Für ältere Semester mag sie im allgemeinen zweckentsprechend sein."[268]

Ob diese hier aufgeführten Institutionen, Initiativen und Selbsthilfeprojekte das Wohnungsproblem der Studentinnen allerdings dauerhaft entschärfen konnten, muß bezweifelt werden. Nach Untersuchungen über das Studentinnenleben der Weimarer Republik bestanden die Klagen über den Mangel an geeignetem Wohnraum für studierende Frauen und über die Mißstände der vorhandenen Möglichkeiten fort[269].

Neben dem Wohnungsproblem zählte die Frage der Ernährung zur den vordringlichsten Alltagssorgen der Studentinnen. Mit mehr als 30% stellte sie den größten Posten im monatlichen Budget der studierenden Frauen dar. Ausgaben für Unterkunft sowie Bücher und Kolleggelder lagen jeweils bei etwa 25% des monatlichen Einkommens, die übrigen 20% wurden für sonstige Bedürfnisse verwendet[270]. Von denjenigen Studentinnen, die nicht im Berliner Elternhaus verpflegt wurden, hatte knapp ein Fünftel täglich 1 bis 1,50 Mark für Ernährung zur Verfügung. Dies war nach Einschätzung Stücklens „in Berlin, wo die Lebensmittel im allgemeinen billig sind, nicht gerade reichlich, kann aber genügen"[271]. Eine der befragten Studentinnen erläuterte: „Bei Kenntnis der richtigen Bezugsquellen ist in Berlin eine sehr billige eigene Verpflegung möglich."[272] Etwa die Hälfte der von auswärts kommenden deutschen Studentinnen verwandte zwischen 1,50 bis 2 Mark pro Tag für Nahrungsmittel, was laut Stücklen eine gute Versorgung gewährleistete. Knapp 30% der Berliner Studentinnen des Wintersemester 1913/14 konnten sogar auf einen noch höheren täglichen Betrag zurückgreifen[273].

Angesichts der Tatsache, daß die russischen Studentinnen im allgemeinen ein wesentlich geringeres monatliches Budget zur Verfügung hatten als ihre deutschen Kommilitoninnen, muß angenommen werden, daß eine Vielzahl von ihnen eher weniger als eine Mark auf die eigene tägliche Ernährung verwenden konnte. Wie bereits ausgeführt, waren bei den in Westeuropa studierenden Russinnen Krankheiten auf Grund mangelhafter Ernährung besonders häufig. Es gibt keinen Grund für die Annahme, daß ihre Situation in Berlin günstiger gewesen wäre als anderswo.

War die Unterkunft in einer Pension für die von auswärts kommenden Medizinerinnen bezahlbar und war diese in relativer Nähe zur Universität gelegen, so konnten sie dort im allgemeinen alle Mahlzeiten einnehmen, da der Pensionspreis üblicherweise eine Vollverpflegung vorsah. Daß diese jedoch nicht immer als zufriedenstellend erlebt wurde, macht eine Schilderung Mathilde Ludendorffs über ihre erste Berliner Unterkunft im Sommersemester 1904 deutlich:

„In einer Pension H., in der Turnlehrerinnen und auch einige Studentinnen wohnten, hatten wir ein großes Zimmer mit Klavier, aber eine Verpflegung, die in mir sehr
fatale Erinnerungen [...] erweckte. Es war kaum zu glauben, was in diesem Hause
alles als eßbar galt. Am zweiten Tag stand bei mir fest, daß gleich für den nächsten
Monat eine neue Unterkunft gefunden sein mußte, wenn wir nicht beide völlig un-
terernährt werden sollten. Einen tiefen und trostlosen Einblick in die Entartung der
Großstadt gewährte mir unsere lange Wohnungssuche.“[274]

Der Mietpreis für ein möbliertes Zimmer schloß im Gegensatz zum Pensionspreis nur das
Frühstück mit ein. Daher bereiteten sich die Studentinnen häufig eine zweite Mahlzeit
mit Hilfe eines Spirituskochers im Zimmer selbst zu, eine Alternative, auf die auch Mathilde Ludendorff gemeinsam mit ihrer am Musikkonservatorium studierenden Schwester und ihrem sich auf das Abitur vorbereitenden, zukünftigen Ehemann zurückgriff:

„Um 1 Uhr waren wir wieder alle beisammen, kochten blitzschnell zu dreien unser
Mittagessen, das nicht allzu viel Abwechslung bieten konnte, denn es waren da ganz
beachtliche Hemmungen. Die wenig entfaltete Kochkunst, unser leichter Geld-
beutel, die geringe Zahl der Küchengefäße, endlich die kurze Zeit in der alles vollen-
det sein wollte, ließen die Auswahl des Mittagstisches auf drei Gerichte zusammen-
schrumpfen, die einander ablösten. Aber das kümmerte uns wenig.“[275]

Da jedoch die Mehrheit der Studentinnen gerade nicht in Nähe der Universität wohnten, war es ihnen vermutlich eher selten möglich, in der Mittagspause nach Hause zurückzukehren, sich dort selbst zu verpflegen oder am Pensionsessen teilzunehmen.
Manche Studentinnen schlossen sich daher einem privaten Mittagstisch in Universitätsnähe an, der durchschnittliche Preis für ein Mittagessen lag bei etwa 1 Mark. Die
Preise im Restaurant waren auf Grund des häufig vorhandenen „Trinkzwangs“ und der
Trinkgelder höher. Dennoch suchte der weitaus größere Teil der finanziell ausreichend
ausgestatteten Studentinnen ein Restaurant auf:

„Warum trotz mancher Unannehmlichkeiten für alleinstehende Damen das Restaurant häufig vorgezogen wird, hat erstens seinen Grund in der Ungebundenheit an
die Zeit, die sich für Kollegbesucher nicht an allen Tagen gleichmäßig einhalten läßt,
auch in einer gewissen Bequemlichkeit, man will nicht weit laufen, denn um 3 Uhr
beginnt das neue Kolleg; in der Hauptsache aber darin, daß der Zwang, sich mit
anderen Gästen unterhalten zu müssen, fortfällt [...]. Allerdings besteht die Notwendigkeit auch der körperlichen Ruhe nach Tisch für die meisten, und ihr Fehlen,
das wegen der großen Entfernung zu der eigenen Wohnung häufig vorkommt, wird
schmerzlich empfunden.“[276]

Die von Stücklen angesprochenen „Unannehmlichkeiten“ wurden bereits im Jahre
1903 von der Studentin Krukenberg-Conze genauer beschrieben. Sie forderte, den Studentinnen das Alltagsleben einfach dadurch zu erleichtern,

„[...] daß wir den Mann gewöhnen, einer Frau mit Achtung zu begegnen, auch
wenn er ihr [...] in den Straßen der Großstadt, oder auch – ich möchte das aus-

drücklich betonen – ohne männlichen Schutz in einem Restaurant begegnet. Warum soll eine Frau, die kein Familienheim hat, [...] nicht in einem anständigen Gasthause essen dürfen [...] aber [es, A. B.] scheint selbst mancher sogenannt gebildete Mann eine allein ein Restaurant besuchende oder auch ihm abends nach 9 Uhr allein auf der Straße begegnende Frau einfach als vogelfrei anzusehen. Sonst wäre das Belästigen alleingehender Damen, das ganz unkommentmäßige Anstarren und Fixieren derselben in Hotels und Restaurants einfach unmöglich."[277]

Die in Berlin existierenden Versorgungsmöglichkeiten wurden von den im Wintersemester 1913/14 befragten deutschen Studentinnen überwiegend positiv eingeschätzt, doch äußerten sie auch Kritik an den zur Auswahl stehenden Restaurants und Mittagstischen:

„Restaurants im Innern der Stadt sind empfehlenswert, Aschinger gut und billig, aber für längere Zeit nicht brauchbar, da eine Portion für einen starken Esser nicht genügt. Sehr erwünscht wäre eine größere Reichhaltigkeit der Gemüsekarte und eine weniger gewürzte und auf Alkoholgenuß berechnete Zubereitung. [...] Die Verpflegung kann man in Berlin preiswerter und besser haben, als in vielen anderen Universitätsstädten, speziell Süddeutschlands, vor allem kann man sich das Essen auch bei billigem Preis abwechslungsreicher gestalten; doch fehlt im Restaurant die gewünschte Erholung nach dem Essen. [...] Es fehlt dringend an einfachen, gut bürgerlichen Mittagstischen im Zentrum der Stadt, die kräftiges und schmackhaftes Essen bieten. Dies braucht eine Studentin vor allem, da sie oft übermüdet ist und keinen Appetit hat."[278]

Es war für die Studentinnen oftmals notwendig, den auf die eigene Verpflegung verwandten Anteil im monatlichen Budget möglichst gering zu halten. Daher bevorzugten sie häufig die vegetarische Küche, doch gerade das Angebot der vegetarischen Gasthäuser gab oftmals Anlaß zur Kritik. So beschwerte sich eine Studentin, daß diese in Universitätsnähe gelegenen Restaurants zwar billig seien, „in Bezug auf Ausstattung und Sauberkeit, Auswahl und sorgsame Zubereitung der Speisen viel zu wünschen übrig"[279] ließen.

Für Studierende russischer Nationalität und mosaischen Glaubens waren die Möglichkeiten einerseits durch Geldmangel, andererseits jedoch auch durch religiös bedingte Eßgewohnheiten wie dem Reinheitsgebot der Speisen zusätzlich eingeschränkt. Der ehemalige Berliner Student und spätere Staatspräsident Israels Chaim Weizmann schreibt in seinen Memoiren: „Manchmal wurden wir monatelang Vegetarier und behaupteten, das sei gut für die Gesundheit. Nebenbei war es auch billiger. Überdies gab es in dem vegetarischen Restaurant, das wir aufsuchten, auch die reichste Auswahl an Zeitungen für die Gäste."[280] Gerta Stücklen warnte auch die vergleichsweise wohlhabenderen deutschen Studentinnen vor allzu großer Sparsamkeit und Einseitigkeit bei der Auswahl der Gerichte:

„Vegetarische Speisehäuser werden speziell im Sommer gern benutzt, weil ihre Preise verhältnismäßig gering und sie dem Bedürfnis nach Gemüse- und Obstspeisen

Rechnung tragen. Doch kann ein ständiger Genuß von vegetarischer Nahrung bei intensiver Arbeit unmöglich die nötige Kräftigung geben und muß auf die Dauer zur Unterernährung führen. [...] Im allgemeinen kann man sagen, daß die Ernährung der alleinwohnenden Studentin oft große Mängel hat. Hier wirkt zum Teil übertriebene Sparsamkeit, auch ungenügende Beachtung schädigend, ebenso wie durch geringe Kenntnis guter Restaurants [...] manches versäumt wird. An dieser Stelle durch Reformen einzugreifen wäre dringend geboten, [...] auch durch Schaffung gemeinsamer Mittagstische, die zu billigem Preis eine gute und kräftige Nahrung liefern können."[281]

Dieser Forderung wurde bei der Einrichtung des „Haus Ottilie von Hansemann" Rechnung getragen. Im großen Speisesaal wurde den dort wohnenden Studentinnen ein vergleichsweise billiges Frühstück (40 Pfennige), Mittagessen (1 Mark) und Abendbrot (80 Pfennige) angeboten[282]. Die Jurastudentin Elisabeth Flitner erinnert sich dankbar an die Möglichkeit, sich für eine warme Hauptmahlzeit anzumelden. Da es eine Mensa nicht gab und sie Gaststätten prinzipiell vermied, hatte sie in den Jahren zuvor häufig auf warmes Essen verzichtet.[283]

Angesichts der großen Zahl der Studentinnen, die bei der Eröffnung des Hauses im Jahre 1915 und in den folgenden Jahren an der Berliner Universität studierten, war dies sicher keine ausreichende Möglichkeit, den bestehenden Mängeln Abhilfe zu schaffen. Stücklen erwähnte Pläne zur Einrichtung eines „Studentinnenkasinos"[284] in Universitätsnähe. Belege für dessen Realisierung konnten nicht gefunden werden.

Es wird deutlich, daß die Studentinnen auch noch lange nach ihrer Zulassung zur Universiät mit einer Reihe von spezifischen Problemen zu kämpfen, die den männlichen Studierenden fremd waren oder sich diesen nicht in gleicher Schärfe stellten. Diese Schwierigkeiten leiteten sich nur zu einem gewissen Teil aus sich auf das Wesen der studierenden Frau beziehende Vorurteile seitens der Berliner Bevölkerung ab. Die Schwierigkeiten bei der Alltagsorganisation entstanden vor allem auch deshalb, weil die Gesellschaft des Kaiserreichs für Frauen nicht die Bewegungsfreiheit und Selbständigkeit vorsah, die für das Studium an einer deutschen Universitäten in der damaligen Zeit Voraussetzung waren.

5. STUDENTINNENORGANISATIONEN

a) Die „Freie Vereinigung Berliner Studentinnen"

Nicht lange, nachdem Frauen als Gasthörerinnen an der Berliner Friedrich-Wilhelms-Universität zugelassen worden waren, gründeten die ersten Berliner Studentinnen ihren eigenen Verein. Das Gründungsdatum des Vereins ist nicht bekannt, auch über seine Gründungsmitglieder liegen bisher keine Informationen vor. 1898 informierte eine studentische Zeitschrift ihre Leserschaft, daß sich der „Verein studierender Frauen in Berlin" ein Vereinslied gewählt habe, dessen Text von Dr. Anita Augspurg verfaßt worden war:

„Dir, Athena Promachos,
Heben wir die Hände,
Dir, Athena Promachos,
Fliesse unsere Spende!

Schwestern reicht die Hand zum Bunde,
schwöret all aus einem Mund:
Freiheit, Wahrheit, festen Mut!

Hoch die heil'ge Wissenschaft!
Nieder mit den Schranken
Bahn frei jeder rechten Kraft!
Freiheit dem Gedanken!

Menschenrechte, Menschenwürde,
Vollen Menschthums ganze Bürde
Sei hinfort auch unser Teil.

Dir, Athena Promachos,
Folgen wir zum Streite.
Dröhnender Posaunenstoss
Halle in die Weite:

Dass dem Wust der alten Erde
Wiederum geboren werde
Sieghaft leuchtend junge Kraft.

Nehmet der Gerechtigkeit
Von dem Aug' die Binde,
Dass sie einer neuen Zeit
Neues Recht verkünde.

Nur was echt ist, soll obsiegen,
Was vermorscht, in Trümmern liegen,
Selbst der Blindheit werde Licht!

Ob sich uns aus aller Welt
Thorheit, Feigheit, Lüge
Und Gewalt entgegenstellt:
Auf durch Kampf zum Siege!

Wahrt der Zukunft hehrste Güter,
Bleibt der heil'gen Flamme Hüter,
Χαιρε, Παλλασ Προμασχος! "[285]

Die Zeitschrift „Die Frau" wies im Winter 1898/99 auf die Existenz einer Auskunftsstelle für studierende Frauen in Berlin hin, die vermutlich vom „Verein studierender
Frauen in Berlin" eingerichtet worden war, denn für spätere Jahre ist die Leitung eines

derartigen Informationsbüros durch den Verein nachgewiesen. Diese Auskunftsstelle informierte über Studienverhältnisse an der Berliner Universität, erteilte Auskunft über Logis und Pensionen in der Stadt und vermittelte Kontakte zu den Studentinnenvereinigungen an verschiedenen schweizer Universitäten[286].

In den folgenden Jahren bildeten sich in Bonn, Freiburg, Marburg und Heidelberg weitere Studentinnenvereine, mit denen sich der „Verein studierender Frauen in Berlin" auf einer Delegiertenversammlung, die vom 3. bis 5. August 1906 in Weimar stattfand, zum „Verband studierender Frauen Deutschlands" zusammenschloß[287]. Wenig später erfolgte die erste Umbenennung des Dachverbands in „Verband der Vereine studierender Frauen Deutschlands", im August 1912 wurde der Name endgültig auf „Verband der Studentinnen-Vereine Deutschlands" (V. St. D.) festgelegt[288]. In den Vorkriegsjahren hatte der Verband einen erheblichen Zuwachs bei den Mitgliederzahlen erfahren. Im Wintersemester 1912/13 zählte er bereits 508 Mitglieder[289]. Bei der Gründung des Dachverbands im Jahre 1906 wurde eine zentrale Geschäftsstelle eingerichtet, die im zweijährigen Turnus von den einzelnen Mitgliedsvereinen geführt werden sollte. Diese wiederum verpflichteten sich, an den Universitäten, wo dies noch nicht geschehen war, Auskunftsstellen einzurichten, die nicht nur den einzelnen Mitgliedern, sondern allen Studentinnen offenstehen sollten[290]. Deklarierte Zielsetzung des „V. St. D." war es, alle studierenden Frauen ohne Rücksicht auf politische Einstellung oder Konfession in einer Organisation zu vereinen, um sich geschlossen für die Zulassung von Frauen zur Immatrikulation an deutschen Universitäten einzusetzen. In diesem Sinne petitierte der Verband im Februar und November 1907 sowohl beim preußischen Abgeordnetenhaus als auch beim preußischen Kultusministerium[291]. Nachdem die Immatrikulation für Frauen in Preußen zum Wintersemester 1908/09 realisiert worden war, konzentrierten sich die einzelnen Mitgliedsvereine des „V. St. D." nun verstärkt darauf, „nur noch die Studentinnen in ihre Gemeinschaft einzubeziehen, die in voller Lebendigkeit und Aufgeschlossenheit zur Lösung der Fragen bereit waren, die Studium und Leben ihnen stellten" und sich mit der „lebendigen Erfassung von Studium und Frauentum"[292] auseinandersetzen wollten. Wie der Berliner Studentinnenverein – der sich im Jahre 1912 „Freie Vereinigung Berliner Studentinnen" nannte[293] – dies zu realisieren gedachte, veranschaulicht der Veranstaltungskalender des Sommersemesters 1912. Jeden Mittwochabend fanden im Damenzimmer der Universität Literaturabende oder Diskussionsveranstaltungen zu Themen wie „Abstinenz oder Mäßigkeit" oder „Pflichten der Studentin gegen die Gemeinschaft"[294] statt. Eine Gruppenbildung für gemeinsame Arbeit, englische oder französische Lektüre wurde angeregt. Jeden Sonnabend wurden Ausflüge organisiert, „deren Treffpunkt und Ziel rechtzeitig aus Anschlägen am schwarzen Brett im Damenzimmer, in der Halle der Universität und in der Anatomie zu ersehen"[295] waren.

Doch auch der Einsatz für eine gleichberechtigte Stellung der Studentinnen an der Universität wurde gegenüber derartigen Aktivitäten nicht aus den Augen verloren. In den folgenden Jahren erarbeitete der „V. St. D." – in dessen Vorstand häufig auch Studentinnen der „Freien Vereinigung Berliner Studentinnen" saßen – Petitionen zur Außerkraftsetzung des § 3 der Immatrikulationsverordnung, zur Zulassung von Frauen zur Habilitation sowie zu den juristischen und theologischen Staatsprüfungen[296]. Auch für die Gewährung von Stipendien für Studentinnen setzte der Dachverband sich wiederholt ein[297]. Diejenigen Vereinsmitglieder, die nach Abschluß des Studiums die Universität verließen, konnten in den Altmitgliederbund wechseln, um die „geistige und menschliche Bindung [...] zwischen den Generationen"[298] fortzuführen. Im August 1911 beschloß der „V. St. D." auf seinem dritten Verbandstag in Weimar die Herausgabe eines eigenen Organs, das unter dem Titel „Die Studentin" im Februar 1912 erstmals erschien[299].

Obwohl die im Gründungsjahr 1906 formulierte Zielsetzung des „V. St. D." auf eine Nähe zur Frauenbewegung hinweist und bereits beim ersten Verbandstag im August 1907 ein Antrag vorgelegen hatte, dem „Bund Deutscher Frauenvereine" beizutreten, wurde dies auch in den folgenden Jahren von der Mehrheit der Delegierten wiederholt abgelehnt und erst im Jahre 1915 positiv entschieden. Trotz derartiger Differenzen unter den im Verband zusammengeschlossenen Regionalvereinen, deren Zahl im Laufe der Jahre stieg[300], bestand weiterhin Einigkeit über die gemeinsame Zielsetzung: „die jungen Studentinnen zu erziehen zu den großen Aufgaben, die ihrer harren als Akademikerinnen und als arbeitende Frauen"[301]. In dieser Hinsicht wie auch bei der Vertretung der Studentinnen an der jeweiligen Universität waren die einzelnen Mitgliedsvereine durchaus in der Lage, ihre örtliche und durch den jeweiligen Hochschulcharakter bedingte Eigenart zu wahren. Vorschriften über die Repräsentationsform bei offiziellen Anlässen wurden vom Verband nicht gemacht, sodaß manche Vereine korporativ, andere wieder nichtkorporativ organisiert waren „entsprechend ihren Tendenzen, sowie den ortsüblichen Gebräuchen"[302]. Wert wurde allein darauf gelegt, daß die Studentinnen in den studentischen Verwaltungsorganen der Universitäten vertreten waren.

Die „Freie Vereinigung Berliner Studentinnen" ließ sich bei offiziellen Anlässen an der Friedrich-Wilhelms-Universität von Chargierten vertreten[303] und arbeitete bei der „Vorbereitung der Studentenschaft zu dem allgemeinen Studentenausschuß [...] auf Seiten der Nichtinkorporierten"[304] mit. Im Jahre 1916 strebte der Dachverband eine Kartellgründung mit den übrigen Studentinnenorganisationen im Deutschen Reich an, wollte dabei jedoch seinen neutralen Charakter weitgehend gewahrt wissen und „nur in rein akademischen Fragen zusammengehen [...], da diese durch Hineintragen von politischen und religiösen Tendenzen, die der Verband verwirft, von ihm getrennt sind."[305] Ob es zu einer derartigen Kartellgründung kam, ist noch ungeklärt. Im Jahre 1926 trat der „Verband der Studentinnen-Vereine Deutschlands" dem neu gegründeten „Deutschen Akademikerinnenbund" bei[306].

b) Der „Deutsch-Akademische Frauenbund an der Universität Berlin" und seine Gründerin Ilse Szagunn-Tesch (1887-1971)

Gerade die bewußt gewahrte Neutralität des „V. St. D." führte offenbar im Jahre 1909 zur Gründung des „Deutsch-Akademischen Frauenbunds an der Universität Berlin" (D. A. F. B.) durch die Berliner Medizinstudentin Ilse Tesch. Als Vorbild diente der bereits im Jahre 1905 an der Universität Bonn gegründete Studentinnenverein „Deutsch-Akademischer Frauenbund Bonn". 1909 erfolgte die Gründung einer gleichgesinnten Studentinnenvereinigung an der Universität Münster sowie im Jahre 1912 an der Universität Göttingen[307]. Der „Deutsch-Akademische Frauenbund an der Universität Berlin" ging aus einem Interessenverband hervor, der sich noch vor der Erteilung des Immatrikulationsrechts zur faktischen Durchsetzung des Frauenstudiums auf allen Ebenen des universitären Lebens gebildet hatte[308]. Das Motto „Gedenke, daß Du eine *deutsche* Frau bist!"[309] wurde zum Wahlspruch der Vereinigung erhoben. Der Bund sollte all diejenigen Studentinnen zusammenschließen, die „auf deutsch-christlich nationaler Grundlage stehend, das ‚korporative' Leben in dem Sinne pflegten, daß sie nicht nur eine Interessenvertretung der Studentinnen, sondern vor allem auch eine Erziehungsgemeinschaft sein wollten"[310]. Die Satzung des „D. A. F. B." richtete seine Zielsetzung auf den

> „[…] Zusammenschluß aller Studentinnen deutscher Abstammung und deutscher Muttersprache, die nicht nur wissenschaftliche Ziele im Auge haben, sondern auch deutsche Frauen sein wollen, die sich ihrer nationalen Verantwortung voll bewußt sind. Der Bund will eine Lebensgemeinschaft sein. Dadurch ist auch korporative Einstellung begründet, die vor allem die strenge Erziehung der Jungmitglieder erstrebt. Daneben paßt sich der Bund teilweise den Gebräuchen innerhalb des studentischen Lebens an. So chargiert er bei allen für Studenten offiziellen Veranstaltungen […]."[311]

Jüdische Studentinnen waren von Anfang an von der Mitgliedschaft ausgeschlossen[312]. Sich als nach männlichem Muster organisierte Studentinnenkorporation verstehend, legte sich der „Deutsch-Akademische Frauenbund an der Universität Berlin" Wappen, schwarz-silberne Korporationsfarben, strenge Hierarchie und festen Riten zu, um die „organische Einordnung in den akademischen Staat"[313] zu erreichen und erklärte ausdrücklich den Willen zur Zusammenarbeit mit den männlichen Kommilitonen. Von den insgesamt vier im Jahre 1914 an der Friedrich-Wilhelms-Universität existierenden Studentinnenvereinigungen[314] konnte offenbar allein der „Deutsch-Akademische Frauenbund" auf ein Verbindungsheim zurückgreifen[315].

Am 4. und 5. Juni 1914 initiierte der „D. A. F. B." – bzw. dessen Gründerin Ilse Tesch – den Zusammenschluß mit gleichgesinnten Vereinigungen an den Universitäten Bonn, Münster und Göttingen zum „Deutschen Verband Akademischer Frauenvereine". Der Verband übernahm die Farben und den Wahlspruch des Berliner Frauenbundes und verpflichtete sich,

> „[…] das Deutschtum in den Kreisen der weiblichen Studentenschaft zu pflegen und den Willen zu beleben, dieses Deutschtum in In- und Ausland zu bekräftigen. Eine planmäßige Einführung nicht nur in das studentische Leben, sondern auch in nationale und soziale Fragen und in die Probleme der Frauenbewegung wird zu diesem Zweck den Verbandsvereinen zu Pflicht gemacht."[316]

An anderer Stelle heißt es:

„[…] besondere Beachtung […] wird dem deutschen Gedanken und der Erziehung zu bewußt nationaler Gesinnung gewidmet, und Anregungen für eine politische Schulung der Frau gegeben, um auch in dieser Hinsicht die akademische Jugend, ‚aus der einst den deutschen Frauen die geistigen Führerinnen erwachsen sollen‘, für die allgemeinen Aufgaben im späteren Beruf vorzubereiten."[317]

Im Juli 1914 erschien erstmals unter dem Titel „Akademische Frauenblätter" das Organ des „Deutschen Verbandes Akademischer Frauenvereine". Ebenso wie der „Verein studierender Frauen in Berlin" hielt der „Deutsch-Akademische Frauenbund an der Universität Berlin" enge Kontakte zu seinen in Bünden organisierten Altmitgliedern. Während des Ersten Weltkriegs arbeitete der „D. A. F. B." im „Akademischen Hilfsbund" zur Unterstützung kriegsgeschädigter Akademiker mit. Im November 1916 richtete man eine Petition bezüglich der Ausdehnung der Zivildienstpflicht auf Studentinnen an den Reichstag. Der Dachverband trat im Jahre 1920 dem neugegründeten „Deutschen Hochschulring" bei, welcher sich die „Wiederherstellung der Volksgemeinschaft, […] die Überbrückung des Klassenhasses und der Klassenverletzung"[318] auf völkisch-nationaler Grundlage zum Ziel gesetzt hatte. Im darauffolgenden Jahr wurden alle Mitgliedsvereine des Dachverbandes verpflichtet, sich den örtlichen Hochschulringen anzuschließen und an den Ämtern der Studentenschaft – und hier besonders am „Amt für Grenz- und Auslandsdeutschtum" – aktiv zu beteiligen. Doch auch das Engagement für die Gründung von Studentinnenheimen in verschiedenen Universitätsstädten wurde als „wichtige positive Aufgabe"[319] angesehen. Der „Deutsch-Akademische Frauenbund an der Berliner Universität" hatte sich seit seiner Gründung am 9. Februar 1909 ebenso wie der dazugehörige Dachverband als „politisch und religiös neutrale"[320] Korporation verstanden und dies auch in den folgenden Jahren wiederholt betont. Im Jahre 1926 verpflichteten sich die Studentinnen einem „arischen Prinzip"[321]. Im selben Jahr trat auch der „D. V. A. F." dem neu gegründeten „Deutschen Akademikerinnenbund" bei. Die Initiatorin des Zusammenschlusses im Dachverband und Gründerin des „Akademischen Frauenbundes an der Universität Berlin" Ilse Tesch wurde am 11. Mai 1926 auf der ersten ordentlichen Mitgliederversammlung des „Deutschen Akademikerinnenbundes" zur stellvertretenden Vorsitzenden gewählt[322].

An dieser Stelle soll kurz der Lebensweg und das berufs- und sozialpolitische Engagement der Berliner Medizinstudentin und Gründerin des „Deutsch-Akademischen Frauenbundes an der Universität Berlin" Ilse Tesch skizziert werden. Geboren am 16. September 1887 in Berlin, besuchte sie zunächst von 1896 bis 1902 die höhere Mädchenschule in Zehlendorf. Nach vierjähriger Vorbereitung an den Gymnasialkursen von Helene Lange bestand sie im September 1906 das Abitur am Kaiser-Friedrich-Realgymnasium in Berlin[323]. Das Medizinstudium begann Ilse Tesch im Wintersemester 1906/07 im Alter von 19 Jahren an der Berliner Friedrich-Wilhelms-Universität, an der sie – mit Ausnahme des zweiten vorklinischen Semesters, das sie in Heidelberg verbrachte – ihr gesamtes Studium wie auch die medizinischen Examina absolvierte. Am 21. Oktober 1913 promovierte sie bei dem Ordinarius für Kinderheilkunde Otto

Abb. 10: Ilse Szagunn (vierte von rechts) im Kreis von Mitgliedern des
Deutschen Akademikerinnenbundes in Berlin 1926.
Leo Baeck Institut New York, Yearbook 27 (1982).

Heubner mit einer Arbeit „Ueber hämorrhagische Nephritis bei tuberkulöser Meningitis"[324].

Ihre ärztliche Tätigkeit begann Ilse Szagunn – wie sie nach ihrer Eheschließung mit dem Juristen Walter Szagunn[325] kurz nach dem Abschluß ihrer Promotion hieß – im Jahre 1914 in einer Säuglingsfürsorge- und Mütterberatungsstelle in Charlottenburg, deren Leitung sie in den folgenden zehn Jahren innehatte. Zugleich arbeitete sie von 1914 bis 1927 als erste Schulfürsorgeärztin an den städtischen Lyzeen und Studienanstalten in Charlottenburg und war ab 1918 außerdem als erste nebenamtliche Berufsschulärztin in Deutschland angestellt[326]. Ilse Szagunns Engagement bei der Gründung des „Deutschen Verbandes Akademischer Frauenvereine" als Dachverband gleichgesinnter Studentinnenvereinigungen an den Universitäten des Deutschen Reiches im August 1914 fiel in die Zeit nach Abschluß ihres Studiums. Und auch in den folgenden Jahren engagierte sie sich neben ihrer ärztlichen Tätigkeit weiterhin in den verschiedensten Vereinigungen und in der Politik: Zwischen 1921 und 1933 war sie Mitglied im bevölkerungspolitischen Ausschuß sowie im „Ausschuß für Volksgesundheitspflege" des preußischen Landesgesundheitsrats[327]. Außerdem arbeitete sie als Redakteurin der „Vierteljahresschrift Deutscher Ärztinnen" und veröffentlichte in den folgenden Jahren zahlreiche Artikel und Aufsätze zu sozialmedizinischen und sozialhygienischen Fragestellungen. Am 11. Mai 1926 wurde Szagunn auf der ersten ordentlichen Mitgliederversammlung des neu gegründeten „Deutschen Akademikerinnenbundes" zur stellvertretenden Vorsitzenden gewählt[328]. Im Jahre 1927 saß sie im „Bund Deutscher Ärztinnen" (B. D. Ä.) im Ausschuß für Schulfragen und wurde als Delegierte zum Fachausschuß der Jugendverbände gesandt[329], im darauffolgenden Jahr wurde sie Mitglied des Jugendausschusses des „B. D. Ä."[330] und als Beisitzerin in den Vorstand der Berliner Ortsgruppe des Bundes gewählt[331]. Desweiteren saß sie im Kuratorium zur Errichtung des Studentinnentagesheims „Helene-Lange-Heim", das am 4. Mai 1928 in Berlin eröffnet wurde[332]. Sie arbeitete als Leiterin der „Evangelischen Ehe- und Familienberatungsstelle" in Berlin-Friedenau, die als konfessionelle Eheberatungsstelle – im Gegensatz zu den nichtkonfessionellen – auch nach der Machtergreifung der Nationalsozialisten bestehen blieb. Es ist zu vermuten, daß Szagunn das nationalsozialistische Regime begrüßte. Im Jahresbericht 1934 der Beratungsstelle schreibt sie:

> „Gerade bei unserer Arbeit spüren wir stark und dankbar den gewaltigen Umschwung in der Einstellung zu Ehe und Familie im nationalsozialistischen Staat. An die Stelle der Auflösung der Ehe, der Furcht vor dem Kinde, des schrankenlosen Sichauslebens setzt unser heutiger Staat wieder die Bindung und Verpflichtung der Ehe an die Volksgemeinschaft. Freudig arbeiten wir mit an diesem Dienst am Volk und Vaterland."[333].

Szagunn widmete sich in der Beratungsstelle unter anderem Fragen der „arischen Abstammung"[334], der Erbkrankheiten und der Sterilisation. 1941 übernahm sie die Schriftleitung der Zeitschrift „Die Ärztin", die ehemals vom „Bund Deutscher Ärztinnen" herausgegeben worden war und nach dessen Auflösung im Dezember 1936 zum Organ des im September 1937 bei der Reichsärztekammer eingerichteten Referats „Ärztinnen" wurde[335]. Über Ilse Szagunns weitere Tätigkeiten während des Nationalsozialismus sind bisher kaum Einzelheiten bekannt.

Nach Kriegsende eröffnete Ilse Szagunn eine Praxis in Lichterfelde, in der sie bis zu ihrem 80. Lebensjahr praktizierte[336]. Daneben setzte sie ihr berufspolitisches Engagement fort und initiierte die Neugründung des „Berliner Ärztinnenbundes", zu dessen erster Vorsitzenden sie im Januar 1951 gewählt wurde. Bei der Wiederbegründung der „Berliner Medizinischen Gesellschaft" im Jahre 1950 übernahm sie im Vorstand die Funktion der geschäftsführenden Schriftführerin. Auch dem „Deutschen Ärztinnenbund" stand sie in den 50er Jahren als erste Vorsitzende vor. Auf Grund ihres vielfältigen Engagements erhielt Ilse Szagunn im Jahre 1953 das Bundesverdienstkreuz am Bande. Anläßlich des hundertjährigen Bestehens der „Berliner Medizinischen Gesellschaft" wurde sie 1960 zu deren erstem weiblichen Ehrenmitglied ernannt[337].

Die verschiedenen Artikel über den Lebensweg und das Schaffen Ilse Szagunns, die anläßlich ihrer Geburtstage und Ehrungen veröffentlicht worden sind[338], stützen sich überwiegend auf den von ihr verfaßten autobiographischen Artikel, den sie im Jahre 1961 anläßlich ihrer Ernennung zum Ehrenmitglied der „Berliner Medizinischen Gesellschaft" veröffentlicht hatte[339]. Szagunns ursprüngliche politische Orientierung, die sich bereits mit der Gründung des „Deutsch-Akademischen Frauenbundes an der Universität Berlin" erkennen ließ und sich mit dem Engagement für die „Deutsche Volkspartei" in der Weimarer Republik fortsetzte[340], bleibt bei all diesen Darstellungen ebenso verschleiert, wie ihrer Tätigkeit als Ärztin in der Zeit des Nationalsozialismus bisher wenig öffentliche Aufmerksamkeit zuteil geworden ist. Weitere zukünftige Forschungen sollten ein umfassenderes Bild einer Ärztin, die politisch dem konservativ völkisch-nationalen Spektrum zuzurechnen ist, erhellen[341]. Dr. Ilse Szagunn starb am 10. März 1971 in Berlin.

c) Die „Katholische Deutsche Studentinnenverbindung Mechthild" und die „Deutsche Christliche Vereinigung Studierender Frauen"

Am 31. Januar 1913 wurde an der Berliner Universität die „Katholische Deutsche Studentinnenverbindung Mechthild" gegründet, die sich kurz darauf mit den drei übrigen in Deutschland existierenden katholischen Studentinnenvereinigungen zum „Verband der katholischen Studentinnenvereine Deutschlands" zusammenschloß[342]. „Religion, Wissenschaft und Freundschaft"[343] wurden zu den leitenden Prinzipien der katholischen Studentinnenverbindungen erhoben. Im Jahre 1922 wurde das Leitprinzip der „Freundschaft" durch jenes der „Gemeinschaft" im Wahlspruch ersetzt, um „zum Ausdruck zu bringen, daß nicht persönliche Freundschaft, wohl aber bewußte Bejahung und Pflege der objektiven Gemeinschaft mit allen"[344] erstrebt wurde. Die katholischen Studentinnen wollten „die Grundsätze, die innerhalb der Vereine unter den Verbandsangehörigen gepflegt werden, nach außen hin […] verwirklichen durch Vertretung der katholischen Sache im akademischen Leben und in der Frauenbewegung."[345] Bei der am 15. Mai 1913 in Kassel stattfindenden Gründungsversammlung des Dachverbandes wurde die Herausgabe eines eigenen Verbandsorgans beschlossen, welches im April

1914 unter dem Titel „Die Katholische Studentin" erstmals erschien. Während des Ersten Weltkriegs engagierten sich die einzelnen Mitgliedsvereine unter anderem beim „Akademischen Hilfsdienst" sowie auf dem „Kriegsfrauentag katholischer Organisationen Deutschlands"[346].

Im Sommersemester 1904 gründete die Medizinstudentin Elisabeth Krösing an der Universität Halle die „Deutsche Christliche Vereinigung Studierender Frauen"[347]. Zwar ist das Gründungsjahr der entsprechenden Gruppierung an der Berliner Universität bisher nicht bekannt, die Existenz eines Berliner „Kreises" kann jedoch für das Wintersemester 1913/14 nachgewiesen werden[348]. Die Vereinigung begriff sich als „interkonfessionell", „auf christlicher Basis"[349] stehend und suchte „Antwort auf alle Fragen, die studentisches Leben bewegen, im Wort Gottes, der Bibel und bekennt sich zu Jesus Christus als dem Herrn und Gott."[350]

Die Studentinnen organisierten sich in Form von „nichtkorporativen Kreisen"[351] und arbeiteten eng mit mit der „Deutschen Christlichen Studenten-Vereinigung" zusammen. Ab 1911 gab auch die „Deutsche Christliche Vereinigung Studierender Frauen" unter dem Titel „Nachrichten aus der christlichen Studentinnenbewegung" ein eigenes Verbandsorgan heraus[352].

d) Organisationsmöglichkeiten für russische Studentinnen an der Berliner Universität

Die teils heftig geführten Diskussionen über die Anwesenheit einer großen Zahl von Russinnen an schweizer und deutschen Universitäten, von denen viele an einer medizinischen Fakultät studierten, sind bereits ausführlich dargestellt worden. Dabei wurde auch auf die seit Beginn der Jahrhundertwende wachsende Ausländerfeindlichkeit an der Berliner Universität, die vor allem eine antisemitisch gefärbte Russenfeindlichkeit dokumentiert, eingegangen. Während offizielle Stellungnahmen seitens der deutschen Regierung die russischen Studentinnen gezielt der politischen Subversivität beschuldigten, bezogen sich die in der Öffentlichkeit geäußerten Anschuldigungen aus den Reihen der deutschen Studentinnen und der hinter ihnen stehenden Frauenbewegung ausschließlich auf eine für ein Universitätsstudium unzureichende Vorbildung der russischen Kommilitoninnen und deren mangelhafte Beherrschung der deutschen Sprache.

In den persönlichen Schilderungen derjenigen deutschen Frauen, die seit Anfang der 70er Jahre des 19. Jahrhunderts an schweizer Universitäten studierten, wird jedoch immer wieder ein reges Interesse der russischen Studentinnen an politischen Fragen und deren engagierte Tätigkeit für politische Organisationen erwähnt. Obwohl sie nach eigenen Angaben mit ihnen nicht näher in Berührung gekommen ist, erinnert sich Hermine Heusler-Edenhuizen sehr genau ihre russischen Kommilitoninnen des Wintersemesters 1898/99 an der Universität Zürich. Viele seien aus politischen Gründen aus Rußland ausgewiesen worden: „Kleine, untersetzte Menschen, die sehr viel und sehr erregt debattierten und teilweise recht nachlässig angezogen waren."[353] Auch Feiwel, der unter anderem die russisch-jüdische Studentenschaft an der Berliner Universität im Rahmen einer Enquête befragt hatte, bescheinigte im Jahre 1903 den russischen Studentinnen ein ausgeprägtes Interesse für Politik. Sie nähmen „an den brennendsten Fragen des Tages fieberhaften Anteil", wobei die Formen politischer oder nationaler Betätigung der deutschen Studierenden in den jeweiligen Vereinen nicht erreicht worden sei. Vielmehr bildeten die russischen Studierenden von ihnen selbst so bezeichnete „Kolonien" und „gravitierten mit ihren Interessen immer nach der Volksmasse ihres Geburtslandes. Studenten und Studentinnen sind fast durchwegs [sic!], politische Menschen'."[354]

Wie bereits Franziska Tiburtius eine bewußte Differenzierung ihrer russischen Kommilitoninnen in drei Kategorien vorgenommen hatte, so berichtet auch der damalige Privatdozent für Chemie an der Genfer Universität Chaim Weizmann über unterschiedliche Gruppierungen innerhalb der russischen Studentinnenschaft:

> „1900 in Genf war es [...], wo ich meine Frau kennenlernte. [...] Wie viele ihrer Generation war sie nach Genf gekommen, um Medizin zu studieren [...]. Doch die kleine Gruppe junger Mädchen, zu der Vera Chatzmann gehörte, unterschied sich auffallend von dem Gros jüdischer Studentinnen [...] in Aussehen, Benehmen und Lebensauffassung. Sie [...] beschäftigten sich weniger mit revolutionärer Politik. Nicht daß sie politisch indifferent gewesen wären, aber sie studierten eifriger und verschwendeten weniger Zeit in öffentlichen Versammlungen und endlosen Diskussionen, wie das der russische Durchschnittsstudent im Ausland so häufig tat. [...] Unter den Studenten wurden diese Mädchen scheel angesehen, weil sie nicht so waren wie die andern. Aber sie kümmerten sich wenig um [...] die Mißbilligung, die sie erregten, studierten eifrig und gründlich und ließen sich durch äußere Dinge nicht in ihrem Studium stören."[355]

Scapov konstatiert eine in der damaligen Zeit enge Verbundenheit der im Ausland studierenden russischen Jugend mit den sozialen und politischen Problemen ihres Landes. Dabei nimmt er an, daß diese sich am jeweiligen Studienort in der Regel denselben politischen Gruppen anschlossen, wie sie unter der Studentenschaft im Zarenreich vertreten waren. An westeuropäischen Universitäten versammelten sich jedoch überwiegend die demokratischen Elemente – vor allem also sozialdemokratisch und sozialrevolutionär eingestellte Studierende – da für die Kinder des Adels, des Großbürgertums, kapitalistischer Unternehmer und sogar des Mittelstandes im Zarenreich stets genügend Ausbildungsmöglichkeiten bestanden[356]. Die Einschätzung der politischen Zuordnung wird von Brachmann geteilt, wobei er jedoch die Ansicht vertritt, daß ein großer Teil der russischen Studierenden an westeuropäischen Universitäten nicht primär politische Emigranten gewesen seien, sondern sich oftmals erst während ihres Studium politischen Kreisen angeschlossen hätten[357]. Heindl hingegen nimmt für die russischen Studentinnen, die im damaligen Zeitraum an der Wiener Philosphischen Fakultät studierten, primär politische Motive für das Studium im Ausland an. Die – wenn man Brachmann folgt, auch für Berlin geltende – fehlende Namensnennung russischer Studentinnen in Polizeiberichten über Aktivitäten der russischen Studentenorganisationen und den Abschiebelisten der preußischen Regierung setzt sie mit zwei Dingen ursächlich in Verbindung: Zum einen war es Frauen in Österreich verboten, Mitglied eines politischen

Vereins zu sein, sodaß sie bei etwaiger Meinungsäußerung allenfalls als Sympathisantinnen registriert wurden. Zum anderen wertet Heindl die Abwesenheit weiblicher Namen in allen diesbezüglichen Quellen als Hinweis, daß jegliche Form von weiblicher Agitation illegal verlief und daher einer Überwachung erfolgreich entging[358]. Auch Brachmann ist der Ansicht, daß die Überwachung der russischen Studierenden durch die Berliner Polizeibehörden nicht ausgereicht habe, um die illegale Tätigkeit russischer Revolutionäre auch nur ansatzweise aufzudecken. Zugleich weist Brachmann auf die Beteiligung an der Berliner Universität immatrikulierter russischer Studentinnen an der politischen Arbeit der illegal operierenden Parteien hin: So seien Koffer heimreisender Studenten mit doppelten Böden versehen worden, um Propagandamaterial nach Rußland zu schmuggeln. Mit jeweils 300 bis 400 Zeitschriften gefütterte Westen der männlichen bzw. Röcke der weiblichen Studierenden seien als „Eilsendungen" über die Grenze transportiert worden[359].

Die weitreichenden Diskriminierungen der Juden im Zarenreich bezüglich ihres Zugangs zu höherer Bildung und die dort prinzipiell sehr eingeschränkten Ausbildungsmöglichkeiten für die große Zahl studierwilliger Frauen können jedoch auch als Argument für eine primär wissenschaftliche Motivation der russischen Medizinerinnen für das Auslandsstudium gewertet werden. Allein der mit der Promotion vollzogene Studienabschluß der 112 Russinnen an der Berliner Medizinischen Fakultät spricht für die Annahme, daß die Mehrzahl dieser Frauen ein ähnliches Verhältnis zur Politik oder dem Engagement in studentischen politischen Organisationen hatten und sich vornehmlich auf die universitäre Ausbildung konzentrierten, wie Chaim Weizmann dies für die sich allerdings in der Minderheit befindende Gruppe russisch-jüdischer Medizinstudentinnen an der Genfer Universität beschrieben hat. Auch Gemkow weist darauf hin, daß die immer wieder postulierte Assoziation zwischen Studentin und Revolutionärin auch in der heutigen Diskussion über die primäre Motivation der Russinnen für das Auslandsstudium umstritten ist. Er vermutet, daß zumindest ein Teil der aus Rußland stammenden bürgerlichen Frauen stärker an politischen Fragen interessiert war, als dies in damaliger Zeit bei Frauen anderer Länder üblich war. Dies – verbunden mit der Möglichkeit, durch ärztliche Tätigkeit an einer Veränderung der sozialen Realität in ihrem Heimatland mitzuwirken – kann als Erklärung dienen, weshalb derart viele und derart minderbemittelte russische Frauen den Mut und die Motivation für ein Auslandsstudium aufbrachten[360]. Es ist daher durchaus denkbar, daß bereits das bei russischen Studentinnen weiter verbreitete Interesse für Politik oder aktuelle Tagesgeschehnisse in Deutschland als ungewöhnlich empfunden wurde und dementsprechend auffiel. Aus einem derartigen Interesse ist jedoch nicht ohne weiteres zu folgern, daß die russischen Medizinstudentinnen an der Berliner Universität ihre Studien mit geringerer Ernsthaftigkeit betrieben als ihre deutschen Kommilitoninnen.

Der Frage nachgehend, ob das politische Interesse der russischen Studentinnen zu einem Engagement in studentischen Vereinigungen führte, sind zwei Möglichkeiten wahrscheinlich: Eine Beteiligung an einer der von deutschen Studentinnen ins Leben gerufenen Organisationen, wie sie für die Universität Zürich dokumentiert ist, oder der Anschluß an die von ihren männlichen Landsleuten gegründeten russischen Studentenvereinigungen. Für die ebenfalls denkbare Existenz einer russischen Studentinnenvereinigung an der Berliner Universität liegen bisher keine Anhaltspunkte vor.

Die Aufnahme russischer Studentinnen in einer deutschen Studentinnenvereinigung ist von der Gründerin des Heidelberger Vereins Rahel Straus in den ersten Jahren seines Bestehens beschrieben worden. Straus, die als erste Frau ab dem Sommersemester 1900 an der Heidelberger Medizinischen Fakultät studierte und dem dortigen Studentinnenverein vorsaß, erinnert sich an ein damaliges Mitglied,

> „[…] ein süß aussehendes jüdisch-russisches Mädchen. Sie verstand so wenig Deutsch, daß sie kaum einer Vorlesung folgen konnte. Sie war ein wilder Revolutionär, ihr A und O war: ‚Warum ermordet man den nicht?‘ ‚Warum wirft man da keine Bombe?‘ Sie fiel stark aus dem studentischen Rahmen, denn die meisten waren sehr ernsthaft arbeitende Frauen.“[361]

Für die an der Berliner Medizinischen Fakultät studierenden Russinnen ist theoretisch nur eine Mitgliedschaft in der „Vereinigung studierender Frauen in Berlin“ – die sich 1905 mit dem Heidelberger Verein im „Verband der Vereine studierender Frauen Deutschlands“ zusammenschloß – denkbar. Denn der im Jahre 1909 gegründete „Deutsch-Akademische Frauenbund an der Universität Berlin“ war ausschließlich deutschen Studentinnen vorbehalten, und die beiden christlich orientierten Studentinnenvereinigungen an der Berliner Universität kamen für die russischen Studentinnen ebenfalls kaum in Frage, war doch die überwiegende Mehrheit von ihnen mosaischen Glaubens. Doch im Gegensatz zu der Bereitschaft des Heidelberger Studentinnenvereins, zumindest bis 1905 auch russische Kommilitoninnen aufzunehmen[362], ist bisher nicht bekannt, ob sich auch die „Vereinigung studierender Frauen in Berlin“ russischen Kommilitoninnen eine Mitgliedschaft offerierte.

Für die Vermutung, daß sich die russischen Studentinnen in Berlin vorrangig den bestehenden studentischen Organisationen ihrer männlichen Landsleute angeschlossen haben, spricht auch die von Feiwel konstatierte Ghettobildung unter den russisch-jüdischen Studierenden an westeuropäischen Universitäten[363]. Über die an der Berliner Friedrich-Wilhelms-Universität zwischen 1896 und 1918 bestehenden verschiedenen russischen Studentenorganisationen soll im folgenden ein kurzer Überblick gegeben werden:

Nachdem sich der im April 1908 von russischen Studierenden an der Berliner Universität ins Leben gerufene „russisch-gesellige Klub“ auf Grund verschärften polizeilichen Reglements nach zehnmonatiger Existenz wieder aufgelöst hatte – und mit der Auflösung dieser Einrichtung auch die zweite der für russische Studierende an der Berliner Universität existierenden Lesehallen geschlossen worden war[364] – begann sich die russische Studentenschaft in Berlin erst ab 1910 unter den zunehmenden, nationalistisch geprägten Angriffen aus den Reihen der deutschen Studentenschaft erneut zu organisieren. Am 3. Januar 1911 wurde der „Verein jüdischer Studierender aus Rußland in Berlin“ gegründet mit dem Ziel, „die Geselligkeit unter seinen Mitglieder zu pflegen und deren materielle und akademische Interessen zu fördern“[365]. Im Jahre 1912 konstituierte sich der „Russische Verein für Rechtswissenschaft“ an der Berliner Universität, dessen weitere Zielsetzungen nicht bekannt sind. Gemeinsam mit der im Jahre 1908 gegründeten nationalistisch eingestellten, zarentreuen „Landsmannschaft russischer Studierender" existierten somit im Jahre 1912 drei verschiedene russische Studentenorganisationen in Berlin.

Auf Grund von Meinungsverschiedenheiten bezüglich der politischen Orientierung des „Vereins jüdischer Studierender aus Rußland in Berlin" – der sich bis dahin unter der russischen Studentenschaft vermutlich des größten Zulaufs erfreut hatte und im Wintersemester 1912/13 zum Zeitpunkt des Hallenser Klinizistenstreiks 256 aktive und 50 passive Mitglieder zählte[366] – kam es kurze Zeit später zur Spaltung: Am 15. April 1913 rief eine kleine Gruppierung den „Verein zionistischer Studenten aus Rußland – Hatchijah – in Berlin" ins Leben. Vier Wochen später erfolgte der Austritt einer größeren, demokratisch eingestellten Gruppe, die am 14. Mai 1913 den „Verein Studierender aus Rußland in Berlin zum ehrenden Gedenken an N. J. Pirogoff" gründete. Die Satzung des nach dem russischen Arzt Pirogoff benannten Vereins sah vor, „die Geselligkeit unter seinen Mitgliedern zu pflegen und deren akademische, materielle und wirtschaftliche Interessen zu fördern"[367]. Der neugegründete Verein zog offenbar einen großen Teil der russischen Studentenschaft an der Berliner Universität an, denn die ursprüngliche Zahl von etwa 40 Gründungsmitgliedern war binnen eines Jahres auf über 300 täglich anwesende Studierende gestiegen[368]. Die Attraktivität des Vereins war der Berliner Polizeibehörde nicht unbemerkt geblieben. Ein an den Universitätsrichter gesandter Polizeibericht vom 14. März 1914 bescheinigte dem „anfangs ziemlich harmlosen"[369] Verein nun eine politisch bedenkliche Tendenz – unter anderem, weil „die bekannte Sozialistin *Kollontay* [sic!]" im Januar 1914 einen Vortrag über „die Psychologie der neuen Frau"[370] gehalten hatte.

Da der Polizeibericht vom März 1914 ausdrücklich auf die Existenz von nur drei russischen Studentenvereinigungen an der Berliner Universität hinweist, ist zu vermuten, daß sich der "Verein zionistischer Studenten aus Rußland – Hatchijah – in Berlin" nach der Formierung des „Pirogoff-Vereins" wieder seinem Ursprungsverein angeschlossen hatte, der als „nunmehr rein zionistisch"[371] und daher als politisch unbedenklich galt. Der rein männliche Vorstand des „Vereins jüdischer Studierender aus Rußland in Berlin" setzte sich im März 1914 mit einer Ausnahme aus russischen Medizinstudenten zusammen. Der „Verein Studierender aus Rußland in Berlin zum ehrenden Gedenken an N. J. Pirogoff" wurde sogar ausschließlich von Medizinern russischer Nationalität geleitet[372].

Allein auf Grund der Dominanz der Medizinstudenten in den jeweiligen Vorständen kann vermutet werden, daß die Themen und Inhalte der beiden Gruppierungen innerhalb der russischen Studierenden an der Berliner Medizinischen Fakultät bekannt waren, diskutiert wurden und daß sich auch russische Studentinnen an diesen Diskussionen beteiligten, bzw. sich in einem dieser beiden Vereine engagierten.

e) Ablehnung und Akzeptanz der Studentinnenvereine

Bereits im Jahre 1899 erschien in Berlin unter dem Titel: „Das Corps *Schlamponia*. Eine Studentin-Geschichte aus dem 20. Jahrhundert."[373] ein mit vielfältigen farbigen Illustrationen versehenes Büchlein. Auf achtzig Seiten informieren Schüttelreime und

Karikaturen den Leser über das Verhalten von Studentinnen, die das Treiben männlicher Korpsstudenten nachahmen. Klischeehafte Abbildungen von ältlichen „Mannweibern", die den jungen „Füchsinnen" erfolglos corpsstudentisches Benehmen beizubringen suchen, sollen nicht nur durch die abgebildeten Witzfiguren, sondern auch durch die offenbar lächerlich anmutende Vorstellung, daß Frauen corpsstudentische Traditionen pflegen könnten, erheitern. Derartige Darstellungen, die die verschiedenen Organisationsformen von Frauen an der Universität zum Gegenstand von Witz und Karikatur machten, häuften sich in den folgenden Jahren[374].

Das Auftreten chargierter Studentinnen rief an der Berliner Friedrich-Wilhelms-Universität öffentlichen Protest hervor. So schrieb der Berliner Ordinarius für Geschichte Hans Delbrück, nachdem im Jahre 1910 Studentinnen an einem Fackelzug und studentischen Kommers an der Universität teilgenommen hatten:

> „Der deutsche Studentenkommers ist einzig durch seine Vereinigung von Ernst und Ausgelassenheit, Begeisterung und Betrunkenheit. Studentinnen, die ihn besuchen, verderben den Kommers, belästigen die Studenten und erniedrigen sich selbst."[375]

Auf einen Teil der Studentinnen übten korporativ strukturierte Vereinigungen durchaus einen gewissen Reiz aus. So zählte der 1914 ins Leben gerufene „Deutsche Verband Akademischer Frauenvereine" im Wintersemester 1915/16 bereits 180 Mitglieder[376]. Andererseits lehnten die Studentinnen diese Vereine auf Grund der korporativen Verbindungsform auch oftmals ab. So erinnert sich Elisabeth Flitner, die während des Ersten Weltkriegs an der Berliner Universität Jura und Nationalökonomie studierte, an ihren Kontakt mit dem „Deutsch-Akademischen Frauenbund an der Universität Berlin":

> „Wenige Tage nach der Immatrikulation bekam jeder Neuling schriftliche Einladungen von den studentischen Frauenverbindungen zur Teilnahme an einer Sitzung und zur Mitgliedschaft. Um mir ein Bild zu verschaffen, nahm ich mehrere Einladungen wahr. Man wurde in den üblichen Ablauf des Abends eingereiht und konnte Stil und Inhalt des Vereins kennenlernen. Am penetrantesten steht mir ein deutschnationaler Club vor Augen. Jede Teilnehmerin hatte ein Seidel Bier vor sich stehen, die Chargierten trugen bunte Mützen und Schärpen; es wurde ‚Salamander reiben' kommandiert und patriotisch gesungen – eine groteske Kopie der männlichen Verbindungen [...]."[377]

Doch nicht nur die Nachahmung des männlichen Korporationswesens, wie sie der „Deutsch-Akademische Frauenbund an der Universität Berlin" betrieb, stieß bei den Studentinnen auf Kritik. Offenbar war ohnehin nur ein kleiner Teil von ihnen bereit, in Vereinigungen aktiv zu werden. Die Schätzungen liegen, wie noch genauer dargelegt wird, bei etwa einem Fünftel. Die Werbeversuche der Vereine weisen auf einige der Gründe für die Zurückhaltung der Studentinnen gegenüber den bestehenden Organisationen hin:

> „Neben der Arbeit spielt auf der Universität der gesellige Verkehr der Studierenden untereinander eine große Rolle. Im allgemeinen treten Medizinerinnen dem Studen-

Das Verhältniß.

Es denkt das Fräulein Studioss
Im Punkt der Liebe etwas lose. —
Je nach Bedarf, so dann und wann,
Legt sie sich ein Verhältniß an,
Das sie nach Kräften dann poussirt
Und Sonntags mal zum Tanze führt.
Doch irrt man immer, wenn man glaubt,
Daß sie es ernst nimmt überhaupt,
Gewöhnlich bald nach dem Examen,

Dann heißt es: „So, nun Schluß und Amen,
Mein lieber Karl, es thut mir leid,
Du warst zwar meine einz'ge Freud',
Dein Schluchzen, Kind, es thut mich rühren,
Doch jetzt muß ich mich ‚arrangiren'."

Abb. 11: Karikatur: „Das Verhältnis" aus: „Das Corps *Schlamponia*".
Eine Studentin-Geschichte aus dem 20. Jahrhundert von Max Brinkmann.
Berlin 1899. Neudruck (=edition studentica) Göttingen 1981, S. 43.

tinnenverein verhältnismäßig oft nicht bei. Das sollten sie aber doch tun. Gerade für sie ist es wichtig, mit Kommilitoninnen aus den anderen Fakultäten zusammen-zukommen, und sich über Dinge zu unterhalten, die aus ihrem gewöhnlichen Ge-dankenkreis herausgehen."[378]

Selbst das Engagement derjenigen Studentinnen, die Mitglied in einer Vereinigung geworden waren, ließ offenbar häufig zu wünschen übrig. So informierte ein Semester-bericht der „Freien Vereinigung Berliner Studentinnen" aus dem Sommer 1914:

> „Im Sommersemester wurden vier ordentliche Mitgliederversammlungen abge-halten. In diesen galt es besonders, die Schwierigkeiten, die sich nun einmal in der Großstadt für einen Studentinnenverein ergeben, zu überwinden. Die großen Ent-fernungen, zahlreiche gute Vorträge, Theater und Konzerte, schließlich der hier nicht wie an der kleinen Universität so sehr schwierige Anschluß an Gleichgesinnte [...] veranlassen die Studentinnen stets mehr den wenn auch geringen, so doch im-merhin bestehenden Zwang des Vereins zu fliehen. Diesen inneren Widerstand su-chen wir durch einen engeren Zusammenschluß unserer Mitglieder zu brechen".[379]

Als Resultat gab die „Freie Vereinigung Berliner Studentinnen" in der darauffolgenden Ausgabe der Verbandszeitschrift dann bekannt, daß alle Mitglieder zum Besuch der Mitgliedsversammlungen verpflichtet seien: „Ein Nichterscheinen ohne vorherige Ent-schuldigung mit Angabe der Verhinderungsursache berechtigt den Vorstand zur Ein-ziehung von 50 Pf. Strafgeld."[380]

Die Frage, wieviele der Berliner Medizinstudentinnen sich mehr oder weniger aktiv in einem Studentinnenverein engagiert haben, kann an dieser Stelle nur ansatzweise be-antwortet werden, da im Rahmen dieser Arbeit einzig das Vereinsorgan des „Vereins stu-dierender Frauen Berlin"/„Freie Vereinigung Berliner Studentinnen" ausgewertet wer-den konnte. Hier zeigten einige Berliner Medizinerinnen besonderes Engagement: Die Berliner Medizinstudentin Martha Ochwat wurde als Mitglied des Berliner Regional-vereins im Sommersemester 1912 zur 1. Schriftführerin des „Verbandes der Studentin-nenvereine Deutschlands" gewählt und somit als Vorstandsmitglied im Dachverband aktiv. Sie übte dieses Amt bis zum Ende des Sommersemester 1915 aus[381]. Die Medizin-studentin Gertrud Neuländer übernahm im Sommer 1912 die Ferienvertretung der „Freien Vereinigung Berliner Studentinnen"[382]. Die Medizinerin Charlotte Grundmann wurde im Wintersemester 1912/13 Schatzmeisterin der Berliner Vereinigung[383] und die Medizinstudentin Getrud Pincsohn vertrat im selben Semester als Delegierte des Ver-eins die „Freie Studentenschaft" bei der Tagung des „Zentralverbandes für die Interessen der höheren Frauenbildung"[384]. Im Wintersemester 1914/15 wurden vier von fünf Vorstandsposten der „Freien Vereinigung Berliner Studentinnen" von Medizinerinnen eingenommen[385]. Unter den 22 ordentlichen Mitgliedern dieses Semesters befanden sich acht Medizinerinnen[386], unter den acht Altmitgliedern des Berliner Vereins waren drei Ärztinnen[387]. Die Mitgliederzahlen der „Freien Vereinigung Berliner Studentinnen" schwankten in den folgenden Jahren pro Semester etwa zwischen 30 und 50 aktiven Mitgliedern, wobei die Zahl in den Sommersemestern üblicherweise leicht abnahm[388].

Abb. 12: Berliner Studentinnen auf dem Weg zur Rektoratsübergabe 1920.
Ullstein Bilderdienst, Berlin.

Analog des Anstiegs der Gesamtstudentinnenzahlen war auch die Tendenz in der Mitgliederzahl der Vereine positiv: So umfaßte im Wintersemester 1916/17 der „Verein Studierender Frauen Berlin 1908" – wie er nun wieder hieß – neben den fünf Vorstandsmitgliedern bereits 60 ordentliche, elf auswärtige, vierzehn Altmitglieder, einen sogenannten Verkehrsgast sowie ein Ehrenmitglied. Unter den ordentlichen Mitgliedern befanden sich sechzehn Medizinstudentinnen. Von den elf auswärtigen Mitgliedern waren drei an einer Medizinischen Fakultät eingeschrieben, unter den vierzehn Altmitgliedern befanden sich vier Ärztinnen [389].

Von den 74 Doktorandinnen deutscher Nationalität, die zwischen 1905 und 1918 an der Berliner Medizinischen Fakultät promovierten, waren nachweislich mindestens sechzehn im Laufe ihres Studiums in einem der im „Verband der Studentinnen-Vereine Deutschlands" zusammengeschlossenen Regionalvereine organisiert [390]. Da die Mitgliederlisten der übrigen Berliner Studentinnenvereinigungen nicht vorliegen, kann eine gleichartige Aufstellung für diese nicht vorgenommen werden. Es ist jedoch zu vermuten, daß neben Ilse Tesch noch weitere Berliner Doktorandinnen der Medizin während ihres Studiums dem „Deutsch-Akademischen Frauenbund" angehörten. Gleiches gilt für die beiden christlichen Studentinnenvereinigung. Stücklen gibt an, es sei etwa ein Fünftel aller deutschen, im Wintersemester 1913/14 an der Berliner Friedrich-Wilhelms-Universität immatrikulierten Studentinnen während des Studiums in einem Studentinnenverein organisiert gewesen [391]. Huerkamp hat allerdings vor kurzem anhand eigener Berechnungen nachgewiesen, daß innerhalb der Gesamtstudentinnenschaft des Deutschen Reiches der Organisationsgrad zwischen 15 und 20% lag, von den Studentinnen des Wintersemesters 1912/13 an der Berliner Universität jedoch nicht einmal 6% in einem Studentinnenverein organisiert waren [392].

Ob dieses Engagement vornehmlich politisch motiviert war oder – wie Clephas und Krallmann meinen – vielmehr als Kompensation zum Universitätsalltag und als Suche nach persönlichen Beziehungen zwischen den Studentinnen verstanden werden sollte [393], muß an dieser Stelle offen bleiben. Skeptisch wird heute auch die Bedeutung des Vereinswesens für die Studentinnen beurteilt. Benker und Störmer sind der Ansicht, daß sich die soziale Integration der Studentinnen überwiegend mit Hilfe individueller Beziehungen und informeller Gruppen vollzog. Dies begründen sie damit, daß gerade die an männlich geprägten Korporationen orientierten Studentinnenverbindungen für die Mehrheit der studierenden Frauen keine in das Hochschulleben einbindende Funktion erfüllte, da die Strukturprinzipien und Werte der Korporationen nicht den Interessen und Bedürfnissen der Studentinnen entsprochen hätten [394].

V. DAS SELBSTVERSTÄNDNIS
UND DIE FREMDWAHRNEHMUNG
DER STUDENTINNEN

In den Diskussionen um die Zulassung der Frauen zu den Universitäten hatten sich die Gegner des Frauenstudiums auf Argumente psychologischen, biologischen und historischen Inhalts gestützt. Der Hinweis, daß Frauen zu keiner Zeit bedeutsame wissenschaftliche Leistungen erbracht hätten, die postulierte Abweichung der intellektuellen, emotionalen und körperlichen Eigenschaften des weiblichen Geschlechts von der männlichen Norm sowie die Reduzierung der Frauen zu Geschlechts- und Gattungswesen, deren wahre Bestimmung im Dasein als Ehefrau und Mutter liege, sollten sowohl Universitätsstudium als auch akademische Berufsausübung von Frauen undenkbar scheinen lassen. All diejenigen Frauen, die entgegen einer derartigen Vorstellung das Studium mit Erfolg absolvierten, stimmten demnach nicht mit dem vorherrschenden Verständnis von Weiblichkeit überein. Sie wurden gewarnt, daß sie durch das Studieren den Verlust ihrer weiblichen Eigenschaften riskierten und zum „Blaustrumpf" degenerierten. Derartige Imaginationen fanden bereits Verbreitung, bevor die erste Frau in den späten 60er Jahren des 19. Jahrhunderts die Züricher Universität betreten hatte. So schrieb Bogumil Goltz im Jahre 1859:

> „Ein Weib mit dem kritischen Verstande eines Mannes, ein Weib, das an allen Dingen das Fragliche, Zweideutige oder Richtige herausstellt, ist eine Monstrosität. –
> Man muß Blaustrümpfe gesehen haben, um zu wissen, daß sie fatal ohne directes Verschulden, daß sie schon um deswillen unerträglich sind, weil sie zu viel Selbst-Gefühl haben, weil sie […] jeder Naivität, jeder geschlechtlichen Illumination unzugänglich sind […]."[1]

Die Frauenrechtlerin Hedwig Dohm faßte im Jahre 1874 die zeitgenössische Reaktion auf die Existenz studierender Frauen anschaulich zusammen:

> „Mit dem Begriff einer […] denkenden und wissenden Frau verbindet man gern die Vorstellung von harten Zügen, einer langen Nase, Stiefeln mit Randsohlen, Charakterkanten und einer, wenn auch unverschuldeten, so doch unerfreulichen Aeltlichkeit. Besonders phantasiereiche männliche Gemüther neigen auch zur Annahme eines kleinen Schnauzbartes und einer Rabenstimme."[2]

Derartige Phantasiebilder über Wesen und Eigenart der studierenden Frau wurden im Laufe der Jahre – und vor allem, nachdem die ersten Gasthörerinnen die Universitäten des Kaiserreichs betreten hatten – konkreter. Im Jahre 1902 klärte die „Deutsche Zeitung" ihre Leserschaft über das Phänomen der Berliner Studentin auf[3]. Nun spielte der aller weiblichen Reize entkleidete Blaustrumpf eine bereits eher untergeordnete Rolle. Kritik bzw. Vorurteil richteten sich stattdessen vornehmlich auf angeblich mangelnde Befähigung und unzureichende Ernsthaftigkeit der Studentinnen, die in fünf verschiedene Kategorien unterschieden wurden:

Das „moderne Weib"[4], auffallend schlank, trüge das Haar in der Mitte gescheitelt und bis über die Ohren frisiert, damit es nicht alles hören müsse, was um es herum gesprochen werde. Diese Studentin habe zwar energische Gesichtszüge, doch in ihren Augen lauere „etwas Männerwerbendes"[5], weshalb sie auch die Vorlesungen von Privatdozenten und jüngeren Lehrern – in der Hoffnung, einen geeigneten Heiratskandidaten zu finden – bevorzuge. Ihre männlichen Kommilitonen hingegen befinde sie nur äußerst selten einer Unterhaltung wert.

„Die Literatin"[6] komme zur Universität, weil alle Zeitungen die von ihr verfaßten Romane und Feuilletons ablehnten. Einfach angezogen und nicht bemüht, die männlichen Studierenden zu beeindrucken, zeige sie sich allerdings erfreut, wenn dies doch geschehe. Prinzipiell sei sie durchaus sympathisch, da sie wirklich lernen wolle. Die „Literatin" sitze stets in der ersten Reihe, schreibe peinlich genau jedes Wort mit und sauge die Wissenschaft auf „wie ein trockener Schwamm"[7]. Da sich ihre Artikel qualitativ jedoch in keiner Weise verbesserten und auch weiterhin überall abgelehnt würden, lasse ihre Begeisterung für das Studium schnell nach. Im dritten Semester sei sie meist von der Universität verschwunden.

Die „Kommilitonin aus Liebhaberei"[8] gehe in das Kolleg wie in das Theater oder Konzert, weil es zum guten Ton gehöre und sie auch sonst nichts Besseres zu tun habe. Sie höre philosophische Vorlesungen ausschließlich bei berühmten Professoren, müsse aber sehr schnell feststellen, daß das Quellenstudium ihr Kopfweh, Übelkeit und Langeweile bereite. Sehr elegant gekleidet wundere sie sich, daß die männlichen Studierenden keinerlei Notiz von ihr nähmen. Daraufhin lasse die Sorgfalt ihrer Kleidung schnell nach. Bald erscheine sie nur noch an der Universität, wenn sie sich zufällig in der Gegend befinde, und bliebe schließlich ganz verschwunden.

· Die vierte Kategorie – die „Lehrerin"[9] – sei die sympathischste, weil bescheidenste aller Berliner Studentinnen. Sie benötige das Studium zum Broterwerb und strebe das Oberlehrerinnenexamen an. Da sie jedoch unfähig sei, Schwerpunkte zu setzen, belege sie die Vorlesungen wahllos, um schließlich „rührend bescheiden"[10] einzugestehen, daß sie nichts begreife. Auf Grund unendlich harter Arbeit bleibe zwar irgendwann etwas in ihrem Kopf hängen, wofür sie allerdings einen schweren Preis bezahle: Aus einem einst „schmucken kleinen Mädchen"[11] werde eine frühzeitig gealterte, blasse, hagere und faltige Frau in wenig sorgfältiger Kleidung.

„Die Frauenrechtlerin"[12] als fünfter und letzter Typus sei ausgesucht schlecht grau oder schwarz gekleidet. Das strenge, ältliche Gesicht wirke durch das kurzgeschorene Haar, den „linksseitigen Militärscheitel"[13] und den Kneifer männlich. Ausgesprochen arbeitsam – da sie unbedingt Gleiches wie die männlichen Studierenden leisten wolle – strebe sie selbstverständlich die Promotion an und sei ebenso selbstverständlich Mitglied eines Fachvereins und der akademischen Lesehalle. Auf Grund ihrer gymnasialen Vorbildung fühle sich die „Frauenrechtlerin" gegenüber allen anderen Studentinnen erhaben, grüße diese äußerst herablassend und suche prinzipiell eher Kontakt zu den männlichen Kommilitonen.

Für jede der karikierten Verhaltensweisen dürfte es das eine oder andere reale Exempel gegeben haben. Heusler-Edenhuizen beschreibt ihre Studienkollegin Elisabeth

Cords[14] als eine „sehr herbe" Frau, die sich mit kurzgeschnittenen Haaren und „gut fußfreien" schwarzen Kleidern für damalige Verhältnisse „männlich" anzog. Deshalb sei ihr oft nachgerufen worden: „Ist das ein Mann oder eine Frau?"[15] In Edenhuizens Schilderung klingt zugleich an, daß sie trotz persönlicher Sympathie das Erscheinungsbild ihrer Kollegin ebenfalls befremdend fand, diese eher aus Solidarität verteidigte und das eigene Aussehen bewußt anders gestaltete. Der Autor des eingangs referierten Artikels zählte Frauen mit einem äußeren Erscheinungsbild wie jenem von Dr. Cords vermutlich zum Typus der „Frauenrechtlerin". Seine Karikaturen verdeutlichen, daß die Vorstellung von einer ernsthaft studierenden Frau deren Weiblichkeit ausschloß: Galten die Studentinnen als modisch gekleidet, kokett oder naiv schwärmend, dann wurde ihnen die Ernsthaftigkeit ihres Anliegens an der Universität abgesprochen. Traten sie jedoch engagiert, fleißig und zielstrebig auf, drohte ihnen angeblich trauriges Verblühen in kürzester Zeit, wenn sie nicht von vorne herein als geschlechtslos oder geschlechtlich „entartet" wahrgenommen wurden[16]. Der Berliner Medizinhistoriker Julius Pagel bot in seinem Lehrbuch ein anschauliches Beispiel für letztere Variante:

„Bei dem unvermeidlichen Anblick der Frauengestalten erinnert man sich unwillkürlich an diejenigen Abschnitte in den gerichtlich-medizinischen Lehrbüchern, in denen von Homosexualität die Rede ist. Man denkt an ‚animae masculinae in corpore muliebri', an geistige Zwitterwesen und beklagt die alma mater, [...] daß sie nunmehr auch ihrer natürlichen Bestimmung entfremdete Wesen in ihrem Schoße dulden soll, Wesen, deren ‚physiologischer Schwachsinn' [...] sie gewiß so wenig für die Rolle einer geistigen wie die einer körperlichen Amazone geeignet macht."[17]

Bertha von Suttner hatte unter dem Pseudonym „Jemand" das Dilemma der diskrimierenden Fremdwahrnehmung studierender Frauen bereits 1889 beschrieben und auch auf den Bestrafungscharakter derartiger Wahrnehmungsschemata hingewiesen:

„[...] wenn eine Frau Toilettenkünste verschmähte, unbequemen Moden sich nicht fügte, das Haar kurz scheren ließ, so wurde sie als ‚unweiblich' aus der Ordnung echter Frauen gestrichen und die schreckliche Drohung über sie verhängt, daß sie ‚keinen Mann finden werde' – eine Strafe, die übrigens gern auf alle Befreiungsversuche der Frauen – auch auf die geistigen – gesetzt wurde. Alles, was die Frauen an Selbständigkeit gewannen, sollten sie an anziehendem Reiz verlieren, hieß es in den von konservativer Seite vorgebrachten Warnungsregeln."[18]

Tichy hat dargelegt, daß das Auftauchen der ersten Studentinnen das im 19. Jahrhundert herrschende Männer- und Frauenideal in seinen Grundsätzen in Frage stellte und nicht nur den Weiblichkeitsmythos der bürgerlichen Kultur, sondern auch damit verbundene Denk- und Wahrnehmungsmuster bedrohte: Ein Weiblichkeitskonzept, das die geistige und körperliche Unfähigkeit der Frau zur Intellektualität zur Regel erhob, hatte quasi zwangsläufig eine Kategorisierung der Studentinnen als Ausnahme zur Folge. Diese Kategorisierung vollzog sich auf zweierlei Art: Zum einen mit Hilfe einer Entartungstheorie, zum anderen mit der nur auf den ersten Blick wertfrei erscheinenden Theorie über die Bisexualität studierender Frauen. Galt eine Frau mit intellektuellen, nur dem männlichen Geschlecht quasi von Geburt an zugesprochenen Fähigkeiten nicht per se als entartet, so wurde sie als Zwitterwesen oder sexuelle Zwischenform eingestuft. Beide Kategorisierungen forderten die Geschlechtlichkeit der Frau als Preis für ihre individuelle Entwicklung und entschärften so „deren mögliche Subversivität"[19]. Damit standen die Studentinnen zwischen dem postulierten Gegensatz von „Weiblichkeit" auf der einen und Wissenschaft, Bewußtsein oder Charakter auf der anderen Seite. Die Überschreitung der den Frauen zugewiesenen Geschlechtsrolle mußte demnach zwangsläufig in einer Identitätskrise der Studentinnen münden. Durch die Ideologie der Geschlechtercharaktere war Geschlechtlichkeit in der bürgerlichen Kultur zu einem „unsicheren Zustand" geworden. „Weiblichkeit" mußte immer wieder von Neuem errungen werden und konnte jederzeit durch Verletzung einer unausgesprochenen Verhaltensmaßregel verloren werden[20]. Das Image der studierenden Frau gestaltete sich dementsprechend als eine Gratwanderung zwischen den kategorischen Extremen. Angesichts dieser Situation ist es schwierig, ein Bild der Studentinnen in der Frühzeit des Frauenstudiums zu gewinnen, denn die zeitgenössischen Quellen reflektieren – unabhängig, ob aus männlicher oder weiblicher Sicht geschrieben – die zur damaligen Zeit bestehenden Vorurteile gegen die studierende Frau. Außerdem ist anzunehmen, daß Auftreten und Benehmen der Studentinnen je nach ihrem Alter, ihrer Studienmotivation und den zu überwindenden Schwierigkeiten unterschiedlich ausfielen.

1. Zur Heterogenität der Berliner Medizinstudentinnen – Das Altersspektrum

In den ersten Dekaden nach der Zulassung der Frauen zur Berliner Universität dürften die Medizinstudentinnen wohl kaum als einheitliche Gruppe zu beschreiben sein. Zu unterschiedlich war ihre Zusammensetzung nach Alter, Vorbildung und sozialem Status. Dies fällt besonders bei den in den Jahren 1896 bis 1900 als Gaststudentinnen zugelassenen Frauen auf und setzt sich auch noch abgeschwächt bei den bis 1908 studierenden Hospitantinnen fort. Selbst die Jahrgänge 1908 bis 1918, bei denen die Abiturientinnen überwogen und die Zulassung zur Immatrikulation keine Umwege mehr erforderlich machte, bieten bei weitem noch kein einheitliches Bild.

Von einer insgesamt kleinen Anzahl von 21 Hospitantinnen, die bis einschließlich des Sommersemester 1900 für ein oder mehrere Semester an der Berliner Fakultät studierten, waren sieben – also immerhin ein Drittel – über 30, drei davon sogar über 40 Jahre alt. Bei knapp der Hälfte der übrigen Gasthörerinnen lag das Alter bei Eintritt in die Berliner Universität zwischen 25 und 30 Jahren, nur fünf waren jünger als 25. Bezüglich der Altersverteilung dieser ersten Generation von Medizinstudentinnen an der Berliner Fakultät bilden die in ihrem ersten Studiensemester 53jährige Lehrerin Anna Hutze und die 19jährige Abiturientin Lilly Wedell die beiden Extrempunkte[21]. Von den fünf Gasthörerinnen, die das 25. Lebensjahr noch nicht überschritten hatten, hatten drei vor Studienbeginn das deutsche Abitur abgelegt, eine bereits an der Universität Paris den medizinischen Doktortitel erworben und eine zuvor ausschließlich eine höhere Töchterschule besucht. Unter den neun 25- bis 30jährigen Gasthörerinnen waren vier im Besitz des deutschen, drei im Besitz des schweizer Abiturs und zwei hatten das Lehrerinnenexamen asolviert. Von den sieben über 30jährigen Hospitantinnen studierten zwei auf Grund einer schweizer Reifeprüfung, zwei auf Grund des Lehrerinnenexamens. Eine hatte sowohl das Lehrerinnenexamen als auch das deutsche Abitur vorzuweisen, zwei weitere hatten bereits an einer schweizer Medizinischen Fakultät promoviert. Von den insgesamt 21 Gasthörerinnen waren vier bei Studienbeginn verheiratet und eine verwitwet[22]. Mindestens drei der übrigen sechzehn Medizinerinnen gingen zu einem späteren Zeitpunkt eine Ehe ein[23].

Da die Zulassung zur Medizinischen Fakultät für Hospitantinnen keine Reifeprüfung voraussetzte, ist die in den ersten Jahren noch sehr bunte Zusammensetzung der Berliner Medizinstudentinnenschaft nicht weiter verwunderlich, zumal für Frauen zunächst noch keine Perspektive bestand, das Studium mit dem medizinischen Staatsexamen abzuschließen. Dies änderte sich mit dem Bundesratsbeschluß vom April 1899, der das Abitur für die Zulassung zu Physikum und Staatsexamen voraussetzte. Vor der Jahrhundertwende standen mit dem Mädchengymnasium in Karlsruhe und den Gymnasialkursen von Helene Lange in Berlin studierwilligen Frauen nur zwei Einrichtungen offen, die diese gezielt auf das Abitur vorbereiteten. Rahel Straus, die im Alter von 13 Jahren in das Karlsruher Mädchengymnasium eintrat, beschreibt die damalige Situation folgendermaßen: Der erste Jahrgang setzte sich aus 28 Schülerinnen zusammen, eine

„[…] sonderbar zusammengewürfelte Gesellschaft […]. Die jüngsten waren zwölf Jahre – das waren vier Mädchen aus den verschiedensten Kreisen mit der verschiedensten Vorbildung. Dann kam ich und noch eine mit dreizehn Jahren, dann sechzehn-, neunzehn- und zweiundzwanzigjährige; ja, eine Frau von zweiunddreißig saß mit uns auf der Schulbank. […] Allerdings war am Ende des ersten Schuljahres unsere Klasse gewaltig zusammengeschmolzen. Die Zwölfjährigen – bis auf eine – waren verschwunden, ebenso alles, was über zwanzig Jahre war. Die Klasse war dadurch viel einheitlicher geworden. Aber die nächste Klasse, die doch naturgemäß hätte nachrücken sollen, wurde nur von acht bis zehn norddeutschen Mädchen besucht. […] Und diese jungen Mädchen, weit vom Elternhaus – noch bestand kein Internat zur Aufnahme solcher Kinder –, versagten so gründlich, daß am Ende des zweiten Jahres die Klasse aufgelöst wurde; und für die neue erste Klasse meldeten sich überhaupt keine Schülerinnen mehr. […] Dann kam die Oberprima. […] unsere Klasse, die auf vier Schülerinnen zusammengeschmolzen war, durfte nicht schlecht abschneiden in dem ersten regulären Abitur, das am ersten deutschen Mädchengymnasium abgelegt werden sollte […]. Meine Freundin Hanna Kappes und ich, wir wollten Mediziner werden. Die dritte Mitschülerin wollte Apothekerin werden, und die vierte hatte ein so mäßiges Examen gemacht, daß man ihr das Abgangszeugnis nur gab, nachdem sie versprochen hatte, es nicht als Unterlage für ein Universitätsstudium zu betrachten. Man wollte es vermeiden, nach so langen Jahren eine von den vier ersten Schülerinnen durchfallen zu lassen."[24]

Das verzögerte Auftauchen von Abiturientinnen an deutschen Universitäten ist demnach nachvollziehbar. Doch bereits im Laufe der ersten Jahre des 20. Jahrhunderts stieg die Zahl der Abiturientinnen an den Medizinischen Fakultäten des Deutschen Reiches beträchtlich an: Am Karlsruher Mädchengymnasiums folgten den ersten vier Abiturientinnen aus dem Jahr 1899 zwischen 1901 und 1906 weitere 57 Frauen. Annähernd die Hälfte der insgesamt 61 Abiturientinnen studierte Medizin, allein von den fünfzehn Abiturientinnen der ersten drei Jahrgänge entschieden sich elf für den ärztlichen Beruf[25]. An den von Helene Lange im Jahre 1893 in Berlin eingerichteten Gymnasialkursen für Frauen legten zwischen 1896 und 1906 insgesamt 111 Absolventinnen die deutsche Reifeprüfung ab. Von diesen entschieden sich 51 für das Medizinstudium[26].

Im Wintersemester 1904/05 studierten insgesamt 26 deutsche Hospitantinnen an der Berliner Medizinischen Fakultät: Von diesen hatten 16 vor Studienbeginn das Abitur abgelegt[27], eine weitere war zum Abitur an einem Berliner Gymnasium angemeldet und nach vorgelegten Professorenzeugnissen ausreichend auf die Reifeprüfung vorbereitet. Zehn der sechzehn Abiturientinnen waren jünger als 25 Jahre, die sechs übrigen hatten das 30. Lebensjahr noch nicht erreicht. Diese 25- bis 30 jährigen Abiturientinnen waren über Umwege zum Abitur gelangt. Die Hälfte von ihnen hatte außerdem vor Studienbeginn ein Lehrerinnenexamen absolviert und zeitweilig in diesem Beruf gearbeitet[28]. Drei weitere Studentinnen – unter ihnen die nun 43jährige Elise Taube, die in diesem Semester an ihrer Promotion arbeitete – hatten sich zwecks „Fortbildung" eingeschrieben, da sie das Medizinstudium bereits an einer anderen Universität abgeschlossen hatten[29]. Von den verbleibenden sechs Hospitantinnen studierten fünf auf Grund eines Lehrerinnenexamens, eine war Krankenschwester. Mit einer Ausnahme befanden sich diese sechs Gasthörerinnen kurz vor dem 30. Lebensjahr oder hatten dieses sogar weit überschritten[30].

Am Vergleich dieser beiden Gruppen wird deutlich, daß – parallel zur wachsenden Etablierung gymnasialer Ausbildungsmöglichkeiten für Frauen im Kaiserreich – sich der Anteil der Medizinerinnen, die auf Grund der Reifeprüfung studierten, in wenigen Jahren fast verdreifachte. Lag der Anteil der Abiturientinnen bei der Gruppe derjenigen, die bis einschließlich des Sommersemester 1900 an der Berliner Medizinischen Fakultät studiert hatten, bei annähernd 30%, so verzeichnete die deutsche Medizinstudentinnenschaft des Wintersemester 1904/05 bereits fast 80% Abiturientinnen. Dementsprechend sank der Altersdurchschnitt der Hospitantinnen an der Berliner Fakultät bereits innerhalb der ersten zehn Jahre des Frauenstudiums deutlich. Dabei trug die Tatsache, daß inzwischen immer mehr junge Frauen eine reguläre gymnasiale Schulausbildung absolvieren konnten, entscheidend zur Senkung des durchschnittlichen Studieneintrittsalters auf 18 bis 22 Jahre bei, wie sich an den Lebensläufen der 19 im Jahre 1918 an der Berliner Medizinischen Fakultät promovierten deutschen Ärztinnen ablesen läßt[31]: Aus dieser Gruppe hatten – mit Ausnahme von dreien, die entweder zuvor ein anderes Studium begonnen, abgeschlossen oder sich zunächst einer anderweitigen Berufsausübung zugewandt hatten[32] – alle ihr Studium direkt nach dem Abitur aufgenommen. Zwölf der Promovendinnen waren zum Zeitpunkt ihres Abiturs 20 Jahre alt oder jünger gewesen, vier hatten das 22. Lebenjahr noch nicht überschritten. Eine war 24jährig, und nur zwei der Promovendinnen waren zum Zeitpunkt ihres Abiturs über 30 Jahre

Alters-gruppe	1905	1910	1912	1913	1914	1915	1916	1917	1918	gesamt
< 27	–	–	1	4	1	3	5	8	7	29
28-33	–	–	2	3	6	3	3	5	9	31
> 33	1	2	1	–	1	1	3	2	3	14
gesamt	1	2	4	7	8	7	11	15	19	74

Abb. 13: Die Altersverteilung der deutschen Promovendinnen an der Berliner Medizinischen Fakultät (1905-1918).

alt[33]. Das Medizinstudium scheint von allen zügig absolviert worden zu sein. Sieht man von denjenigen ab, die zuvor eine andere Fachrichtung oder Ausbildung begonnen hatten, schlossen alle Abiturientinnen ihr Studium innerhalb von sechs Jahren mit dem Staatsexamen ab.

Trotz der zunehmenden Normalisierung von Schul- und Studiengängen umfaßt die Gesamtverteilung bezüglich des Promotionsalters der Ärztinnen ein großes Altersspektrum. Die abgebildete Tabelle gibt einen Überblick über das Alter der insgesamt 74 deutschen Medizinerinnen, die zwischen 1905 und 1918 an der Berliner Fakultät promovierten[34].

Wie bereits dargelegt, begann die Zahl deutscher Promovendinnen an der Berliner Medizinischen Fakultät – im Gegensatz zu der ihrer russischen Kolleginnen – erst etwa fünf Jahre nach der Zulassung der Frauen zur regulären Immatrikulation in Preußen langsam anzusteigen[35]. Besonders diejenigen sieben Ärztinnen, die zwischen 1905 und 1912 als erste Deutsche an der Berliner Fakultät promovierten, waren fast alle in fortgeschrittenerem Alter[36]. Und obwohl während des Ersten Weltkriegs die Zahl derjenigen, die vor dem 28. Lebensjahr promovierten, zunahm, so fanden sich auch im Jahre 1918 noch mehrere Medizinerinnen, die zum Zeitpunkt ihrer Promotion das 30. Lebensjahr weit überschritten hatten. Die Ältesten im gesamten Zeitraum waren die 43jährige Elise Taube (Promotion 1905), die 45jährige Elisabeth Aschenheim (Promotion 1916), die 40jährige Elisabeth Bennecke (Promotion 1917) und die 42jährige Anna Fibelkorn (Promotion 1918). Allerdings muß bei den hier vorgestellten Zahlen berücksichtigt werden, daß bei einer Reihe von Ärztinnen, die während des Ersten Weltkriegs die Approbation erhalten hatten, ein größerer zeitlicher Abstand zwischen Approbation und Promotion lag. Dies trifft in der Regel auf all diejenigen, die vor 1914 die Erlaubnis zur Berufsausübung erhielten, nicht zu[37]. All jene Medizinerinnen, bei denen ein Zeitraum von mehr als einem Jahr zwischen Approbation und der Verleihung des Doktortitels lag, schlossen ihr Promotionsverfahren erst während des Ersten Weltkriegs ab. Welche Gründe sie für diesen zeitlichen Aufschub hatten, kann an dieser Stelle nicht geklärt werden. Neben ihnen gab es jedoch auch in den Kriegsjahren eine Vielzahl von Medizinerinnen, die sich an den üblichen zeitlichen Ablauf hielten, das praktische Jahr zur Anfertigung der Dissertation nutzten und das Promotionsverfahren zeitgleich oder wenige Monate nach Erhalt der Approbation abschlossen.

Zusammenfassend kann festgestellt werden, daß sich in den ersten zwei Jahrzehnten des Frauenstudiums an der Berliner Medizinischen Fakultät bei der Zusammensetzung der Studentinnenschaft bezüglich der Vorbildung ein grundlegender Wandel vollzog. Die Altersverteilung der Studentinnen änderte sich ebenfalls, eine zunehmende Verjüngung zeichnete sich ab. Dennoch blieb das Gesamterscheinungbild der Medizinstudentinnen aber bis zum Ende des Ersten Weltkriegs inhomogen.

2. Vom „Blaustrumpf" zur „modernen Studentin"

Jener Wandel der Studentinnengenerationen ist rückblickend von Vertreterinnen der Frauenbewegung beschrieben und kritisch kommentiert worden. So unterschied Marianne Weber im Jahre 1917 drei aufeinanderfolgende Generationen, deren Vertreterinnen von ihr als der „heroische"[38], der „klassische"[39] und der „romantische"[40] Studentinnentypus bezeichnet wurden. Die Gründe für die Veränderungen in Auftreten und Charakter der Studentinnen sah Weber sowohl in den für Frauen sich verändernden Studienbedingungen als auch in den „total anderen seelischen Voraussetzungen"[41], unter denen die verschiedenen Studentinnengenerationen an die Universitäten gelangt seien. Die Studentin der ersten Generation – eine „Kämpferin"[42] – habe sich den Zutritt zur Universität allein und aus eigener Kraft erobern müssen. Dabei habe es sich entweder um außergewöhnlich begabte Frauen gehandelt, denen der traditionelle Frauenberuf der Lehrerin zur Befriedigung ihrer wissenschaftlichen Neigung nicht ausreichte, oder aber um solche, die sich durch akademische Bildung „zum Kampf für die Hebung ihres Geschlechts"[43] rüsten wollten. An der Universität als Fremdkörper wahrgenommen, hätten diese Studentinnen die Notwendigkeit empfunden, sich für ihre Anwesenheit ununterbrochen zu entschuldigen, weshalb sie auch bemüht gewesen seien, sich so unauffällig wie möglich zu verhalten und ihre Weiblichkeit in Kleidung, Haartracht und Gesamthaltung zu verbergen. Eine derartige „ästhetische Askese"[44] sei einerseits zum Zweck der Zeitersparnis und als Symbol einer neuen Sachlichkeit als notwendig erachtet worden, andererseits hätten diese Frauen unter der Zugehörigkeit zum weiblichen Geschlecht und den damit verbundenen Einschränkungen ihrer Möglichkeiten im Laufe ihres Lebens derart gelitten, daß sie ihre Weiblichkeit nicht mehr als Eigenwert empfinden konnten:

> „So wurde das spezifisch Weibliche erst einmal abgestreift wie die Hülle der Puppe, wenn der Falter die Kraft spürt, sich zu neuer Daseinsform zu erheben. – Es ent-

stand, wenn auch sehr vereinzelt, unter den ersten Studierenden der Typus streitbarer Jungfräulichkeit, der bewußt auf den Blütenkranz weiblicher Anmut verzichtete und sich selbst in dem Liede feierte: ‚Dir Athena Promachos folgen wir im Streite.‘ Diese herbe selbstgenügsame Haltung wurde durch Lebensalter und Schicksal erleichtert. Bis die ersten Frauen zum Studieren kamen, war ihre leibliche Jugendblüte meist abgefallen [...]. Diese erste Generation war [...] eine Auslese, weniger was Begabung als ethisches Willensleben anlangt [...], [ge]tragen [...] von dem Hochgefühl die *Ersten* zu sein, die nicht nur [...] für sich, sondern für ihr ganzes Geschlecht die Wege bereiteten. Als Charakter meist reif, bewährt und gefestigt [...].“[45]

Dieser Beschreibung zufolge nahmen die Studentinnen der ersten Generation das Vorurteil des „Blaustrumpfes“ relativ widerspruchslos in Kauf, um den Beweis ihrer geistigen Gleichwertigkeit zu führen. Elise Taube mag als ein Beispiel für den von Weber postulierten „reifen Charakter“ und die „Streitbarkeit“ gelten. Sie zeigte außergewöhnliches Engagement für ihre Zulassung zum klinischen Studienabschnitt und war die erste Frau, die im Alter von 43 Jahren ihre Promotion an der Berliner Medizinischen Fakultät durchsetzte. Hermine Heusler-Edenhuizen, die im Sommersemester 1898 das Medizinstudium in Berlin begonnen hatte, setzt sich in ihren Memoiren rückblickend gegen das Vorurteil des „Blaustrumpfs“ zur Wehr. Ihre Schilderung zeigt zugleich, daß vermutlich manche Studentin, die in fortgeschrittenem Alter zur Universität gekommen war, sich im „normalen“ gesellschaftlichen Leben erst zurecht finden mußte:

„Während der ganzen Assistentenzeit nahm ich regen Anteil an dem Bonner Gesellschaftsleben der Professorenkreise. Weil ich in meiner Jugend keine Gelegenheit dazu gehabt hatte, während des Besuchs der Gymnasialkurse keine Zeit und während des Studiums wieder keine Gelegenheit, habe ich in diesem Jahre zum ersten Male fleißig getanzt, allerdings etwas schwerfällig wie mir von befreundeter Seite neckend gesagt wurde. Ein Blaustrumpf war ich aber nicht.“[46]

Jener Artikel über die Berliner Studentinnen aus dem Jahre 1902 weist – wenn auch karikierend – ebenfalls darauf hin, daß bereits um die Jahrhundertwende der dem „Blaustrumpf“ entsprechende Typus der „Frauenrechtlerin“ keine dominierende Rolle mehr innerhalb der Studentinnenschaft an der Berliner Universität einnahm. Dennoch war offenbar auch 1912 ein derartiges Klischee über den Charakter der „typischen“ Studentin noch weit verbreitet.

Kurt Tucholsky, der im Jahre 1909 sein Jurastudium an der Berliner Friedrich-Wilhelms-Universität begonnen hatte, lernte hier die Medizinstudentin Else Weil kennen. Sie wurde zunächst seine Geliebte, dann langjährige Freundin und schließlich für kurze Zeit seine erste Ehefrau. Ein gemeinsamer Wochenendausflug im Sommer 1912 diente Tucholsky als Vorlage seiner Erzählung „Rheinsberg. Ein Bilderbuch für Verliebte“[47], in der er die Erscheinung der Medizinstudentin zweifach karikiert. Else Weil stand Modell für die Heldin der Erzählung Claire Pimbusch, die Tucholsky als unbeschwerte junge Frau – etwas extravagant und kapriziös, ständig zu Scherzen und Spott aufgelegt, selbstbewußt, spontan und unablässig redend – schildert:

Abb. 14: Hermine Heusler-Edenhuizen (Porträt ca. 1931).
In: Die Frau 39 (1931/32), S. 63.

„Ihr Deutsch war ein wenig aus der Art geschlagen. Sie hatte sich da eine Sprache zurecht gemacht, die im Prinzip an das Idiom erinnerte, in dem kleine Kinder ihre ersten lautlichen Verbindungen mit der Außenwelt herzustellen suchen; [...] Daß sie Medizinerin war, wie sie zu sein vorgab, war kaum glaubhaft, jedoch mit der Wahrheit übereinstimmend."[48]

Else Weil hatte 1911 im Alter von 22 Jahren das Abitur am Hohenzollern-Gymnasium in Schöneberg abgelegt[49]. Zunächst für ein Semester an der Berliner Philosophischen Fakultät eingeschrieben, wechselte sie im zweiten Studiensemester zur Medizin. Sie absolvierte in Berlin alle zehn Studiensemester, legte 1914 das Physikum, 1916 das medizinische Staatsexamen ab und promovierte am 21. Januar 1918 bei dem Professor für Psychiatrie Karl Bonhoeffer mit einem „Beitrag zur Kasuistik des induzierten Irreseins"[50].

Die von Tucholsky als Gegenstück zu Claire Pimbusch – alias Else Weil – dargestellte Intellektuelle „stud. med. Aachner, Lissy Aachner" begegnet dem Leser der Erzählung „männlichen Schrittes"[51] und wird von Tucholsky folgendermaßen charakterisiert:

„Ein Mädchen mit einer Schneckenfrisur und ernsten, schwarzen Augen. Sie trug sich irgendwie in Blau und Grau. [...] Es ergab sich, daß sie gleichfalls die Heilwissenschaft studiere und sich auch sonst geistig fleißig rege. Sie lud arme Kinder zu sich zu Tisch, um an abgemessenen Gewichtsportionen die Wirkung gewisser Hydrate festzustellen, auch in andern Beziehungen nahm sie sich dieser Opfer der kapitalistischen Wirtschaftsordung an und förderte sie durch gute Ratschläge. [...] Nein, heiraten wollte sie vorläufig nicht; sie habe noch keinen gefunden, der Mann gewesen wäre, ohne Sexualtier zu sein. Sie hatte einen schlechten Teint, und es sah so aus, als bade sie selten. – Ob sie denn nie verliebt gewesen sei? – Oh, sie besäße, wie sie, ohne unbescheiden zu sein, mitteilen könne, Temperaments genug. So habe sie neulich auf einem Vereinsfest sogar etwas getrunken, war dem Geschmacke nach Punsch gewesen sein mochte. Aber das seien doch Nebendinge. Für sie [...] gäbe es nur die Pflicht. Die Pflicht, ihrem Berufe als Wissenschaftlerin und soziales Glied voll und ganz Genüge zu tun."[52]

Die Biologin Rhoda Erdmann[53] bestätigt bei ihrer Charakterisierung der Berliner Studentinnen im Jahre 1913 einige der zeitgenössischen Klischees: Es sei interessant, sich einmal vor die Universität zu stellen. Dort fielen die „allzu eifrige, studierende Dame" und die „junge flirtende Studentin" dem Betrachter sofort in Auge[54].

Verschiedene Vertreterinnen der Frauenbewegung äußerten bereits frühzeitig Kritik an dem sich wandelnden Auftreten und Erscheinungsbild „ihrer" Schützlinge. Die der Frauenbewegung nahestehende Studentin Elisabeth Krukenberg-Conze mahnte im Jahre 1903, daß manche ihren Status und „hochfliegenden Geist"[55] dokumentiere, indem sie Äußerlichkeiten zur Nebensache erkläre und nicht ausreichend auf ihre Kleidung achte. Auch Käthe Schirmacher hatte im Jahre 1896 angemerkt:

„Und so giebt es deren viele, die anfangs in ihrer Universitätserziehung vorerst nur den zu bewältigenden Lernstoff, den Kampf mit dem Objekt sehen, die von Eifer glühen, das alles zu bewältigen, was man ihnen als Frauen bisher vorenthalten hat und in allem zu thun, ,was die Männer thun'. Das ist auch nur ganz folgerichtig und als ein Durchgangsstadium vortrefflich. [...] Nur muß es nicht das dauernde Ideal bleiben ,zu thun, was die Männer thun', sondern im Gegenteil, die studierende Frau soll auch *sich* studieren und sich über *sich* klar werden, sie soll mit ihrer größeren Frische an das überlieferte System der herkömmlichen Studien herantreten und sich klar machen, was davon überlebt, verzopft und unkräftig ist. ,Kritik üben lernen' das ist eine zweite Aufgabe der Studentin."[56]

Auch die von der „Deutschen Zeitung" als vorherrschend dargestellte Studentin „á la mode" glaubte die bürgerliche Frauenbewegung wahrgenommen zu haben[57]. Als Helene Lange sich Ende 1901 gegen die Zulassung unzureichend vorgebildeter Russinnen zu den Medizinischen Fakultäten wandte, kritisierte sie auch die Aufnahme derjenigen deutschen Gasthörerinnen, die nicht die Reifeprüfung abgelegt hatten. Eine nicht geringe Anzahl dieser Studentinnen seien

„Damen, die eine Mode mitmachen, bei der für sie ein kleiner Nimbus mit abfällt. Es giebt auch praktische Motive: ,Lassen sie sich doch eine Studentenkarte geben', meinte neulich eine rechnerisch gut veranlagte Hörerin, ,dann habe sie alle Theaterbillets billiger [...]'."[58]

Doch Lange ging es bei ihrer Kritik vornehmlich um die vom preußischen Kultusministerium verfügten Zulassungsmodalitäten für Gasthörerinnen und um die lauter werdende Kritik an den Studentinnen selbst. Wie bereits dargestellt akzeptierte Helene Lange durchaus, daß viele Studentinnen sich nicht in der Frauenbewegung engangierten. Daß manche Studentin dem von der Bewegung so mühsam durchgesetzten Frauenstudium mit angeblich mangelndem Respekt gegenüberstand und ohne ausreichenden Ernst studierte, löste jedoch unter vielen anderen Vertreterinnen der Frauenbewegung helle Empörung aus. Lange verwies daher im Jahre 1907 ihre Mitstreiterinnen noch einmal warnend in ihre Schranken:

„Es läuft da manche unerfreuliche Erscheinung mit unter, um so mehr, als die Neuheit der Sache auch Elemente anzieht, die lediglich der Position zu Liebe Studentin werden. Gewiß wäre da noch mancherlei zu erziehen, aber *nicht* durch die Frauenbewegung. Die einzige Erzieherin für die taktlose, extravagante oder sonst das Frauenstudium diskreditierende Studentin ist die *Studentinnenschaft*. [...] so könnte man von jetzt ab auch der Studentinnenschaft die Weiterführung ihrer eigenen Angelegenheiten getrost überlassen. Wenn man hier immer noch meint, erziehen und bevormunden zu müssen und besser zu wissen als die Studentinnen selbst, was ihnen nötig ist und frommt, so könnte leicht die Animosität in einer Weise steigen, daß das fraglos vorhandene natürliche Zugehörigkeitsgefühl der Studentinnen zur Frauenbewegung *tatsächlich* schwände. Und das würde allerdings die Zukunft der Frauenbewegung auf das schwerste beeinträchtigen."[59]

Trotz Langes ausdrücklicher Warnung fanden das Klischee und die Kritik an der sogenannten Modestudentin in den folgenden Jahren bei den Diskussionen über den Charakter der studierenden Frau in der Öffentlichkeit und auch in der Frauenbewegung Verbreitung[60].

Die wachsende Entfremdung zwischen den Studentinnen und der deutschen Frauenbewegung läßt sich an Webers Schrift „Vom Typenwandel der studierenden Frau"[61] aus dem Jahre 1917 und den Reaktionen der Studentinnenvereine nachvollziehen. Nach Weber folgte dem „heroischen" Typus mit dem „klassischen" Typus eine Studentinnengeneration, die sich zwar ebenfalls noch gegen eine feindliche Umwelt durchsetzten mußte, dabei jedoch von den Hoffnungen der Frauenbewegung unterstützt und beflügelt wurde:

„Diese Zweitgeborenen begegneten im Kreise der Ihrigen und in der Gesellschaft noch mancherlei Widerstand und Mißtrauen, Spott und Zweifel, sie fühlten sich aber getragen von einer Gemeinschaft, die ihnen durch gemeinsames Vorgehen die Wege ebnete. Die gespannten Züge des Kämpfertums und einseitiger Willensrichtung [...] konnten deshalb bei dieser zweiten verschwinden. Man war zwar gereift durch das Suchen nach geistiger Formung und befriedigender Arbeit, aber doch noch weich und jung [...]."[62]

An der Universität schon merkbar akzeptierter und teilweise sogar bereitwillig von den Dozenten gefördert, habe sich diese Generation wieder auf das „Weibsein [...], dessen spezifische Eigenwerte"[63] besinnen können. Dennoch sei die Studienzeit äußerst gewissenhaft genutzt und das Examensziel in möglichst knapper Semesterzahl erreicht worden. Weber wies jedoch auch darauf hin, daß bei mancher Studentin bereits Zweifel aufgetaucht seien,

„[...] ob das emsige Erschürfen verstaubter Kleinigkeiten [...] ‚die Wissenschaft' sei [...], ob man auch wirklich an Weisheit und Fülle zunehmen wird, wenn man den Kopf mit entlegenen Fachdetails belastet [...]. Namentlich solange man sich selbst nicht schaffend, sondern lediglich aufnehmend zu den Spezialgebieten der arbeitsteiligen Wissenschaft verhalten mußte, konnte wohl der Gedanke aufsteigen, als sei möglicherweise [...] die unmittelbare Lebendigkeit des Gefühls und des Geistes *gefährdet* durch die verengte Einstellung des Denkens [...]."[64]

Derartige Bedenken wurden nach Ansicht Webers jedoch von dem Bewußtsein der eigenen Berufung und der Vorstellung, durch eigene Leistungen „einem höheren Typus von Weiblichkeit zum Durchbruch zu verhelfen"[65], weit überwogen.

Die dritte Generation, die die Autorin den „romantischen Typus" nannte, war dagegen nach Webers Ansicht wie selbstverständlich in eine etablierte Ordnung hineingewachsen und hatte ebenso selbstverständlich die Hochschulreife erlangt. Bei der Entscheidung für ein Universitätsstudium seien diese Studentinnen jedoch oftmals eher dem Anspruch der Eltern als eigenen Neigungen gefolgt, weshalb ihnen häufig die besondere Ehrfurcht, Dankbarkeit und Begeisterung für ihr Vorhaben fehle und ihr Wissendurst oftmals nicht ausreiche, um auch an „verstaubter Gelehrsamkeit"[66] Gefallen zu finden. So fühlten sich die Studentinnen des „romantischen Typus" an der Universität „*unheimischer* als die früheren"[67] Generationen. Bereits bei Studienbeginn zeigten sie

„Unsicherheit, Skepsis und wache Selbstkritik"[68] und beschäftigten sich vornehmlich mit der Frage,

„Ob sie inmitten von Kopfarbeit und einseitiger Willensanspannung auch ihre Weiblichkeit entfalten können? Ob sie bei scharfer intellektueller Arbeit auch jung, frisch und anziehend bleiben? Solche Fragen, die dem heroischen Typus weltenfern lagen, vom klassischen kaum über die Schwelle des Bewußtseins gelassen, geschweige denn ausgedrückt wurden, werden vom romantischen Typus vielfältig erörtert. – Das Bedürfnis nach befriedigender praktischer Lösung entgleist sogar gelegentlich in unerfreuliches Wichtignehmen und Ueberbetonen der eigenen Weiblichkeit"[69].

Weber forderte mit Nachdruck die Studentinnen auf, sich wieder um das „Beiseiteschieben aller die Konzentration hemmender Einflüsse, möglichste Abgeschiedenheit des Geistes, Besessenheit von der Wichtigkeit der Sache"[70] zu bemühen, den Konflikt zwischen Weiblichkeit und Wissenschaft tapfer zu ertragen oder aber die Universität zu verlassen. Wer aus der wissenschaftlichen Ausbildung keinen Gewinn ziehe und deshalb unbefriedigt bleibe, „beeinträchtigt das Niveau des Studententypus"[71] und erwecke nur neue Vorurteile gegen das Frauenstudium. Bei dem Versuch, trotz ihres Ärgers über die angeblich mangelnde Disziplin der Studentinnen für deren Haltung Verständnis zu finden, folgte Weber ihrerseits den gängigen geschlechtsspezifischen Vorurteilen[72].

Auf die Auswüchse des „Modestudiums" war auch Gerta Stücklen eingegangen, die im Jahre 1916 die Ergebnisse ihrer im Wintersemester 1913/14 unter den Berliner Studentinnen veranstalteten Enquete als Dissertation veröffentlichte. Stücklen zeichnete ebenfalls einen mehrfachen Wandel der Studentinnentypologie nach, der – entgegen der eher homogen ausgebildeten Gruppe der männlichen Studierenden – binnen kürzester Zeit zu einem sehr gemischten Bild der an deutschen Universitäten studierenden Frauen geführt habe[73]. Über den Versuch der von ihr befragten Studentinnen, durch Anpassung des eigenen Verhaltens den herrschenden Vorurteilen entgegenzutreten, schrieb Stücklen verständnisvoll:

„Im Vergleich zu der ersten Studentinnengeneration sind diese jungen Akademikerinnen bestrebt, durch ihr Wesen, ihre Kleidung, durch ihre äußere Erscheinung und ihr Auftreten in jeder Weise ihre Zugehörigkeit zu den guten bürgerlichen Gesellschaftskreisen, denen sie fast durchgehend entstammen, zu dokumentieren. Durch Bescheidenheit und weibliche Zurückhaltung suchen viele die inmitten von männlichen Kollegen doch immer noch vorhandene Exponiertheit ihrer Stellung auszugleichen, wodurch ihnen allerdings der Vorwurf allzu großer Schüchternheit, die auf Mangel an Initiative und Selbständigkeit zurückgeführt wurde, nicht erspart blieb. [...] Gegenüber dem Aufwand an Energie und robusterem Ellenbogentum, das bei Eroberung der Bildungsstätten für die ersten Vertreterinnen notwendig war, sucht [...] diese junge Generation den oft erhobenen Tadel der Unweiblichkeit, die durch das Studium hervorgerufen sei, zu entkräften."[74]

Doch auch Stücklen mahnte, daß „feines Taktgefühl, allergrößte Selbsterziehung und Selbstkontrolle"[75] notwendig seien, um jederzeit den richtigen Umgangston zu treffen.

Jede einzelne müsse sich stets bewußt sein, daß sich das persönliche Auftreten auf die Einschätzung aller studierenden Frauen auswirke. Obwohl nach den Ergebnissen ihrer Enquête der überwiegende Teil der Berliner Studentinnen Gründe wie die „Neigung zur wissenschaftlichen Arbeit", „Mehrung sachlichen Wissens", „Bereicherung durch diszipliniertes Arbeiten" oder „Schulung in systematisch methodischem Arbeiten"[76] als Motiv für die Wahl des Universitätsstudiums angegeben hatten, bestätigte Stücklen die Existenz von Studentinnen, die das Studium nur als Sport oder Mode betrieben und dadurch das Gesamturteil über das Frauenstudium herabzusetzen drohten. Ihrer Ansicht nach waren vor allem an der Berliner Universität letztere in besonders großer Zahl zu finden[77].

Eine derart harsche Kritik wie diejenige Marianne Webers aus dem Jahre 1917 mußte auf Widerspruch in den Reihen der Studentinnen stoßen. Webers Aufsatz wurde auf dem Jahrestreffen des „Verbandes der Studentinnenvereine Deutschlands" im Juli 1917 ausführlich diskutiert. Die zweite Vorsitzende des Verbandes Claudia Alexander-Katz nahm in der darauffolgenden Ausgabe der Verbandszeitschrift zu den Anschuldigungen öffentlich Stellung. Sie kritisierte besonders, daß Weber

„[...] als ‚romantischen Typus' auch jene Studentinnen mit skizziert, die nur vereinzelte Auswüchse in der Studentinnenschaft darstellen [...]. Daß Marianne Weber unter den Studentinnen von heute die Gefallsüchtige, die Modestudentin, die Streberin findet, gebe ich zu, daß sie aber diesen Auswüchsen der Studentinnenschaft bei der Beurteilung der Studentin von heute einen breiten Raum gibt, ist für uns bedauerlich. [...] Wir hätten gewünscht, daß diese Studentinnen mit einem leisen Achselzucken von Marianne Weber in einem einzigen Satz erledigt oder, wie sie es verdienen, in einem Sonderartikel gekennzeichnet und gebrandmarkt worden wären. So aber dienen sie zur Entstellung des Bildes und haben bereits zur Folge gehabt, daß eine abfällige Kritik über eine Studentin mit den Worten ausgedrückt wurde: Sie ist eine echte Vertreterin des romantischen Typus. [...] Möchte Marianne Weber doch einmal tiefer zu uns hereinschauen. Sie würde mit uns zu dem Schluß kommen, daß der klassische Typus nicht an eine bestimmte vergangene Epoche gebunden ist."[78]

Alexander-Katz widersprach auch entschieden Webers Aufforderung zu verstärkter Disziplin und Konzentration auf die Wissenschaft:

„Die Studentin und die berufstätige Frau haben mehr Probleme zu lösen, als die ihrer Wissenschaft. Sie nehmen sie aus freiem Willen auf sich. Sie müssen es bewußt tun und sollen sich der beiden ihnen vom Leben gestellten Aufgaben gewachsen zeigen. Das Frauenstudium soll nicht eine verwässerte Männerkultur, sondern eine vertiefte Frauenkultur herbeiführen. In ihrer Weise können Frauen als Pädagoginnen, Ärztinnen, Juristinnen, Volkswirtschaftlerinnen u. a. m. der Menschheit neue Werte bringen, die aber nur aus echtem Frauenempfinden geboren sein können."[79]

Zwischen den Vertreterinnen der Frauenbewegung und den in Vereinen zusammengeschlossenen Studentinnen herrschte offensichtlich Uneinigkeit darüber, zu welchem Zeitpunkt die werdende Akademikerin „weiblichen" Einfluß auf die Gesellschaft nehmen sollte. Die Studentinnen begannen, nach „weiblichen Wegen zur Wissenschaft"[80] zu suchen, und begriffen dieses Bemühen auch als Mitarbeit für die Ziele der Frauenbewegung. In diesem Sinne wies Alexander Katz darauf hin, daß die Studentinnen sich „bewußt vor Einseitigkeit" hüteten und nicht nur nach einer Antwort auf wissenschaftliche, sondern auch auf „allgemein menschliche" Fragen suchten: „Hier sind die Mitarbeiterinnen der Frauenbewegung, die sich die Vertiefung in die Frauenfragen im weitesten und edelsten Sinne des Wortes zum Ziel gesteckt haben."[81]

In ihrem Bemühen, dem Frauenstudium zu wachsender Anerkennung inner- und außerhalb der Universitäten zu verhelfen und die Studentinnen enger an die eigene Bewegung zu binden, ignorierten jedoch Vertreterinnen der bürgerlichen Frauenbewegung wie Marianne Weber offenbar erste Reflektionsansätze der Studentinnen über ihre Stellung als Frau im männlich geprägten Wissenschaftsbetrieb der Universitäten. Wollten sich die Studentinnen zunehmend auf die „besonderen Aufgaben als Frauen an der Universität"[82] konzentrieren, so wurden sie von der Frauenbewegung bei der „Mitgestaltung aller Lebensformen" durch „weibliche Geistigkeit"[83] auf die Zeit nach Abschluß des Studiums verwiesen. Weber formulierte diesen zeitlichen Aufschub mit der Forderung, daß die Studentinnen zunächst „gereifte Menschen, die schon an festen Pflichtenkreisen verankert sind"[84] werden sollten. Daß die Frauenbewegung auch in den folgenden Jahren auf ihrem Standpunkt beharrte, wird an einer erneuten Ermahnung Gertrud Bäumers im Jahre 1932 deutlich:

„Jede Kulturwandlung setzt eine sichere Kulturkritik voraus [...]. Es gibt keinen ‚Frauenweg‘ zur Wissenschaft, [...] sondern nur den einen im Wesen der Wissenschaft begründeten. Und dies gilt mutatis mutandis von allen sachlichen Anforderungen des Berufs. Die Frauen werden die Sicherheit wesensmäßiger Wirkung erst in dem Maße haben, als sie sachlich sattelfest sind."[85]

Die Diskussion um eine „weibliche Wissenschaft" war nur einer der Punkte, in dem keine Einigung zwischen Frauenbewegung und Studentinnen erzielt wurde. Ein seit der Jahrhundertwende zunehmender Konflikt läßt sich auch am Werdegang der Studentinnenvereine und deren Verhältnis zur Frauenbewegung ablesen.

3. GENERATIONSKONFLIKT: DIE STUDENTINNEN UND IHR VERHÄLTNIS ZUR FRAUENBEWEGUNG

Obwohl bei der Gründung des „Verbandes Studierender Frauen Deutschlands" im Jahre 1906 gemeinsame Zielsetzungen mit der bürgerlichen Frauenbewegung bestanden, konnte der Beitritt zum „Bund Deutscher Frauenvereine" innerhalb des Verbandes zunächst nicht durchgesetzt werden. Dieser erfolgte erst im Jahre 1915. Nicht nur die in den einzelnen Mitgliedsvereinen des „V. St. D." organisierten Studentinnen beklagten sich über das mangelnde Engagement ihrer Kommilitoninnen für die gemeinsame Sache. Auch seitens der Frauenbewegung wurde frühzeitig eine derartige Kritik an den Studentinnen laut. So schrieb die Studentin Elsbeth Krukenberg-Conze im Jahre 1903:

„Unter den studierenden Frauen begegnen wir [...] Eigensüchtigen [...]. Was küm-
mert es sie [...], daß mutige Frauen vor ihnen gekämpft und gerungen, um ihnen
Wege zu eröffnen [...]. Gymnasien besuchen sie wohl, aber wer unter Einsetzen seiner vollen Kraft solche Gymnasien für sie geschaffen, das ist eine Frage, die sie nicht
weiter bekümmert [...]. Schon begegnen wir [...] solchen, denen jedes Verständnis
dafür fehlt, daß es nicht nur schön, sondern auch notwendig, ja für *sie selbst* sogar
nützlich wäre und gut, wenn sie genügend Gemeinsinn besäßen und Gemeinschafts-
interesse, um sich auch ihrerseits als einen Teil unsrer [...] Bewegung zu fühlen
[...]."[86]

Derartige Kritik setzte sich in den folgenden Jahren fort und wurde zusehends schärfer
formuliert. So drohte beispielsweise Minna Cauer als eine prominente Vertreterin der
deutschen Frauenbewegung im Jahre 1907:

„Um ein Nur-Brotstudium der Frauen zu ermöglichen, dafür hat die Frauenbewegung wahrlich nicht gekämpft, – freidenkende, starke Persönlichkeiten wollte sie erziehen, [...] damit sie helfend und fördernd für die wichtigen Fragen der Gegenwart
einzutreten vermögen. [...] Einer Vermehrung der Trivialitäten und Banalitäten, die
im Studententum genügend vertreten sind und die sich leider jetzt bei den Studentinnen breit zu machen scheinen, leihen wir unsere Kräfte nicht, und ohne die Frauenbewegung erreichen die Studentinnen nichts, im Gegenteil, sie könnten ohne
dieselbe leicht alles Gewonnene verlieren."[87]

Die Ärztin Rahel Straus schildert die Position der Studentinnen zur Frauenbewegung
sehr anschaulich. Als eine der ersten Medizinstudentinnen im Jahre 1900 an die Heidelberger Universität gekommen, war Straus an einer Organisation studierender Frauen
durchaus interessiert. Nach zweijährigem Bestehen der von ihr initiierten Studentinnengruppe als „loser Form des Zusammenschlusses"[88] konnte Straus beim Universitätsrektor die offizielle Anerkennung als Studentinnenverein durchsetzen. Sie charakterisiert
die Anfangsjahre des Studentinnenvereins und dessen Berührungspunkte mit der deutschen Frauenbewegung folgendermaßen:

„Viel schwieriger als äußere Hemmnisse waren für uns innere Gründe, die die Vereinigung fast unmöglich machten: ein großes Freiheitsbedürfnis und der Wille nach
voller Unabhängigkeit lebte in dieser Generation der Studentinnen. Fast alle waren
nach schweren Kämpfen [...] auf ihren jetzigen Weg gelangt. [...] In jeder Vereinigung sahen sie Zwang. So machten wir unsere Studentinnengruppe so frei wie möglich. Man ‚mußte‘ gar nichts, man kam, wann man wollte, es gab keinen Kommers,
nicht Fuchs noch Bursche, kein Examen, keine politische Richtung. Wer Hörerin
war, konnte Mitglied werden, welcher Nation, welcher Religion sie auch angehörte,
und dies behielten wir auch bei, als wir längst zum richtigen Studentinnenverein
geworden waren. [...] Kaum aber hatten wir uns als Gruppe aufgetan, da kam der
Verein ‚Frauenstudium-Frauenbildung‘ und wollte uns als seine Jugendgruppe
haben. Es war kein unberechtigter Gedanke: Seiner Arbeit hatten wir es zu verdanken, daß wir lernen und studieren konnten, daß Gymnasien entstanden waren, daß

die Universitäten sich uns öffneten. Aber wir waren jung und wollten keine alten Tanten und wollten nicht gegängelt werden. Unter uns nannten wir den Verein ‚Frauentugend-Frauenmilde'. Als nun der Abend der Entscheidung kam, wurde es ein heftiger Kampf zwischen Marianne Weber, der Vorsitzenden der Frauengruppe, und mir, der Vorsitzenden der Studentinnengruppe. Sie sprach fein und sympathisch, aber wir wollten nicht. Es blieb bei einer Abmachung, daß wir zu ihren Versammlungen kommen würden, soweit uns ihre Themen interessierten, aber freiwillig und nicht angeschlossen."[89]

Straus weist jedoch auch darauf hin, daß sie sich ebenso wie ihre Schulfreundin Johanna Kappes, die im Wintersemester 1901/02 an der Berliner Medizinischen Fakultät studierte, seit der Schulzeit der Frauenbewegung zugehörig gefühlt hatte:

„Einfach durch die Tatsache, daß ich Gymnasiastin war, stand ich mitten in der Frauenbewegung, in der Frauenemanzipation. Alle Fragen über die Stellung der Frau in der Gesellschaft, im Recht, in der Politik fingen an, für uns von Bedeutung zu sein. Wir interessierten uns brennend für den in England geführten Kampf um die politische Gleichberechtigung der Frau. Wie wurde in Deutschland, wie wurde in unserem nächsten Kreis über diese ‚unweiblichen' Suffragetten gespottet! Es war gar nicht so leicht für uns junge Mädchen, den Mut zu haben, all dem Hohn gegenüber uns zu ihnen zu bekennen."[90]

Auch Mathilde Ludendorff, die im Sommersemester 1904 und Wintersemester 1904/05 unter ihrem Mädchennamen Spiess an der Berliner Medizinischen Fakultät studiert hatte, stimmte nur begrenzt mit den Zielen der Frauenbewegung überein. Über ihre Schul- und Studienzeit schreibt sie in ihren Memoiren, daß es ihr „um die sogenannten ‚Frauenrechte' der ‚Emanzipierten' […] außer dem Rechte zum Studium" nie gegangen sei[91]. Offenbar ließen sich zumindest in den ersten Jahren des 20. Jahrhundert noch einige Studentinnen von der Frauenbewegung zum Gegenteil überzeugen. So schilderte Marie Stritt auf dem „Deutschen Frauenkongreß" in Berlin im Jahre 1912:

„Nie werde ich den deprimierenden Eindruck vergessen […] als mir eine neugebackene junge Ärztin anläßlich der glücklich erreichten Zulassung zum deutschen medizinischen Staatsexamen schlankweg ins Gesicht behauptete: ‚Dazu haben die Frauenrechtlerinnen gar nichts getan, sie haben überhaupt noch nie etwas für das Frauenstudium erreicht, das verdanken wir uns selbst, wir Akademikerinnen brauchen keine Frauenbewegung!'- Ich war so verblüfft, daß ich nichts Besseres zu sagen wußte als: ‚Das mag sein, aber die Frauenbewegung braucht Sie!' Doch war es insoweit vielleicht die richtige Antwort, als die Betreffende daraufhin um Aufklärung bat […] und dann nach einigen Tagen wiederkam, um beschämt ihr aus absoluter *Unkenntnis* begangenes Unrecht zuzugestehen und sich für die Arbeit in unseren Vereinen zur Verfügung zu stellen."[92]

Helene Lange hatte bereits im Jahre 1901 die Studentinnen gegen den Vorwurf der Undankbarkeit und des mangelnden Engagements für die Frauenbewegung in Schutz genommen. Sie sah in den werdenden Akademikerinnen „neue Beweiskräfte"[93] für die

Ziele der Frauenbewegung und meinte, daß jede studierende Frau ein Produkt und ein Faktor der Frauenbewegung sei:

> „Sie dient ihr, sie mag wollen oder nicht, durch ihre Arbeit. Gerade jetzt ist für die deutsche Frauenbewegung der Zeitpunkt da, wo sie ihre Berechtigung, die so lange nur durch Reden behauptet werden konnnte und behauptet werden mußte, mehr und mehr durch Thaten beweisen kann und muß und eine tüchtige Ärztin, eine Philologin [...] eine fähige Oberlehrerin [...] kann ihr eine weit festere Stütze werden, als eine Berufs-Frauenrechtlerin [...]."[94]

Im Jahre 1907 ergriff Lange noch einmal das Wort, um die Studentinnen gegenüber den zunehmenden, in ihren Augen auch weiterhin ungerechtfertigten Vorwürfen zu verteidigen:

> „Es ist ein ganz richtiger Instinkt, der den Studentinnen sagt, daß es nicht ihre Aufgabe sei, an der Agitation der Frauenbewegung tätigen Anteil zu nehmen. Die Frauenbewegung kann in zwei Stadien zerlegt werden: ein Stadium der Vorbereitung und eines der Erfüllung, eine Epoche der Agitation und eine Epoche der Tat. [...] Den Rahmen der formalen Rechte mit Inhalt zu erfüllen, ist die Aufgabe der handelnden Generation. [...] Auch durch sie, und durch sie erst recht, wird man zur ‚Mitkämpferin der Frauenbewegung'. [...] Es heißt denn doch die Wissenschaft etwas zu gering einzuschätzen, wenn man glaubt, daß daneben noch, ohne wesentliche Beeinträchtigung des Studiums, eine Tätigkeit wie die Agitation für die Frauenbewegung möglich sei. Nur *die absolute Hingabe* an das Studium und den Beruf wird in den einzelnen Arbeitsgebieten allmählich die spezifischen Werte herausbringen, die wir als den weiblichen Einschlag in der Gesamtkultur bezeichnen."[95]

Die Ärztin Julie Ohr nahm die Studentinnen ebenfalls vor dem Vorwurf des mangelnden Engagements für die Frauenbewegung in Schutz. Sie führte die geringe Beteiligung der Studentinnen an den Vereinen unter anderem auf den starken Einfluß der Elternhäuser, welche häufig die Töchter von der als „unweiblich" und „emanzipiert"[96] geltenden Frauenbewegung fernzuhalten trachteten, zurück und machte deren Vertreterinnen für das angespannte Verhältnis mitverantwortlich:

> „Mögen diejenigen Führerinnen der Frauenbewegung, welche Einfluß auf die Studentinnnen haben, sie hinweisen auf ihre akademischen Rechte und Pflichten, und sie nicht auf außerakademischen Kampffeldern dauernd verpflichten wollen. [...] Wenn die Frauenbewegung die Studentinnen so in die wirklichen Gebiete ihrer Arbeit verweist, wird vielleicht auch das Verhältnis von Frauenbewegung und studierenden Frauen besser."[97]

Allerdings richtete Ohr auch an die Studentinnenvereine Worte der Kritik. Diese hätten ihr ursprüngliches Ziel, den Fortschritt der akademischen Frauenbewegung, stark vernachlässigt[98]. Statt sich in das akademische Leben einzugliedern und sich der seitens der männlichen Studentenschaft angebotenen Zusammenarbeit zu öffnen, arbeiteten die Vereine weiterhin mit „alten Mitteln" wie „Abschließung" und „Auswahl"[99]. Dabei sei es ihre eigentliche Aufgabe, durch „großzügige und nachhaltige Agitation und durch ein kräftiges Eingreifen der Studentin in die akademischen Angelegenheiten"[100] die Gedanken der Frauenbewegung in die Universität hineinzutragen:

> „Die Studentin soll die Gedanken der Frauenbewegung kennen, sie soll sich selbst als Zweig dieser Frauenbewegung fühlen. Aber ihr erstes Augenmerk soll sie auf die akademische Frauenfrage richten. Hierin liegt *ihr* Feld. Die Studentin ist in erster Linie akademische Bürgerin. Die Rechte und Pflichten ihrer Bürgerstellung müssen ihr im Vordergrund stehen [...] die Studentin muß mehr ins akademische Leben hinein. [...] sich mehr um akademische Angelegenheiten kümmern und mit den Kommilitonen zusammenarbeiten an einer Umwandlung des akademischen Lebens nach modernen Prinzipien."[101]

Daß vor allem die erste Generation der Studentinnen an deutschen Universitäten nicht nur der Frauenbewegung, sondern auch der Zusammenarbeit mit den männlichen Kommilitonen zurückhaltend gegenüberstand, bestätigt auch Rahel Straus, die den Heidelberger Studentinnenverein mitbegründet hatte und diesen bis 1905 als Vorsitzende leitete:

> „Kaum war dieser Angriff abgeschlagen [der Angliederungswunsch seitens der Frauenbewegung, A. B.] kam ein neuer von seiten der sogenannten ‚Freien Studentenschaft'. [...] Sie hofften nun, daß wir Studentinnen ganz in ihrer Verbindung aufgehen würden. Wieder trug unser Freiheitsstreben den Sieg davon, aber auch unser Wissen, daß wir Studentinnen unsere eigenen Probleme erst einmal unter uns klären mußten, bevor wir sie im allgemeinen Studentenkreis erörterten. Schließlich einigten wir uns auch mit ihnen: Beteiligung, aber keine Verschmelzung. Der erste Abend, zu dem uns die Kollegen eingeladen hatten, war dann ein solcher Mißgriff, daß wir unseren Entschluß gewiß nicht bedauerten."[102]

Auch an der Berliner Universität war die „Freie Studentenschaft" diejenige Gruppierung unter den männlichen Studierenden, die den weiblichen Kommilitonen am positivsten gegenüberstand. So forderte ein studentisches „Reformkomitee" bei Wahlen zur akademischen Lesehalle bereits im Juni 1896, den Gasthörerinnen zumindest in der Lesehalle gleiche Rechte einzuräumen und diese als ordentliche Mitglieder mit Wahlrecht aufzunehmen[103]. Offenbar war die Freistudentenschaft auch am ehesten bereit, sich mit „frauenbewegten" Themen auseinanderzusetzen. Die staatswissenschaftliche Abteilung der Berliner Freistudentenschaft setzte im Wintersemester 1901/02 einen Vortrag von Dr. phil. Helene Stöcker auf die Tagesordnung. Zum Vortrag selbst kam es jedoch nicht, da der amtierende Rektor der Berliner Universität Reinhard Kekule von Stradonitz mit der Bemerkung, daß er unter seiner Amtszeit keiner weiblichen Person die Rede vor männlichen Studierenden gestatten würde, die Veranstaltung untersagte[104]. Die „Akademischen Blätter" kommentierten zum damaligen Zeitpunkt, daß eine Diskussion über Themen wie „soziale Probleme der Frauenfrage, insbesondere Ehe, Familie, Mutterschaft [...] in der Versammlung einer studentischen Vereinigung im Beisein von Damen uns ganz entschieden über die Grenzen hinauszugehen scheint, die guter Geschmack und Sitte ziehen sollten."[105] Obwohl die Berliner Freistudentenschaft schon frühzeitig Interesse für verschiedene Themen aus der Frauenbewegung gezeigt hatte, richtete sie erst im Sommersemester 1914 eine eigene „Abteilung für Frauenfragen" an der Friedrich-Wilhelms-Universität ein[106].

Bei der Debatte um den mangelnden Einsatz der Studentinnen für die Ziele der Frauenbewegung, ihren unzureichenden Organisationswillen und ihr dürftiges Engagement für studentische Angelegenheiten gab Stücklen bezüglich der Berliner Universität im Jahre 1916 zu bedenken, daß ein Problem auch bei den „eigentümlichen Schwierigkeiten der großstädtischen Verhältnisse" liege. Die Differenziertheit der Studentinnen bezüglich Alter, Vorbildung und „persönlicher Reife"[107] legte ihrer Ansicht nach dem Zusammenschluß in Vereinen ein weiteres Hinderniß in den Weg, weshalb die Entwicklung der Studentinnenvereine in kleineren Universitätsstädten unter günstigeren Bedingungen und weitaus schneller von statten gegangen sei als in der Hauptstadt.

Daß vor allem innerhalb der ersten Studienjahrgänge an der Berliner Medizinischen Fakultät bezüglich des Alters und der Vorbildung tatsächlich ein hohes Maß an Differenzierung vorhanden war, ist bereits dargelegt worden. Jene Inhomogenität unter den Studentinnen förderte auch den sich im Laufe der Jahre verschärfenden Generationskonflikt zwischen den noch in Vereinigungen aktiven älteren Studentinnen, die sich der Frauenbewegung stärker verpflichtet fühlten, und den nachfolgenden jüngeren Jahrgängen. Die bis 1905 den Heidelberger Studentinnenverein leitende Rahel Straus – die bereits mit dem Satz „Wir wollten keine alten Tanten und wir wollten nicht gegängelt werden"[108] den Anspruch ihrer Generation umrissen hatte – sah sich ihrerseits bald mit neu aufkommenden Tendenzen innerhalb der Studentinnenschaft konfrontiert, die sie nicht mehr teilen konnte:

„Im Januar 1905 hatte ich mein Staatsexamen bestanden. [...] Wenige Wochen später war unser Verein aufgeflogen: die neue Studentinnengeneration war schon ganz anders eingestellt. Sie wollte eine echte ‚Studentenverbindung' ins Leben rufen mit allem Klimbim, der dazu gehörte. Alle ‚Fremden' wurden ausgeschlossen – auch die Juden. Unsere ganze Gruppe (ich gehörte ihr als einzige Jüdin an) trat geschlossen aus. Wir nannten uns die ‚Alt-Heidelbergerinnen' und hielten einen Zusammenhang noch lange über den Weltkrieg hinaus aufrecht."[109]

Hoesch hat in ihrer Arbeit über die Berliner „Klinik und Poliklinik weiblicher Ärzte" auf sich abzeichnende Differenzen zwischen denen sich der Frauenbewegung zugehörig fühlenden – oder dieser zumindest zugewandten – Vertreterinnen der ersten Ärztinnengeneration wie Franziska Tiburtius oder Agnes Hacker und den ihnen nachfolgenden jüngeren Kolleginnen hingewiesen[110]. Tiburtius beklagte 1926 in einem Rückblick auf das nie realisierte Projekt zur Errichtung eines „Krankenhauses weiblicher Ärzte" ebenfalls einen „in unserer Zeit überaus stark hervortretenden Subjektivismus, der nicht gern begreift und zugibt, daß man in einer Gemeinschaft mehr erreicht als in der Absonderung"[111]. Hoesch legt weiterhin dar, daß die in späteren Jahren in der „Klinik und Poliklinik weiblicher Ärzte" arbeitenden jüngeren Kolleginnen sich vorwiegend in politischen Parteien und Vereinigungen engagierten, welche nur noch „am Rande Schnittstellen mit den Organisationen der Frauenbewegung aufwiesen"[112].

Helene Lange, die zunächst noch Verständnis für die Position der Studentinnen entwickelt und diese vor allzu scharfen Vorwürfen seitens der Frauenbewegung in Schutz genommen hatte, zeigte sich schließlich ebenfalls enttäuscht über das mangelnde Engagement junger Akademikerinnen für die Bewegung. So äußerte sie im Frühjahr 1912 auf dem „Deutschen Frauenkongreß" in Berlin:

> „Es gibt einen bedenklichen Einblick sowohl in die allgemeine als in die fachliche und – sagen wir auch: in die Herzensbildung neugebackener junger Ärztinnen oder Zahnärztinnen, wenn sie von den Vorkämpferinnen [...] die *ihnen* die Bahn gebrochen haben, mit einer gewissen Herablassung oder gar Geringschätzung von der Höhe ihrer jungen Würde herab sprechen. [...] Sie haben von dieser älteren Generation doch allerlei zu lernen, vor allem den Idealismus, der die Bewegung so hoch getragen hat. Und so sollen auch sie den Zusammenhang mit der Bewegung immer wieder fühlen, daß neben der Berufspflicht und durch sie ihnen obliegt, ein Stück von den Ideen zu verwirklichen, die so mächtig und unwiderstehlich aus der großen Breite einer sozialen Bewegung geboren wurden."[113]

Dennoch wandte sich Lange noch einmal gegen eine pflichtgemäße Dankbarkeit der Studentinnen. Sie erhoffte sich vielmehr eine „Vertiefung und Erweiterung der Berufsauffassung durch die Anteilnahme an der Frauenbewegung"[114]. Trotz aller Vermittlungsversuche setzte sich die Entfremdung zwischen bürgerlicher Frauenbewegung und den in verschiedenen Vereinen organisierten Studentinnen in der Weimarer Republik fort. Erstere zeigte sich weiterhin schwer enttäuscht von der Interesselosigkeit der nachfolgenden Studentinnengenerationen an der ursprünglich gemeinsamen Sache. Die Haltung der verschiedenen Studentinnenvereinigungen zur Frauenbewegung war zu Beginn der Weimarer Republik bereits nicht mehr einheitlich. Die Mehrheit der im „V. St. D." zusammengeschlossenen Studentinnenvereine stand 1926 der bürgerlichen Frauenbewegung und ihren Zielen fast ablehnend gegenüber, obwohl gerade der „V. St. D." von „Mitkämpferinnen der Frauenbewegung"[115] gegründet worden war. Huerkamp hat auf den „tiefgreifenden Generationenkonflikt" innerhalb der Frauenbewegung in der Weimarer Republik hingewiesen: Die Annäherung von männlichen und weiblichen Studierenden sowie eine zunehmende „Verwischung" des Geschlechtergegensatzes im Sinne einer vermeintlichen oder auch realen „Geschlechterkameradschaft" an der Universität waren nicht nur für die Studentinnen, sondern für einen Großteil der jüngere Frauengeneration in der Weimarer Republik ein wesentlicher Grund, vom „Frauenrechtlertum" der älteren Generation abzurücken. Nicht mehr „Geschlechterkampf", sondern politisch-weltanschauliche Fragen traten für junge Frauen in der Weimarer Zeit in den Mittelpunkt. Das Unverständnis für die Positionen der Frauenbewegung stellte eine gewichtige Ursache für deren allmähliche Überalterung dar[116]. Eine Annäherung zwischen den Geschlechtern an der Universität geschah in der Wilhelminischen Zeit nur zögerlich und war von vielfältigen Schwierigkeiten geprägt.

4. Zwischen Liebe und Hass: Die Annäherung zwischen männlichen und weiblichen Studierenden

Das Verhältnis zwischen Studentinnen und Studenten war bei Gegnern und Befürwortern seit Beginn der Diskussion um das Frauenstudium ein wichtiges Thema gewesen. Ein Argument der bürgerlichen Frauenbewegung für die Zulassung von Frauen zum Medizinstudium hatte gelautet, daß sich der gemeinsame Unterricht positiv auf das Benehmen und den Fleiß der männlichen Studierenden auswirken werde[117]. Von einem derartigen Effekt berichtet die Ärztin Hermine Heusler-Edenhuizen in ihren Memoiren:

> „Bonn war bekannt für mittelmässige und schlechte Examina. Das hatte wohl seinen Grund in dem Leben der verschiedenen Corps und Burschenschaften, deren gesellschaftliche Verpflichtungen keine Zeit für ernste Arbeit ließen. Die letzten Prüfungen vor der unseren hatten auffallenderweise bessere Noten gezeigt. Der Dekan der medizinischen Fakultät, [...] der uns wohlwollte, erzählte uns, er habe verwundert die betreffenden Examinanden gefragt, was sie denn veranlasst habe, fleißiger zu sein, woraufhin ihm geantwortet worden sei: ‚Wir wollen uns doch nicht vor den beiden Studentinnen blamieren!‘"[118]

Edenhuizen, der das erste Studiensemester an der Berliner Fakultät nachhaltig in schlechter Erinnerung geblieben war, und ihre Studienfreundin Frida Busch machten in Halle bereits bessere Erfahrungen. Die „sehr offizielle" Bekanntschaft mit einigen Kommilitonen beschränkte sich zwar nur auf den Hörsaal, aber „immerhin war es ein Fortschritt gegenüber Berlin, wo wir mit keinem einzigen auch nur ein Wort gewechselt hatten."[119] Als die beiden Studentinnen im Sommersemester 1900 schließlich an die Bonner Medizinische Fakultät wechselten, befürchteten beide erneut Schwierigkeiten im Umgang mit den männlichen Studienkollegen:

> „Wir waren hier auch wieder die ersten Medizinstudentinnen. Zur unserer Erleichterung bemerkten wir sodann, daß die Studentenschaft bessere Umgangsformen zeigte, als die in Berlin und Halle. [...] Zu Beginn des Semesters kostete es uns trotzdem jedesmal wieder eine Überwindung, in die Kollegs zu gehen. Wir schoben gern eine die andere vor für den ersten Eintritt. [...] Frida Busch hatte psychisch-nervliche Schwierigkeiten im ersten chirurgischen Kolleg. Als ich mich während einer im Auditorium ausgeführten Operation nach ihr umsah, bemerkte ich, daß sie kreideblass war und mit einer Ohnmacht kämpfte. [...] Für das nächste Kolleg nahm sie ein Fläschchen Cognac mit, von dem sie hinter meinem schützenden Rücken schon zu Beginn der Vorlesung schnell ein Schlückchen nahm und dann jedes Mal, wenn sich solche Anwandlung wieder meldete. Dieses Cognacfläschchen war ihr wochenlang ein psychischer Halt. Es wäre ja auch ein zu großes Fiasko gewesen, wenn eine studierende *Frau* nervlich versagt hätte."[120]

Die ehemalige Berliner Medizinstudentin Mathilde Spiess (verheiratete von Kemnitz, verheiratete Ludendorff) begann das Studium im Wintersemester 1901/02 in Freiburg.

Das Zusammentreffen mit den männlichen Studienkollegen beschreibt sie in ihren Memoiren:

„Hier lernte ich zum ersten Mal in meinem Leben im vollen Umfange die Auffassungen der jungen Männer kennen [...]. Wir waren tagtäglich stundenlang mit ihnen gemeinsam an den Stätten des Studiums, in den Hörsälen, auf den Sezierböden, in den Laboratorien und trafen zunächst einmal überall auf unglaubliche Anschauungen bei den Studenten, ja auch bei den Dozenten. Entweder, man studierte, ‚um einen Mann zu bekommen‘, oder ‚um fern vom Elternhause ein lustiges Leben zu führen‘ oder aber man war geradezu ‚verrückt‘ zu nennen, daß man sich als Frau all diesen Wissenskram einlernte. Wohin man blickte, die gleiche entartete Auffassung. Weit schlimmer aber war es zu erfahren, daß die meisten dieser Studentenschar wie selbstverständlich glaubten, mit uns einen merkwürdig vertraulichen Ton anschlagen zu können. Alle Stufen und Abarten des Mangels an Ehrfurcht vor dem Weibe lernte man da kennen. [...] Was den Pionieren des Frauenstudiums in Deutschland die Lage [...] erschwerte, war der Wechsel von Hörern in jedem Semester. Bleibt auch ein Teil derselben am gleichen Orte, so waren doch immer wieder viele neu angekommen, die Vorurteil und Fehlurteil erst ablegen mußten [...]."[121]

Die Bewältigungsversuche, mit denen die Studentinnen derartigen Situationen entgegentraten, waren individuell geprägt. Mathilde Spiess setzte sich relativ selbstbewußt gegen Unverschämtheiten zur Wehr, wobei ihr der Altersunterschied zu den Kommilitonen – sie war bereits 24 Jahre alt – zu Hilfe kam. Eine ihrer jüngeren Kommilitoninnen wählte hingegen eine andere Taktik, die offenbar nur bedingt Wirkung zeigte:

„Annele, die fünf Jahre jünger war als ich und somit gleichaltrig mit den Studenten, stand freilich etwas anders da. [...] Dennoch war meine Sorge und meine Warnungen noch nicht einmal nötig. Ihr gesunder Sinn hatte ganz die richtige Art und Weise, sich in dieser Lebenslage selbst zu schützen. ‚Weischt' sagte sie, ‚i sag's ihne halt gleich, daß ich keine Sprüch höre will'. [...] so war es ihre Art und Weise, den Mitstudenten kameradschaftlich zu helfen; sie gab ihnen praktischen hausfraulichen Rat. Vor allem die Handschuhe, die sie den Kameraden im Anatomiekolleg unter der Bank gemächlich strickte, taten gute Wirkung. ‚Ich bin noch nit beim Daume angelangt, dann is schon alles gerettet, dann denken sie an ihre Mutter und Schwester und sin selbst froh, daß se Kamerad sein könne.' Und welch niederträchtige Verleumdungen wurden über diese Studentin ausgestreut [...]."[122]

Die zum gleichen Zeitpunkt in Heidelberg studierende Rahel Straus schildert, wie die männlichen Studierenden auf ihre Anwesenheit – sie war nach ihrer Aussage für drei Semester die erste und einzige Frau an der Heidelberger Medizinischen Fakultät – zwar positiv, aber auch verunsichert reagierten. Straus macht zudem deutlich, daß sie selbst den Aufruhr, den ihr Erscheinen unter den Kommilitonen auslöste, zunächst gar nicht bemerkte:

„[...] man war trotz Abitur und Buchweisheit so ganz ‚kleines Mädchen', daß alle Kollegen sofort bereit waren, sich als Beschützer zu fühlen, dafür zu sorgen, daß keiner auch nur einen gewagten Witz in meiner Nähe erzählte. Das geschah alles so selbstverständlich, daß ich es nicht einmal bemerkte. Es dauerte Jahre, bis meine Kollegen, mit denen ich richtig befreundet war, mir eingestanden, daß ihr erstes Zusammentreffen mit mir im Hörsaal – es wurden Nummern ausgegeben – kein Zufall war, sondern daß der kleine Fuchs dem älteren Kollegen den Platz neben mir hatte abgeben müssen, daß man verabredete, wer mit an meinem Präpariertisch sitzen durfte. Nach dem Physikum erfuhr ich erst, daß Professor Fürbringer dem Assistenten verboten hatte, bei seinem Rundgang im Präpariersaal zu mir zu kommen, weil die Studenten ihn beim Bierabend neckten, er bliebe am längsten bei mir stehen. Von da ab kamen nur die Prosektoren und der Professor selbst. [...] Nie brauchte ich mein Präparat zu holen, nie eine unangenehme Arbeit zu machen, das besorgte immer einer der Kollegen. Einen ganzen Wintermonat lag immer ein Veilchenstrauß in meinem Schrank, ohne daß ich je erfahren hätte, von wem er stammte."[123]

Während ihres gesamten Studiums hatte Straus sich offenbar nie über mangelnde männliche Gesellschaft zu beklagen. Im Laufe der Zeit wurde sie jedoch auf die Existenz eines Verhaltenskodex aufmerksam gemacht, den sie in ihrer jugendlichen Unbekümmertheit zuvor nicht wahrgenommen hatte:

„Da war der Kollege [...], der mir jeden Tag um zehn Uhr Schokolade brachte. [...] Da war einer, der mich zur Spiritistin machen, ein anderer, der mich für den strengen Vegetarismus gewinnen wollte; einer, der mir seine Gedichte vorlas, ein anderer seine Novellen. Mit dem Kollegen Engelhard machte ich meine ersten Autofahrten in seinem schönen Wagen. [...] Einer lehrte mich Radfahren, ein anderer wollte mir das Skilaufen beibringen, aber davon mußten wir Abstand nehmen, weil es zuviel Aufsehen erregt hätte. Auch ans Rodeln war damals nicht zu denken. Ein kleiner achtjähriger Stipps, dem ich seinen Rodel für einen Nachmittag abmieten wollte, um mit den Kollegen den Königsstuhl herunterzurodeln, erklärte mir: ‚Das isch nix für Mädle!' Dieser allgemeinen Meinung mußte ich mich fügen. Denn wie gut ich es auch hatte, es gab einen ungeschriebenen Kodex für das, was ich tun und lassen konnte. So zum Beispiel, als ich einmal mit einem Kollegen eine Schlittenpartie auf den Kohlhof machte, erklärten mir am nächsten Tag die befreundeten Kollegen: ‚Nie wieder mit *einem*, Fräulein Goitein!'"[124]

Ganz anders als bei der zu Studienbeginn knapp 21jährigen Rahel Straus gestaltete sich das Verhältnis der 28jährigen Hermine Edenhuizen und der 32jährigen Frida Busch zu ihren männlichen Studienkollegen. Auch sie nahmen die Altersdifferenz als hilfreich wahr:

„Durch das Famulieren kamen wir in den klinischen Semestern in Bonn mehr mit den männlichen Kommilitonen zusammen [...]. Dabei entwickelte sich ein Verhältnis, das wieder anders als die früheren war. Die fröhlichen Rheinländer versuchten es mit ‚Kavaliertum' und ‚Hofmachen'. Weil wir älter zum Studium gekommen waren, als der Durchschnitt der Männer, waren wir ihnen an Reife und Jahren überlegen und konnten deshalb nicht davon beeindruckt werden. Manchmal sind wir in der Abwehr etwas hart gewesen, so, wenn wir einen ‚Minnebrief‘ offen dem als Vermittler dienenden Portier mit einem Taler und der Weisung zurückgaben, ‚wir verbäten uns solche Dummheiten‘. Ein andermal ließ sich ein ganz hartnäckiger Verehrer nicht abhalten, uns nach Hause zu begleiten. Unterwegs fing er vorsichtig an, gegen das Frauenstudium zu sprechen mit dem üblichen Hinweis, daß die Frau ins Haus gehöre, um schließlich mit dem Ausspruch zu enden: ‚Wir werden sie ja doch alle wegheiraten!‘ Außer einer gründlichen sofortigen Abfertigung von Frida Busch mußte es dieser nicht sehr fleißige Jüngling erleben, daß er fünf Jahre später als verbummelter Student bei mir als Assistenzärztin der Bonner Universitäts-Frauenklinik seine Examensarbeit zu absolvieren hatte. Er hatte alle Gedanken an ‚Wegheiraten‘ verloren und bat mich höflich um Hilfe.“[125]

Manche Studentin griff zu noch rabiateren Mitteln. Die ab dem Jahre 1909 studierende Käte Frankenthal setzte sich trotz ihres Widerwillens gegen studentische Schlägereien auch tatkräftig zur Wehr, wenn es ihr notwendig erschien:

„[…] in meinem Drange nach Gleichberechtigung hatte ich etwas von dem Kraftmeiertum angenommen […]. Ich gebrauchte auch meine Kraft nach Studentenart. […] Es war durchaus nicht so, daß ich erregt wurde, mich vergaß und hinterher mich furchtbar schämte. Im Gegenteil! Ich fand absolut, daß eine Ohrfeige die gebührende Antwort auf irgendeine Frechheit sei. Bei Studenten genügte eine Beleidigung wie ‚Fixieren‘, d. h. herausfordernd ansehen, um eine Schlägerei mit nachfolgendem Duell hervorzurufen. Ich fand das immer lächerlich […]. Aber meine Reaktion auf irgendeine Beleidigung lag ganz auf derselben Linie, obgleich das ja bei Frauen nicht einmal üblich war. Etwas von dem deutschen Herrentum hatte abgefärbt.“[126]

Wie sehr die Reaktionsweise der Studentinnen auf Konflikte mit den Kollegen individuell geprägt war, veranschaulicht eine weitere Schilderung von Rahel Straus, die sich ebenfalls mit wenig schmeichelhaften Äußerungen seitens einiger Studenten konfrontiert sah. Straus begegnete derartigen Vorurteilen jedoch wesentlich gelassener als beispielsweise ihre beiden älteren Kolleginnen Edenhuizen und Busch. Von der ersten Einladung des von ihr geleiteten Studentinnenvereins durch die Heidelberger „Freistudentenschaft“ berichtet sie:

„Der erste Abend, zu dem uns die Kollegen eingeladen hatten, war dann ein solcher Mißgriff […] Das Thema hieß: ‚Die Studentin‘, und ein Kollege erklärte uns da ganz wissenschaftlich, daß jede studierende Frau nicht nur geistig und seelisch als Frau verkümmern müsse, sondern daß auch ihr Äußeres sehr bald die Spuren davon zeige und sie häßlich und für Männer abstoßend erscheinen lasse. Dagegen zu protestieren, fanden wir unnötig. Wir hatten bisher noch nicht bemerkt, daß wir zum Männerschreck geworden waren. Nach zwei Jahren – der junge Redner und ich waren mittlerweile Freunde geworden – hielt er wieder eine Rede über die Studentin, und da war es der reine Lobgesang auf die studierende Frau.“[127]

Die Entwicklung einer derartigen Souveränität unter den Heidelberger Studentinnen mag durch die Erfahrung, daß die im Verein zusammengeschlossenen Frauen kränkenden Vorurteilen nicht mehr vereinzelt, sondern als Gruppe gegenüberstanden, unterstützt worden sein. Dies bestätigt auch die Ärztin Toni von Langsdorff in einem autobiographischen Artikel. Sie hatte das Studium im Sommersemester 1905 in Bonn begonnen und sich dort als einzige Studentin im anatomischen Praktikum einer großen Feindseligkeit der männlichen Kommilitonen ausgesetzt gefunden. Allerdings war ihr vornehmliches Problem zunächst ein anderes. Sie geriet in ein Dilemma, weil der Direktor des anatomischen Instituts, ein „chevaleresker alter Herr" sich ein „pikantes Abenteuer" mit ihr erhofft hatte. Von Langsdorff verließ daraufhin die Universität und setzte ihr Studium in Heidelberg fort.

„Immerhin war die Anzahl der Frauen größer, man war nicht mehr so isoliert und bekam sogar, ohne als ‚Aussätzige' behandelt zu werden, eine ‚Bude'. Da Preußen sich 1908 auch entschloß, an seinen Universitäten die Immatrikulaton einzuführen, ging ich aus gesundheitlichen Gründen im Winter 1908 nach Marburg. Unerwartet begegnete ich dort aber ähnlichen Erschwernissen wie in Bonn [...] man bekam sehr schwer eine Wohnung, die männliche Studentenschaft benahm sich oft rüpelhaft, und man sah sich wieder dem allgemeinen Mißtrauen und Mißfallen ausgesetzt. Ich machte in Marburg sogar die Bekanntschaft mit einem Beamten der Sittenpolizei, der wohl auf eine Denunziation hin mich eines Tages auf meiner Bude aufsuchte. Auf meine offenbar überzeugende Verblüffung hin zog er sich allerdings sehr bald zurück. [...] Ich ging dann doch wieder nach Heidelberg zurück. [...] Die folgenden Semester waren dann auch leichter, und ich fand einen netten Kreis männlicher und weiblicher Studiengenossen, so daß ich nicht mehr isoliert und gegen Angriffe besser geschützt war."[128]

Der Versuch, anhand der verschiedenartigen Schilderungen ein Fazit zum allgemeinen Verhältnis zwischen Kommilitonen und Kommilitoninnen der damaligen Zeit zu gewinnen, gestaltet sich schwierig, da die jeweiligen Erfahrungen offenbar auch stark vom jeweiligen Charakter und Alter der Studentinnen geprägt wurden. So studierte eine in ihren eigenen Schilderungen verunsicherte, jegliches Zeichen von Schwäche vermeidende, steif und unnahbar wirkende Hermine Edenhuizen zeitgleich mit der jungen, unbefangen jegliche Verehrung genießenden Rahel Straus. Andere Studentinnen versuchten, ein eher schwesterliches Verhältnis zu den Kommilitonen zu schaffen. Überaus selbstbewußte Frauen wie Käte Frankenthal setzten sich wortgewaltig oder gar tatkräftig zu Wehr. Das ursprünglich von der deutschen Frauenbewegung angestrebte Ideal „neuartiger menschlicher Beziehungen, Kameradschaft, Freundschaft"[129] zwischen männlichen und weiblichen Studierenden stellte sich weder unmittelbar noch selbstverständlich ein. Die Studentin Krukenberg-Conze wies 1903 auf die dringende Notwendigkeit hin, die männlichen Studierenden an eine ausreichende Achtung ihrer weiblichen Studiengenossen zu gewöhnen[130]. In den darauffolgenden Jahren häuften sich die öffentlichen Beschwerden über schlechtes Benehmen der Studenten. So kritisierte die Ärztin Julie Ohr 1909, daß manche Studenten ihre Unsicherheit gegenüber der studierenden Frau

Abb. 15: Karen Horney mit Kommilitonen nach ihrem Physikum (1908).
In: Rubins, Jack: Karen Horney. Sanfte Rebellin der Psychoanalyse.
München 1980, S. 174 b.

hinter schlechten Manieren zu verbergen suchten und besonders ausländische Studentinnen oftmals wie „Freiwild"[131] behandelten. Ohr skizzierte drei Varianten, mit denen der Student die Begegnung mit einer Kommilitonin bewältige: Am häufigsten sei eine „beleidigende Gleichgültigkeit, die jede Studentin als Luft im wörtlichsten Sinne behandelt" sowie eine „Gleichstellung der Frau mit denjenigen unglücklichen Wesen, die man auf der Straße und in mindern Kneipen trifft". Eine Behandlung als „gesellschaftlich gleichgestellte Dame"[132] fände sich eher selten. Ohr machte jedoch auch die Studentinnen selbst für das schlechte Verhältnis zu den Kommilitonen verantwortlich. Diese verhielten sich aus Rücksicht auf ihren guten Ruf häufig derart abweisend, daß sich schon mancher Student vom Freund zum Gegner des Frauenstudiums gewandelt habe. Ohr warnte die Studentinnen aber auch vor dem gegenteiligen Verhalten. Der Student werde „beinahe gezwungen", das weibliche Geschlecht „nur als zu seiner Unterhaltung vorhanden" anzusehen, wenn Studentinnen sich „mit jener dem Ballsaal entnommenen herausfordernden Haltung" durch die Universität bewegten, „womöglich mit dem neuen Hut und der modernen Jacke angetan, um durch ihr unakademisches Aussehen zu beweisen, wie wenig der Ernst der Universität und der Wissenschaft ihnen bekannt ist."[133] Denselben Vorwurf, allerdings in wesentlich schärferer Form, formulierte Marianne Weber nochmals im Jahre 1917:

> „Die Hörsäle sind jetzt nicht nur der Rahmen für geschmackvoll anmutige Kleidung geworden, sondern manchmal könnte man meinen, in festliche Veranstaltungen geraten zu sein, bei denen es gälte, die Reize der eigenen Person zur Geltung zu bringen. Gegenüber solchen Stillosigkeiten […] sehnt man sich wahrlich zurück, wenn nicht nach den Westenkleidern der ersten, so doch nach den schlichten sachlichen Blusen der zweiten Generation. Es wäre gut, wenn die Studentinnenvereine sich angelegen sein ließen Stilgefühl und sichere Tradition zu entwickeln, wonach als *geschmacklos* gilt, durch auffällige Kleidung die Aufmerksamkeit der Studierenden während der Stunden gemeinsamer Arbeit von dieser auf die eigene Person zu lenken"[134].

Der Autor des eingangs referierten Artikels über „Die Berliner Studentin" aus dem Jahre 1902 hatte – nicht ohne auf Ausnahmen hinzuweisen – energisch der Behauptung widersprochen, daß deutsche Studentinnen die männlichen Kommilitonen in unziemlicher Weise von der Arbeit abhielten. Im Gegensatz zu den stets in Herrenbegleitung erscheinenden ausländischen Hörerinnen, flirte die deutsche Studentin „wenigstens nicht in den Hörsälen". Allerdings werde manche in der Vorlesung geschlossene Bekanntschaft in einem Vergnügungslokal fortgesetzt und ende „als Trauerspiel", wovon eine Reihe von Polizeiberichten Zeugnis ablegten. Im allgemeinen halte sich die Berliner Studentin jedoch zurück, für den männlichen Kommilitonen sei sie eher eine „*quantité négligeable*"[135].

Der Psychoanalytiker und fanatische Gegner des Frauenstudiums Fritz Wittels vertrat in dieser Hinsicht eine ganz andere Auffassung. Besonders Studentinnen der Medizin verfolgten ausschließlich das Ziel, sich vor ihren Geschlechtsgenossinnen zu erhöhen. Die zahlreichen Hysterikerinnen unter ihnen seien darin umso erfolgreicher, als gerade sie die geheimnisvolle Fähigkeit besäßen, ihren „Sexualwillen vom Sexualziel abzuziehen"[136] und im Studium zu sublimieren. So erkläre sich auch der „unnachahmliche, wollüstige Fleiß"[137] der Medizinstudentinnen:

> „Es ist ein Glück, daß wohl keine zur Medizin geht, die nicht ein bißchen Anlage zur Hysterie hat, die sich nicht wenigstens temporär hysterisch pervertieren kann. Nur blitzt das weibliche Prinzip in seiner Urgestalt wie ein elektrischer Kurzschluß immer wieder durch und ist dann ganz und gar unbändig, wenn es durch fortwährende Perversion bis zur Weißglut erhitzt ist. So bleibt dem nicht extrem hysterischen Mädchen, das [...] in die Wissenschaft gehetzt wird, wenn niemand es rechtzeitig legitim liebt, zur Rettung nur die illegitime Liebe. [...] Die Studenten, deren Sexualleben in der entsetzlichsten Weise verwahrlost ist, mögen sich des Geschenkes freuen [...]. Hinter Retorten und Gasometern läßt sichs kosen als wie im grünen Tann, auch im Seziersaal kann man duftende Märchen ins Ohr flüstern. [...] Die Gefahr ist groß, daß ein Student mit der ganzen Hartnäckigkeit der ersten Liebe sich in ein Scheusal vergafft, nur weil es ihm immer um die Nase streicht und besseres Futter für den der Welt noch Abgekehrten nicht zu haben ist. Wer jung ist, [...] wagt nicht, zurückhaltende Frauen im Sturme zu erobern. Er ist auf aggressive angewiesen. Das Eindringen des Weibes ins Laboratorium fühlt der schüchterne Liebhaber als Angebot, und einmal im Netz, zappelt er lange. Die nicht studierenden Frauen könnten das als unlautern Wettbewerb bezeichnen. Man kann von den Studenten [...] oftmals hören, die weiblichen Kollegen kämen ihnen vor wie Prostituierte."[138]

Freud kritisierte in seiner „Mittwochabend-Gesellschaft", an der auch Wittels regelmäßig teilnahm, dessen Verwendung des Begriffs der weiblichen Sublimierung: Zwar habe er die Sexualität als Triebfeder des Frauenstudiums richtig hervorgehoben, jedoch den Unterschied zwischen roher und sublimierter Sexualität vernachlässigt, da jeder Art von Forschung eine Verschiebung von Sexualität zur Wißbegierde zugrunde liege. Freud war außerdem der Ansicht, Wittels habe es in seinem Artikel an „Galanterie im höheren Sinn"[139] fehlen lassen.

Tichy führt die Heftigkeit derartiger Angriffe u. a. darauf zurück, daß die Universität zur Jahrhundertwende auch als Ort der Mannwerdung verstanden wurde. In Anbetracht des als „tertiärem Geschlechtsmerkmal" zu verstehenden männlichen Wissensmonopols über den eigenen wie auch den weiblichen Körper sei die Medizinische Fakultät gleichbedeutend mit dem „Allerheiligsten in den magischen Räumen der universitären Initiation des Mannes"[140] gewesen. Die Anwesenheit von Studentinnen sei daher vor allem an Medizinischen Fakultäten einer drohenden Depotenzierung, einem Akt sexueller Aggression gleichgekommen. Durch ihre bloße Existenz setzte die Medizinstudentin die herrschende geschlechtsspezifische Rollenzuweisung, die die Vorstellung von der Reinheit und Sittlichkeit der Frau eng mit der Unwissenheit über sexuelle Vorgänge und dem eigenen Körper verband, außer Kraft und provozierte dadurch das Gefühl des Obszönen.

Daß es, wie von Wittels überzeichnet, in der Tat bei ersten erotischen Kontakten zwischen Studentin und Student zu Mißverständnissen kam, geht aus einer Schilderung der Ärztin Hedwig Jung-Danielewicz hervor, die ihr Studium im Wintersemester 1901/ 02 in Berlin begann:

„Otto Anthes war ein Mitstudierender, den ich bei der gemeinsamen Arbeit auf dem Präpariersaal kennengelernt hatte. [...] Innerliche Berührungspunkte fehlten uns [...] vollkommen, und so war es wohl nur eine gewisse sexuelle Neugierde, die uns zueinander trieb und die sich von seiner Seite aus in einigen kräftigen, sonst unmotivierten Händedrücken etwas ungeschickt und sonst ohne Worte äußerte. Geliebt zu werden war mein großer, heimlicher Wunsch. [...] Otto Anthes besuchte mich einmal auf meinem Zimmer [...]. Zum ersten Male waren wir ungestört alleine zusammen – er legte seinen Arm um mich und küßte mich. In mir war alles Aufregung. Jetzt müßte der große Augenblick kommen, wo er mir sagte, daß er mich lieb hätte. [...] Aber, sei es, daß Otto Anthes zu ehrlich war, um zu lügen oder zu ungeschickt, um seine Gefühle in Worte zu kleiden, er sagte nichts! Und so trennten wir uns, wobei er mir noch vorschlug, mich am nächsten Vormittag, einem Sonntag, bei dem Militärkonzert [...] mit ihm zu treffen. Aber wie war das möglich gewesen? Was vorgefallen war, empfand ich als etwas Furchtbares, tief Beschämendes [...] wie sehr ich mich verloren und weggeworfen hätte! [...] ich schrieb an Otto Anthes, daß wir uns beide ineinander geirrt hätten, daß wir uns nicht wiedersehen und, wenn wir uns auf der Straße träfen, uns nicht mehr grüßen wollten und daß er, weil mir so etwas noch nie passiert wäre, doch nur ja keinem Menschen davon erzählen möchte."141

Zwischen Studentinnen und Studenten bestand offenbar große Verunsicherung darüber, wie sie sich einander nähern sollten. Rahel Straus schildert in ihren Memoiren, daß sie mit ihren Studiengenossen häufig darüber philosophiert habe, ob eine „reine Freundschaft" möglich sei oder ob nicht immer auch die Liebe eine Rolle spiele:

„Wild verfochten wir die Möglichkeit der reinen Freundschaft. Aber heute weiß ich, daß es auch damals nicht wahr war. Bei mir war es Freundschaft, weil ich innerlich längst festgelegt war, aber bei den meisten Jungen war Liebe dabei, wenn es auch nur selten ausgesprochen wurde."142

Manche Studentin hingegen entwickelte in dieser Hinsicht eine aus heutiger Sicht wesentlich freizügigere Einstellung. So schreibt die Ärztin Käte Frankenthal in ihren Memoiren:

„Ich wurde in Berlin viel zu Atelierfesten eingeladen, bei denen es äußerst lustig und frei zuging. Es war die Zeit, wo viel über freie Liebe diskutiert wurde. [...] Ich hatte viel Besuch in meiner Wohnung, zu späten Stunden, und genoß diese Freiheit [...]. Das Sexuelle war für mich nie ein Problem. Seit meiner Studentenzeit [...] habe ich dieser Seite des Lebens freiwillig den Platz eingeräumt, der ihr nun einmal von Natur bestimmt war [...]. Gewissensskrupel hatte ich nicht. Eine Dauerbindung kam für mich von vornherein nicht in Frage, und daraus habe ich keinen Hehl gemacht. Ich glaube nicht, daß mir ein Mann auf dem Gebiet etwas vorzuwerfen hat. Die Frage wurde im allgemeinen zufriedenstellend gelöst."143

Abb. 16: Hedwig Danielewicz mit Krankenschwestern und Kollegen in Bonn
(1908). In: Unschuld, Paul: Die Ärztin und der Maler. Düsseldorf, 1994, S. 34.

Daß Käte Frankenthal mit dieser Haltung auch zur damaligen Zeit nicht vereinzelt dastand, zeigt sich auch am Lebensstil der beiden Promovendinnen Josine Ebsen[144] und Karen Horney[145]. Beide heirateten während bzw. kurz nach Abschluß ihres Studiums einen Studienkollegen und wohnten ab 1913 in einer großen Wohngemeinschaft in einem Appartementkomplex in Lankwitz. Die Beziehungen in der Gruppe waren nicht nur unter den Singles, sondern auch unter den Verheirateten „leichtherzig und sexuell emanzipiert"[146]. Häufig kam es zu kurzfristigen Verbindungen, teils mit Wissen des Partners, teils ohne. Horneys Biograph läßt einen ehemaligen Mitbewohner zu Wort kommen:

> „Es war üblich, daß die Männer ihre Affären hatten – vielleicht als Beweis ihrer Männlichkeit. Die Geliebten waren oft Verwandte oder Freundinnen der Frauen, und es herrschte eine gewisse Offenheit, Toleranz und ein Laissez-faire; die Freundschaften blieben bestehen, der äußere Anschein wurde gewahrt, und der gesellige Umgang blieb unbeeinträchtigt. Die Frauen waren sexuell im allgemeinen weniger aktiv, aber sie hatten auch ihre Affären, und darüber regte sich ebenfalls niemand besonders auf."[147]

Allgemein ist aus den zeitgenössischen Quellen abzulesen, daß sich das Verhalten der männlichen Studierenden gegenüber den Studentinnen zwischen 1901 und 1918 deutlich verbesserte. Doch auch hier spiegeln die Quellen neben der realen Situation auch die durch herrschende Vorurteile weit verbreiteten negativen Erwartungen und Befürchtungen wieder[148]. Stücklen kam bei ihrer Befragung der Berliner Studentinnen im Wintersemester 1913/14 zu dem Resultat, daß sich in der Reaktionsweise der männlichen Studentenschaft auf die studierende Frau erste positive Tendenzen abzeichneten:

> „Daß der Zustrom der Frauen in die Hörsäle von den Studenten aus den verschiedensten Gründen durchaus nicht freudig begrüßt wurde, dürfte allgemein bekannt sein. Heute ist anstelle dieser schroffen Ablehnung in Kreisen, die noch stark an Traditionen gebunden sind, Gleichgültigkeit getreten, während andererseits die Interessengemeinschaft und die Achtung vor einander zu anregendem, kameradschaftlichen Verkehr führte [...]."[149]

Eine zunehmende Kameradschaftlichkeit, die jedoch auch immer ein gewisse unterschwellige Rivalität verbergen konnte, bestätigt auch Käte Frankenthal, die von 1909 bis 1915 an verschiedenen medizinischen Fakultäten studierte. Frankenthal empfand es als befreiend, daß die Studentin im Laufe der Jahre ihre exponierte Stellung verlor. Immer mehr junge Studentinnen, „die in nichts an einen Blaustrumpf erinnerten" traten unbefangen auf:

> „Von den Studenten wurden sie kameradschaftlich behandelt. Es war keine Feindseligkeit vorhanden, aber auch keine besondere Rücksichtnahme. Eher im Gegenteil. Daß in einem überfüllten Hörsaal ein Student nie einer Studentin seinen Sitzplatz anbieten würde, war selbstverständlich. Aber oft genug sah man eine Studentin und einen Jüngling um die Wette auf einen frei gewordenen Platz lossteuern. Der Sieger

im Rennen war sichtlich froh, wenn er seiner Kollegin gerade den Platz fortschnappen konnte.“[150]

Fast enthusiastisch äußerte sich im Jahre 1915 Judith Herrmann über die Verbesserung der Umgangsformen zwischen männlichen und weiblichen Studierenden. Herrmann führte den Wandel der „studentischen Sitten“ zum einen auf den „veredelnden Einfluß“ der Studentinnen zurück, hielt aber zugleich auch die Ausbreitung des „Freistudententums“ und ein wachsendes „soziales Verantwortlichkeitsgefühl“[151] für maßgeblich. Die Medizinstudentin Rahel Plaut betonte hingegen 1916 in einer Studentinnenzeitschrift, daß viele ihrer Kommilitoninnen noch immer keine befriedigende Lösung auf die Frage, welches denn nun die richtige Haltung gegenüber den männlichen Studierenden sei, gefunden hätten. Vielmehr werde dieses Problem in Studentinnenkreisen häufig erörtert. Plaut riet zu „Natürlichkeit“ und „Unbefangenheit“ und bot für den Notfall Unterstützung an: „Von unerzogenen Menschen, die auf ihre größere Kraft hin die Damen verdrängen oder sich Frechheiten erlauben, darf man sich nicht einschüchtern lassen. Schlimmstenfalls nimmt sich der Studentinnenverein gern der Sache an.“[152] Eine besondere Schwierigkeit lag für manche Studentin in der Konfrontation mit den jeweiligen „Freundinnen“ ihrer Kommilitonen:

„Der Verkehr mit den Kollegen ist für Medizinerinnen auch nicht immer einfach. Man trifft da leider mit Mädchen zusammen, die in Wesen und Gesinnung mit jungen Damen aus gesitteten Verhältnissen nichts gemein haben. Obgleich man das sehr bald merkt, ist es schwer, ihnen aus dem Weg zu gehen. [...] Aber da muß man fest sein. Kein Mensch ist stark genug, um sich auf die Dauer gegen schlechten Einfluß zu behaupten. Um auf solche Mädchen einzuwirken, muß man älter und erfahrener sein.“[153]

Daß sich trotz vielfältiger Mißverständnisse und Schwierigkeiten das Verhältnis zwischen männlichen und weiblichen Studierenden auch an den Medizinischen Fakultäten im Laufe der ersten zwei Dekaden des Frauenstudiums deutlich verbesserte, bestätigt schließlich auch ein im Jahre 1918 veröffentlichtes Resümee in der „Deutschen Medizinischen Wochenschrift“. Eine Vielzahl von Professoren bestätigte die ursprüngliche These der Frauenbewegung, daß die Anwesenheit von Studentinnen einen positiven Einfluß auf das Verhalten und den Fleiß der männlichen Studierenden ausübte. Befürchtungen, das intellektuelle Niveau und die Sittlichkeit der Studierenden werde sinken, hatten sich nicht bestätigt. Stattdessen veranlaßten die Studentinnen ihre männlichen Kommilitonen zu „erfreulichem Wettbewerb“[154], und auch der Ton der Studenten in Seziersälen und Kliniken hatte sich wesentlich gebessert. Dies gilt vermutlich auch für den Umgangston der medizinischen Professorenschaft, die sich im Laufe der Zeit auf ein gemischtgeschlechtliches Auditorium einstellen mußten. Schirmacher hatte diesen Effekt bereits 1896 für die Universität Zürich beschrieben:

„[...] gerade die Haltung in den medizinischen Vorlesungen und Übungen ist eine vortreffliche, das können besonders deutsche Mediziner, die herüberkommen, nicht genug rühmen, und mehr als einer [...] erklärt unumwunden, daß deutsche Hochschulen auf dieser Höhe noch nicht ständen. Das ist bedauerlich, denn die Züricher Vorlesungen sind [...] nur in *einem* von anderen verschieden: in ihrer Sauberkeit. Fast durchgängig haben die Professoren es sich abgewöhnt, ihrem Auditorium jene Anzüglichkeiten und zweideutigen Witze vorzusetzen, die [...] früher einen Teil der gepriesenen ‚Männerfreiheit' oder gar ‚Männlichkeit' bildeten. Man sagt dasselbe, man sagt es aber rein sachlich, das ist der ganze Unterschied – und er ist entschieden ein Fortschritt."[155]

5. Weiblichkeitsentwürfe: Studium und Berufstätigkeit versus Ehe und Mutterschaft

Der Gynäkologe Ernst Bumm zog auf der am 3. August 1917 stattfindenden Gedächtnisfeier der Berliner Friedrich-Wilhelms-Universität zu Ehren ihres Stifters ein Fazit über die in zwanzig Jahren gesammelten Erfahrungen mit dem Frauenstudium. Er konstatierte, daß die im Kirchhoffschen Gutachten vertretenen Meinungen „reichlich veraltet"[156] anmuteten und nunmehr zugegeben werden müsse, daß

„[...] die Intelligenz der Frau, die Fähigkeit, Vorstellungen zu bilden, aufzufassen, zu logischen Urteilen zu verknüpfen und im Gedächtnis festzuhalten, den männlichen Fähigkeiten gleichkommen. [...] Die der Studentin als spezifisch weiblich vorgeworfene Abneigung gegen abstrakte Gedankengänge, die Vorliebe für konkrete Anschauung und Empfindungen findet sich bei gleichalterigen Studenten ebenso und ist eine gemeinsame Eigenschaft des jugendlichen Geistes [...]."[157]

In den Zeiten des Krieges hätten Ärztinnen den praktischen Nachweis ihrer Leistungsfähigkeit und „Brauchbarkeit in allen möglichen Stellungen"[158] erbracht und sich selbst in aufreibenden Tätigkeiten durch rasche Auffassungsgabe, scharfe Beurteilungskraft und Schlagfertigkeit ausgezeichnet. Doch als ob dies zuviel des Lobes und Eingeständnisses darstellte, entdeckte Bumm nun eine neue Problematik des Frauenstudiums. Wie andere vor ihm konstatierte er ein Überhandnehmen der sogenannten Modestudentinnen, dem durch schärfere Auswahl bei der Zulassung entgegengewirkt werden müsse. Schließlich sei es als „sinnlose Vergeudung" von Arbeit zu werten, wenn „nur um als akademisch gebildete Frau zu gelten und den Doktortitel zu führen, um des Versuches halber bis zur Heirat" die Universität besucht werde. Bumm postulierte, daß jedes Studium notwendigerweise auch die „Verwendung des Gelernten im Leben, den Beruf"[159] fordere. Daß die Realität diese Notwendigkeit nicht erfüllte, belegte er anhand einer von ihm selbst durchgeführten Studie unter denjenigen Studentinnen, die zwischen 1908 und 1912 an der Berliner Friedrich-Wilhelms-Universität immatrikuliert gewesen waren. Bumm hatte Auskünfte über den Werdegang von insgesamt 1.078 Akademikerinnen – darunter 193 Ärztinnen – erhalten und war zu dem Ergebnis gekommen, daß fast 40% der Befragten das Studium entweder nicht beendet hatten oder den erlernten Beruf nicht ausübten. Als Begründung sei in mehr als der Hälfte der Fälle die Eheschließung genannt worden, wobei der weitaus größere Teil dieser Studentinnen noch während des Studiums geheiratet habe. Von den 60% der berufstätigen Akademikerinnen seien annähernd vier Fünftel unverheiratet geblieben[160]. Aus den von ihm vorgelegten Zahlen schloß Bumm:

> „Wenn es auch nicht unmöglich ist, daß von den letzteren noch manche heiraten werden, so zeigt doch die hohe Zahl von 2/3 Drittel Unverheirateten, daß das Studium der Ehe nicht günstig ist. Umgekehrt ist die Heirat dem Beruf nicht günstig. [...] Die Art des Faches macht dabei nicht viel aus, die prozentualen Verhältnisse sind überall annähernd die gleichen. Diese Erfahrungen deuten ohne weiteres darauf hin, wo die bedenkliche Seite des Frauenstudiums liegt: es ist die sexuelle Bindung der Frau mit ihrem von der Natur geschaffenen und deshalb unlösbaren Zwang."[161]

Bumm war der Ansicht, daß die unverheiratet gebliebenen Berufstätigen „ihrer natürlichen Lebensbestimmung entsagt" hätten. Außerdem wies er daraufhin, daß nicht wenige verheiratete Berufstätige über Schwierigkeiten klagten, die beruflichen Pflichten mit denen der Frau und Mutter zu vereinigen. Entweder leide der Beruf oder die Familie, stets aber die doppeltbelastete Frau, die „ihres Lebens nicht froh werden kann und ihre Kräfte dahinschwinden sieht, die ohnedies bei der Frau im natürlichen Lauf der Dinge [...] schon rückgängig zu werden anfangen, wo der Mann auf der Höhe seiner Leistungsfähigkeit anlangt und noch ein Jahrzehnt voller Kraft vor sich hat."[162] Aus der von ihm konstatierten „sexuellen Bindung der Frau mit ihrem von der Natur geschaffenen und deshalb unlösbaren Zwang" leitete Bumm gegenüber dem Studium und der Ausübung des ärztlichen Berufs durch Frauen wiederum die altbekannten Vorurteile ab, die sein eingangs noch positiv klingendes Fazit schlicht revidierten[163]. Abschließend stellte er zur Diskussion, ob Frauen nicht in der weiblichen Natur angemesseneren Berufen glücklicher und für die Allgemeinheit nützlicher seien und schloß seine Rede mit den Worten:

> „Allen den Frauen, die das heilige Feuer in sich fühlen, sollen die Pforten der Universitäten weit offen stehen. Die Alma Mater wird ihren Töchtern gewiß nicht weniger liebevolle Fürsorge für ihre geistigen Fortschritte entgegenbringen als ihren Söhnen. Aber die Mehrzahl der Frauen [...] muß ihrer natürlichen Bestimmung erhalten bleiben. Unsere Kinder sollen von Müttern geboren werden, die ein ausgeruhtes Gehirn und genug Zeit zur Aufzucht einer zahlreichen Nachkommenschaft haben. So leistet die Frau sich, der Familie und dem Staate den höchsten Dienst."[164]

Die Rede Bumms zog heftige Proteste in der deutschen Presse nach sich[165]. Der Leiter der Deutschen Medizinischen Wochenschrift Julius Schwalbe nahm diese zum Anlaß und veröffentlichte im darauffolgenden Jahr seinerseits ein Resümee über die Frage, ob sich nach mehr als 20 Jahren die früheren Bedenken gegen das Medizinstudium von Frauen bestätigt hätten. Darin bescheinigte er Bumm zwar „ein hohes Maß von vorurteilsloser Beobachtung"[166], konstatierte jedoch zugleich eine gewisse Nähe seiner Ansichten zu den bis zur Jahrhundertwende vorherrschenden und mahnte, daß eine „voraussetzungslose Prüfung der tatsächlichen Verhältnisse, tunlichst objektive, von persönlichen Neigungen und Abneigungen unabhängige Schlußfolgerungen"[167] auch weiterhin gefordert werden müßten. Schwalbe wandte sich nicht nur gegen Bumms abwertende Beurteilung der Fähigkeiten und Charaktereigenschaften der Medizinstudentinnen und Ärztinnen[168]. Er bezweifelte auch die Richtigkeit der Behauptung, daß das Studium der Ehe und die Ehe wiederum dem Beruf der Akademikerin abträglich sei: Zögen Frauen die Ehe dem Studienabschluß oder der Berufsausübung vor, so werde dies ihnen zur Last gelegt, heirateten sie nicht, so werde ihnen ebenfalls ein Vorwurf gemacht[169]. Schwalbe kritisierte vor allem, daß Bumm in seiner Statistik die Gründe für die hohe Zahl der unverheiratet gebliebenen Akademikerinnen verschwiegen hatte, und bezweifelte daher die Gültigkeit seiner Schlußfolgerung. Er selbst war der Ansicht, daß „ein *freiwilliger* Verzicht [...] wohl bei den wenigsten alten Mädchen die Ursache der Ehelosigkeit"[170] war. Viele hätten das Studium erst begonnen, nachdem sich ihre Heiratschancen minimiert hatten. Er selbst glaube nicht, daß Frauen auf Grund von Studium und Beruf von der Ehe Abstand nähmen, wie ja auch aus der Zahl von 25 % verheirateten Studentinnen abzulesen sei:

> „Tatsächlich klagen auch mehrere der von mir befragten Kliniker darüber, daß die Studentinnen und noch mehr darüber daß die Assistentinnen ihnen ‚weggeheiratet' werden. [...] In der Tat wird man nicht leugnen dürfen, daß die liebe- und ehefördernde Eigenschaft der Universitäten nicht minder wertvoll [...] ist. [...] Unzweifelhaft ist, daß der sittliche Ernst, die Energie, der Fleiß und die geistige Leistungsfähigkeit der Studentinnen wie der Ärztinnen einen ‚Qualitätswert' für Akademiker bilden und für die Wahl ihrer Gattinnen ausschlaggebend werden kann. [...] Man denke nur daran, wieviel hilfreicher noch einem Landarzte die Ehefrau in seiner Praxis [...] zur Seite stehen kann, wenn sie fachwissenschaftliche Kenntnisse und Können als Mitgift in die Ehe bringt."[171]

Die nach Worten Bumms „sinnlose Vergeudung von Arbeit"[172] all jener Studentinnen, die nicht zur Berufstätigkeit gelangten, wies Schwalbe als eine „Unterschätzung des absoluten Wertes"[173], den das Studium in sich berge, zurück[174]. Schließlich wandte er sich auch gegen das Urteil, daß eine Universitätsausbildung die „spezifisch weiblichen, für die Sonderaufgaben der Frau und Mutter wertvollen Eigenschaften" verkümmern lasse: „Daß die vielbeklagte Rationalisierung des Geschlechtslebens und der durch sie verschuldete Rückgang der Geburtenziffer gerade durch das akademische Frauenstudium gesteigert werde, ist eine unbegründete Behauptung."[175]

Ungeachtet der Tatsache, daß nicht nur Ernst Bumm althergebrachte Vorurteile über Wesen und Fähigkeiten des weiblichen Geschlechts – respektive der Medizinstudentinnen und Ärztinnen – replizierte, sondern auch weite Teile der Erwiderung Schwalbes, der die Medizinerinnen weitgehend zu verteidigen suchte, auf dem Boden geschlechtsspezifischer Typisierungen angesiedelt waren, so zeigt diese Auseinandersetzung am Ende des Kaiserreichs zwei Dinge: Zum einen waren die das Frauenstudium ablehnenden Vertreter der einzelnen Spezialdisziplinen zu der Behauptung übergegangen, daß Frauen nicht für das Medizinstudium als solches, sondern vor allem für das eigene Fach ungeeignet seien[176]. Zum anderen gewann in der sich fortsetzenden Debatte um das Frauenstudium ein Aspekt zunehmende Bedeutung, über den nach mehr als zwanzig

Jahren nun erstmals mehr oder weniger verläßliche Angaben vorlagen[177]. Statistiken wie diejenige Bumms boten sich für die Frage nach dem Sinn des Frauenstudiums um so mehr an, als auch weiterhin die Überzeugung dominierte, die vornehmliche Aufgabe der Frau liege in Ehe und Mutterschaft. Die Debatte über die (un)mögliche Vereinbarkeit von familiären Pflichten und Berufsausübung der Akademikerin diente dazu, die Phantasien über die Leistungfähigkeit der Frauen erneut zu bündeln.

Dabei spielte die aufflammende Konkurrenzangst unter deutschen Medizinern eine wesentliche Rolle, denn mit dem steten Anwachsen der Studentinnenzahlen im Laufe des Ersten Weltkriegs sanken vermeintlich die beruflichen Chancen der aus dem Heeresdienst entlassenen männlichen Medizinstudierenden und Ärzte[178]. Eckelmann und Hoesch haben bereits nachgewiesen, daß nach Ende des Ersten Weltkrigs die Ausbildungs- und Arbeitsplätze zur Wiedereingliederung der Kriegsheimkehrer verplant wurden. Die zu Kriegszeiten so hoch gelobte „weibliche Reservearmee"[179] der Ärztinnen wurde auf ihren Platz und Frauen allgemein wieder auf die Pflicht des Kindergebärens verwiesen, damit die kriegsbedingten Bevölkerungsverluste ausgeglichen würden[180].

Die Ärztinnen Helenefriderike Stelzner und Margarete Breymann erstellten anläßlich der Ausstellung „Die Frau in Haus und Beruf", die während des „Deutschen Frauenkongresses" im Jahre 1912 in Berlin gezeigt wurde, eine Ärztinnenstatistik, bei der sie der „Frage der Familienbildung"[181] besondere Aufmerksamkeit schenkten. Bedeutsam ist in diesem Zusammenhang der von Huerkamp ausgeführte Vermerk, daß derartige Untersuchungen wie diejenige von Stelzner und die folgenden nur eine Momentaufnahme darstellen und daher nicht die reale Zahl der Eheschließungen unter den Ärztinnen benennen[182].

Von insgesamt 175 zur damaligen Zeit im Kaiserreich approbierten Ärztinnen hatten 125 an einer Befragung teilgenommen. 60% von ihren waren unverheiratet geblieben und ohne Ausnahme berufstätig. Von den übrigen 40% Verheirateten waren zwei bereits vor Studienbeginn verwitwet und drei noch während des Studiums eine Ehe eingegangen. Die übrigen heirateten kurz nach ihrer Approbation. Von diesen insgesamt 47 verheirateten Medizinerinnen hatten fast 75% einen Arzt als Ehepartner gewählt und nur vier mit der Heirat ihren Beruf aufgegeben[183]. Zwei von diesen arbeiteten jedoch in der Praxis des Ehegatten mit. Stelzner zog aus diesen Zahlen folgendes Resümee:

> „Die meisten Medizinerinnen heiraten Mediziner, einmal naturgemäß, weil die Gelegenheit, einander kennen zu lernen, innerhalb derselben Fakultät sehr groß ist, dann, weil diese Gelegenheit als außerordentlich ehefördernd anzusehen ist. Beide Teile sehen sich bei der Arbeit und können sich in den höchsten Wertbetätigungen beurteilen. Intelligenz, Gemüt, Gesundheit, Kraft und Ausdauer werden vom Beruf verlangt, und ein Zurückbleiben dieser Fähigkeiten macht sich bald bemerkbar. So gelangen Mann und Weib zu einem richtigen Urteil über einander, und eine der Hauptbedingungen für eine glückliche Ehe ist erfüllt, eine ethische Forderung, die wir an die moderne Ehe, die so viele alte Werte umwertet, stellen dürfen."[184]

Aus dem hohen Anteil der Berufstätigen unter den verheirateten Ärztinnen zog Stelzner ferner den Schluß, daß deren Berufsausbildung bei der Auswahl der Partnerin eine Rolle gespielt hatte. Dadurch sei es auch „weniger bemittelten Individuen der gebildeten Stände"[185] möglich geworden, verhältnismäßig jung – teils sogar kurz nach der Approbation – und ohne großen Altersunterschied zu heiraten. Nach der Häufigkeit einer Mutterschaft hatten Breymann und Stelzner in ihrer Studie nicht explizit gefragt und daher nicht von allen Ärztinnen Angaben erhalten. Von den 47 verheirateten Medizinerinnen war etwa ein Drittel kinderlos, ein Drittel hatte Kinder geboren und das letzte Drittel diesbezüglich keine Auskunft erteilt[186]. Die Verbindung von Mutterschaft und berufliche Tätigkeit der Ärztinnen kommentierte Stelzner folgendermaßen:

> „[...] die Deszendentenfrage löst sich am einfachsten dann, wenn die Medizinerin einen Arzt geheiratet hat, der imstande ist, ihr gelegentlich, während sie sich schonen soll, einen Teil der Praxis abzunehmen. Ob die Kinder im übrigen darunter leiden, wenn die Mutter beruflich tätig ist, das ist eine Frage, die nicht nur die Aerztin, sondern jede auf Erwerb angewiesene Gattin und Mutter berührt. Daß die Aerztin ein bißchen mehr von Hygiene des Kindes- und Jugendalters versteht als eine andere Frau, kommt ihren Sprößlingen sicher zugute."[187]

Auch auf die von Ernst Bumm fünf Jahre später vertretene These von der minderen Qualität der Mutterschaft berufstätiger Akademikerinnen ging Stelzner ein und bemerkte mit einem überraschenden Anflug mangelnder Solidarität zu den Vertreterinnen anderer Berufssparten, „ [...] daß das vielleicht für die rein intellektuelle Arbeit leistende Frau anderer Disziplinen zutreffen mag, aber nicht für die Aerztin, deren Tätigkeit ja nur zu einem Teil Hirnarbeit, zum weit größeren Teil der Frau liegende praktische Betätigung ist."[188]

Anhand des im Rahmen dieser Untersuchung zusammengetragenen Datenmaterials über die Promovendinnen der Berliner Medizinischen Fakultät kann ebenfalls nur eine annähernde Aussage über die Zahl der Eheschließungen getroffen werden: Von den insgesamt 74 deutschen Ärztinnen waren annähernd 25% zum Zeitpunkt ihrer Promotion verheiratet. Mindestens weitere 25% gingen zu einem späteren Zeitpunkt eine Ehe ein[189]. Es muß jedoch noch einmal betont werden, daß diese Zahlen keinen Anspruch auf Vollständigkeit erheben, da bisher noch keine umfassenden Informationen über den weiteren beruflichen Werdegang und privaten Lebensweg der im Kaiserreich approbierten Ärztinnen vorliegen.

Eine Untersuchung über die im Jahre 1933 approbierten deutschen Ärztinnen – von denen ein Fünftel die Approbation vor dem Ende des Ersten Weltkriegs erlangt hatte – legt dar, daß annähernd die Hälfte von ihnen eine Ehe eingegangen war. 60% von diesen hatten einen Berufskollegen, 15% einen anderweitig freiberuflich Tätigen und 15% einen Beamten geehelicht[190]. 10% der Medizinerinnen hatte vor dem 25. Lebensjahr, 40% vor dem 28., mehr als 25% vor dem 32. und etwa 12% noch vor dem 36. Lebensjahr geheiratet. Knapp ein Viertel der verheirateten Ärztinnen – und von diesen wiederum etwa 25% bei der Eheschließung, die übrigen teilweise zu einem wesentlich späteren Zeitpunkt[191] – hatte die Praxis aufgegeben. Etwa die Hälfte hatte dies mit der Nichtvereinbarkeit ihrer beruflichen Pflichten mit den Aufgaben als Ehefrau und Mutter begründet. Fast 70% aller verheirateten Ärztinnen hatten jedoch explizit geäußert, in dieser Hinsicht keine Schwierigkeiten zu haben. Albrecht bezifferte die durchschnittliche Geburtenrate der verheirateten Ärztinnen mit 1,65 Kindern pro Ehe. Knapp 30% hatten zwei, annähernd 15% der Medizinerinnen sogar drei Kinder[192]. Albrecht hielt auf Grund der von ihr zusammengetragenen Ergebnisse die „sowohl in wissenschaftlich wie in populären Zeitschriften immer wieder geäußerte Behauptung"[193], daß nur ein geringer Teil akademisch ausgebildeter Frauen heirate, für widerlegt. Daß vor allem Ärztinnen relativ häufig heirateten, sei auch dadurch begründet,

> „[...] daß gerade im ärztlichen Beruf sich die berufliche Tätigkeit mit den Pflichten als Frau und Mutter durchaus vereinen läßt. [...] Natürlich gehört eine gute Zeiteinteilung, Organisationsgabe und Disziplin dazu, Eigenschaften, die jede Frau haben sollte, die aber gerade die Frau, die sechs Jahre Medizinstudiums hinter sich hat und selbst schon ärztlich tätig gewesen ist, mehr haben muß als jede andere. Daß bei erhöhten Anforderungen [...] sich beträchtliche Schwierigkeiten ergeben können, ist selbstverständlich. Aber Schwierigkeiten sind letzten Endes da, um überwunden zu werden, und keine der verheirateten Kolleginnen, die die Fortführung des Berufes in der Ehe bejahen, ist an solchen Extraleistungen gescheitert."[194]

Wo speziell für die verheiratete Ärztin bei der Berufsausübung das eigentliche Problem liege, verdeutlichte 1928 die Ärztin Dr. Laura Turnau in den „Merkblättern für Berufsberatung". Eine statistische Untersuchung über die 1926 in Berlin tätigen Ärztinnen habe eine Ehequote von etwa einem Drittel ergeben. Eine Minderheit arbeite nebenamtlich, der größere Teil sei in freier Praxis niedergelassen:

> „Ist der Ehemann ebenfalls Arzt, so können sich die beiden meist gut in die Hände arbeiten. Steht der Mann in einem anderen Beruf, so erwachsen der Ärztin erfahrungsgemäß größere Schwierigkeiten, die selbstverständlich von einer Reihe individueller Faktoren abhängig sind. Fraglos ist aber nicht die Vereinigung von *Ehe* und Beruf, sondern von *Mutterschaft* und Ausübung ärztlicher Praxis das eigentlich schwierige Problem, das in einigen Fällen harmonisch gelöst ist. Je besser die wirtschaftliche Lage, desto besser ist es lösbar."[195]

Huerkamp hat in einer früheren Arbeit darauf hingewiesen, daß die Mehrzahl der zwischen 1900 und 1930 studierenden Frauen die Berufausbildung nur als eine Art Notlösung für den Fall des Ledigbleibens ansah und daß selbst diejenigen, deren Studium überaus erfolgreich und befriedigend verlief, für den Fall der Heirat mit einer Entscheidung gegen den Beruf rechneten. Sie führt dies auf die Schwierigkeiten und Diskriminierungen zurück, mit denen Akademikerinnen im Beruf zu rechnen hatten, weist aber auch darauf hin, daß die Studentinnen mit einer derartigen Präferenz in voller Übereinstimmung mit gesellschaftlichen Vorstellungen und den von der bürgerlichen Frauenbewegung seit Jahrzehnten propagierten Zielen befanden[196]. Basierend auf einer ausführlichen Analyse der zeitgenössischen Statistiken hat Huerkamp jedoch an anderer

Stelle dargelegt, daß unter den Ärztinnen die Anzahl der Eheschließungen und Kinder höher lag, als die jeweiligen Statistiken es benennen[197].

Waren die Studentinnen während des Studiums vor allem vor den Konflikt gestellt, ob eine studierende Frau überhaupt „weiblich" bzw. eine „weibliche" Frau auch eine ernsthafte Studentin sein könne, so konfrontierte sie die allseits geltende Ansicht, daß eine Frau ihre Weiblichkeit vor allem damit beweise, daß sie Ehefrau und Mutter werde, mit einem weiteren grundlegenden Rollenkonflikt. Allerorts dominierte die Überzeugung, daß eine berufstätige Frau keine ausreichend gute Mutter sein könne. Im Jahre 1915 beklagte sich eine Studentin über die bereits an der Universität erlebte Geringschätzung: „Wie oft, daß die männliche Universität über uns spöttelnd die Achseln zuckt und verachtend auf unsere Arbeit sieht: ‚Was seid ihr hier?' ‚Exotische Pflanzen, die keine Früchte tragen!'"[198]. Die Studentinnen fanden sich zwischen zwei unvereinbaren Gegensätzen wieder: Die Diskussion, ob eine medizinische Ausbildung durch die Eheschließung vergeudet sei oder nicht, setzte sie einer großen Erwartungshaltung aus. Zugleich akzeptierten die meisten von ihnen die geschlechtsspezifische Rollenzuweisung als Frau und hofften, dieser mit Hilfe individueller Lösungen gerecht zu werden.

Tatsächlich gab es zu keiner Zeit – weder innerhalb der in der Schweiz ausgebildeten ersten und zweiten Generation deutscher Ärztinnen noch unter den als Hospitantinnen an der Berliner Fakultät studierenden Medizinerinnen – ausschließlich unverheiratete Frauen. Die Möglichkeiten der Akademikerin, Ehe und Mutterschaft mit Studium und Beruf zu verbinden, wurden vor allem innerhalb der Frauenbewegung und unter den Studentinnen selbst bereits frühzeitig thematisiert. Um die Jahrhundertwende war man noch überwiegend davon ausgegangen, daß das Studium einen Ersatz für die Ehe darstelle und ein „Blaustrumpf" weder heiraten wolle, geschweige denn eine reale Chance habe, einen Ehemann zu finden. Daß über eine mögliche Heirat unter denjenigen Medizinerinnen, die das Studium in dieser Zeit begonnen hatten, durchaus geteilte Meinungen vorlagen, wird anhand einer Schilderung Hermine Heusler-Edenhuizens deutlich:

> „Gegen Ende des Semesters meldete mir Frida Busch plötzlich, daß sie in den nächsten Wochen heiraten werde. Das war damals ein ganz schwerer Schlag für mich. Ich wußte, daß sie seit Jahren heimlich verlobt war, aber ich hatte böserweise immer gehofft, daß sich diese Bindung wieder lösen würde, weil ich es für einen Verrat an unserer heiligen Sache hielt, abzuschwenken zum Heiraten! – Auch hatte ich mir für ein gemeinsames Arbeiten in der Praxis schon so viele Pläne ausgemalt. Leider – die Heirat fand statt."[199]

Edenhuizens offenbar selbstverständliche Annahme, daß ihre Studienkollegin auf Grund ihrer Eheschließung den erlernten Beruf nicht ausüben würde, bestätigte sich nicht[200]. Einen ähnlichen Konflikt zwischen Heirat und Studium schildert auch die Ärztin Rahel Straus in ihren Memoiren: Sie hatte ihren zukünftigen Ehemann bereits während der Schulzeit im Elternhaus kennengelernt. Angesichts der zur damaligen Zeit herrschenden Moralvorstellungen galten Rahel Goitein und Eli Straus über viele Jahre hinweg als Jugendfreunde, von Liebe sprachen beide lange Zeit nicht:

> „[…] als Eli mich fragte, was ich denn nun studieren würde, erklärte ich: ‚Selbstverständlich Medizin!' Und darauf sagte er: ‚Da wirst Du wohl nie heiraten!' Ich verstand gut, was er damit meinte, daß er es für unmöglich hielt, eine Ärztin zu heiraten. Aber das machte mich trotzig, und ich erklärte ihm, daß solche Erwägungen mir gleichgültig seien. Es war, bei Gott, nicht der Fall, aber das hätte ich kaum mir selbst eingestanden."[201]

Doch die Meinung ihres zukünftigen Ehemannes änderte sich offenbar in kurzer Zeit. Nachdem Rahel Goitein im Jahre 1902 das Physikum abgelegt hatte, verlobte sie sich mit Eli Straus. Beide hielten die Verlobung jedoch, wie auch Frida Busch während ihrer Studienzeit, zunächst geheim. So schreibt Rahel Straus in ihren Memoiren:

> „Mein Studium, das stand bei mir fest, mußte und wollte ich vollenden. Auch Eli war ja erst Referendar, und es dauerte noch zwei Jahre, bevor er fertig war. Mittlerweile war nie mehr die Rede davon, daß ‚man eine Ärztin nicht heiraten könnte', im Gegenteil; Eli, der vielseitig begabt war und sich während seines juristischen Studiums auch für Medizin interessiert hatte, spielte damals mit dem Gedanken, auch zur Medizin überzugehen, damit wir ein gemeinsames Arbeitsgebiet haben sollten. Ich war es, die ihn davon zurückhielt. […] Ich wäre mit dem Studium um mindestens zwei Jahre eher fertig gewesen, was mir in Elis Interesse nicht gefiel, und dann waren gerade in beruflicher Zusammenarbeit Meinungsverschiedenheiten wohl kaum zu vermeiden. Aber daß ich fertigstudieren sollte, das begriff Eli voll und ganz."[202]

Offenbar war Rahel Goitein sich bewußt, daß fortan die ihr zur Verfügung stehende Zeit begrenzt war und sie die Jahre bis zur Heirat so intensiv wie möglich für ihre Ausbildung nutzen mußte:

> „[…] die drei Studien- und Verlobungsjahre waren lang und inhaltsreich, und doch auch wieder viel zu kurz für all das viele, was es zu lernen gab. Die Ferien verbrachte ich meistens in den verschiedenen Kliniken als Famula, um soviel wie möglich von meiner Studienzeit zu haben. Denn daß ich, wenn ich erst verheiratet war, keine Assistentenstelle annehmen konnte, war mir klar."[203]

Rahel Goitein verlor keine Zeit. Sie absolvierte planmäßig zehn Studiensemester an der Heidelberger Medizinischen Fakultät und meldete sich im Wintersemester 1904/05 zum medizinischen Staatsexamen. Da sie „unter keinen Umständen das Aufgebot vor Ende des Examens in Heidelberg bekannt wissen wollte"[204], richtete sich dessen Bestellung nach dem Termin ihrer letzten Examensprüfung, die am 30. Januar 1905 stattfand. Am darauffolgenden Tag ging das Paar zum Standesamt und heiratete drei Wochen später – am 21. Februar 1905 – in Heidelberg. Die zielstrebige und selbstbewußte Rahel Straus, die sich frühzeitig für die Ehe entschieden hatte und später auch als Mutter von fünf Kindern durchgehend eine eigene Praxis führte, hatte während ihres Studiums wahrgenommen, daß für viele ihrer Kommilitoninnen ein derartiger Entschluß das Ende der Ausbildung bedeutete:

„Ich habe es immer bedauert, wenn ich sah, wie schnell andere Studentinnen, wenn sie einen Mann gefunden hatten, auf ihren eigenen Weg verzichteten. Ich kann es halt nur so erklären, daß ihr inneres Verhältnis zum Beruf, den sie gewählt hatten, eben doch nur schwach war, nur ein Ersatz, nie eine Notwendigkeit."[205]

Es ist jedoch durchaus denkbar, daß nicht alle Medizinstudentinnen den zuvor beschriebenen Rollenkonflikt so zu lösen vermochten, wie Rahel Straus es offenbar konnte. Auch die Berliner Medizinstudentin Ilse Tesch hatte sich nach dem Physikum verlobt und mit der Eheschließung bis zur Beendigung ihres Studiums gewartet. Im Gegensatz zu Straus stellte Ilse Tesch jedoch ihre Ausbildungswünsche hinter die Arbeitsbedingungen ihres zukünftigen Ehemannes zurück. In einem autobiographischen Artikel beschreibt sie dies als Selbstverständlichkeit:

„Nach bestandenem Physikum wollte ich dann noch einmal die Universität wechseln, aber weniger sachliche als persönliche Motive hinderten den Vorsatz. Ein Kammergerichtsreferendar mußte nunmal beim Kammergericht in Berlin bleiben, und so blieb seine Verlobte eben auch dort [...]."[206]

Hermine Edenhuizen, der zur Studienzeit Ehe und Berufsausübung nicht miteinander vereinbar erschienen waren, entschloß sich im Alter von 40 Jahren schließlich ebenfalls zur Heirat. Dazu bemerkt sie in ihren Memoiren:

„Zur Zeit unserer Verheiratung, 1912, wurde in der Frauenwelt das Problem ,Vereinigung von Beruf, Haushalt und Ehe' eifrig erörtert, schriftlich in Zeitungen und Zeitschriften und mündlich in Versammlungen. Das Resultat der vielen Artikel und Reden hätte einen mutlos machen können, denn alle kamen zu dem unheilvollen Schluß, daß bei solcher Vereinigung *ein* Teil leiden müsse, entweder der Beruf oder die Ehe, und unter allen Umständen der Haushalt. Die Kritik und Sorge galt in erster Linie der intellektuellen Berufsfrau. An die große Zahl der verheirateten Bäuerinnen und Geschäftsfrauen war man gewöhnt und nahm wohl deshalb etwaige Mängel bei diesen als gegeben hin. Von der studierten Frau aber, die durch ihre Ausbildung aus der Norm der übrigen Frauenwelt heraustrat, erwartete man quasi als Ausgleich für solche Überheblichkeit ein Versagen auf dem speziellen Gebiet der nicht studierten Frau, im Haushalt und in der Ehe."[207]

An einer dieser Diskussionsveranstaltungen nahm auch die zu jenem Zeitpunkt bereits in eigener Praxis niedergelassene Ärztin Rahel Straus teil[208]:

„Ich erinnere mich an einen großen Abendvortrag einer Kollegin, der späteren Frau von Ludendorff, vor Studentinnen über das gleiche Thema. Sie stellte es so dar, als sei es kein Problem, als sei es eine leichte Sache. Nur solange die Kinder ganz klein sind, so sagte sie, gibt es eine kurze Zeit, wo die Ärztin die Berufsarbeit unterbrechen müsse, um sich dem Kleinkind zu widmen. Sonst aber sei es ein leichtes, allem ge-

Abb. 17: Mathilde von Kemnitz: Porträt 1912.
In: Mathilde Ludendorff: Durch Forschen und Schicksal zum Sinn des Lebens,
München 1936, S. 260

recht zu werden. Ich sprach in der Diskussion gegen sie: Man sollte ruhig der Jugend die Wahrheit sagen, es sei nicht leicht den Weg zu gehen, den die Studentin, die Ärztin werden wolle, sich gewählt hat. Es gehöre viel Kraft, Wille und Gesundheit dazu. Auch glaube ich, daß es eher möglich sei, für das Kleinkind einen Mutterersatz zu finden als für das größere Kind, das ganz andere psychologische und pädagogische Probleme aufgibt."[209]

Die spätere Frau von Ludendorff hat keinesfalls nur „kurze Zeit" ihr berufliches Fortkommen unterbrochen: Geboren am 4. Oktober 1877 in Wiesbaden, besuchte Mathilde Spiess dort die „Höhere Töchterschule", legte im Jahre 1895 das Lehrerinnenexamen ab und unterrichtete in den folgenden drei Jahren in einem Mädchenpensionat. Ab 1898 besuchte sie das Mädchengymnasium in Karlsruhe und bestand dort im Juli 1901 das Abitur. Im Wintersemester 1901/02 begann Spiess das Medizinstudium in Freiburg und legte dort im Wintersemester 1903/04 das Physikum ab. Bereits seit Studienbeginn verlobt, folgte sie ihrem zukünftigen Ehemann, dem späteren Privatdozenten für Zoologie und vergleichende Anatomie Gustav Adolf Freiherr von Kemnitz, nach Berlin. Hier absolvierte Mathilde Spiess noch die beiden ersten klinischen Studiensemester[210], brach dann aber bald nach der Heirat im Oktober 1904 das Studium ab und gebar in den folgenden Jahren drei Kinder. Über ihre Entscheidung, das Studium vorerst aufzugeben, schreibt sie in ihren Memoiren:

„Und so wurde es mir denn schon völlig klar, wie sehr ich mich getäuscht hatte, als ich bei dem Eheschluß vor Vollendung meines Studiums hoffte, ähnliche Wege zu gehen, wie die Frau eines Mediziners, eine Russin in Freiburg, sie mir vorgelebt hatte. Sie vereinte Studium und Frühmutterschaft und ließ sich an der Klinik von dem Mädchen mit dem Kinderwagen tagtäglich abholen. [...] Nein, es war mir unmöglich, mein Gemüt, denn dies war nicht von meinen Studien zu sondern, auf die grausamen Zerstörungen der menschlichen Gesundheit infolge unerbittlicher Naturgesetze hinzulenken und Leid bei seltener Rettungsmöglichkeit zu sehen, wie es ja die Kliniken so oft gehäuft bergen. So war denn bald der Plan gereift [...], daß wir zunächst gemeinsam die Naturwissenschaften studierten, die Gustav Adolf sich gewählt hatte, und ich die Vollendung des medizinischen Studiums in spätere Zukunft verlegen wollte, in der ich dem Amte, das ich als das heiligste ansah, der Mutterschaft, nichts mehr raubte durch solches Tun."[211]

Ihrer rückblickenden Aussage zufolge waren es wirtschaftliche Schwierigkeiten, die Mathilde von Kemnitz das Studium im Wintersemester 1910/11 an der Universität München fortsetzen ließen:

„Ich sorgte mich da sehr [...] und hatte den Entschluß gefaßt, nicht, wie ich früher wollte, um der Mutterpflichten willen das Vollenden meines Studiums noch auf Jahre hinaus zu verschieben. Nein, ich trat mehr und mehr, gerade um der Mutterpflichten willen, dem Plane näher, dies möglichst bald durchzuführen. War ich erst fertig (es fehlten mir ja nur noch drei Semester bis zum Staatsexamen), hatte ich erst mein praktisches Jahr hinter mir, so ließ sich, wenn unvorhergesehene Fälle uns vor

Abb. 18: Karen Horney mit Ehemann Oskar und Töchtern (1913).
In: Rubins, Jack: Karen Horney. Sanfte Rebellin der Psychoanalyse.
München 1980, S. 174 c.

schwere Lagen stellten, immer ein Ausweg finden. [...] Der Wunsch war stets stark, er hatte nur um der Kinder willen noch Jahre zurückgestellt werden sollen. So schwierig, wie auf den ersten Blick die Vereinigung von Mutterberuf mit diesen Plänen schien, so war zum mindesten das Studium selbst das Leichteste unter dem schwer zu Verwirklichenden."[212]

Mathilde von Kemnitz brachte ihr Studium nun zügig zum Abschluß. Im April 1912 bestand sie im Alter von 34 Jahren das medizinische Staatsexamen und promovierte im darauffolgenden Jahr mit einer Arbeit über den „Asthenischen Infantilismus des Weibes in seinen Beziehungen zur Fortpflanzungsfähigkeit und geistigen Betätigung"[213], in der sie sich mit der ihr gegenüber so häufig postulierten geistigen Unfähigkeit der Frau auseinandersetzte.

Auch die spätere Psychiaterin und Psychoanalytikerin Karen Horney, die im Jahre 1915 an der Berliner Fakultät promovierte, hatte noch während des Studiums geheiratet und sich trotz fortgeschrittener Schwangerschaft ins Staatsexamen begeben. Sie konnte dies aber nicht abschließen, bevor am 29. März 1911 die erste Tochter geboren wurde. Trotz der das Frauenstudium eher ablehnenden Haltung einiger Prüfer erhielt Karen Horney einen bevorzugten Examensplan, der es ihr erlaubte, zum Stillen des Säuglings zu festen Stunden nach Hause zurückzukehren. Im Anschluß an das Examen begann sie die Medizinalpraktikantenzeit und unterbrach auch in den darauffolgenden Jahren bei der Geburt ihrer beiden anderen Töchter ihre Berufstätigkeit nicht. Karen Horney verarbeitete die Erfahrungen der Mutterschaft auch in beruflicher Hinsicht. Gemäß ihrem Biographen Rubins sah sie „wie die meisten intelligenten Mütter [...] in ihren eigenen Kindern ein höchst wichtiges Lernexperiment, [...] ihr lebendes Laboratorium"[214], das ihr Material für ihre ersten wissenschaftlichen Arbeiten lieferte. Dies trifft auch auf die Ärztin Emmy Bergmann zu, die im Jahre 1913 in Berlin promovierte[215]. Nach Abschluß des Studiums und Geburt ihrer ersten Tochter geriet Karen Horney allerdings in eine schwere depressive Krise. Diese Krise ausschließlich als „Wochenbett-Depression" aufzufassen, ist sicherlich zu kurz gefaßt. Horneys Biograph merkt dazu an:

„[...] vielleicht war es auch ein mit ihrer Berufswahl verbundener emotionaler Konflikt, eine Unentschlossenheit hinsichtlich der sozial akzeptablen Rolle als Hausfrau und der damals als abweichend empfundenen beruflichen Rolle; vielleicht empfand sie auch eine gewisse Enttäuschung über ihre Ehe, weil sie eine Diskrepanz spürte zwischen dem, was sie war und dem, was sie sich erträumt hatte. In einem Aufsatz aus dem Jahre 1934 schrieb sie enthüllend: ,Jede Frau, die eine eigene Karriere wagt, ist Konflikten ausgesetzt, wenn sie nicht gewillt ist, dieses Wagnis auf Kosten ihrer Weiblichkeit einzugehen'."[216]

Eine der wenigen Studentinnen des Kaiserreichs, die sich dem weiblichen Rollenverständnis der damaligen Zeit weitgehend entzog, war die Ärztin Käte Frankenthal[217]. Sie schildert in ihren Memoiren, daß sie sich während ihres Studiums ausführlich mit ihrem zukünftigen Lebensstil auseinandersetzte und „fast in allen Dingen"[218] – jedoch nie bezüglich einer Heirat und Familie – ihre Ansichten und Absichten änderte. Frankenthal galt das Leben der eigenen Mutter, die sich offenbar zu jeder Tageszeit nach den Bedürfnissen des Ehemannes zu richten hatte, als warnendes Beispiel:

„[…] daß ich einmal so leben sollte wie sie, war mir von früher Jugend an ein Grauen. […] Kurz nach dem Bürgerkrieg 1919 hätte ich beinah eine schwere persönliche Fehldiagnose gestellt. […] Es war das einzige Mal in meinem Leben, daß ich dachte, ich hätte das Junggesellenleben über: Es wäre an der Zeit zu heiraten. […] Zu meinem Glück pflege ich zu präzisieren, was ich eigentlich will. Ein Ehemann hätte mir die kleinen Schwierigkeiten des täglichen Lebens nicht abgenommen, sondern nur vergrößert. Über Einsamkeit hatte ich gewiß nicht zu klagen. Wenn jemand Privatrechte an meiner Zeit gehabt hätte, konnte das die Sache nur komplizieren. Mütterliche Instinkte hatte ich nicht. Ein Kind würde eine völlige Umstellung meines Lebens erfordert haben, und dazu hatte ich keinen Augenblick die Absicht, nicht einmal in jener Zeit. […] Sehr viele berufstätige Frauen meiner Generation in Deutschland hatten eine ähnliche Einstellung zu diesen Fragen. Bei meiner Überlegung damals wurde mir bald klar, daß ich keineswegs heiraten wollte. Ich wollte nur besser wohnen und die Hausstandsfragen abschütteln, von denen ich nichts verstand und denen ich nicht gewachsen war. Ich kaufe also Möbel, nahm eine Wohnung […] und eine Wirtschafterin. Dann fühlte ich mich wieder wohl."[219]

Eine derart selbstkritische Haltung war unter den Studentinnen des Kaiserreichs vermutlich eher die Ausnahme. Einen der eingangs dargestellten Argumentationsstränge Schwalbes vorwegnehmend, schrieb die Studentin Claudia Alexander-Katz im Jahre 1917 in einer Studentinnenzeitschrift, daß nur „die tapfersten und gesündesten" eine Ehe mit der beruflichen Tätigkeit verbinden könnten. Doch auch die mit der Ehe dem Beruf untreu werdenden Studentinnen seien „für die deutsche Kultur" nicht verloren: „Sie werden die geistigen Leiterinnen ihrer heranwachsenden Kinder, ihrem Manne nicht nur die liebende Gattin, sondern auch die mitdenkende verständnisvolle Kameradin sein."[220]

Marianne Weber, die prominente Vertreterin der deutschen Frauenbewegung, prophezeite im gleichen Jahr den zukünftigen Akademikerinnen, die sowohl Familie als auch berufliche Tätigkeit anstrebten, ein Zurückbleiben hinter den Idealvorstellungen bezüglich der eigene Karriere:

„Jede Frau, die sich schaffend in die sachliche Sphäre einstellt, dabei aber zugleich ihrer Bestimmung als Frau gerecht werden will, macht ihr Inneres zum Kampfplatz von Wertreihen und Pflichtenkonflikten, deren befriedigender Ausgleich an den meisten Tagen ihres Lebens Mühe kosten wird und an vielen mißlingen wird. Das Bewußtsein der Unzulänglichkeit in beiden ist häufig ihr Teil, freilich auch der unerschöpfliche Reichtum eines doppelt erfüllten Daseins, das sich an immer neuen Aufgaben und Spannungen des inneren Lebens ständig erneuert."[221]

Die im Kaiserreich ausgebildeten, später verheirateten und berufstätigen Ärztinnen, von denen heute autobiographische Aufzeichnungen bekannt sind, betonen alle, daß ihnen die Vereinbarung von familiären und beruflichen Pflichten ein hohes Maß an Disziplin,

Organisationsvermögen und persönlicher Kraft abverlangt habe. Gleichbleibende Gesundheit und vor allem die Möglichkeit, bezahlte Hilfskräfte für die Betreung von Haushalt und Kindern anzustellen, seien unabdingbare Voraussetzung für die Bewältigung der Anforderungen gewesen. Es übersteigt den Rahmen dieser Untersuchung, die sich den Studentinnen des Kaiserreichs widmet, auf Erfahrungen und Bewältigungsstrategien der Ärztinnen genauer einzugehen. Abschließend soll ein Resümee Hermine Heusler-Edenhuizens, die die Haushaltsführung zeit ihres Lebens als eine unnötige Belastung ansah und in ihren Memoiren ein Konzept zur Entlastung der berufstätigen verheirateten Akademikerin entwarf[222], Erwähnung finden: Vorausgesetzt der Ehemann verfüge über spezielle Eigenschaften, um der Partnerschaft mit einer Akademikerin gewachsen zu sein, war Edenhuizen der Ansicht, daß eine solche Ehe sich durch neue Qualitäten auszeichne:

„Sie bringt als neues Moment die Gleichheit an Bildung, Denkfähigkeit und Kritik beider Eheleute, was für den Mann alter Ordnung ein Problem werden kann, wenn er auf seiner Vormachtstellung in der Ehe [...] besteht. Es gilt da Kompromisse zu machen. Nach außen hin in der Form von Ehekontrakten [...] und im Zusammenleben von Seiten des Mannes als Verzicht auf Rechte, deren Entstehungsbasis überholt ist. Ein Mann nach altem Stil, der in der Ehe auf allen Gebieten der ‚Herr im Hause‘ sein will, kann mit einer selbstbewußten, berufstätigen Frau nicht in Ruhe und Frieden leben. Zur harmonischen Ehe mit ihr gehört ein Charakter, der über sein Mannestum hinweg in seiner Frau den strebenden *Menschen* sieht, dem er gerecht werden und den er fördern will."[223]

VI. ZUSAMMENFASSUNG

In der Geschichte des Medizinstudiums von Frauen im Kaiserreich lassen sich drei aufeinander folgende Perioden unterscheiden: Im Jahre 1896 wurden Frauen als Gasthörer an preußischen Universitäten zugelassen. Ihr Zugang zu den Lehrveranstaltungen an der Berliner Medizinischen Fakultät hing vor allem von der Bereitwilligkeit der einzelnen Dozenten ab, Frauen am Unterricht teilnehmen zu lassen. Im Jahre 1899 gewährte der deutsche Bundesrat den medizinischen Gaststudentinnen Zugang zu den staatlichen Prüfungen und zur deutschen Approbation. Damit wurde ihnen von staatlicher Seite ein Universitätsabschluß in der Humanmedizin garantiert. Ab dem WS 1908/09 erhielten Frauen die Erlaubnis, sich als reguläre Studentinnen an preußischen Universitäten zu immatrikulieren. Die Professoren konnten das formale Recht der Auswahl ihrer Hörerschaft bis zum Jahre 1918 verteidigen, wurden jedoch von ministerieller Seite zunehmend gezwungen, ihre Lehrveranstaltungen allen Studierenden zugänglich zu machen. Die sich verändernden Zulassungsbestimmungen sind bereits am Beispiel anderer deutscher Universitäten nachgezeichnet worden. Auch die Ansichten und Äußerungen der Professorenschaft, insbesondere die extrem konservative Haltung des Berliner Lehrkörpers, sind mehrfach dokumentiert worden. Die vorliegende Arbeit zeigt am Beispiel der Berliner Medizinstudentinnen, daß sich die Studienrealität von Frauen mit der Überwindung der äußeren Barrieren keineswegs automatisch der der männlichen Kommilitonen anglich. Vielmehr verbergen sich unter einer scheinbaren Normalität der staatlich genehmigten Zulassung Besonderheiten und Abweichungen, die das Verhalten und den Erfolg der ersten Studentinnengeneration in neuem Licht erscheinen lassen.

Ein bislang gänzlich übersehenes Phänomen ist, daß bis zum Jahre 1910 an der Berliner Medizinischen Fakultät zwei sehr unterschiedliche Gruppen von Frauen studierten. Neben einer kleinen Gruppe deutscher dominierte eine große Zahl russischer Medizinstudentinnen, die mehrheitlich jüdischen Glaubens waren. Die beeindruckende Entwicklung ihrer Zahl stand mit den Studienbedingungen für Frauen im Russischen Reich und den dortigen politischen Ereignissen in unmittelbarem Zusammenhang. Kenntnis über die zeitweise wellenartige Zunahme russischer Medizinerinnen bestand bisher nur für Universitäten der Schweiz, die ab dem Jahre 1865 Frauen ihre Hörsäle öffneten. Wie an der Berliner Medizinischen Fakultät waren auch dort Russinnen die eigentlichen Vorreiterinnen des Frauenstudiums. In den drei Dekaden, die zwischen der Öffnung der Züricher und der Berliner Universität für weibliche Hörer verstrichen, sah sich eine Minderheit in der Schweiz studierender Medizinerinnen deutscher und schweizer Nationalität mit einer großen Überzahl russischer Kommilitoninnen konfrontiert. Sie fürchteten ebenso wie ihre später in Berlin studierenden deutschen Nachfolgerinnen, daß die gegen die Russinnen gerichteten vielfältigen Anschuldigungen ein negatives Bild auf das Frauenstudium im allgemeinen werfen und die eigenen Chancen auf medizinische Ausbildung zunichte machen könnten. Die deutschen Studentinnen begannen daher frühzeitig, sich sowohl in ihrem Erscheinungsbild als auch bei ihren außeruniversitäten Aktivitäten bewußt von den russischen Kommilitoninnen abzugrenzen. Ihre Befürchtungen wurden von der deutschen Frauenbewegung, die in dieser Zeit für die Öffnung der Universitäten des Kaiserreichs kämpfte, geteilt. Eine Reihe von Reichstagsdebatten, in denen wiederholt der Prototyp der russischen Studentin als einer staatsgefährdenden, sittlich verworfenen Revolutionärin als Argument gegen die Öffnung der deutschen Universitäten für das weibliche Geschlecht angeführt wurde, zeigt, daß derartige Ängste nicht unbegründet waren.

Auffallend ist, wie unsolidarisch sich deutsche Studentinnen und die hinter ihnen stehende Frauenbewegung bei der Abwehr derartiger Vorurteile gegenüber den ausländischen Kolleginnen verhielten. Die in Berlin studierenden deutschen Hospitantinnen legten die von Professorenschaft und männlichen Studierenden zugefügten Diskriminierungen vor allem den russischen Studentinnen zur Last. Eine Vielzahl von Eingaben und Beschwerden veranschaulicht den Ärger deutscher Medizinerinnen, daß ihnen – obwohl sie wie ihre männlichen Kommilitonen und im Gegensatz zu den Russinnen das deutsche Abitur abgelegt hatten – die mit der Immatrikulation verbundenen studentischen Rechte vorenthalten und vielfältige Schwierigkeiten bei der Absolvierung eines regulären Studiums in den Weg gelegt wurden.

Zunächst erhielten die medizinischen Gasthörerinnen nur zu denjenigen vorklinischen Lehrveranstaltungen ungehindert Zutritt, die in den Bereich der Philosophischen Fakultät fielen. Die Professorenschaft der Medizinischen Fakultät richtete in unregelmäßigen Abständen anatomische und histologische Sonderkurse ein, in denen die Studentinnen separat unterrichtet wurden. Obwohl die Professoren dies keinesfalls intendierten, sind diese Sonderkurse zumindest in der ersten Dekade, in der die männliche Studentenschaft noch heftig gegen die Anwesenheit von Frauen in den Hörsälen protestierte, als ein Schutzraum anzusehen, der den Hospitantinnen ein relativ ungestörtes Lernen ermöglichte. Erst nach der Jahrhundertwende erhielten Frauen zunehmend Zutritt zum klinischen Unterricht. Eine wachsende Zahl von Professoren änderte im Laufe der Jahre ihre strikt ablehnende Haltung gegenüber der Anwesenheit weiblicher Schüler im Auditorium. Etwa ab 1905 wurde den Medizinstudentinnen die Absolvierung des gesamten Studiums an der Berliner Fakultät möglich. Das zuvor für den Erhalt einer umfassenden medizinischen Ausbildung unabdingbare Aufsuchen anderer Universitäten lag nunmehr im Ermessen jeder einzelnen Studentin. Nach ihrer Zulassung zur Immatrikulation im Wintersemester 1908/09 wurden Frauen nur noch in denjenigen medizinischen Lehrveranstaltungen separat unterrichtet, die als prekär empfundene sexuelle Themen berührten. Zu diesen zählten die Vorlesung über Geschlechtskrankheiten, über Gerichtsmedizin und der anatomische Sezierkurs.

Neben der Nachzeichnung sich verändernder Studienrealitäten für Frauen an der Berliner Medizinischen Fakultät war die Darlegung des soziologischen Hintergrunds, der Studienkarrieren und der sozialen Realität ein primäres Anliegen dieser Arbeit. Trotz vielfältiger Behinderungen schlossen mindestens 80 % der bis 1908 studierenden deutschen Hospitantinnen, die mit dem Abitur die formale Voraussetzung dazu besaßen, das Medizinstudium ohne größeren Zeitverlust ab. Im Gegensatz zur medizinischen Vorprüfung wählten die Studentinnen jedoch erst ab dem Jahre 1910 zunehmend auch die Berliner Fakultät zur Ablegung des Staatsexamens. Gleiches trifft auf die von deutschen Ärztinnen abgelegten Promotionen zu. Neben einer Vielzahl von russischen Medizinerinnen, die bis 1912 an der Berliner Fakultät promovierten, folgten deutsche Frauen eher zögerlich und in weit geringerer Zahl.

Die deutschen Ärztinnen, die zwischen 1896 und 1918 an der Berliner Medizinischen Fakultät promovierten, entstammten überwiegend dem gehobenen Bildungsbürger- und Beamtentum sowie dem Mittelstand. Die russischen Medizinerinnen hingegen kamen aus einem schichtspezifisch insgesamt eher niedriger einzustufenden Milieu. Eine Vielzahl zeitgenössischer Quellen warnte junge Frauen vor den extrem hohen Kosten eines Medizinstudiums. Trotzdem begannen viele Studentinnen ihre medizinische Ausbildung ohne ausreichende Unterstützung des Elternhauses unter ungesicherten finanziellen Bedingungen. Zur Studien- und Unterhaltsfinanzierung waren viele Studentinnen gezwungen, sich durch das Erteilen von Privatunterricht Geld zu verdienen. Eine kleine Anzahl privater Stipendienstiftungen, die in den Händen der Frauenbewegung lag, reichte bei weitem nicht aus, um einer Vielzahl von Gesuchen um Förderung zu entsprechen. Die Mehrzahl der russischen Studentinnen absolvierte das Studium noch in weit schlechteren materiellen Verhältnissen. Große Armut, die Unterernährung, häufige Erkrankungen und eine hohe Mortalität unter den Russinnen zur Folge hatte, war die Regel.

Bei der Bewältigung des außeruniversitäten Alltags sahen sich die Studentinnen mit einer Vielzahl von Schwierigkeiten konfrontiert, die sich der männlichen Studentenschaft nicht stellten. Sie stießen bei der Suche nach einer geeigneten Unterkunft häufig auf Vorurteile gegen die studierende Frau in der Bevölkerung. Die den Studentinnen zur Verfügung stehenden Unterkünfte waren häufig überteuert, in großer Distanz zur Universität gelegen und oftmals von niedriger Qualität. Ihre Möglichkeit zur selbständigen Verpflegung war aus diesen Gründen stark eingeschränkt. Da die im allgemeinen alleinstehenden studierenden Frauen im Kaiserreich ein gesellschaftliches Novum darstellten, waren sie in Restaurants oder bei Aufenthalt auf offener Straße nach Einbruch der Dunkelheit häufig Belästigungen ausgesetzt. Aufgrund zunehmender Klagen der Studentinnen verstärkten sich die Bemühungen der Frauenbewegung, ihnen einen geschützten Wohn- und Lebensraum zu schaffen. Im Jahre 1915 wurde das erste aus eigenen Mittel finanzierte Studentinnenwohnheim in Berlin eröffnet. Die Räumlichkeiten reichten jedoch bei weitem nicht aus, um die Lage einer größeren Zahl von Studentinnen zu verbessern.

Um den ihnen innerhalb und außerhalb der Universität begegnenden Problemen nicht vereinzelt ausgesetzt zu sein, gründeten die deutschen Studentinnen eigene Vereine. Zu ihren russischen Kommilitoninnen, die vermutlich in den Organisationen ihrer männlichen Landsleute mitarbeiteten, bestand kaum Kontakt, der über die Begegnung im Unterricht hinausging. Im Jahre 1913 gab es an der Berliner Universität bereits vier, teils auch korporativ organisierte Studentinnenvereine unterschiedlicher politischer und religiöser Ausrichtung. Diese setzten sich bis zur Gewährung der Immatrikulation überwiegend für Ziele ein, die sie mit der Frauenbewegung teilten. Dennoch traten bereits in diesen Jahren erste Konflikte zwischen Studentinnen und Frauenbewegung auf, die sich im Laufe der Zeit verschärften. Viele Vertreterinnen der Frauenbewegung waren der Ansicht, daß die Studentinnen sich nicht ausreichend für die Verbesserung ihrer Situation im Hochschulbereich engagierten. Etwa ein Viertel der Medizinerinnen war während des Studiums in einem Studentinnenverein organisiert. Die Mehrheit der Studentinnen, zum Teil befremdet durch die straffe Organisation der Vereine, zog es jedoch vor, ihre Schwierigkeiten individuell zu bewältigen. Doch auch die in Vereinen organisierten Studentinnen entwickelten bald eigene Vorstellungen, wie sie sich als Frauen an der Universität verhalten sollten, und begannen, sich von den Vorstellungen und Handlungskonzepten der Frauenbewegung abzugrenzen.

Mit wachsender Etablierung gymnasialer Ausbildungsmöglichkeiten für Frauen in Deutschland stiegen ihre Möglichkeiten, bereits in jungen Jahren ein Studium zu beginnen. Unter den ersten drei Generationen von Medizinstudentinnen, die zwischen 1896 und 1918 an der Berliner Fakultät ausgebildet wurden, kam es zu einer zunehmenden Normalisierung in der Vorbildung. Auch der Altersdurchschnitt der Medizinstudentinnen sank innerhalb der ersten zwei Dekaden des Frauenstudiums an der Berliner Universität deutlich. Eine Vielzahl von Quellen spiegelt den parallel dazu ablaufenden Wandel der Vorurteile über die studierende Frau in der Öffentlichkeit. Stand zunächst die Vorstellung des „Blaustrumpfs", einer ältlichen, männerfeindlichen und unattraktiven Emanze, im Vordergrund, so wurden studierende Frauen bald der mangelnden Ernsthaftigkeit, des Studiums aus Modegründen und der Absicht des Männerfangs bezichtigt. Nach der Jahrhundertwende entspannen sich auch zwischen Frauenbewegung und Studentinnen Debatten darüber, wie eine Studentin sich im universitären Wissenschaftsbetrieb verhalten, in welcher Kleidung sie die Hörsäle betreten und wie sie sich gegenüber den männlichen Kommilitonen benehmen solle. Das Bemühen der Studentinnen, durch das eigene Erscheinungsbild dem Vorwurf der Unweiblichkeit entgegenzutreten und das Leben an der Universität geschlechtsspezifisch mitzugestalten, stieß in den Reihen der Frauenbewegung auf scharfe Kritik. Das Verhalten der männlichen gegenüber den weiblichen Studierenden gab nicht nur vor, sondern auch noch lange nach der Jahrhundertwende häufig Anlaß zur Klage und wurde seitens der Frauenbewegung zunehmend dem Benehmen der Studentinnen angelastet. Diese Auseinandersetzungen sind aus heutiger Sicht auch als Generationskonflikt zwischen bürgerlicher Frauenbewegung und einer sich von Bevormundung emanzipierenden und „moderner" werdenden Studentinnenschaft zu verstehen. Die Bemühungen der Studentinnen, die gegen sie gerichteten Vorurteile zu widerlegen, gestellte Anforderungen zu erfüllen und dem herrschenden weiblichem Rollenverständnis dennoch gerecht zu werden, waren für diese Entwicklung kennzeichnend.

Die von Medizinstudentinnen und Ärztinnen während des Ersten Weltkrieg geleistete Arbeit fand in Fachkreisen breite Anerkennung. Kaum jemand hielt die zuvor noch durchgängig postulierte These von der minderen Studier- bzw. Leistungsfähigkeit der Frau aufrecht. Die gefürchtete Konkurrenz von Ärztinnen mit aus dem Krieg heimkehrenden Kollegen führte nun jedoch zu einer neuen Pointierung der Debatten um das medizinische Frauenstudium. Neben Versuchen der medizinischen Professorenschaft darzulegen, weshalb gerade ihre Disziplin für Frauen nicht geeignet sei, wurde vor allem das Problem der Vereinbarkeit von Studium und Berufstätigkeit mit den Pflichten der Ärztin als Ehefrau und Mutter thematisiert. Die Studentinnen des Kaiserreichs nahmen bei ihrer Lebens- und Karriereplanung diesen Rollenkonflikt wahr und diskutierten ihn ausgiebig. Unter ihnen stand die Ansicht im Vordergrund, daß die Akademikerin mit der Eheschließung den erlernten Beruf aufgeben müsse oder – falls sie den Versuch einer Vereinigung von beruflichen und familiären Pflichten wagen sollte – mit einer Doppel- bzw. Dreifachbelastung zu rechnen habe, die ihr immense Kraft, große Disziplin und Organisationsvermögen abfordere. Die Studentinnen waren sich durchaus bewußt, daß das Bemühen, durch Ehe und Mutterschaft dem weiblichen Rollenverständnis zu entsprechen, große Abstriche bezüglich der eigenen beruflichen Ansprüche und Vorstellungen nach sich ziehen werde. Mehr als die Hälfte der im Kaiserreich ausgebildeten Ärztinnen ging diesen Kompromiß dennoch ein, gründete eine Familie und blieb auch weiterhin über viele Jahre hinweg berufstätig.

VII. ANMERKUNGEN

I. Einleitung

1 Albisetti, J. (1982), Benker, G. und Störmer, S. (1991), Bias-Engels, S. (1986),
Blumenthal, A. (1965), Bock, U. und Jank, D. (1990), Boedeker, E. (1939),
Boehm, L. (1958), Brentjes, S. und Schlote, K. H. (1985), Buchheim, L. (1956/7),
Burger, E. (1947), Burchardt, A. (1993), Drucker, R. (1956), Ganss, E. (1983),
Gemkow, M. (1991), Glaser, E. und Herrman, U. (1988), Hausen, K. (1990),
Hollmann, R. (1976), Huerkamp, C. (1988), Kater, M. (1972), Luhn, A. (1972),
Mehlan, B. (1964), Mertens, L. (1989), Nauck, E. (1953), Rupp, E. (1978),
Schlodtfeld-Schäfer, I. (1981), Schlüter, A. (1986), Schmidt-Harzbach, I. (1976),
Schnelle, G. (1965, 1971), Schreiter, A. (1957), Soden, K. v. und Zipfel, G.
(1979), Vogt, A. (1989), Weyrather, I. (1981), Zott, R. (1985).
2 Blumenthal, A. (1965), Bock, U. und Jank, D. (1990), Vogt, A. (1989), Zott, R.
(1985).
3 Vogt, A. (1989), Zott, R. (1985).
4 Blumenthal, A. (1965).
5 Eine Ausnahme bilden die Arbeiten von Michael Kater und Claudia Huerkamp,
die sich jedoch vor allem auf das Frauenstudium während der Weimarer Republik
bzw. in der Zeit des Nationalsozialismus konzentrieren. Huerkamp, C. (1988,
1996), Kater, M. (1972).
6 Bachmann, B. und Bradenahl, E. (1990), Neumann, D. (1987), Rohner, H. (1972).

II. Die Durchsetzung des Medizinstudiums
von Frauen in Deutschland

1 Die europäischen Länder ließen Frauen in folgenden Jahren zu den Universitäten
zu: 1863 Frankreich, jedoch erst ab 1888 auch zu den Medizinischen Fakultäten,
1864 Schweiz, 1868 Spanien, 1870 Schweden, 1874 „Medical School of Women"
in London, 1875 Finnland, Dänemark und die Niederlande, 1876 Belgien und Ita-
lien, 1878 Australien, 1884 Norwegen, 1886 Island, 1890 Griechenland, 1894
Türkei, jedoch erfolgte hier ausschließlich eine Zulassung zur Medizinischen Fakultät, 1896 Ungarn und Deutschland, 1897 Österreich, jedoch erst im Jahre 1900
auch zur Medizinischen Fakultät. Boedeker, E. (1935) S. LII-LIII. Geringfügig
nach einzelnen Universitätsstädten abweichende Zahlen finden sich bei Bußman,
H. (1993) S. 37.
2 § 1 der Statuten des „Allgemeinen Deutschen Frauenvereins". Zit. n.: Boedeker, E.
(1935) S. XXIV.
3 Stenographische Berichte über die Verhandlungen des Reichstags. VIII. Legislaturperiode. I. Session 1890/91, Dritter Band, S. 1995-2009.

4 Ziegeler, B. (1993a) S. 15-20.
5 Stenographische Berichte über die Verhandlungen des Reichstags. XI. Legislaturperiode, I. Session 1903/04, Zweiter Band, S. 1045-1049.
6 Blumenthal, A. (1965) S. 18-20.
7 Boedeker, E. (1935) S. XXXVI.
8 Ebd., S. XXXVII, vgl. dazu auch Herrmann, J. (1915) S. 21-23.
9 Herrmann, J. (1915) S. 74-75.

1. Die Diskussionen um das Medizinstudium der Frau (1872-1918)

10 Weber, M. (1889) S. 30-32. Zur Argumentation der Frauenbewegung vgl. auch Albisetti, E. (1982) S. 107-108.
11 Albert, E. (1895) S. 7-8.
12 Bumm., E. (1917) S. 14-15.
13 Bischoff, Th. (1872) S. 14.
14 Ebd., S. 16-17.
15 Waldeyer, W. (1888) S. 37.
16 Ebd., S. 40.
17 Albert, E. (1895), S. 20.
18 Moebius, Paul: Über den physiologischen Schwachsinn des Weibes. Sammlungen zwangloser Abhandlungen aus dem Gebiet der Nerven und Geisteskrankheiten. Hrsg. K. Alt. Halle 1899, S. 1-26. Zitiert wird im folgenden nach der im Jahre 1908 erschienenen 9. Auflage.
19 Moebius, P. (1908) S. 7.
20 Waldeyer, W. (1888) S. 31-33, Bumm, E. (1917) S. 17-18.
21 Der Sittlichkeitsbegriff der Frauenbewegung wird in der Forschung kontrovers diskutiert. Vgl. Albisetti, J. (1982) S. 115-117, Albisetti, J. (1985) S. 299, Wobbe, Th. (1989) S. 24, Ziegeler, B. (1993a) S. 129-130, Benker, G. und Störmer, S. (1992) S. 8, 16-17.
22 Weber, M. (1889) S. 20 (Sperrung im Original). Zur Sittlichkeitsdebatte vgl. auch Ziegler, B. (1993a) S. 27-32, Ziegeler, B. (1993b) S. 33-43.
23 Kirchhoff, A. (1897) S. 69.
24 Eckart, I. (1899) S. 227.
25 Tichy, M. (1990) S. 45-47.
26 Waldeyer, W. (1888) S. 42.
27 Eulenburg, A. (1901) S. 472.
28 Stenographische Berichte über die Verhandlungen des Reichstags. VIII. Legislaturperiode, I. Session 1890/91, Dritter Band, S. 2000.
29 Zum Frauenstudium. Deutsche Zeitung vom 12.4.1899. Bundesarchiv, Abteilungen Potsdam, Nr. 10773, Bl. 273.
30 Waldeyer, W. (1888) S. 37.
31 Waldeyer, W. (1919) S. 197.
32 Albert, E. (1895) S. 34. Vgl. dazu auch die Stellungnahme der Berliner Medizini-

schen Fakultät aus dem Jahre 1892. Archiv der Humboldt-Universität zu Berlin (HUA.), Med. Fak., Acta 101, Bl. 2.

33   Kirchhoff, A. (1897).
34   Hausen, K. (1986), S. 34-35.
35   Goltz, Bogumil: Zur Charakteristik und Naturgeschichte der Frauen. Berlin, 1859. Zit. n.: Geyer-Kordesch, J. (1987) S. 201.
36   Soden, K. (1979) S. 25, Huerkamp, C. (1996) S. 77-79.

2. Sozialhistorische Erklärungsansätze und Forschungsergebnisse zum medizinischen Frauenstudium

37   Geyer-Kordesch, J. (1987), Hausen, K. (1990), Tichy, M. (1990), Wobbe, Th. (1990), Benker, G. und Störmer, S. (1991), Honegger, C. (1991). Zum Frauenstudium in der Weimarer Republik und in der Zeit des Nationalsozialismus vgl. auch die umfassende Arbeit von Huerkamp, C. (1996).
38   Honegger, C. (1991) S. IX.
39   Ebd.
40   Ebd., S. 8-9.
41   Gemkow, M. (1991) S. 7-8.
42   Albisetti, J. (1982) S. 101.
43   Bonner, Th. (1992) S. 103-104.
44   Costas, I. (1992) S. 134-135.
45   Glaser, E. und Herrmann, U. (1988) S. 205, Gemkow, M. (1991) S. 7-8.
46   Costas, I. (1992) S. 138.
47   Ebd., S. 116-125.
48   Ebd., S. 123.
49   Ebd., S. 136.
50   Glaser, E. und Herrmann, U. (1988) S. 210.
51   Costas, I. (1992) S. 120.
52   Bonner, Th. (1992) S. 164-169.

3. Studentinnen an der Berliner Friedrich-Wilhelms-Universität (1896-1918)

53   Erlaß des preußischen Kultusministers vom 9. August 1886. Zit. n.: Boedeker, E. (1939) S. XXVI.
54   Luhn, A. (1971) S. 26.
55   Die Frau 2 (1894/95) S. 316.
56   Münchener Medizinische Wochenschrift 31 (1892) S. 209. Bezüglich der Berliner Universität findet sich dieser Vorgang im HUA., Med. Fak., Acta 101, Bl. 1b.
57   HUA., Med. Fak., Acta 101, Bl. 2.
58   Ebd.
59   Ebd.
60   Ebd.

61 Ebd.
62 HUA., Gasthörerverzeichnis Wintersemester 1895/96.
63 HUA., Gasthörerverzeichnis Sommersemester 1896.
64 HUA., Med. Fak., Acta 101, Bl. 9.
65 Ichenhaeuser, E. (1897) S. 45.
66 HUA., Med. Fak., Acta 101, Bl. 8.
67 Ebd., Bl. 4.
68 Ebd., Bl. 6.
69 Ebd.
70 Ebd., Bl. 7.
71 Die Frau 4 (1896/97) S. 122.
72 HUA., Med. Fak., Acta 101, Bl. 7.
73 Heusler-Edenhuizen, H. (1997) S. 48-49 (Sperrung im Original).
74 Ebd., S. 51.
75 Die Frau 8 (1900/01) S. 352.
76 Ebd.
77 Bundesarchiv, Abt. Potsdam, Nr. 10776, Bl. 31-32.
78 Die Lehrerin in Schule und Haus. Centralorgan für die Interessen der Lehrerinnen
    und Erzieherinnen im In- und Auslande. 15 (1899) H. 16, S. 657-658.
79 Eine vollständiger Abdruck des Bundesratsbeschlusses findet sich bei Herrmann, J.
    (1915) S. 74-75.
80 Bundesarchiv, Abt. Potsdam, Nr. 10776, Bl. 34.
81 Ebd.
82 Ebd., Bl. 35.
83 Ebd.
84 Ebd., Bl. 36.
85 Lange, H. (1900/01) S. 685, vgl. dazu auch Albisetti, J. (1982).
86 Bundesarchiv, Abt. Potsdam, Nr. 10774, Bl. 15.
87 Boedeker, E. (1939) S. XXXVIII.
88 Ebd.
89 Bundesarchiv, Abt. Potsdam, Nr. 10774, Bl. 33.
90 Ebd., Bl. 31-32.
91 Ebd., Bl. 32.
92 Ebd., Bl. 289.
93 Ebd., Bl. 290.
94 Schreiben von den Mitgliedern der Medizinischen Fakultäten der deutsch-schwei-
    zerischen Universitäten Basel, Bern und Zürich an das Reichsamt des Innern, an
    den Herrn Reichskanzler, undatiert. Bundesarchiv Abt. Potsdam, Nr. 10647, ohne
    Blattzählung.
95 Ebd.
96 Schreiben der Dekane der Medizinischen Fakultäten der Universitäten des deut-
    schen Reiches an das Reichsamt des Innern vom 8.6.1899. Ebd.
97 Ebd., Nr. 10774, Bl. 42.

98 HUA., Med. Fak., Acta 101, Bl. 12.
99 HUA., Gasthörerliste Sommersemester 1900.
100 Bundesarchiv, Abt. Potsdam, Nr. 10774, Bl. 187-188.
101 Ebd., Bl. 189.
102 Ebd., Bl. 191.
103 HUA., Med. Fak., Acta 101, Bl. 1.
104 Ebd., Bl. 22.
105 Ebd.
106 Namentlich handelt es sich um die Berliner Medizinstudentinnen Hedwig Danielewicz, Antonia Weitzmann, Käte Hirsch, Johanna Maaß, Elise Ebstein, Margarete Breymann und Johanna Kappes.
107 HUA., Med. Fak., Acta 101, Bl. 1a.
108 Die Frau 9 (1901/02) S. 692.
109 Ebd.
110 HUA., Phil. Fak., Acta 346, Bl. 127.
111 Auszug aus der Vossischen Zeitung vom 20.3.1902. Bundesarchiv Abt. Potsdam, Nr. 10774, Bl. 254.
112 Schwalbe, J. (1907) S. 268-269.
113 Heusler-Edenhuizen, H. (1997) S. 51.
114 Zott, R. (1985) S. 25.
115 Die Frau 4 (1896/97) S. 696.
116 Die Frau 5 (1897/98) S. 376.
117 Frauenbewegung 10 (1904) S. 165.
118 Winokurow, E. (1982) Nr. 7, S. 7.
119 Heusler-Edenhuizen, H. (1997) S. 51.
120 Die Lehrerin in Schule und Haus 15 (1899) Nr. 8, S. 323. Die Angabe Tutzkes, daß nach der Zulassung von Frauen als Gasthörerinnen im Jahr 1896 sich nur acht Professoren und drei Privatdozenten der Berliner Medizinischen Fakultät geweigert hätten, diese an ihrem Unterricht teilnehmen zu lassen, wird damit dem wahren Ausmaß der Einschränkung nicht gerecht. Tutzke, D. (1978) S. 142.
121 Schröder, O. (1908b) S. 27.
122 Im § 3 Absatz 1 beziehen sich die genannten Verordnungen auf die Vorbildung der Bewerberinnen, die ein anerkanntes Reifezeugnis nicht vorweisen konnten. Diese konnten sich dennoch mit besonderer Erlaubnis der Immatrikulationskommission und des Ministers für vier Semester an der Philosophischen Fakultät einschreiben. Schröder, O. (1908b) S. 12.
123 HUA., Med. Fak., Acta 101, Bl. 57.
124 Ohr, J. : Zur akademischen Frauenfrage. Frauenbewegung 14 (1908) o. S., zit. n.: Herrmann, J. (1915) S. 31.
125 Luhn, A. (1971) S. 54.
126 HUA., Med. Fak., Acta 101, Bl. 56.
127 Stücklen, G. (1916) S. 65, vgl. dazu auch Albisetti, J. (1982).

128 Neumann, E. (1898). Der die Promotion dokumentierende Vorgang befindet sich im HUA., Phil. Fak., Acta 346, Bl. 443-480.

129 Taube, E. (1905), Strisower, S. (1905).

130 HUA., Med. Fak., Acta 101, Bl. 12.

131 Ebd., Bl. 57.

132 Vogt, A. (1989) S. 147. In der Petition Elise Taubes an den Staatssekretär von Posadowski vom 8. Juli 1901, in der sie um Zulassung der Abiturientinnen zur regulären Immatrikulation bat, findet sich ein handschriftlicher Vermerk des ministeriellen Sachbearbeiters, daß Frauen nach Neuregelung der Promotionsbedingungen nicht zur Promotion zugelassen werden könnten. Vgl. Bundesarchiv, Abt. Potsdam, Nr. 10774, Bl. 188. In Schröders Darlegung über „Die Medizinische Doktorwürde an den Universitäten Deutschlands" aus dem Jahre 1908 findet sich kein entsprechender Hinweis, daß Promovendinnen einer Sondergenehmigung bedurften. Die Promotionsordnung der Berliner Medizinischen Fakultät schrieb jedoch vor, daß Kandidaten sich zum Zweck der Promotion immatrikulieren mußten. Schröder, O. (1908a) S. 13.

133 Vogt, A. (1989) S. 145.

134 Tabellarischer Anhang, Tab. 5.

135 Prüfungsordnung für Ärzte vom 28. Mai 1901 in der Fassung nach dem Bundesratsbeschluß vom 7. Januar 1907, § 6. Schröder, O. (1908a) S. 104. Für Oberrealschulabsolventen wurde zusätzlich gefordert, daß fehlende lateinische Sprachkenntnisse nacherworben und in einer Prüfung nachgewiesen wurden. Zu diesem Zweck wurden Sprachkurse an den preußischen Universitäten eingerichtet. Schröder, O. (1908b) S. 8.

136 Schröder, O. (1908a) S. 9.

137 Ebd., S. 10.

138 Ebd.

139 Ebd.

140 Ebd.

141 Ebd., S. 9.

142 Ebd., S. 10.

143 HUA., Med. Fak., Acta 101, Bl. 57.

144 Boedeker, E. (1935) S. XLIV.

145 Grotjahn, A. (1932) S. 83.

146 Flitner, E. (1988) S. 157.

147 Salomon, A. (1913) S. 199.

148 Müller, A. (1954) S. 891-892, Seeger, H. (1969) S. 1894-1895, Luhn, A. (1975) S. 34-35, Ziegeler, B. (1993a) S. 116.

149 Mettler, M. (1991) S. 66.

150 Troschel, E. (1901), Müller, A. (1954) S. 891-892, Seeger, H. (1969) S. 1894-1895, Brinkschulte, E. (1993) S. 183-184, Bachmann, B. und Bradenahl, E. (1990) S. 100, Dokumentation „Ärztinnen im Kaiserreich" am Institut für Geschichte der Medizin der Freien Universität Berlin.

151 HUA., Gasthörerlisten Wintersemester 1896/97 – Wintersemester 1909/10.
152 HUA., Gasthörerliste Wintersemester 1896/97.
153 Tabellarischer Anhang, Tab. 1.
154 Ebd., Huerkamp, C. (1996) S. 76.
155 Taube, E. (1905), Strisower, S. (1905).
156 Sternberg, C. (1910).
157 Thimm, M. (1910).
158 Tabellarischer Anhang, Tab. 8. Zur konfessionellen Zusammensetzung der Studentinnenschaft vgl. auch Huerkamp, C. (1996) S. 24 – 31.
159 Ebd.
160 Tabellarischer Anhang, Tab. 5, Tab. 6.

III. Russische Medizinstudentinnen

1. Frauenstudium und medizinische Ausbildung in Rußland

1 Adirim, G. (1984) S. 12-15.
2 Neumann, D. (1987) S. 43.
3 Bonner, Th. (1992) S. 86.
4 Ebd., S. 22-23.
5 Adirim, G. (1984) S. 43.
6 Neumann, D. (1987) S. 46. Bonner hingegen schreibt, daß Frauen in Kiev in dieser Zeit sogar die Immatrikulation ermöglicht wurde. Bonner, Th. (1992) S. 85.
7 Beschluß des Rats der Petersburger Universität vom 24. Oktober 1861. Zit. n.: Adirim, G. (1984) S. 43.
8 Ebd.
9 Ebd.
10 Ebd., S. 44.
11 Ebd.
12 Neumann, D. (1987) S. 46.
13 Adirim, G. (1984) S. 48.
14 Bonner, Th. (1992) S. 86.
15 Dudgeon, R. (1982) S. 6.
16 Suzlova, N. (1967).
17 Verein feministische Wissenschaft (1988) S. 122, Rohner, H. (1972) S. 17-19.
18 Neumann, D. (1987) S. 120.
19 Schweizerischer Verband der Akademikerinnen (1928) S. 27-28, 303.
20 Neumann, D. (1987) S. 46-47.
21 Adirim, G. (1984) S. 64, Bonner, Th. (1992) S. 90.
22 Adirim, G. (1984) S. 68, Bonner, Th. (1992) S. 91-92.
23 Dudgeon, R. (1982) S. 7.
24 Neumann, D. (1987) S. 13, Adirim, G. (1984) S. 74.
25 Dudgeon, R. (1982) S. 2.

26 Bonner, Th. (1992) S. 94-96.
27 Neumann, D. (1987) S. 133.
28 Dudgeon, R. (1975) S. 252.
29 Die Frau 2 (1894/95) S. 317.
30 Dudgeon, R. (1982) S. 14.
31 Die Frau 3 (1895/96) S. 699. Scapov nennt für die Jahrhundertwende eine Zahl von etwa 17.000 Ärzten bei einer Bevölkerungsanzahl von 125 Millionen Menschen. Dies entspricht 13,5 Ärzten auf 100.000 Einwohner. Scapov, J. (1983) S. 399.
32 Kursstatut der neuen „Ärztlichen Frauenkurse". Adirim, G. (1984) S. 117. August Bebel spricht von einem Numerus clausus von 5% für Hörerinnen nichtchristlicher Konfessionen. Dabei entfielen 3% der Studienplätze auf jüdische und 2% auf mohamedanische Studentinnen. Bebel, A. (1919) S. 273.
33 Gemkow, M. (1991) S. 77.
34 Bonner, Th. (1992) S. 97.

2. Die Migration russischer Studentinnen an westeuropäische Universitäten (1882-1914)

35 Waldeyer, W. (1889) S. 36.
36 Heindl, W. (1987) S. 321-322.
37 Berta von Suttner veröffentlichte ihre Schrift „Das Maschinenalter" unter dem Pseudonym Jemand. Jemand (1889) S. 114.
38 Neumann, D. (1987) S. 69-71.
39 Dudgeon, R. (1982) S. 18, Engelmann, B. (1970) S. 156.
40 Gemkow, M. (1991) S. 70.
41 Neumann, D. (1987) S. 81.
42 Weizmann, Ch. (1953) S. 57.
43 Scapov, J. (1983) S. 409.
44 Neumann, D. (1987) S. 48, Bonner, Th. (1992) S. 98.
45 Scapov, J. (1983) S. 403.
46 Bonner, Th. (1992) S. 98.
47 Scapov, J. (1983) S. 396.
48 Winokurow, E. (1983) Nr. 7, S. 7-8.
49 Elsa Winokurow, geb. Rammelmeyer, wurde als Kind deutscher Eltern in Moskau geboren. Durch Heirat im Alter von 18 Jahren wurde sie russische Staatsangehörige. 1901 studierte sie zunächst Naturwissenschaften an den Höheren Frauenkursen in Moskau. Nachdem sie das Medizinstudium, das sie ab 1903 an die Universitäten Zürich, Berlin, Moskau und Bonn führte, 1908 durch Promotion abgeschlossen und in ihrer Heimatstadt das russische Staatsexamen abgelegt hatte, arbeitete sie mehrere Jahre an verschiedenen Moskauer Krankenhäusern. Der Ausbruch der Revolution zwang Winokurow zur Scheidung. Sie nahm erneut die deutsche Staatsbürgerschaft an und kehrte 1920 mit ihrer Tochter nach Deutschland zurück. Dort

absolvierte sie 1922 auch das deutsche Staatsexamen, zu dem sie jetzt auf Grund der deutschen Staatsangehörigkeit zugelassen wurde. Nach weiteren acht Jahren klinischer Arbeit an verschiedenen Krankenhäusern ließ Elsa Winokurow sich 1930 als Fachärztin für Orthopädie in Hannover nieder, wo sie mit wenigen Unterbrechungen bis zum Jahre 1961 praktizierte. Elsa Winokurow verstarb 1983 kurz vor ihrem 100. Geburtstag. Winokurow, E. (1983), Dokumentation „Ärztinnen im Kaiserreich" am Institut für Geschichte der Medizin der Freien Universität Berlin.

50 Dudgeon, R.(1982) S. 8, Scapov, J.(1983) S. 402, Neumann, D. (1987) S. 37, Bonner, Th. (1992) S. 98.

51 Dudgeon, R. (1982) S. 2.

52 Neumann, D. (1987) S. 49. An anderer Stelle wird der Dezember 1911 als Zeitpunkt, an dem Frauen zu den Universitäten Rußlands zugelassen wurden, benannt. Heindl, W. (1987) S. 329.

53 Dudgeon, R. (1982) S. 16-18.

54 Die Frau 12 (1904/05) S. 172-173.

55 Scapov, J. (1983) S. 405.

56 Bachmann, B. und Bradenahl, E. (1990) S. 15.

57 Neumann, D. (1987) S. 15.

58 Ebd., S. 15-18, 81.

59 Ebd., S. 109.

60 Heindl, W. (1987) S. 321-322, 332-333.

61 Kommission für Bernische Hochschulgeschichte (1984) S. 502-504.

62 Einsele, G. (1992) S. 28. Scapov benennt eine Anhebung der Immatrikulationsgebühren um 150% sowie der für die Aufnahmeexamina zu entrichtenden Gebühren um 100%. Scapov, J. (1983) S. 405.

63 Tabellarischer Anhang, Tab. 4.

64 Gemkow, M. (1991) S. 68, vgl. dazu auch Costas, I. (1992) S. 116-125.

65 Bonner, Th. (1992) S. 101-102, Glaser, E. (1992a) S. 65-66.

66 Jemand (1889) S. 114.

3. Die Auseinandersetzung um Moral und politische Zuverlässigkeit russischer Studentinnen und Studenten

67 Gundling, K. (1871) S. 262. Daß ähnliche Verhältnisse auch später an deutschen Universitäten zu beobachten waren, wird an einer Schilderung Mathilde Ludendorffs, die im Wintersemester 1901/02 das Medizinstudium in Freiburg begann, deutlich. Ludendorff, M. (1937) S. 147-148.

68 Gundling, K. (1871) S. 262.

69 Ebd.

70 Neumann, D. (1987) S. 12.

71 Tiburtius, F. (1925) S. 114-115.

72 Ebd., S. 117.

73 Ebd., S. 129.
74 Ebd., S. 130-131.
75 Ebd., S. 125.
76 Die Verleumdung der in Zürich studierenden russischen Frauen durch die russische Regierung. Zürich 1873. Zit. n: Schweizerischer Verband der Akademikerinnen (1928) S. 304 (Sperrung im Original).
77 Tiburtius, F. (1925) S. 127-128.
78 Senatsprotokoll der Universität Zürich vom 11. Juni 1873. Schweizerischer Verband der Akademikerinnen (1928) S. 306-310. Vgl. dazu auch die diesbezügliche Stellungnahme der Züricher Medizinischen Fakultät. Adirim, G. (1984) S. 62.
79 Bischoff, Th. v. (1872) S. 29-30.
80 Ebd., S. 33.
81 Ebd., S. 34.
82 Ebd.
83 Ebd., S. 36.
84 Stenographische Berichte über die Verhandlungen des Reichstags. VIII. Legislaturperiode, I. Session 1890/91, Dritter Band, S. 2000 (Sperrung im Original).
85 Stenographische Berichte über die Verhandlungen des Reichstags. VIII. Legislaturperiode, II. Session 1892/93, Zweiter Band, S. 1209.
86 Ebd.
87 Ebd., S. 1210.
88 Ebd., S. 1219.
89 HUA., Med. Fak., Acta 101, Bl. 13-16.
90 Im Sommersemester 1901 studierten insgesamt 246 russische Staatsangehörige an der Berliner Friedrich-Wilhelms-Universität. Davon waren 106 an der Medizinischen Fakultät eingeschrieben, unter ihnen auch 16 Frauen. Tabellarischer Anhang, Tab. 4, vgl. dazu auch: Brachmann, B. (1962) S. 185.
91 Brachmann weist darauf hin, daß russische und polnisch-russische Studenten in Berlin bereits in den 80er und 90er Jahren wegen politischer Tätigkeiten von der Polizeibehörde observiert worden waren. Die Überwachung sei jedoch relativ milde gewesen und habe sich auf Semesterberichte über die an der Friedrich-Wilhelms-Universität sowie an der Technischen Hochschule immatrikulierten russischen Studierenden beschränkt. Brachmann, B. (1962) S. 14-16.
92 Zit. n.: Brachmann, B. (1962) S. 17.
93 Ebd.
94 Ebd., S. 19-20.
95 Sukennikov, A.: Pervij kongress russkich studentov i studentok, ucascidja graniaj. (Der erste Kongreß der russischen Studenten und Studentinnen, die im Ausland studieren.) Berlin 1902.
96 Eine Übersicht der in der Berliner Tagespresse diesbezüglich veröffentlichten Artikel findet sich bei Brachmann, B. (1962) S. 153-155.
97 Stenographische Berichte über die Verhandlungen des Reichstags. X. Legislaturperiode, II. Session 1900/03, Zehnter Band, S. 8738.

98 Ebd., S. 8736-8743, 8763-8768.

99 Brachmann, B. (1962) S. 41.

100 Stenographische Berichte über die Verhandlungen des Reichstags. XI. Legislatur-periode, I. Session 1903/04, Erster Band, S. 373 (Sperrung im Original).

101 Ebd., S. 372-373.

102 Ebd., S. 380.

103 Ebd., S. 381.

104 Stenographische Berichte über die Verhandlungen des Reichstags. XI. Legislatur-periode, I. Session 1903/04, Zweiter Band, S. 1386.

105 Die Resolution wurde vom „Vorwärts" am 5. Februar 1904 veröffentlicht. Zit. n.: Brachmann, B. (1962) S. 137 (Sperrung im Original).

106 Ebd., S. 43-44.

107 Stenographische Berichte über die Verhandlungen des Reichstags. XI. Legislatur-periode, I. Session 1903/04, Zweiter Band, S. 1355.

108 Ebd., S. 1356.

109 Ebd., S. 1390-1391.

110 Brachmann, B. (1962) S. 45-48.

111 Kommission für Bernische Hochschulgeschichte (1984) S. 501.

112 Berner Tageblatt vom 9. Mai 1904. Zit. n.: Bachmann,B. und. Bradenahl, E. (1990) S. 12-13.

113 Berner Volkszeitung vom 12. Dezember 1906. Zit. n.: Kommission für Bernische Hochschulgeschichte (1984) S. 502.

4. Ausländerfeindlichkeit und Antisemitismus
an der Berliner Friedrich-Wilhelms-Universität

114 Brachmann, B. (1962) S. 97-99.

115 Kampe, N. (1988) S. 88.

116 Zum Frauenstudium. Deutsche Zeitung vom 12. April 1899. Bundesarchiv, Abt. Potsdam, Nr. 10773, Bl. 273.

117 Vorwärts vom 5. Januar 1902. Zit. n.: Brachmann, B. (1962) S. 134 (Sperrung im Original).

118 Ebd.

119 Stenographische Berichte über die Verhandlungen des Reichstags. XI. Legislatur-periode, I. Session 1903/04, Zweiter Band, S. 1391.

120 Vorwärts vom 13. März 1904. Zit. n.: Brachmann, B. (1962) S. 139.

121 Zit. n.: Ebd., S. 101.

122 Ebd., S. 67, 150-151.

123 Schreiben des Regierungsrats Roedenbeck an den preußischen Innenminister vom 18. Mai 1911. Zit. n.: Brachmann, B. (1962) S. 171.

124 Bundesarchiv, Abt. Potsdam, Nr. 10647, ohne Blattzählung (Sperrung im Original).

125 Ebd., (Sperrung im Original).

126 91. Reichstagssitzung vom 15. Januar 1913. Bundesarchiv, Abt. Potsdam, Nr. 10647, ohne Blattzählung.

127 Brachmann, B. (1962) S. 101-103, 185.

128 Kampe, N. (1988) S. 89.

129 Schulthess' Europäischer Geschichtskalender 28 (1912) 53. Bd., S. 279.

130 O. N. (1913) S. 3.

131 Zit. n.: Brachmann, B. (1962) S. 105.

132 Proforoff, G.: Die russischen Studenten an deutschen Hochschulen. Der Tag vom 14. März 1913. Bundesarchiv, Abt. Potsdam, Nr. 10647, ohne Blattzählung.

133 Ebd.

134 Ebd.

135 Ebd.

136 Ebd.

137 Ebd.

138 Brachmann, B. (1962) S. 105-118.

139 Zit. n.: Ebd., S. 177.

140 Ebd.

141 Ebd., S. 111.

142 Zit. n.: Ebd., S. 173.

143 Ebd., S. 175.

144 Zit. n.: Ebd.

145 Ebd., S. 180-181, vgl. dazu auch: Weill, C. (1979) S. 215.

5. Das Verhältnis zwischen russischen und deutschen Studentinnen (1870-1914)

146 Weber, M.: Ein Besuch in Zürich bei den weiblichen Studirenden der Medizin. Ein Beitrag zur Klärung der Frage des Frauenstudiums. Die Frau im gemeinnützigen Leben. Archiv für die Gesamtinteressen des Frauen-, Arbeits-, Erwerbs- und Vereinslebens im Deutschen Reich und im Ausland. Hrsg. Marie Koeper-Houselle, Amélie Sohr. Stuttgart 1888. Weber veröffentlichte diesen Bericht außerdem im Anhang ihrer 1889 bereits in 4. Auflage erschienen Streitschrift „Aerztinnen für Frauenkrankheiten, eine ethische und sanitäre Notwendigkeit." Nach letzterer wird im folgenden zitiert: Weber, M. (1889) S. 5.

147 Ebd., S. 4.

148 Ebd., S. 5.

149 Ebd., S. 6.

150 Ebd.

151 Ebd., S. 11.

152 Ebd., S. 8.

153 Huch, R. (1938) S. 36-37.

154 Weber, M. (1889) S. 11.

155 Ebd., S. 8-9.

156 Ebd., S. 9.

157 Schirmacher, K. (1896) S. 22-23 (Sperrung im Original).

158 Huch, R. (1938) S. 44-45.

159 Bluhm, A. (1941) S. 529.

160 Schweizerischer Verband der Akademikerinnen (1928) S. 9-10.

161 Ebd., S. 25.

162 Deutsche Medizinische Wochenschrift 11 (1885) S. 248.

163 Ebd., S. 248.

164 Kommission für Bernische Hochschulgeschichte (1984) S. 502.

165 Ebd., S. 500.

166 Fickert, A. (1899) S. 241. August Bebel datiert einen Protestaufruf gleichen Wortlauts durch die Hallenser Klinizisten auf den März des Jahres 1902, der durch neuerliche Agitation der Berliner Abteilung des Vereins „Frauenbildung-Frauenstudium" für die Zulassung der Frauen zum Medizinstudium ausgelöst worden sei. Da die hier zitierte Quelle zeitlich eindeutig zuzuordnen ist, muß entweder davon ausgegangen werden, daß Bebel sich irrte oder aber daß drei Jahre später ein weiterer Protestaufruf gegen die weiblichen Kommilitonen von den Medizinstudenten in Halle ausging, dessen Wortlaut mit dem des Jahres 1899 identisch ist. Bebel selbst ordnet den von ihm zitierten Text keiner Quelle zu. Bebel, A. (1919) S. 256-257.

167 Ebd., S. 241.

168 Petition der Hallenser Medizinstudentinnen an den preußischen Kultusminister. Zit. n.: Lange, H. (1901/02) S. 244-245.

169 Heusler-Edenhuizen, H. (1997) S. 62.

170 Lange, H. (1901/02) S. 243.

171 Ebd.

172 Ebd., S. 244-246 (Sperrung im Original).

173 Ebd., S. 245.

174 Ebd.

175 Ebd., S. 247.

176 Ebd., S. 246-247.

177 Auch deutsche Studentinnen sollten nur dann zur Universität zugelassen werden, wenn sie im Besitz des deutschen Reifezeugnisses seien. Herrmann, J. (1915) S. 29-30, 75-76.

178 Bundesarchiv, Abt. Potsdam, Nr. 10774, Bl. 187-188.

179 Tabellarischer Anhang, Tab. 1.

180 Maria Lipschütz schrieb sich zum Wintersemester 1901/1902 an der Medizinischen Fakultät als Gasthörerin ein. Sie legte 1902 die Reifeprüfung am Luisen-Gymnasium in Berlin ab. Hanny Margarethe Fett konnte zum Wintersemester 1901/02 die schweizer Matura vorweisen und holte die deutsche Reifeprüfung im Jahre 1904 am Realgymnasium in Rendsburg nach. HUA., Gasthörerliste Sommersemester 1901, Wintersemester 1901/02.

181 Paula Mankiewicz gab bei ihrer Einschreibung an, in Kürze das Abitur an der 12. Realschule in Berlin ablegen zu wollen. Sie legte zugleich Zeugnisse von Pro-

fessoren vor, die ihr eine ausreichende Vorbereitung für die geplante Reifeprüfung bescheinigten. HUA., Gasthörerliste Wintersemester 1904/05.

182 Lange, H. (1901/02) S. 247.

183 Ebd., S. 246.

184 HUA., Med. Fak., Acta 101, Bl. 22.

185 HUA., Gasthörerliste Wintersemester 1901/02.

186 Diese Empfehlung führte zu dem von Hermine Heusler-Edenhuizen geschilderten Verschwinden der „ungenügend vorgebildeten Russinnen" von der Hallenser Medizinischen Fakultät im Wintersemester 1901/02. Heusler-Edenhuizen, H. (1997) S. 62. Vgl. dazu auch: Luhn, A. (1972).

187 Die Frau 9 (1901/02) S. 183.

188 Schröder erwähnt einen ministeriellen Erlaß vom 26.2.1901 betreffend die „Vorbildung der zum Hospitieren bei den Universitäten zugelassenen Frauen", der für eine Zulassung als Gasthörerin das Lehrerinnenzeugnis als ausreichend erachtete, das Entlassungszeugnis einer Höheren Töchterschule hingegen ablehnte. Schröder, O. (1908b) S. 42.

189 Vgl. Tabellarischer Anhang, Tab. 1.

190 Votum betr. Wertung der Schweizer Maturitätsausweise vom 4. Februar 1904. Bundesarchiv, Abt. Potsdam, Nr. 10647, ohne Blattzählung.

191 Zur Beurteilung der Gleichwertigkeit der ausländischen höheren Lehranstalten mit den Deutschen, undatiert. Ebd.

192 Bereits im Februar 1902 hatte sich die Medizinische Fakultät der Berliner Friedrich-Wilhelms-Universität an den Kultusminister mit der Bitte gewandt, er möge beim Auswärtigen Amt Erkundigungen einholen, an welche Bedingungen die kaiserliche Regierung die Erlangung der Doktorwürde in Rußland knüpfe. Anlaß des Gesuchs war die in jüngster Zeit stark angestiegene Zahl russischer Staatsangehöriger, die sich an der Medizinischen Fakultät zur Rigorosumprüfung gemeldet hatten. HUA., Med. Fak., Acta 101, Bl. 46.

193 Bereits 1894 hatte ein Erlaß des preußischen Kultusministers ausdrücklich bestätigt: „§ 4. Ausländer können immatrikuliert und bei jeder Fakultät eingetragen werden, sofern sie sich über den Besitz einer Schulbildung ausweisen, welche der in § 3 bezeichneten im wesentlichen gleichwertig ist." Erlaß betreffend Abänderung der §§ 2-4 der Vorschriften für die Studirenden der Landesuniversitäten pp. vom 1. Oktober 1879, undatiert. Bundesarchiv, Abt. Potsdam, Nr. 10647, ohne Blattzählung.

194 Bachmann, B. und Bradenahl, E. (1990) S. 14.

IV. Die Berliner Medizinstudentinnen

1. Universitätsalltag zwischen „Peinlichkeiten" der Koedukation und Sonderkursen

1 Elsa Winokurow, die im Jahre 1905 als russische Staatsangehörige an der Berliner Medizinischen Fakultät studierte, war ursprünglich gebürtige Deutsche und nahm

nach ihrer Scheidung die deutsche Staatsbürgerschaft wieder an. Winokurow, E. (1983).

2 Tabellarischer Anhang, Tab. 1.

3 Heusler-Edenhuizen, H. (1997) S. 51.

4 HUA., Gasthörerliste Sommersemester 1898.

5 Anna Hutze war bereits im dritten Semester an der Berliner Medizinischen Fakultät eingeschrieben. Elise Troschel hatte im Jahre 1895 in der Schweiz das Physikum absolviert, dann an den Medizinischen Fakultäten in Halle und Greifswald studiert und arbeitete im Sommersemester 1898 bei dem Berliner Professor Mackenroth an ihrer Promotion. Die Russin Prascovia Beloussova studierte ebenfalls das zweite Semester an der Berliner Fakultät, hatte jedoch bereits, vermutlich an einer schweizer Universität, den medizinischen Doktortitel erworben und war zwecks „Fortbildung" an der Medizinischen Fakultät eingeschrieben. Über die Polin Anna Limbert liegen keine weiteren Informationen vor. HUA., Gasthörerliste Wintersemester 1897/96, Sommersemester 1898.

6 Margarete Mortier war zwar bereits im zweiten Semester an der Berliner Medizinischen Fakultät als Gasthörerin eingeschrieben. Im Lebenslauf, den sie ihrer Dissertation beigefügte, gibt sie jedoch an, ihr Medizinstudium erst nach dem Erwerb des Abiturs, das sie im Jahre 1899 am Städtischen Luisen-Gymnasium in Berlin-Moabit ablegte, an der Universität Halle begonnen zu haben. Vermutlich hatte sie sich im Sommersemester 1897 und Sommersemester 1898 zwar an der Fakultät eingeschrieben, um sich über das Medizinstudium zu orientieren, bereitete sich in dieser Zeit jedoch auf die Reifeprüfung vor. Vgl. Lebenslauf in: Mortier, M. (1913) sowie HUA., Gasthörerliste Sommersemester 1897, Sommersemester 1898. Therese Gyster schrieb sich im Sommersemester 1898 nicht nur an der Medizinischen, sondern auch an der Philosophischen Fakultät als Hörerin ein. Ihr Name taucht in keinem späteren Verzeichnis der in Deutschland praktizierenden Ärzte und Ärztinnen auf, sodaß denkbar ist, daß Gyster sich schließlich für das Studium an der Philosophischen Fakultät entschieden hat. HUA., Gasthörerliste Sommersemester 1897.

7 Heusler-Edenhuizen, H. (1956) S. 137.

8 Heusler-Edenhuizen, H. (1997) S. 59.

9 Ebd., S. 52.

10 Ebd.

11 Ebd., S. 54-56.

12 Ebd., S. 52.

13 Straus, R. (1961) S. 91.

14 Eckart, I. (1899/1900) S. 226.

15 Ebd., S. 227.

16 Ebd., S. 226.

17 Ebd. Auch Waldeyer hatte gegenüber der Studentin Edenhuizen die Teilnahme an der anatomischen Hauptvorlesung im Sommersemester 1898 verweigert und dies damit begründet, daß er nicht für das Benehmen der männlichen Studierenden einstehen könne. Heusler-Edenhuizen, H. (1997) S. 49.

18 Eckart, I. (1899/1900) S. 227.
19 Ebd.
20 Ebd.
21 HUA., Med. Fak., Acta 101, Bl. 6.
22 Ebd.
23 Ebd.
24 Ebd., Bl. 6-7 (Sperrung A. B.).
25 Heusler-Edenhuizen, H. (1997) S. 51. Vgl. dazu auch die Danksagung an ihre akademischen Lehrer an der Berliner Fakultät, die Edenhuizen im ihrer Dissertation beigefügten Lebenslauf aufführt. Edenhuizen, H. (1903).
26 Waldeyer, W. (1889) S. 37 (Sperrung im Original).
27 Ebd.
28 Luhn, A. (1972) S. 23.
29 Münchener Medizinische Wochenschrift 34 (1895) S. 812.
30 Waldeyer, W. (1898) S. 13, 16. Bereits 1889 hatte Waldeyer erste Ansätze von Verständnis für „den wohlberechtigten Trieb der Frau nach erweiterter Erwerbsfähigkeit" gezeigt und diesen von einem „blanken Emancipationsbedürfnis" abzugrenzen gewußt. Waldeyer, W. (1889) S. 37.
31 Ebd., S. 41.
32 Die Frau 4 (1896/97) S. 122.
33 HUA., Med. Fak., Acta 101, Bl. 7.
34 Die Frau 4 (1896/97) S. 696. Gustav Fritsch bezog in der Frauenstudiumsfrage dennoch eine eher ablehnende Haltung: In der von Kirchhoff im Jahre 1897 zusammengestellten Gutachtensammlung über die Befähigung der Frauen zum Universitätsstudium äußerte er sich negativ über das Unterrichten von weiblichen Studierenden. Diese zeigten eine im weiblichen Charakter verankerte Unsicherheit, der der Lehrer mit einem höheren Aufwand an Arbeit und Zeit begegnen müsse. Es genüge, „wenn die Einrichtungen derartig sind, daß schätzenswerte Talente unter den Frauen [...] zur vollen Entwicklung gelangen können, daß aber keinerlei Veranlassung vorliegt, eine größere Ausdehnung der wissenschaftlichen Studien unter den Frauen zu begünstigen oder zu fördern." Im Vergleich zu der gänzlich ablehnenden Haltung der Mehrzahl seiner Berliner Kollegen erscheint die Position Fritschs zum damaligen Zeitpunkt jedoch geradezu liberal. Kirchhoff, A. (1897) S. 46-47.
35 Die Frau (1897/98) S. 376.
36 Heusler-Edenhuizen, H. (1997) S. 51.
37 Frauenbewegung 10 (1904) S. 165.
38 So meldete eine Zeitschrift im Herbst 1904, daß im folgenden Wintersemester ein anatomisches Praktikum für weibliche Studierende abgehalten werden würde. Die Frau (1904/05) S. 172.
39 Der Eintrag Taubes in die Gasthörerlisten der Berliner Friedrich-Wilhelms-Universität ist nur für die Sommersemester 1899, 1900 und 1901 zu finden. HUA., Gasthörerlisten Sommersemester 1899 – Sommersemester 1901. Taube selbst gibt

jedoch in dem ihrer Dissertation beigefügten Lebenslauf an, alle fünf vorklinischen Semester an der Berliner Universität absolviert zu haben. Taube, E. (1905).

40 Brinkschulte, E. (1993) S. 172, Dokumentation „Ärztinnen im Kaiserreich" am Institut für Geschichte der Medizin der Freien Universität Berlin.

41 Bundesarchiv, Abt. Potsdam, Nr. 10774, Bl. 187-188.

42 Ebd., Bl. 191.

43 Taube, E. (1905) Leider ist im Lebenslauf, den Elise Taube ihrer Dissertations-schrift beifügte, keine Danksagung an ihre akademischen Lehrer enthalten, sodaß nicht ersichtlich ist, an wessen klinischen Unterricht sie im Sommersemester 1903 in Berlin teilgenommen hat. Auch die bereits erwähnte Ärztin Jenny Bornstein wählte für die Ablegung des deutschen Staatsexamens eine andere Universität. Sie absolvierte die medizinische Staatsprüfung im Jahre 1902 in Marburg und erhielt noch im selben Jahr die deutsche Approbation. Brinkschulte, E. (1993) S. 172.

44 Taube, E. (1905) sowie HUA., Gasthörerliste Wintersemester 1904/05.

45 Vgl. Lebenslauf in: Stelzner, H. (1902).

46 Ebd.

47 Vgl. ebd. sowie Brinkschulte, E. (1993) S. 181-182.

48 Breymann, M. (1903).

49 Die übrigen Berliner Professoren, bei denen Else von der Leyen sich in ihrer Disser-tationsschrift bedankt, sind eindeutig dem vorklinischen Semester zuzuordnen, das sie im Sommersemester 1897 absolviert hatte. Es handelt sich um die Professoren Karl Benda (Anatomie), Eugen Blasius (Physik), Adolf Engler (Botanik), Emil Fischer (Chemie), Oskar Hertwig (Anatomie), Hans Landolt (Physikalische Chemie), E. Schultze (Zoologie). Vgl. Lebenslauf in: Leyen, Else von der (1901).

50 Paula Buché wurde von dem a. o. Professor für Kinderheilkunde Adolf Baginsky, dem Ordinarius für Gynäkologie und Geburtshilfe Ernst Bumm, dem Privat-dozenten für Kinderheilkunde Oskar de la Camp, dem Privatdozenten für Innere Medizin Ernst Grawitz, dem Privatdozenten für Allgemeine Pathologie und Patho-logische Anatomie David Hansemann, dem a. o. Professor für Chirurgie Otto Hil-debrand, dem Ordinarius für Innere Medizin Friedrich Kraus, dem a. o. Professor für Dermatologie Edmund Lesser, dem Privatdozenten für Pharmakologie Louis Lewin, dem a. o. Professor für Gynäkologie und Geburtshilfe Wilhelm Nagel, dem Ordinarius für Gynäkologie und Geburtshilfe Robert von Olshausen, dem Hono-rarprofessor für Innere Medizin und Gynäkologie Hermann Senator sowie von dem Ordinarius für Neurologie und Psychiatrie Theodor Ziehen unterrichtet. Vgl. Lebenslauf in: Buché, P. (1908).

51 Winokurow, E. (1983) Nr. 7, S. 7.

52 HUA., Med. Fak., Acta 101, Bl. 13-16.

53 Stenographische Berichte über die Verhandlungen des Reichstags. VIII. Legislatur-periode, II. Session 1892/93, Zweiter Band, S. 1208.

54 Lange, H. (1900/1901) S. 685, vgl. dazu auch Albisetti, J. (1982).

55 Kirchhoff, A. (1897) S. 95 (Sperrung im Original).

56 Gemkow, M. (1991) S. 181, Blumenthal, A. (1965) S. 27.

57 Vgl. Lebenslauf in: Danielewicz, H. (1908) sowie Unschuld, P. (1994) S. 24-33.

58 Danielewicz bedankt sich in dem ihrer Dissertation beigefügten Lebenslauf bei folgenden klinischen Professoren der Berliner Fakultät: dem Ordinarius für Gynäkologie und Geburtshilfe Ernst Bumm, dem Ordinarius für Innere Medizin Friedrich Kraus, dem Ordinarius für Kinderheilkunde Otto Heubner, dem Ordinarius für Augenheilkunde Julius von Michel, dem Ordinarius für Neurologie und Psychiatrie Theodor Ziehen, dem Ordinarius für Hygiene Max Rubner, dem Ordinarius für Hals-, Nasen-, Ohrenheilkunde Adolf Passow. Darüberhinaus gilt ihr Dank dem a. o. Professor für Chirurgie Otto Hildebrand, dem a. o. Professor für Innere Medizin Max Wolff, dem a. o. Professor für Dermatologie Edmund Lesser, dem a. o. Professor für Augenheilkunde Karl Greef, dem a. o. Professor für Orthopädie und Chirurgie Albert Hoffa sowie dem Honorarprofessor für Hals-, Nasen-, Ohrenheilkunde Bernhard Fraenkel. Desweiteren erhielt sie Unterricht von dem Privatdozenten für Gynäkologie und Geburtshilfe Paul Strassmann, dem Privatdozenten für Kinderheilkunde Oskar de la Camp, dem Privatdozenten für Pharmakologie Louis Lewin, dem Privatdozenten für Allgemeine Pathologie und Pathologische Anatomie David Hansemann, dem Privatdozenten für Innere Medizin Ferdinand Blumenthal, dem Privatdozenten für Allgemeine Pathologie und Pathologische Anatomie Robert Langerhans, dem Privatdozenten für Chirurgie Friedrich Pels-Leusden, dem Privatdozenten für Gynäkologie und Geburtshilfe Ludwig Blumreich, dem Privatdozenten für Kinderheilkunde Bernhard Bendix sowie von dem Privatdozenten für Allgemeine Pathologie und Pathologische Anatomie Maximilian Westenhöfer. Vgl. Lebenslauf in: Danielewicz, H. (1908).

59 Dies waren der Ordinarius für Geschichte der Medizin Julius Pagel, der Ordinarius für Anatomie Wilhelm Waldeyer, der Ordinarius für Pathologische Anatomie Johannes Orth, der Ordinarius für Chirurgie Ernst von Bergmann, der a. o. Professor für Chirurgie Eduard Sonnenburg, die Privatdozenten für Chirurgie Maximilian Schüller und Albert Köhler, die Privatdozenten für Innere Medizin Arnold Hiller und Moritz Perl sowie der Privatdozent für Gerichtliche Medizin Kurt Strauch. Schwalbe, J. (1907) S. 268.

60 Hier handelte es sich um den Ordinarius für Chemie Emil Fischer, der Frauen von seinem chemischen Praktikum ausschloß, sowie um den a. o. Professor für Dermatologie Edmund Lesser, der die Hörerinnen nicht zu seiner Vorlesung über Geschlechtskrankheiten zuließ. Schwalbe, J. (1907) S. 268.

61 Zu diesen zählten die Professoren Busch (Zahnheilkunde), Casper (Harnkrankheiten), Engelmann (Physiologie), Grawitz (Innere Medizin), Grunmach (Radiologie), Hildebrand (Chirurgie), Loewy (Physiologie), Passow (Otologie), Plehn (Innere Medizin), Posner (Innere Medizin), Spitta (Hygiene), Remak (Nervenleiden), Riess (Innere Medizin), Senator (Innere Medizin), Stoeckel (Gynäkologie), Strassmannn (Gerichtliche Medizin), Warnekros (Zahnheilkunde), Wassermann (Hygiene), Wolpert (Hygiene) und Rost (Pharmakologie) wie auch die Privatdozenten du Bois-Reymond (Augenheilkunde), Bruhns (Hautkrankheiten), Gottschalk (Gynäkologie) und Schuster (Nervenkrankheiten). Schwalbe, J. (1907) S. 268.

62 Bundesarchiv, Abt. Merseburg, Rep. 76, Va, Sekt. 1, Tit. VIII, Nr. 8, Adh. IV, Bl. 7-9. Die übrigen drei Professoren der Berliner Medizinischen Fakultät richteten ihre diesbezüglichen Anträge erst zu Beginn des Wintersemester 1908/09 an das preußische Kultusministerium. Es handelt sich um den Medizinhistoriker Julius Pagel, Schreiben vom 5. Oktober 1908, ebd., Bl. 27, den Dermatologen Edmund Lesser, Schreiben vom 8. Oktober 1908, ebd., Bl. 15, und den Gerichtsmediziner Kurt Strauch. Schreiben vom 10. Oktober 1908, ebd., Bl. 20-21.

63 Ebd., Bl. 7-9.

64 Ebd.

65 Waldeyer-Hartz, W. (1922) S. 197.

66 Ebd., S. 196.

67 Ebd., S. 196-197.

68 Bundesarchiv, Abt. Merseburg, Rep. 76, Va, Sekt. 1, Tit. VIII, Nr. 8, Adh. IV, Bl. 20-21.

69 Ebd., Bl. 15.

70 Ebd., Bl. 27.

71 Ebd., Bl. 15, vgl dazu auch: Schwalbe, J. (1907) S. 268.

72 Bundesarchiv, Abt. Merseburg, Rep. 76, Va, Sekt. 1, Tit. VIII, Nr. 8, Adh. IV, Bl. 13.

73 Ebd., Bl. 16.

74 Ebd., Bl. 20-21.

75 Ebd., Bl. 18.

76 Ebd., Bl. 22.

77 Pagel, J. (1905) S. 44-45 (Sperrung im Original).

78 Ebd., S. 43.

79 Bundesarchiv, Abt. Merseburg, Rep. 76, Va, Sekt. 1, Tit. VIII, Nr. 8, Adh. IV, Bl. 27, 27 V.

80 Ebd., Bl. 25.

81 Ebd., Bl. 28.

82 Luhn, A. (1971) S. 54.

83 Dies fügt sich in das Bild, daß diejenigen Hörerinnen, die vor dem Wintersemester 1896/97 auf Grund einer ministeriellen Sondererlaubnis die Berliner Universität betraten, ausschließlich Zutritt zu Lehrveranstaltungen von Professoren der Philosophischen Fakultät erhielten. Ihre Zahl war bereits vor dem Ministerialerlaß vom 12. Juli 1896 beträchtlich: Studierten im Wintersemester 1894/95 noch sechs Hospitantinnen mit einer Sondererlaubnis des preußischen Kultusministers an der Berliner Universität, so war ihre Zahl im Wintersemester 1895/96 bereits auf 40 Hörerinnen gestiegen. Die Frau 2 (1894/95) S. 316, Vogt, A. (1989) S. 144.

2. Vorbildung, Studiendauer und Studienerfolg der Medizinstudentinnen

84 Die Studentin Margarete Mortier, die im Sommersemester 1897 und Sommersemester 1898 an der Berliner Fakultät eingeschrieben war, legte die Reifeprüfung

erst im Jahre 1899 in Berlin ab. In dem ihrer Dissertation beigefügten Lebenslauf verschweigt sie diese „Schnuppersemester" jedoch und datiert ihren Studienbeginn auf das Wintersemester 1899/1900 an der Medizinischen Fakultät Halle. Mortier bildet jedoch im Vergleich zu den übrigen Gasthörerinnen, die sich bis einschließlich des Sommersemester 1908 an der Berliner Medizinischen Fakultät einschrieben, eine Ausnahme. Fast alle Abiturientinnen unter ihnen hatten die Reifeprüfung vor Studienbeginn abgelegt. Vgl. Lebenslauf in: Mortier, M. (1913) sowie HUA., Gasthörerlisten Sommersemester 1897 – Sommersemester 1908.

85 Vgl. Lebenslauf in: Schwaan, J. (1909). Ein weiteres Beispiel ist der Lebenslauf von Elise Troschel. Vgl. Brinkschulte, E. (1993) S. 183-184 sowie Dokumentation „Ärztinnen im Kaiserreich" am Institut für Geschichte der Medizin der Freien Universität Berlin.

86 Vgl. Lebenslauf in: Kannegiesser, A. (1905).

87 Bei letzterer handelt es sich um Dr. med. Frida Corrsen, geborene Busch, jene Freundin von Hermine Heusler-Edenhuizen, die sich im Jahre 1898 entschieden hatte, ihr Studium nicht in Berlin, sondern in Zürich zu beginnen. Heusler-Edenhuizen, H. (1997) S. 51 sowie Dokumentation „Ärztinnen im Kaiserreich" am Institut für Geschichte der Medizin der Freien Universität Berlin.

88 In diesem Fall handelt es sich um Adeline Kühlmann, die im Wintersemester 1905/06 als Gasthörerin an der Berliner Medizinischen Fakultät eingeschrieben war. Zu diesem Zeitpunkt war sie 38 Jahre alt. Kühlmann war gebürtige Preußin, hatte das russische Mädchengymnasium in Suwalki besucht und 1905 an der Universität Bern die Ergänzungsprüfung in Latein abgelegt. Über ihren weiteren Lebensweg ist bisher nichts bekannt. HUA., Gasthörerliste Wintersemester 1905/06.

89 Vgl. die Dokumentation „Ärztinnen im Kaiserreich" am Institut für Geschichte der Medizin der Freien Universität Berlin.

90 Es handelt sich um die im Sommersemester 1905 als Gasthörerin an der Berliner Medizinischen Fakultät eingeschriebene Laura Blum. Sie hatte das Karlsruher Mädchengymnasium besucht und 1902 das Abitur abgelegt. Reichenberger, S. (1918) S. 43.

91 HUA., Gasthörerlisten Wintersemester 1901/02, Wintersemester 1905/06 – Sommersemester 1908.

92 Schröder, O. (1908b) S. 26-27.

93 Schröder, O. (1908a) S. 116-118.

94 Vgl. Lebenslauf in: Taube, E. (1905).

95 Der § 25 der Prüfungsordnung für Ärzte vom 28. Mai 1901 definierte die vollständige Absolvierung der klinischen Studienabschnitts folgendermaßen: „Der Meldung [zum ärztlichen Staatsexamen, A. B.] ist der Nachweis beizufügen, daß der Kandidat nach vollständig bestandener ärztlicher Vorprüfung mindestens 1. je zwei Halbjahre hindurch an der medizinischen, chirurgischen und geburtshilflichen Klinik als Praktikant regelmäßig teilgenommen, Kreißende im Gegenwart des Lehrers oder Assistenzarztes selbständig entbunden, 2. je ein Halbjahr als Prak-

tikant die Klinik für Augenkrankheiten, die medizinischen Poliklinik, die Kinderklinik oder Poliklinik, die psychiatrische Klinik, sowie die Spezialkliniken oder Polikliniken für Hals- und Nasen, für Ohren- und für Haut- und syphilitische Krankheiten regelmäßig besucht, sowie am praktischen Unterricht in der Impftechnik teilgenommen und die zur Ausübung der Impfung erforderlichen technischen Fähigkeiten und Kenntnisse über Gewinnung und Erhaltung der Lymphe erworben, 3. je eine Vorlesung über topographische Anatomie, Pharmakologie und gerichtliche Medizin gehört hat." Schröder, O. (1908a) S. 108.

96 Vgl. Tabellarischer Anhang, Tab. 10.

97 Bundesarchiv, Abt. Potsdam, Nr. 10774, Bl. 15.

98 Ebd., Bl. 187-188.

99 Unterlagen, aus denen direkt hervorgeht, welche Frauen an der Berliner Medizinischen Fakultät zwischen 1899 und 1912 das Staatsexamen absolviert haben, stehen nicht mehr zur Verfügung. Im Bundesarchiv, Abt. Potsdam, Findbuch 15.01 / 26, Akten der Medicinalpolizei unter der Rubrik „Antraege weiblicher Personen auf Zulassung zu den ärztlichen Pruefungen" belegen die Akten Nr. 10727 (Bd. 4) bis Nr. 10729 (Bd. 6) einen Zeitraum vom Januar 1912 bis Juni 1919. Die vorangehenden Akten sind nicht mehr vorhanden. Unter der Rubrik „Verzeichnisse der Kandidaten, welche die aerztliche Vorprüfung bestanden haben" sind nur die Akten Nr. 10473 (Bd. 2) und Nr. 10474 (Bd. 3) erhalten, die über den Zeitraum zwischen Juni 1910 und März 1923 Auskunft geben. Auch im HUA. existieren keine Unterlagen mehr, die über eine Ablegung der medizinischen Staatsprüfung von Frauen an der Berliner Friedrich-Wilhelms-Universität zwischen 1899 und 1908 Auskunft geben könnten.

100 Vgl. Lebenslauf in: Danielewicz, H. (1908).

101 Hoffmann, O. (1912).

102 Kästner beziffert die Zahl der abgelegten Staatsexamina von Medizinerinnen vor Eröffnung der regulären Immatrikulation an der Universität Leipzig im Jahre 1906 auf sieben. Kästner, I. (unveröffentlichtes Manuskript) S. 4.

103 Vgl. Tabellarischer Anhang Tab. 10.

104 Welt der Frau (1917) S. 435.

105 Bleker, J. (1993a) S. 79, Ziegeler, B. (1993a) S. 169.

106 Tabellarischer Anhang, Tab. 5.

107 Ebd.

108 Vgl. Lebenslauf in: Blume, E. (1902).

109 Vgl. Lebenslauf in: Kittlitz, J. (1909).

110 Chassin, S. (1911).

111 Berendsen, I. (1918), Hoffmann, R. (1916).

112 Vgl. Lebenslauf in: Thimm, M. (1910).

113 Vgl. Lebenslauf in: Hellendall, M. (1912).

114 Vgl. Lebenslauf in: Büsselberg, E. (1912). Ella Hering (geborene Köhler) trug sich ab dem Sommersemester 1906 unter ihrem zweiten Ehenamen Büsselberg in die Gasthörerlisten der Friedrich-Wilhelms-Universität ein.

115 Charlotte Krause (Studienbeginn im Sommersemester 1906, Phys. Berlin Oktober 1909, Ex. Berlin Juni 1913, Diss. Berlin 1915), Elisabeth Aschenheim (Studienbeginn im Sommersemester 1908, Phys. Berlin Juli 1910, Ex. Berlin August 1914, Diss. Berlin 1916), Therese Hirsch (Studienbeginn im Wintersemester 1907/08, Phys. Berlin April 1910, Ex. Berlin März 1914, Diss. Berlin 1914), Charlotte Schönlein (verheiratete Volk, Studienbeginn im Sommersemester 1908, viertes vorklinisches Semster in Freiburg, alle übrigen in Berlin, Phys. Berlin im Wintersemester 1911/12, Ex. Berlin im Wintersemester 1914/15, Diss. Berlin 1916). Vgl. die den jeweiligen Dissertationen beigefügten Lebensläufe.

116 Tabellarischer Anhang, Tab. 5.

117 Ebd.

118 Stenographische Berichte über die Verhandlungen des Reichstags. VIII. Legislaturperiode, II. Session 1892/93, Zweiter Band, S. 1208.

119 Kirchhoff, A. (1897) S. 74.

120 Stropp, E. (1913) S. 257.

121 Im Wintersemester 1908/09 (Wintersemester 1916/17) setzte sich der medizinische Lehrkörper aus 18 (18) ordentlichen Professoren, 12 (17) Honorarprofessoren, 42 (38) außerordentlichen Professoren und 118 (136) Privatdozenten zusammen. Amtliches Verzeichnis des Personals und der Studierenden der Königlichen Friedrich-Wilhelms-Universität zu Berlin, Wintersemester 1908/09, Wintersemester 1916/17.

122 Strucksberg, M. (1918).

123 Kohenowa, B. (1912).

124 Wolff, Ch. (1986) S. 101. Auch den Pädiater Czerny hatte Charlotte Wolf als einen Mann mit dem „Charme eines Osteuropäers" in Erinnerung, in dessen Lehrveranstaltungen es oft unvergeßliche Momente gegeben habe. Vgl. ebd., S. 102. Eine weitere Anekdote über den Flirt zwischen Professoren und Studentinnen berichtet Dr. Elsa Winokurow: Aus familiären Gründen gezwungen, das Wintersemester 1905/06 vorzeitig zu beenden und nach Moskau zurückzukehren, benötigte sie eine vorzeitige Testierung der besuchten Lehrveranstaltungen: „Der erste Professor – Professor de la Camp – antwortete wider Erwarten lächelnd: ‚Für Sie, zu jeder Schandtat bereit' und unterschrieb. So auch die anderen Professoren." Winokurow, E. (1983) Nr. 7, S. 8.

125 Begonnen hatte Stelzner das Volontariat an der Psychiatrischen Universitätsklinik der Friedrich-Wilhelms-Universität.

126 Brinkschulte, E. (1993) S. 103-108.

127 Strisower, S. (1905).

128 Luhn, A. (1972) S. 22.

129 Ebd., S. 27-28.

130 Ebd., S. 35.

131 Kirchhoff, A. (1897) S. 67.

132 Luhn, A. (1972) S. 35.

133 Schwalbe, J. (1907) S. 268.

134 Graffmann-Weschke, K. (1993) S. 98.

135 Je drei Promotionen wurden von dem Ordinarius für Hygiene (bis 1909) und Physiologie (ab 1909) Max Rubner, dem Privatdozent für Innere Medizin Ferdinand Blumenthal sowie dem a. o. Professor für Innere Medizin Hermann Strauß betreut. Je zwei Dissertationsthemen vergaben der Titularprofessor für Gynäkologie und Geburtshilfe Paul Straßmann, der Ordinarius für Augenheilkunde Paul von Michel (1911 emeritiert), der Ordinarius für Anatomie Oskar Hertwig, der Ordinarius für Augenheilkunde Adolf Passow sowie der Ordinarius für Haut- und Geschlechtskrankheiten Edmund Lesser, der Ordinarius für Hygiene Karl Flügge und der a. o. Professor für Innere Medizin Theodor Brugsch (Die beiden letztgenannten arbeiteten waren erst ab 1909 im Rang eines Professors an der Berliner Universität). Betreuer je einer Doktorandin wurden der Ordinarius für Anatomie Wilhelm Waldeyer, der Leiter der Gerichts- und Staatsmedizin im Rang eines a.o. Professors Fritz Straßmann, der Ordinarius für Innere Medizin Ernst von Leyden (1907 emeritiert) sowie Ordinarius für Physiologie Theodor Engelmann (1909 verstorben). Desweiteren betreuten je eine Medizinerin in der Promotion der Privatdozent für Gynäkologie Ludwig Blumreich, der Gynäkologe Robert Meyer, der Ordinarius für Augenheilkunde Emil Krückmann (Antritt des Ordinariats im Jahre 1912), der a.o. Professor für Augenheilkunde Karl Greef, der Pathologe David Hansemann, der Internist Georg Klemperer, der Pädiater Heinrich Finkelstein, der Internist Adolf Magnus-Levy, der Chirurg Albert Köhler, der Ordinarius für Pharmakologie Arthur Heffter, der a. o. Professor für Gynäkologie Alfred Koblanck, der Ordinarius der Medizinischen Poliklinik der Charité Alfred Goldscheider sowie der Pathologe Julius Morgenroth.

136 Aschenheim, E. (1916).

137 Jaffé, G. (1917).

138 Bennecke, E. (1917).

139 Jacob, T. (1916). ·

140 Alschwang, M. (1913).

141 So vergab der Ordinarius für Augenheilkunde Emil Krückmann gemeinsam mit dem Ophtalmologen Richard Greef bis 1918 nur ein Dissertationsthema an eine Studentin: Davidowitsch, Devora: „Aus der Augenklinik der Charité. Morbus Basedowii und Schwangerschaft." Diss. med. Berlin 1913. Sein bis zum Jahre 1911 amtierender Vorgänger Julius von Michel hatte vor seiner Emeritierung zwei Doktorandinnen betreut: Janulaitis, Veronika: „Über die Tarsalfollikel beim Trachom." Diss. med. Berlin 1908 und Monaschkin, Beila: „Aus dem städtischen Rudolf-Virchow-Krankenhaus. Professor Goldscheider. Über das gleichzeitige Vorkommen von Lungentuberculose und Herzklappenfehlern." Diss. med. Berlin 1911.

142 Grass, E. (1916).

143 Hammar, R. (1910), Pinner, E. (1915).

144 Hochdorf, D. (1916).

145 Rabinowitsch, S. (1908).

146 Bukowska, J. (1909), Firstenberg, B. (1909).

147 Nauck, E. Th. (1953) S. 33-35.
148 Ebd., S. 34.
149 Ludwig, S. (1993).
150 Graffmann-Weschke, K. (1993).
151 Brinkschulte, E. (1993).
152 Kästner, I. (unveröffentliches Manuskript) S. 1.
153 Ebd., S. 20.

3. Soziale Herkunft und finanzielle Situation
der deutschen und russischen Medizinstudentinnen

154 Dieser Rubrik wurden nicht nur diejenigen freien Berufe zugeteilt, die ein Hochschulstudium voraussetzten (z. B. Ärzte, Rechtsanwälte, Regierungs- oder Ober-
studienräte), sondern auch diejenigen Berufe, die mit der höheren Beamtenlauf-
bahn verbunden oder dieser zumindest ähnlich waren (z. B. Bibliotheksdirektoren
oder Militärs in führenden Positionen) oder aber solche, die sich mit großer Wahrscheinlichkeit durch einen gehobenen Vermögenstand auszeichneten (z. B. Ban-
kiers, Fabrikbesitzer).

155 In diese Rubrik wurden Berufssparten in mittleren oder eher untergeordneten
Positionen (z. B. Lehrer, Pfarrer, Redakteure, Förster, Handwerker) sowie die-
jenigen Posten aufgenommen, die den väterlichen Beruf mit „Land-, Guts- oder
Hausbesitzer" betitelten.

156 Tabellarischer Anhang, Tab. 8, 9.

157 Tichy kommt in ihrer Analyse der sozialen Herkunft der ersten Medizinstudentinnen an der Universität Wien bei geringfügigen Abweichung in der schichtspezifischen Zuordnung zu ähnlichen Ergebnissen. Heindl, W. und Tichy, M. (1990)
S. 96. Auch Huerkamp verweist auf das im Vergleich zu anderen Fakultäten „ex-
klusive Sozialprofil" der Studentinnen an Medizinischen Fakultäten. Huerkamp,
C. (1996) S. 31-40, hier S. 34.

158 Heindl, W. und Tichy, M. (1990) S. 135.

159 Heindl, W. (1987) S. 337.

160 Neumann, D. (1987) S. 49-52.

161 Heindl, W. (1987) S. 321-322.

162 Huerkamp kam bei ihrer Analyse der Studentinnen des Kaiserreichs zum gleichen
Ergebnis, erst bei den Studentinnen der Weimarer Republik sei eine Einflußnah-
me des väterlichen Berufs auf die Studienfachwahl der Studentinnen abzulesen.
Huerkamp, C. (1996) S. 39

163 Vgl. dazu auch Huerkamp, C. (1996) S. 39-40, Heindl, W. und Tichy, M. (1991)
S. 96-99.

164 Salomon, A. (1913) S. 198.

165 Ebd., S. 198-199 (Sperrung im Original).

166 Studierende an der Berliner Medizinischen Fakultät hatten im Vergleich zu den
übrigen deutschen Universitäten die höchsten Promotionsgebühren zu entrichten.

240

Diese betrugen für das von Inländern zu absolvierende Colloquium 440 Mark, für das von Ausländern abzulegende Rigorosum 660 Mark. Darüber hinaus hatten Promovierende mit 315 Exemplaren die höchste Anzahl von Dissertationsexemplaren zur Verfügung zu stellen. Die Medizinische Fakultät der Universität Freiburg forderte im Vergleich von Inländern 300 Mark für das Colloqium, von Ausländern 440 Mark für das Rigorosum und nur 150 Dissertationsexemplare. Schröder, O. (1908a) S. 11. Die Prüfungsordnung für Ärzte vom 28. Mai 1901 legte im § 18 die Physikumsgebühren auf 90 Mark, die Gebühren zur Ablegung des medizinischen Staatsexamens auf 200 Mark fest. Schröder, O. (1908a) S. 107, 115. Diese Zahlen waren demnach für alle Universitäten verbindlich. Freie Hand hatten die Berliner Universitätslehrer jedoch bei der Festsetzung ihrer Auditoriengelder. Der Betrag für „Auditorien- und Institutsbenutzung" war auf 5 Mark pro Semester festgelegt. Der Erwerb eines Hospitantenscheins kostete 6 Mark. Ausländische Studierende hatten hierbei ebenfalls stets die doppelte Summe zu entrichten. Die Teilnahme an einer theoretischen medizinischen Privatvorlesungen eines Berliner Hochschullehrers kostete im Jahre 1908 mindestens 5 Mark pro Semesterwochenstunde. Viele Veranstaltungen, die zusätzlich mit schriftlichen Arbeiten, Experimenten, Operationen oder Demonstrationen verbunden waren, waren mit Semesterhonoraren bis zu 120 Mark belegt. Darüber hinaus existierten Praktikantenbeiträge für Kurse und Übungen in Laboratorien nach besonderer Festsetzung. Schröder, O. (1908b) S. 45-48. Die Studienordnung der Berliner Universität aus dem Jahre 1914 bestätigt diese Angaben: „Die Bestimmung der Höhe des Vorlesungshonorars hängt von dem Lehrer ab [...] Außer dem Honorar sind in jedem Semester beim Belegen der Vorlesungen an Gebühren zu entrichten: 1. *Auditoriengeld* 5,– M. [...] 2. eine *Institutsgebühr* 5,– M. [...] 3. *Praktikantenbeiträge* für Kurse und Übungen in den Laboratorien usw., deren Höhe mit Rücksicht auf die Kosten des bei dem betreffenden Vorlesungen zum Verbrauch kommenden Materials von dem Minister der geistlichen usw. Angelegenheiten bestimmt ist. [...] 4. *Bibliotheksgebühr* 2,50 M. 5. als Beitrag zum *Studentenfonds* [...] 1,– M. 6. desgl. zur *akademischen Krankenkasse* 2,– M." Ausländer hatten für Auditoriengeld, Institutsgebühr und Praktikantenbeiträge die doppelte Summe zu entrichten. Vorschriften für die Studierenden der Königlichen Friedrich-Wilhelms-Universität zu Berlin. (1914) S. 23-24 (Sperrungen im Original).

167 Salomon, A. (1913) S. 201.
168 Springer, J. (1904/05) S. 1239-1240. Rahel Straus, die 1900 ihr Medizinstudium begann, beziffert in ihren Memoiren die zur damaligen Zeit geschätzten Studienkosten auf etwa 10.000 Mark. Straus, R. (1961) S. 85. Mathilde Spiess (verheiratete von Kemnitz, verheiratete Ludendorff) rechnete vor Studienbeginn im Wintersemester 1901/02 für ihre medizinische Ausbildung mit einem Betrag von 18.000 bis 20.000 Mark. Darin waren sowohl Studien- und Unterhaltskosten als auch die für die Gymnasialausbildung benötigten Gelder enthalten. Ludendorff, M. (1936) S. 187.
169 Springer, J. (1904/05) S. 1239.

170 Ebd.

171 Ebd., S. 1240.

172 Die Lebenskosten in der Schweiz zur damaligen Zeit waren mit denen im Deutschen Reich vergleichbar. Einsele, G. (1992) S. 24.

173 Altmann-Gottheimer, E. (1921) S. 18.

174 Schwalbe, J. (1918) S. 27.

175 Etwa 4% der Medizinstudentinnen hatten ein monatliches Einkommen von 120-140 Mark, knapp 11% von 140-160 Mark, etwa 24% von 160-180 Mark, etwa 26% von 180 bis 200 Mark, 30% von 200-250 Mark, circa 6% hatten monatlich mehr als 300 Mark zur Verfügung. Stücklen, G. (1916) S. 45-48.

176 Ebd., S. 60-62.

177 Ebd., S. 70.

178 Ebd.

179 Schröder, O. (1908b) S. 49.

180 Stücklen, G. (1916) S. 65.

181 Die Honorarstundung sollte bis zur Besserung der Einkommens- und Vermögensverhältnisse gelten, wobei mit einer Frist von sechs Jahren gerechnet wurde. Diese Regelung galt ursprünglich nur für inländische Studierende, wurde jedoch per Beschluß des Berliner Universitätssenats vom 26. Juni 1901 auch auf ausländische Studierende ausgedehnt. Vorschriften für die Studierenden der Königlichen Friedrich-Wilhelms-Universität zu Berlin (1914) S. 28-33.

182 Stücklen, G. (1916) S. 65.

183 Vgl. dazu auch unter Einbeziehung der Verhältnisse in der Weimarer Republik Huerkamp, C. (1996) S. 138-143.

184 Levy-Rathenau, J. und Wilbrandt, L. (1906) S. 261.

185 Albrecht, E. und Bretschneider, M. (1913), Stücklen, G. (1916) S. 66-67.

186 Lydia Rabinowitsch wurde am 22. August 1871 in Kowno (Littauen) geboren. Sie studierte in Zürich und Bern Naturwissenschaften und promovierte dort 1894 an der Philosophischen Fakultät mit einer Dissertation über „Beiträge zur Entwicklungsgeschichte der Fruchtkörper einiger Gastromyceten". Im selben Jahr wurde sie die erste weibliche Assistentin Robert Kochs am Institut für Infektionskrankheiten in Berlin und widmete sich fortan der Erforschung und Bekämpfung der Tuberkulose. 1896 wurde sie Dozentin für Bakteriologie am „Women's Medical College" in Philadelphia, welches ihr 1898 den Professorentitel verlieh. Da sie aus privaten und beruflichen Gründen nicht nach Amerika zurückkehrte, wurde ihr der amerikanische Professorentitel kurze Zeit später wieder aberkannt. Auch nach 1900 lag der Schwerpunkt ihrer Forschungstätigkeit auf dem Gebiet der Tuberkuloseforschung. Von 1904 bis 1920 war Rabinowitsch-Kempner am Pathologischen Institut der Berliner Friedrich-Wilhelms-Universität beschäftigt. Im Jahre 1912 erhielt sie – nach Maria Gräfin von der Linden als zweite Frau in Deutschland – den preußischen Professorentitel. 1913 übernahm sie als erste Frau die leitende Redaktion einer medizinischen Fachzeitschrift in Deutschland, der „Zeitschrift für Tuberkulose". 1920 wurde Rabinowitsch-Kempner Direktorin der

Bakteriologischen Abteilung des Städtischen Krankhauses Moabit, deren Leitung sie bis 1934 innehatte. Nachdem der jüdischen Wissenschaftlerin bereits 1933 die Leitung der „Zeitschrift für Tuberkulose" entzogen worden war, wurde sie im folgenden Jahr auch aus ihrem Amt im Moabiter Krankenhaus entlassen. Lydia Rabinowitsch-Kempner starb am 3. August 1935 in Berlin. Graffmann-Weschke, K. (1993) S. 93-102.

187 Levy-Rathenau, J. und Wilbrandt, L. (1906) S. 262, ‚Helft unserem akademischen Nachwuchs' (1931) S. 299.

188 Die Physikerin Elsa Neumann (1872-1902) promovierte am 18. Februar 1899 als erste Frau an der Berliner Friedrich-Wilhelms-Universität im Fach Physik mit einer Arbeit „Über die Polarisationskapazität umkehrbarer Elektroden." Diss. phil. Berlin 1898. Vgl. dazu auch: Stücklen, G. (1916) S. 69.

189 Levy-Rathenau, J. und Wilbrandt, L. (1906) S. 262.

190 Winheim, R. (1992) S. 69. Winheim nennt irrtümlicherweise das Jahr 1902 als Gründungsjahr des „Vereins zur Gewährung zinsfreier Darlehen an studierende Frauen".

191 Levy-Rathenau, J. und Wilbrandt, L. (1906) S. 262, Albrecht, E. und Bretschneider, M. (1913) o. S.

192 Albrecht, E. und Bretschneider, M. (1913) o. S.

193 Der „Hildegardisverein" hatte bis zum Jahre 1913 insgesamt 40 Darlehen mit einer Gesamtsumme über 8.000 Reichsmark verliehen. Ebd.

194 Stücklen, G. (1916) S. 65.

195 Albrecht, E. und Bretschneider, M. (1913) o. S.

196 Stücklen, G. (1916) S. 67-68.

197 Ebd., S. 69.

198 Stücklen, G. (1916) S. 65, 68.

199 Ludendorff, M. (1937) S. 60-61.

200 Ebd., S. 79-83.

201 Ebd., S. 70.

202 Dudgeon, R. (1982) S. 19.

203 Ebd., S. 22-23.

204 Im Zarenreich erreichte der Anteil der Jüdinnen an den „Höheren Frauenkursen" bis zum Jahre 1880 zeitweilig 20%, fiel jedoch zwangsläufig nach Einführung des Numerus clausus für jüdische Studierende an russischen Hochschuleinrichtungen auf 3% ab. Erst nach 1905 begannen sich die Restriktionen für jüdische Studierende wieder schrittweise zu lockern. 1913/14 waren bereits wieder 13% der weiblichen Studierenden im Zarenreich mosaischen Glaubens. Neumann, D. (1987) S. 50-51.

205 Ebd., S. 15.

206 Ebd., S. 139, 143-147.

207 Weizmann, Ch. (1953) S. 63-65, 102-103, 112-113, Weizmann, V. (1967) S. 12, Huch, R. (1938) S. 44-45, Bluhm, A. (1941) S. 529-530, Schirmacher, K. (1896) S. 22-23, Feiwel, B. (1903) S. 251-252.

208 So gaben 59 der 112 Berliner Doktorandinnen russischer Nationalität in ihrem Lebenslauf den Besuch der Universität Zürich, 35 den Besuch der Universität Bern, 15 den Besuch der Universität Genf, sieben den Besuch der Universität Lausanne und eine den Besuch der Universität Straßburg an. Drei hatten mehrere Semester in Paris oder Odessa studiert.

209 Kampe, N. (1990) S. 90.

210 Levy-Rathenau, J. und Wilbrandt, L. (1906) S. 261.

211 Brachmann, B. (1962) S. 81-82.

212 Weill, C. (1979) S. 222.

213 Brachmann, B. (1962) S. 109.

214 Ebd., S. 110.

215 Vorschriften für die Studierenden der Königlichen Friedrich-Wilhelms-Universität zu Berlin. (1914) S. 33.

216 Ebd., S. 28.

217 Stücklen, G. (1916) S. 65.

218 Schröder, O. (1908b) S. 45-48.

219 Weizmann, Ch. (1953) S. 106-107.

220 Neumann, D. (1987) S. 206.

221 Ebd., S. 153.

222 Vgl. Lebenslauf in: Heinrichsdorff, A. (1912) sowie die Dokumentation „Ärztinnen im Kaiserreich" am Institut für Geschichte der Medizin der Freien Universität Berlin.

4. Wohnungssituation und Ernährungsfrage
– Studentinnenalltag außerhalb der Universität

223 Heusler-Edenhuizen, H. (1997) S. 56.

224 Pochhammer, M. (1913) S. 236 (Sperrung im Original).

225 Stücklen, G. (1916) S. 82, 85.

226 Ebd., S. 86.

227 Ebd.

228 Clephas-Möcker, P. und Krallmann, K. (1992) S. 174, Weyrather, I. (1981) S. 31, Huerkamp, C. (1996) S. 130-131.

229 Irmer, A. (1916) o. S., Stücklen, G. (1916) S. 82.

230 Lüders, Marie Elisabeth: Wirtschaftliche Not – kulturelle und politische Schwäche. Studentenwerk (1928) S. 12-13. Zit. n.: Kater, M. (1972) S. 235.

231 Stücklen, G. (1916) S. 82-85. Ruth von Velsen benennt eine ähnliche Preislage für das Jahr 1913. Velsen, R. (1913) o. S.

232 Ebd.

233 Mechow, M. (1975) S. 105.

234 Irmer, A. (1916) o. S.

235 Diese Angaben wurden anhand des „Amtlichen Verzeichnisses des Personals und der Studierenden der Königlichen Friedrich-Wilhelms-Universität Berlin" für das

Wintersemester 1908/09 zusammengestellt. Stücklen dokumentiert eine ähnliche Wohnortverteilung der Studentinnen. Stücklen, G. (1916) S. 88.

236 Ebd.
237 Mechow, M. (1975) S. 104.
238 Ebd., S. 87.
239 Stücklen, G. (1916) S. 86-87.
240 Heusler-Edenhuizen, H. (1997) S. 57.
241 Ludendorff, M. (1937) S. 120-121.
242 Ebd., S. 87.
243 Irmer, A. (1916) o. S.
244 Velsen, R. (1913) o. S.
245 Pochhammer, M. (1913) S. 252.
246 Velsen, R. (1913) o. S.
247 Stücklen, G. (1916) S. 110.
248 Ebd.
249 Straus, R (1961) S. 73-74.
250 Ohr, J. (1909) S. 13-16.
251 Krukenberg-Conze, E. (1903) S. 9.
252 Ebd., S. 10.
253 Velsen, R. (1913) o. S.
254 Vgl. dazu auch Huerkamp, C. (1996) S. 133-136.
255 Stücklen, G. (1916) S. 89.
256 Heusler-Edenhuizen, H. (1997) S. 57.
257 Stücklen, G. (1916) S. 89-90.
258 Fleer, O. (1915) o. S. , Lange, H. (1915/16) S. 339-342.
259 Emilie Winkelmann (1875-1951) studierte, nachdem sie den „Zimmermannsberuf" erlernt hatte, mit besonderer Erlaubnis als erste Frau in Deutschland in den Jahren 1901 bis 1905 an der Königlich-Technischen Hochschule in Hannover Architektur. Bald nach ihrem Abschluß konnte sie sich mit Hilfe diverser privater Aufträge zum Bau von Landhäusern selbständig machen und wurde so die erste selbständig arbeitenden Architektin Deutschlands. Bei der Ausstellung „Die Frau in Haus und Beruf", die 1912 in den Messehallen am Zoologischen Garten stattfand, zeigte Emilie Winkelmann 26 eigene Projekte. Häufig erhielt sie Aufträge von Frauenverbänden. So baute sie das Haus des „Lyceum-Clubs" am Lützowplatz um und verwandelte im Jahre 1917 ein ehemaliges Stallgebäude mit Kutscherwohnungen in der Fraunhoferstraße 25-27 in ein Bürohaus mit zusätzlichen Wohnungen. Sie selbst bezog dort Räumlichkeiten und auch Ottilie von Hansemann nahm sich in dem Komplex eine Privatwohnung. Arbeitsgruppe Historischer Stadtrundgang im FFBIZ (1989) S. 16.
260 Das Haus in der Berliner Straße 37-38 befindet sich heute in der Otto-Suhr-Allee 16-18 und wird vom Bezirksamt Charlottenburg, der „Deutschen Bank" und diversen privaten Gesellschaften genutzt. Die Auskunft der Arbeitsgruppe Historischer Stadtrundgang im FFBIZ, daß das „Haus Ottilie von Hansemann" bis in die

60er Jahre des 20. Jahrhunderts als Studentinnenwohnheim genutzt worden sei, kann auf Grund von Recherchen durch Dr. phil. Eva Brinkschulte nicht bestätigt werden: Spätestens ab dem Jahr 1946 wurde das Haus in der Berliner Straße 37-38 als Krankenhaus – „Krankenhaus Charlottenburg-Ost" oder auch „Krankenhaus am Knie" genannt – genutzt. Ärztliche Leiterin war die im Jahre 1939 im Fach klinischer Chemie habilitierte Ärztin Dr. med. Dr. phil. Frida Schmitt. Desweiteren liegen Hinweise auf eine Beschwerde des Kuratoriums der „Ottilie von Hansemann-Stiftung" vom 11. September 1945 gegen die Nutzung des „Viktoria-Studienhauses" als Krankenhaus vor. Personal- und Vorlesungsverzeichnis Sommersemester 1949 der Freien Universität Berlin S. 9, Brinkschulte, E. (1993) S. 112.

261 Fleer, O. (1915) o. S.
262 Arbeitsgruppe Historischer Stadtrundgang im FFBIZ (1989) S. 16.
263 Harder, A. (1916) S. 565.
264 Flitner, E. (1988) S. 160.
265 Pochhammer, M. (1913) S. 236.
266 Ebd., S. 234-236.
267 Stücklen, G. (1916) S. 90.
268 Ebd., S. 90. Eine sehr anschauliche Schilderung über die Entscheidung zum Wohnen in einer Wohngemeinschaft findet sich in den Memoiren der ehemaligen Berliner Medizinstudentin und späteren Ärztin Mathilde Ludendorff. Ludendorff, M. (1937) S. 91-93.
269 Clephas-Möcker, P. und Krallmann, K. (1992) S. 174, Kater, M. (1972) S. 235, Weyrather, I. (1981) S. 31, Huerkamp, C. (1996) S. 130-133.
270 Stücklen, G. (1916) S. 73.
271 Ebd.
272 Ebd., S. 77.
273 Ebd., S. 73-74.
274 Ludendorff, M. (1937) S. 116-117.
275 Ebd., S. 130, vgl. dazu auch Stücklen, G. (1916) S. 73-75.
276 Stücklen, G. (1916) S. 75.
277 Krukenberg-Conze, E. (1903) S. 12.
278 Stücklen, G. (1916) S. 76-77.
279 Ebd.
280 Weizmann, Ch. (1953) S. 63-65.
281 Stücklen, G. (1916) S. 75, 77.
282 Fleer, O. (1915) o. S.
283 Flinter, E. (1988) S. 160.
284 Stücklen, G. (1916) S. 75-76.

5. Studentinnenorganisationen

285 Das Gaudeamus der studierenden Frauen. Monatsschrift des Rudolstädter Senioren-Convents 4 (1898) Nr. 7, S. 55.

286 Die Frau 6 (1898/99) S. 440.

287 Strelitz, P. (1916) o. S. An anderer Stelle wird der 31. August 1906 als Gründungstag genannt. Zarncke, L. und Apolant, S. (1931) S. 589.

288 Die Möglichkeit einer erneuten Namensänderung wurde auf dem Verbandstag des Jahres 1909 von den Delegierten begrüßt, da sich erst mit der Zulassung zur regulären Immatrikulation die studierenden Frauen auch offiziell als „Studentinnen" bezeichnen durften. Strelitz, P. (1916) o. S.

289 Huerkamp, C. (1996) S. 144.

290 Ein Berliner Frauenführer verwies im Jahre 1913 bezüglich Auskünften zu Studienfragen und studentischen Angelegenheiten gezielt an die Berliner Auskunftsstelle des „V. St. D.". Salomon, A. (1913) S. 203. Das Vereinsorgan des „Verbandes der Studentinnen-Vereine Deutschlands" informierte im Jahre 1912, daß sich die Auskunftzentrale in Berlin-Friedenau, Isoldestr. 1 befände, Auskünfte für Vereinsmitglieder unentgeltlich seien und von Nichtmitgliedern eine Gebühr von 30 Pfennigen verlangt werde. Die Studentin 1 (1912) Nr. 6, o. S.

291 Strelitz, P. (1916) o. S.

292 Zarncke, L. und Apolant, S. (1931) S. 589.

293 In den folgenden Jahren taucht als Vereinsname wiederholt „Verein studierender Frauen (1908) Berlin" auf. Im Februar 1912 wird der Berliner Verein als „Freie Vereinigung Berliner Studentinnen" geführt. Die Studentin 1 (1912) Nr. 2, o. S. Im Frühjahr 1915 wurde dann der ursprüngliche Name „Verein Studierender Frauen Berlin 1908" wieder angenommen. Die Studentin 4 (1915) Nr. 2, o. S.

294 Die Studentin 1 (1912) o. S.

295 Ebd., (Sperrung im Original).

296 Petition betr. die Gleichberechtigung von Männern und Frauen in bezug auf die akademische Laufbahn. Petition um Erlaubnis der weiblichen Dozentur. Die Studentin 2 (1913) Nr. 5, o. S.

297 Strelitz, P. (1916) o. S .

298 Zarncke, L. und Apolant, S. (1931) S. 589.

299 Strelitz, P. (1916) o. S. Die Zeitschrift erschien zunächst in acht Jahrgängen und wurde im Jahre 1919 eingestellt. Ab 1924 wurde die Herausgabe unter dem Titel „Die Studentin. Eine Monatsschrift" unter neuerlicher Jahrgangszählung fortgesetzt. Der Erscheinungsort der ersten Jahrgangsserie der Zeitschrift war bis zum Jahre 1919 – mit einer kurzzeitigen Ausnahme nach Ende des Ersten Weltkriegs – Berlin.

300 Bis 1916 waren neben den ursprünglichen Gründungsvereinen (Berlin, Bonn, Freiburg, Marburg und Heidelberg) auch die entsprechenden Organisationen an den Universitäten Würzburg, München, Leipzig, Jena, Halle, Königsberg, Greifswald, Rostock, Straßburg, Kiel, Breslau, Münster, Göttingen, Tübingen, Frankfurt und Gießen dem „Verband der Studentinnenvereine Deutschlands" beigetreten. Strelitz, P. (1916) o. S.

301 Ebd.

302 Ebd.

303 So wurden im Wintersemester 1914/15 zur Bismarckfeier an der Berliner Fried-rich-Wilhelms-Universität drei Chargierte, unter diesen auch die Medizinstuden-tin Lucie Fiegel, entsandt. Die Studentin 4 (1915) Nr. 3, o. S. Auch Clephas und Krallmann weisen darauf hin, daß die einzelnen im „Verband der Studentinnen-vereine Deutschlands" zusammengeschlossenen Mitgliedsvereine trotz des – ab-gesehen von den mit der Frauenbewegung geteilten Zielen – unpolitischen Charakters in ihrer äußeren Form häufig Korporationen entsprachen. Clephas, P. und Krallmann, K. (1992) S. 174-175.

304 Die Studentin 4 (1915) Nr. 1, o. S.

305 Strelitz, P. (1916) S. 59. Kater kommentiert die ansatzweisen Versuche einer Zu-sammenarbeit der überregionalen Studentinnenverbände zur Durchsetzung gemeinsamer Ziele folgendermaßen: Wenn in diesen Gruppen keine einheitliche Auffassung über Sinn und Zielsetzung der Frauenbewegung, viel weniger noch über eine eventuell einzuschlagende Taktik vorherrschte, so ist dies vor allem auf unterschiedliche Motive bei der Gründung der regionalen Vereinigungen der Stu-dentinnen zurückzuführen, denn je nach Verein seien *politische, wirtschaftliche* oder *religiöse Aspekte* bei der Zielsetzung entscheidend gewesen. Kater, M. (1971) S. 244-245.

306 Strelitz, P. (1916) o. S.

307 Conrad, K. und Fiedler, A. (1931) S. 591-592.

308 Benker, G. und Störmer, S. (1991) S. 139.

309 Conrad, K. und Fiedler, A. (1931) S. 591 (Sperrung A. B.).

310 Ebd.

311 Doeberl, M. (1931) S. 659.

312 Huerkamp, C. (1996) S. 145.

313 Renschel, Helga: Das Farbentragen der nationalen Studentinnenverbindungen. Zit. n.: Benker, G. und Störmer, S. (1991) S. 139.

314 Bisher ist die Existenz von vier Berliner Studentinnenvereinigungen im damaligen Zeitraum belegt: Der „Verein studierender Frauen in Berlin", der „Deutsch-Aka-demische Frauenbund an der Universität Berlin", die „Katholische Deutsche Studentinnenverbindung Mechthild" und der Berliner Kreis der „Deutschen Christlichen Vereinigung Studierender Frauen". Stücklen, G. (1916) S. 117. Zu zwei weiteren, in der Literatur erwähnten Gruppierungen, der „Akademisch-Wis-senschaftlichen Frauenvereinigung" sowie dem „Studentinnen-Sportverein 1915" konnten im Rahmen dieser Untersuchung keine näheren Angaben gefunden wer-den. Vgl. Mechow, M. (1975) S. 100, Benker, G. und Störmer, S. (1991) S. 138.

315 Stücklen, G. (1916) S. 119.

316 Conrad, K. und Fiedler, A. (1931) S. 591.

317 Stücklen, G. (1916) S. 119.

318 Conrad, K. und Fiedler, A. (1931) S. 592.

319 Ebd.

320 Doeberl, M. (1931) S. 659.

321 Ebd.

322 Vierteljahresschrift Deutscher Ärztinnen 2 (1926) S. 83.

323 Ilse Szagunn gibt in einem von ihr verfaßten Lebensbericht das Jahr 1908 als Zeitpunkt des Abiturs an. Zugleich berichtet sie mit der Begründung, daß zum damaligen Zeitpunkt Frauen an preußischen Universitäten nicht zur Immatrikulation
zugelassen waren, ihr Studium im Sommersemester 1908 an der Universität Heidelberg begonnen zu haben. Szagunn, I. (1961) S. 260. Vermutlich handelt es sich
um einen Druckfehler, denn der September 1906 wird sowohl von Bäumer als
auch von ihr selbst in dem ihrer Dissertation beigefügten Lebenslauf als Zeitpunkt
der Reifeprüfung bestätigt. Ilse Szagunn begann das Medizinstudium unter ihrem
Geburtsnamen Tesch im Wintersemester 1906/07 an der Berliner Universität.
Tesch, I. (1913), Bäumer, G. (1906) S. 82, HUA., Gasthörerliste Wintersemester
1906/07.

324 Das Physikum legte Ilse Tesch im Juli 1909, das medizinische Staatsexamen am
15. Juli 1912 und die Promotionsprüfung am 10. Januar 1913 in Berlin ab. Die
Approbation erhielt sie am 15. August 1913. Szagunn, I. (1913), Dokumentation
„Ärztinnen im Kaiserreich" am Institut für Geschichte der Medizin der Freien
Universität Berlin.

325 Walter Szagunn war im „Kyffhäuser-Verband Deutscher Studenten", einer antisemitischen Studentenorganisation engagiert. In dessen Führungsgruppe beteiligte er sich 1919 an der Gründung des „Deutschen Schutzbundes". Über eine Verbindung zum „Deutschen Jungmädchendienst" bestand ein weiterer Kontakt zum
„Deutsch-Akademischen Frauenbund an der Universität Berlin". Lexikon zur Parteiengeschichte, Bd. 2, S. 298, 344.

326 Ballowitz, L. (1987) S. 62, Szagunn, I. (1961) S. 261.

327 Platzer, E. (1967) S. 1914.

328 Vierteljahresschrift Deutscher Ärztinnen 2 (1926) S. 83.

329 Vierteljahresschrift Deutscher Ärztinnen 3 (1927) S. 26.

330 Monatsschrift Deutscher Ärztinnen 4 (1928) S. 15.

331 Ebd., S. 207.

332 Ebd., S. 103.

333 Evangelische Ehe- und Familienberatungsstelle. Jahresbericht 1934. Zit. n.:
Soden, K. v. (1988) S. 162, vgl. dazu auch: Eckelmann, Chr. (1992) S. 55.

334 Evangelische Ehe- und Familienberatungsstelle. Jahresbericht 1934. Zit. n.:
Soden, K. v. (1988) S. 162.

335 Zwischen 1936 und 1941 war die glühende Antisemitin Edith von Lölhöffel mit
der Schriftleitung des Zeitschrift beauftragt. Sie starb 1941. Eckelmann, Chr.
(1992) S. 60-61, 97, vgl. hierzu auch: Bleker, J. (1993b).

336 Platzer, E. (1967) S. 1915.

337 Tempora Mutantur (1966) S. 11.

338 W. Z. (1957), J. F. (1967), Duntzer, E. (1967), Platzer, E. (1967), Nau, E. (1967).

339 Szagunn, I. (1961) S. 260-266.

340 Der Kassenarzt 2 (1925) Nr. 44, S. 2. Ich danke an dieser Stelle Herrn Dr. Michael Hubenstorf für den Hinweis auf einige der dargestellten Fakten.

341 Eine Arbeit zu diesem Thema wurde kürzlich am Institut für Geschichte der Medizin der Freien Universität Berlin vergeben.

342 Es handelt sich hierbei um die katholischen Studentinnenvereinigungen „Winefreda-Münster", gegr. 1911, „Hrotsvit-Bonn", gegr. 1912, und „Viadrina-Breslau", gegr. 1912. Im Jahre 1921 erfolgte eine Umbenennung des Dachverbandes in „Verband der katholischen deutschen Studentinnenvereine." Dörner, M. (1931) S. 590.

343 Ebd.

344 Ebd.

345 Ebd.

346 Ebd.

347 Holland, M. (1931) S. 550.

348 Stücklen, G. (1916) S. 119-120.

349 Holland, M. (1931) S. 550.

350 Ebd.

351 Ebd.

352 Die „Nachrichten aus der christlichen Studentinnenbewegung" erschienen in neun Jahrgängen von 1911 bis 1919. Benker, G. und Störmer, S. (1991) S. 138.

353 Heusler-Edenhuizen, H. (1997) S. 54. Siehe dazu auch: Tiburtius, F. (1925) S. 130-131, Weber, M. (1889) S. 5-11, Bluhm, A. (1941) S. 529 sowie Huch, R. (1938) S. 44-45.

354 Feiwel, B. (1903) S. 250.

355 Weizmann, Ch. (1953) S. 112-113.

356 Einer Analyse Lenins bezüglich der russischen Studentenschaft im Zarenreich folgend, unterteilt Scapov diese in Reaktionäre, Gleichgültige, Akademiker, Liberale, Sozialrevolutionäre und Sozialdemokraten, wobei vor allem die Vertreter der beiden letztgenannten Gruppen zum Studium an westeuropäische Universitäten kamen. Scapov, J. (1983) S. 409.

357 Brachmann, B. (1962) S. V.

358 Heindl, W. (1987) S. 333-336.

359 Brachmann, B. (1962) S. 14, 29.

360 Gemkow, M. (1991) S. 231, vgl. dazu auch: Alpern-Engel, B. (1979).

361 Straus, R. (1961) S. 95.

362 Im Jahre 1905 erfolgte ein erster Generationswechsel innerhalb des Heidelberger Studentinnenvereins. Straus schildert in ihren Memoiren den sich im Jahre 1905 durchsetzenden Ausschluß aller „Fremden", zu denen nicht nur alle Ausländerinnen, sondern auch alle Jüdinnen gezählt wurden. Straus, R. (1961) S. 96.

363 Feiwel, B. (1903) S. 250.

364 Zur Entwicklung der im Wintersemester 1891/92 gegründeten „Lesehalle der studierenden aus Rußland" (später in „Saltykow-Lesehalle" umbenannt), der im Jahre 1906 an der Berliner Universität eingerichteten „Tschechow-Lesehalle" sowie zur Gründung des „russisch-geselligen Klubs" im Jahre 1908 siehe Brachmann, B. (1962) S. 69-84.

365 Ebd., S. 107. Ob dieser Verein als eine Fortführung des von Chaim Weizmann erwähnten, zu Beginn der 90er Jahre des 19. Jahrhunderts an der Berliner Universität gegründeten „Jüdisch-Russischen Verein für Wissenschaft" gelten muß, ist unklar. Weizmann, Ch. (1953) S. 59-60, vgl. dazu auch: Kampe, N. (1988) S. 169.
366 Mechow, M. (1971) S. 102.
367 Brachmann, B. (1962) S. 113-114.
368 Ebd., S.109-113.
369 Ebd., S.182.
370 Ebd., S.182-183 (Sperrung im Original).
371 Ebd.
372 Ebd.
373 Brinkmann, M. (1899), (Sperrung im Original).
374 Bias-Engels, S. (1986) S. 50.
375 Münchener Akademischer Rundschau (Wintersemester 1910/11) Nr. 4, S. 26.
   Zit. n.: Ebd., S. 49.
376 Huerkamp, C. (1996) S. 145.
377 Flitner, E. (1988) S. 159. Zur Ablehnung der korporativ organisierten Studentinnenvereinigungen seitens der Studentinnen vgl. auch: Benker, G. und Störmer,
   S. (1991) S. 140-142.
378 Plaut, R. (1916) o. S.
379 Die Studentin 4 (1915) Nr. 1, o. S.
380 Die Studentin 4 (1915) Nr. 2, o. S. Diese Regelung wurde im Sommersemester
   1913 als Zusatz in das Berliner Vereinsstatut aufgenommen. Die Studentin 2
   (1913) Nr. 11, o. S.
381 Die Studentin 1 (1912) Nr. 11, o. S.
382 Die Studentin 1 (1912) Nr. 10, o. S.
383 Die Studentin 2 (1913) Nr. 11, o. S.
384 Ebd.
385 Erste Vorsitzende war die Medizinstudentin Frieda Stillschweig, zweite Vorsitzende
   die Medizinerin Elisabeth Marcuse. Die Funktion der Schatzmeisterin übernahm
   die Medizinstudentin Irmgard Müller. Das Amt der zweiten Schriftführerin
   wurde von der Medizinerin Lucie Fiegel ausgeübt. Die Studentin 4 (1915) Nr. 1,
   o. S.
386 Namentlich genannt werden Ruth Alexander-Katz, Marianne Barthal, Martha
   Czernickowsky, Käthe Goldstein, Else Jaffé, Gertrud Lange, Martha Ochwat und
   Else Oschki. Ebd.
387 Es handelt sich um die Ärztinnen Edith Alexander-Katz, Gertrud Pincsohn und
   Hanna Steinthal. Ebd.
388 Für das Wintersemester 1912/13 meldete der Berliner Verein 50 aktive, ein außer-
   ordentliches und drei Altmitglieder. Die Studentin 2 (1913) Nr. 11, o. S. Im Sommersemester 1915 zählte der Verein 37 Mitglieder. Die Studentin 4 (1915) Nr. 5,
   o. S. Im Wintersemester 1915/16 waren es 53 aktive, fünf auswärtige sowie 13
   Altmitglieder und ein „Verkehrsgast". Die Studentin 5 (1916) Nr. 6, o. S.

389 Im Wintersemester 1916/17 studierten 1.379 Frauen an der Berliner Universität, 275 waren an der Medizinischen Fakultät immatrikuliert. Zum Ehrenmitglied des Vereins war die Direktorin des „Victoria-Studienhauses" Ottilie Fleer ernannt worden. Die im Altmitgliederbund organisierten Ärztinnen waren Edith Alexander-Katz, Luise Guttfeld, Gertrud Pincsohn und Hanna Steinthal. Die Studentin 5 (1916) Nr. 10, o. S., Tabellarischer Anhang, Tab. 2.

390 Es handelt sich um die Doktorandinnen Ida Berendsen, Hermine Ernst, Anna Fibelkorn, Käthe Foth, Louise Guttfeld, Käthe Herbst, Paula Heymann, Grace Jaffé, Auguste Lotz, Gertrud Neuländer, Martha Ochwat, Emmy Schlüter, Hanna Steinthal, Marta Strucksberg, Elisabeth Thiel und Felicia Thiele. Die Namen wurden den – allerdings nicht regelmäßig – im Verbandsorgan „Die Studentin" veröffentlichten Mitgliederlisten entnommen.

391 Stücklen, G. (1916) S. 116.

392 Huerkamp, C. (1996) S. 144.

393 Clephas, P. und Krallmann, K. (1992) S. 174.

394 Benker, G. und Störmer, S. (1991) S. 144.

V. Das Selbstverständnis und die Fremdwahrnehmung der Studentinnen

1 Goltz, Bogumil: Zur Charakteristik und Natur-Geschichte der Frauen. Berlin, 1859. Zit. n.: Geyer-Kordesch, J. (1987) S. 201.

2 Dohm, Hedwig: Die wissenschaftliche Emancipation der Frau. Berlin, 1874. Zit. n.: Bußmann, H. (1993) S. 26.

3 Dieser Artikel wurde kurz darauf unter dem Titel „Die Berliner Studentin" von den „Akademischen Turnbundsblättern" übernommen, nach denen im folgenden zitiert wird. Akademische Turnbundsblätter 13 (1902) Nr. 12, S. 392-394.

4 Die Berliner Studentin (1902) S. 393.

5 Ebd.

6 Ebd.

7 Ebd.

8 Ebd.

9 Ebd., S. 394.

10 Ebd.

11 Ebd.

12 Ebd., S. 393.

13 Ebd.

14 Elisabeth Cords, geb. am 27. August 1875 in Olschwitz, besuchte die Realkurse von Helene Lange in Berlin und legte im September 1898 das Abitur am Königlichen Luisengymnasium ab. Sie studierte in Halle, wo sie im Herbst 1900 das Physikum absolvierte, sowie in Freiburg und Marburg, wo sie im Sommer 1903 das Staatsexamen bestand. Anschließend kehrte Cords nach Freiburg zurück und promovierte dort im darauffolgenden Jahr mit einer Arbeit über „Beiträge zum

Kopfnervensystem der Vögel." Im Anschluß studierte sie das Sommersemester 1904 sowie das Wintersemester 1904/05 zur „Fortbildung" an der Berliner Medizinischen Fakultät. In den folgenden 20 Jahren arbeitete Elisabeth Cords an verschiedenen Anatomischen Instituten, so 1907 als Assistentin am Anatomisch-Zoologischen Institut in Bonn, 1911 als Assistenzärztin am Anatomischen Institut in Freiburg, von 1919 bis 1929 als Prosektorin am Anatomischen Institut in Königsberg. 1929 ließ Cords sich in Königsberg in eigener Praxis nieder. Über ihren weiteren Lebensweg ist bisher nichts bekannt. Vgl. Lebenslauf in: Cords, E. (1904), HUA., Gasthörerliste Sommersemester 1904, Wintersemester 1904/05 sowie die Dokumentation „Ärztinnen im Kaiserreich" im Institut für Geschichte der Medizin der Freien Universität Berlin.

15 Heusler-Edenhuizen, H. (1997) S. 59.

16 Selbst der das Frauenstudium bejahende Julius Schwalbe bezeichnete im Jahre 1918 Ärztinnen, deren wissenschaftliche Leistung überzeuge, als „Frauen mit männlicher Anlage". Schwalbe, J. (1918) S. 46.

17 Pagel, J. (1905) S. 44.

18 Jemand (1889) S. 102.

19 Tichy, M. (1991) S. 38.

20 Ebd., vgl. dazu auch: Hausen, K. (1990) S. 36-37, Gemkow, M. (1991) S. 38.

1. Zur Heterogenität der Berliner Medizinstudentinnen – Das Altersspektrum

21 Vgl. Tabellarischer Anhang, Tab. 11.

22 Es handelt sich bei letzterer um Helenefriderike Stelzner, die erst nach dem Tod des Ehemanns beschlossen hatte, sich auf das Abitur vorzubereiten. Vgl. Lebenslauf in: Stelzner, H. (1902).

23 Es handelt sich um die Ärztinnen Hermine Heusler-Edenhuizen, Toni Engel-Blumenfeld und Lilly Meyer-Wedell.

24 Straus, R. (1961) S. 69-71, 83-85.

25 Zehn von ihnen erlangten die deutsche Approbation, eine starb vor Abschluß ihres Studiums. Reichenberger, S. (1918) S. 43-45.

26 Bäumer, G. (1906) S. 79-82.

27 Vgl. Tabellarischer Anhang, Tab. 13.

28 Es handelt sich hierbei um die 25jährige Hedwig Prager, die 27jährige Mathilde von Kemnitz und die 29jährige Mathilde Kirschner. HUA., Gasthörerliste Wintersemester 1904/05.

29 Neben Elise Taube handelt es sich um die 24 jährige Dr. Anna Caplan, die das Medizinstudium in Zürich im Jahre 1904 mit der Promotion abgeschlossen hatte, sowie um die 29jährige Dr. Elisabeth Cords. Vgl. HUA., Gasthörerliste Wintersemester 1904/05.

30 Bei diesen sechs deutschen Gasthörerinnen, die im Wintersemester 1904/05 nicht auf Grund eines deutschen Abiturs an der Berliner Medizinischen Fakultät studierten, handelt es sich um die 20jährige Lehrerin Anna Zimmer, die 28jährige

Lehrerin Agnes Wiebecke, die 31jährige Krankenschwester Johanna Kaempf, die 37jährige Turn- und Handarbeitslehrerin Katharina Repke, die 39jährige Lehrerin Maria Reichard und um die nun 61 Jahre alte Lehrerin Anna Hutze. HUA., Gasthörerliste Wintersemester 1904/05.

31 Tabellarischer Anhang, Tab. 7.

32 Else Weil bestand 1911 im Alter von 21 Jahren die Reifeprüfung, studierte jedoch im Sommersemester 1911 zunächst ein Semester an der Berliner Philosophischen Fakultät, bevor sie an die Medizinische überwechselte. Vgl. Lebenslauf in: Weil, E. (1918), Bemman, H. (1990) S. 115. Charlotte Cauer legte 1910 im Alter von 20 Jahren das Abitur ab, studierte dann jedoch zunächst zwei Semester Architektur an der Technischen Hochschule in Berlin und absolvierte anschließend ein „praktisches Dienstjahr" auf der Krankenpflegeschule in Weimar. Das Medizinstudium begann sie im Sommersemester 1912 in Freiburg. Vgl. Lebenslauf in: Cauer, Ch. (1918). Eva Witzig bestand nach dem Besuch der Gymnasialkurse von Helene Lange in Berlin das Abitur 1904 im Alter von 20 Jahren. Sie studierte neun Semester an den Philosophischen Fakultäten in Berlin, Bonn und Heidelberg, legte 1909 die Oberlehrerinnenprüfung ab und promovierte im Jahre 1910 zum Dr. phil. in Germanistik. In den folgenden zwei Jahren arbeitete sie als Lehrerin in Berlin und Danzig und nahm 1912 im Alter von 28 Jahren das Medizinstudium in Berlin auf. Eva Witzig verbrachte mit Ausnahme eines Semesters in Marburg ihr gesamtes Studium an der Berliner Medizinischen Fakultät, bestand im März 1915 das Physikum, im Juli 1917 das Staatsexamen und erwarb im Alter von 34 Jahren ihren zweiten Doktortitel mit einer Arbeit „Zur Statistik der Placenta praevia." Vgl. Lebenslauf in: Witzig, E. (1918).

33 Vgl. Tabellarischer Anhang, Tab. 12.

34 Die Altersangaben wurden anhand der den Dissertationen beigefügten Lebensläufe errechnet.

35 Tabellarischer Anhang, Tab. 5.

36 Im Jahre 1905 promovierte Elise Taube im Alter von 43 Jahren, 1910 promovierten Charlotte Sternberg und Martha Thimm, beide 34jährig. Die vier Promovendinnen des Jahres 1912 waren die 27jährige Josine Ebsen, die 31jährige Elisabeth Reinike, die 32jährige Ella Büsselberg und die 35jährige Martha Hellendall. Vgl. die den jeweiligen Dissertationen beigefügten Lebensläufe.

37 Eine Ausnahme hierin bildet die Ärztin Sara Hoefer, die im Januar 1911 die Approbation erhielt. Das Studium hatte sie als 29jährige abgeschlossen. Ihre Promotion vollendete sie jedoch erst im April 1914 und war zu diesem Zeitpunkt nun bereits 33 Jahre alt. Vgl. Lebenslauf in: Hoefer, S. (1914). Ähnlich verhält es sich mit der Ärztin Elisabeth Bennecke, die im Juli 1912 die Approbation erwarb, jedoch erst im Alter von 40 Jahren im Februar 1917 promovierte. Vgl. Lebenslauf in: Bennecke, E. (1917).

38 Weber, M. (1919) S. 179.

39 Ebd., S. 188.

40 Ebd., S. 189.

41 Ebd., S. 179.

42 Ebd.

43 Ebd.

44 Ebd., S. 180.

45 Ebd., S. 181-183 (Sperrung im Original). Bei dem von Weber erwähnten Lied handelt es sich um den Gesang des „Vereins studierender Frauen in Berlin". Das Gaudeamus der studierenden Frauen. Monatsschrift des Rudolstädter Senioren-Convents 4 (1898) Nr. 7, S. 55.

46 Edenhuizens Zeit als Assistenzärztin in Bonn fällt in das Jahr 1908. Zu diesem Zeitpunkt war sie 36 Jahre alt. Heusler-Edenhuizen, H. (1997) S. 85.

47 Tucholsky, K. (1960) S. 50-74.

48 Ebd., S. 52. Der mit Tucholsky befreundete Heinz Ullstein beschrieb Else Weil als „nicht hübsch, aber anziehend" und erinnert sich an ihre außergewöhnlich schönen Hände, die wiederholt modelliert worden seien. Bemmann, H. (1990) S. 81. Tucholskys Liebesaffaire mit Else Weil war nicht von langer Dauer. Noch 1912 ging er eine Verlobung mit Kitty Frankfurter ein, die er sechs Jahre später wieder löste, nachdem er im Jahre 1917 erstmals seiner späteren zweiten Ehefrau Mary Gerold begegnet war. Als Gerold Tucholsky im Februar 1920 verließ, wandte Tucholsky sich erneut Else Weil zu, die sich 1919 als Nervenärztin in eigener Praxis in Charlottenburg niedergelassen hatte. Sie heiratete Tucholsky am 3. Mai 1920. Im „Blauen Tagebuch" schildert Tucholsky diese Ehe als unmotiviert. Seine Biographin Übleis vermutet daher hinter der Eheschließung eine Trotzreaktion, um sich über den Verlust Mary Gerolds hinwegzutäuschen. Wenige Wochen nach der Heirat nahm Tucholsky seine Beziehung zu Mary Gerold wieder auf. Einer frühen Trennung von Else Weil im Jahre 1922 folgte die Scheidung im März 1924. Das Verhältnis der beiden früheren Freunde und Ehepartner verschlechterte sich zunehmend, war doch Tucholsky bei der Scheidung zur Zahlung eines monatlichen Unterhalt von 100 Mark verpflichtet worden, eine Auflage, der er laut Übleis nur äußerst selten nachkam. Im Jahre 1933 drohte Weil ihm mit der Pfändung seines Kontos – vermutlich war sie in ernste Geldnöte gekommen, da ihr als Jüdin 1933 die Kassenzulassung entzogen worden war – woraufhin Tucholsky sein Konto auf den Namen einer Freundin überschrieb. Der noch bestehende briefliche Kontakt brach über diese Unstimmigkeiten ab, fortan wurde die Auseinandersetzung den Anwälten überlassen. Ab 1934 übte Else Weil ihre ärztliche Tätigkeit nicht mehr aus. Später floh sie vor den Nationalsozialisten nach Frankreich, wurde dort von der Gestapo verhaftet, nach Deutschland rück-überführt und ins Konzentrationslager gebracht. Dr. Else Weil gilt als in Auschwitz verschollen. Übleis, G. (1987) S. 62-64 sowie die Dokumentation „Ärztinnen im

Kaiserreich" im Institut für Geschichte der Medizin der Freien Universität Berlin.

49   Vgl. Lebenslauf in: Weil, E. (1918). An anderer Stelle wird irrtümlich das Jahr 1910 als Zeitpunkt ihres Abiturs angeführt. Bemmann, H. (1990) S. 81.

50   Weil, E. (1918).

51   Tucholsky, K. (1960) S. 72.

52   Ebd., S. 71. Die Ärztin Käthe Herbst promovierte 1917 zu einem Thema, das Tucholsky der Figur der Lissy Aachner nach karikierend zugeschrieben hatte: „Stoffwechsel-Versuche an kräftigen und schwächlichen Schulkindern bei Kriegskost." Diss. med. Berlin 1917. Übleis kommt in ihrem Buch über „Tucholsky und die Frauen" zu folgendem Schluß: „Es scheint, daß Tucholsky Frauen schätzte, die zwar gebildet, intelligent und emanzipiert waren, die aber eben diese Intelligenz ihm gegenüber hinter weibchenhaften Allüren und kindlichem Geplapper verbargen. Auch die weibliche Hauptperson der zweiten größeren Erzählung ‚Schloß Gripsholm' ist ähnlich gezeichnet." Übleis, G. (1987) S. 62. Tucholskys Geringschätzung der um höhere Bildung bemühten Frau kommt an anderer Stelle ebenfalls zum Ausdruck: Typisch sei während seines im Sommer 1910 an der Universität Genf verbrachten Studiensemesters „[...] die vermaledeite Russin, die Polin, die mich vor dem Seziersaal, wo sie ein Kolleg hören sollte, fragte: ‚Est-ce qu'il y a des morts dedans?' (und sie war ganz grün vor Angst)." Zit. n.: Bemmann, H. (1990) S. 61.

53   Rhoda Erdmann promovierte 1908 in München mit einer Arbeit über experimentelle Zellforschung zum Dr. phil, absolvierte anschließend das Staatsexamen in Mathematik, Zoologie und Botanik und arbeitete in den folgenden fünf Jahren als wissenschaftliche Mitarbeiterin am Robert-Koch-Institut in Berlin. Bußmann, H. (1993) S. 124-125.

54   Erdmann, R. (1913) S. 56-57.

55   Krukenberg-Conze, E. (1903) S. 4.

56   Schirmacher, K. (1896) S. 41-42 (Sperrung im Original).

57   Schlüter weist darauf hin, daß die These vom Frauenstudium als Modeerscheinung bereits in dem 1897 erschienenen Gutachten von Arthur Kirchhoff formuliert wurde. Dies führt sie unter anderem darauf zurück, daß die Frauenstudiumsfrage häufig als ein Anliegen der Frauen höherer Schichten verstanden wurde. Schlüter, A. (1986) S. 20.

58   Lange, H. (1901/02) S. 243.

59   Lange, H. (1907/08) S. 42 (Sperrung im Original).

60   So äußerte sich beispielsweise 1911 ein Berliner Schuldirektor: „So studieren denn nicht wenige junge Mädchen, um die Mode mitzumachen. Ob sie zum Ziel kommen oder nicht, ist ihnen meist gleichgültig. Sie studieren eben, und die Gesellschaft schätzt sie deshalb anders ein als andere Sterbliche. Das ist wichtig für sie, das befriedigt sie." Die Woche 13 (1911) S. 768. Vgl. dazu gleichartige Ansichten aus den Reihen der Frauenbewegung: Ohr, J. (1909) S. 23, E. P. (1922) S. 107, Weber, M. (1919) S. 200, Stücklen, G. (1916) S. 101.

61 Weber nahm diesen Aufsatz im Jahre 1919 in ihren Sammelband „Frauenfragen und Frauengedanken" auf. Im folgenden wird nach diesem zitiert.

62 Weber, M. (1919) S. 183.

63 Ebd., S. 184.

64 Ebd., S. 186 (Sperrung im Original).

65 Ebd., S. 187.

66 Ebd., S. 189.

67 Ebd., S. 192 (Sperrung im Original).

68 Ebd.

69 Ebd., S. 193.

70 Ebd., S. 195.

71 Ebd., S. 198.

72 So konstatierte Weber, daß die Studentin sich bei speziellen wissenschaftlichen Erörterungen wesentlich passiver verhalte als der gleichaltrige Student „nicht nur aus größerer Schüchternheit oder Hemmung der Ausdrucksfähigkeit, sondern einfach, weil ihr weniger einfällt. [...] Theoretische Probleme fesseln und bewegen ihn stärker um ihrer selbst willen, er widmet ihnen bohrenden, grüblerischen Eifer, den das Mädchen nur ausnahmsweise dafür aufzubringen vermag. [...] Das verschiedenartige Verhältnis zur Wissenschaft hat [...] seine Ursache nicht nur in zweifellos geringerer Befähigung der Durchschnittsstudentin für abstraktes, begriffliches Denken, sondern auch in ihrer andersartigen Interessiertheit." Ob Weber letzteres als Wesensmerkmal der sogenannten Durchschnittsstudentin oder vielmehr als Folge der in ihren Augen überzogenen Sorge um die eigene Weiblichkeit ansah, geht aus der Quelle nicht eindeutig hervor. Ebd., S. 195.

73 So führt Stücklen aus, daß anfangs neben den Ausländerinnen diejenigen Frauen dominierten, die zuvor an einer ausländischen Universität studiert hatten – „deren begeisterter Lerntrieb, ihre Freudigkeit [...] den Entsagungen und Leiden mannigfacher Art, die sich aus der allgemeinen Gegnerschaft ergaben" mit Hilfe eines energischen Durchsetzungsvermögen und einer gewissen „Kampfesstimmung" standhielt. Bald seien diesen berufserfahrene Lehrerinnen gefolgt, die in der ihnen begrenzt zur Verfügung stehenden Zeit „durch erhöhten Fleiß und konzentrierte Arbeitsweise" das Oberlehrerinnenexamen erreichen wollten, bis schließlich auch die ersten Abiturientinnen an die Universität gelangt seien. Stücklen, G. (1916) S. 93.

74 Ebd., S. 95.

75 Ebd.

76 Ebd., S. 98.

77 Ebd., S. 101.

78 Alexander-Katz, C. (1917) o. S.

79 Ebd.

80 Festschrift zum 16. Verbandstag. Zit. n.: Weyrather, I. (1981) S. 33.

81 Alexander-Katz, C. (1917) o. S.

82 Weyrather, I. (1981) S. 33.

83 Bäumer, G. (1932) S. 15.

84 Weber, M. (1919) S. 200.
85 Bäumer, G. (1932) S. 15. Vgl. dazu auch Huerkamp, C. (1996) S. 148-154.

3. Generationskonflikt:
Die Studentinnen und ihr Verhältnis zur Frauenbewegung

86 Krukenberg-Conze, E. (1903) S. 3-4 (Sperrung im Original).
87 Leitartikel in „Die Frauenbewegung" vom 1. August 1907. Lange, H. (1907/08) S. 39, vgl. dazu auch: Albisetti, J. (1985) S. 296.
88 Straus, R. (1961) S. 94.
89 Ebd., S. 94-95.
90 Ebd., S. 76-77.
91 Ludendorff, M. (1936) S. 175.
92 Stritt, M. (1912) S. 202-203 (Sperrung im Original).
93 Lange, H. (1900/01) S. 686.
94 Ebd.
95 Lange, H. (1907/08) S. 40-41 (Sperrung im Original).
96 Ohr, J. (1909) S. 16.
97 Ebd., S. 41.
98 In dieser Hinsicht nahm Ohr den „Verband studierender Frauen Deutschlands" bedingt von ihrer Kritik aus, da dieser sich mit Petitionen um Rücknahme des § 3 der Immatrikulationsordnung und Zulassung zu allen Examina, Zugang zu staatlichen Stellen und zur weiblichen Dozentur weiterhin für die Gleichberechtigung der Akademikerinnen eingesetzt hatte. Ebd., S. 33.
99 Ebd., S. 34.
100 Ebd., S. 38.
101 Ebd., S. 40-42 (Sperrung im Original).
102 Straus, R. (1961) S. 96.
103 Die Frau 3 (1895/96) S. 632. Zu den politischen Auseinandersetzungen in den im Jahre 1896 stattfindenden studentischen Wahlkämpfen vgl. Kampe, N. (1988) S. 166.
104 Die Frau 9 (1901/02) S. 183. Kampe hingegen schreibt, daß Dr. Stöcker von der „Sozialwissenschaftlichen Studentenvereinigung" eingeladen worden war und von Stradonitz diesen Vorfall zum Anlaß nahm, diese sozialliberal eingestellte Studentenvereinigung aufzulösen. Der formale Vorwand des Verbots sei die fehlende Einholung einer Sondererlaubnis gewesen und laut Kampe habe zur damaligen Zeit „eine ganze Reihe vergleichbarer Verstöße durch Einladung universitätsfremder Personen [...] seinerzeit nicht für eine entsprechende Behandlung des V. D. St. – Berlin" ausgereicht. [Gemeint ist hier der national-konservative „Verein Deutscher Studenten.] Kampe, N. (1988) S. 172-173.
105 Ebd , S. 248.
106 Ohr hatte im Jahre 1909 auf die Existenz derartiger Abteilungen an den Universitäten München und Leipzig hingewiesen. Ohr, J. (1909) S. 38. Die den Studen-

tinnen zugewandte Haltung der Freistudentenschaft, die ihre einzelnen Abteilungen für Frauen zur Mitarbeit öffneten, ist von Bias-Engels beschrieben worden.
Der deutsche Freistudententag verabschiedete im Jahre 1906 eine Resolution
zugunsten der Studentinnen, im Januar 1907 setzte man sich beim preußischen
Kultusministerium mit einer Petition für die Gewährung der Immatrikulation für
studierende Frauen ein. Bias-Engels, S. (1986) S. 48-49.

107 Stücklen, G. (1916) S. 116.

108 Straus, R. (1961) S. 95.

109 Ebd., S. 96.

110 Hoesch, K. (1995) S. 124.

111 Ebd., Hoesch verdeutlicht aber auch, daß möglicherweise persönliche Differenzen
zwischen Franziska Tiburtius als Ärztin der ersten Generation und Hermine Heusler-Edenhuizen als Vertreterin der zweiten Generation den Hintergrund dieser
Einschätzung bildete. Ebd.

112 Ebd.

113 Lange, H. (1912) S. 210 (Sperrung im Original).

114 Ebd., S. 212.

115 Weyrather, I. (1981) S. 33, vgl. dazu auch: Kater, M. (1972) S. 226.

116 Huerkamp, C. (1996) S. 147-148.

4. Zwischen Liebe und Haß: Die Annäherung zwischen
männlichen und weiblichen Studierenden

117 So äußerte die in Zürich ausgebildete und in Berlin praktizierende Ärztin Dr.
Agnes Bluhm im Jahre 1895 die Überzeugung, daß Frauen an der Universität
zur Hebung der Sittlichkeit der Studentenschaft beitrügen. Cauer, M. (1895)
S. 60, vgl. dazu auch: Ichenhaeuser, E. (1897) S. 47. Zunächst vehemente Gegner des Frauenstudiums wie Wilhelm Waldeyer behaupteten hingegen mit
drohendem Unterton, nicht für das Benehmen ihrer männlichen Schüler gegenüber den Hospitantinnen einstehen zu können. Heusler-Edenhuizen, H. (1997)
S. 49.

118 Ebd., S. 68-69.

119 Ebd., S. 59.

120 Ebd., S. 60 (Sperrung im Original).

121 Ludendorff, M. (1937) S. 51-54.

122 Ebd., S. 52.

123 Straus, R. (1961) S. 91-92.

124 Ebd., S. 97-98 (Sperrung im Original).

125 Heuser-Edenhuizen, H. (1997) S. 61.

126 Frankenthal, K. (1981) S. 16-17.

127 Straus, R. (1961) S. 96.

128 Langsdorff, T.v. (1975) S. 6.

129 Weber, M. (1919) S. 184. Schirmacher hatte das Verhältnis zwischen Studentin-

nen und Studenten an der Universität Zürich im Jahre 1896 stolz als „sachliche Kameradschaft" beschrieben. Schirmacher, K. (1896) S. 39.

130 Krukenberg-Conze, E. (1903) S. 12.

131 Ohr, J. (1909) S. 19.

132 Ebd.

133 Ebd., S. 21.

134 Weber, M. (1919) S. 194 (Sperrung im Original).

135 Die Berliner Studentin (1902) S. 394 (Sperrung im Original).

136 Wittels veröffentlichte seinen Artikel „Weibliche Ärzte" unter dem Pseudonym Avicenna in der Zeitschrift „Die Fackel" 9 (1907) S. 10-24, hier S. 11.

137 Avicenna (1907) S. 12.

138 Ebd., S. 12-14. Eine notwendig „psychopathologische" Motivation medizinkundiger Frauen konstatierte im Jahre 1899 auch der Pharmaziehistoriker Hermann Schelenz auf der 71. Versammlung der „Gesellschaft Deutscher Naturforscher und Ärzte" in München. Das „unzweifelhafte Faible für Gifte" des weiblichen Geschlechts sei nicht nur vorhanden, um „lästige Ehemänner zu beseitigen". Gerade unter Medizinerinnen sei auch „ein unverhältnismässig grosses Contingent von Morphinistinnen" auszumachen. Schelenz, H. (1899) S. 626, 628.

139 Sitzung vom 15. Mai 1907. Zit. n.: Nunberg, H. u. Federn, E. (1976) S. 183-188.

140 Tichy, M. (1990) S. 44-45, vgl. dazu auch: Benker, G. und Störmer, S. (1991) S. 131-132.

141 Jung-Danielewicz, Hedwiz: Das Leben einer Konvertitin. (Unveröffentlichtes Manuskript). Zit. n.: Unschuld, P. (1994) S. 30-31.

142 Straus, R. (1961) S. 98.

143 Frankenthal, K. (1981) S. 17, 25, 110.

144 Josine Ebsen, geb. am 10. Oktober 1884 in Hamburg, legte im Alter von 21 Jahren auf dem dortigen Realgymnasium das Abitur ab. Sie studierte in Freiburg und München Medizin und bestand im Frühjahr 1911 das Staatsexamen in Freiburg. Befreundet mit Karen Horney seit der Hamburger Schulzeit, folgte sie dieser nach gemeinsamen Studiensemestern in Freiburg nach Berlin und absolvierte einen Teil ihrer Medizinalpraktikantenzeit auf der 1. Inneren Abteilung im Krankenhaus am Urban. Im darauffolgenden Jahr promovierte Josine Ebsen bei August Bier mit einer Arbeit „Ueber den Verlauf der Fett – resp. Esterspaltung im Blut". 1913 heiratete sie ihren ehemaligen Freiburger Kommilitonen Dr. phil. Karl Müller-Braunschweig und trat kurz darauf eine Assistenz am Krankenhaus am Friedrichshain an, wo sie auch im Jahre 1919 noch tätig war. In den 20er Jahren ließ sie sich als Fachärztin für Psychiatrie in Wilmersdorf nieder. Nach einer ersten Lehranalyse bei Karl Abraham (1912-1913) setzte sie ihre psychoanalytische Ausbildung von 1923 bis 1926 bei Hans Sachs fort und wurde eine der ersten Kinderanalytikerinnen in der Berliner Psychoanalytischen Gesellschaft. Im Jahre 1925 ließ sie sich scheiden, die Ehe war kinderlos geblieben. Josine Müller starb 1930 in Berlin. Vgl. Lebenslauf in: Ebsen, J. (1912), Lockot, R. (1984) S. 120-121, Rubins, J. (1980) S. 56, 72, 93, 137-138 sowie die Dokumentation „Ärztinnen

im Kaiserreich" am Institut für Geschichte der Medizin der Freien Universität Berlin.

145 Karen Danielsen, geb. am 16.9.1885 in Hamburg, besuchte dort die „Höhere Töchterschule", anschließend die Realgymnasialklassen für Mädchen und legte im Jahre 1906 das Abitur am Realgymnasium Hamburg ab. Sie studierte die vorklinischen Semester in Freiburg und legte dort 1908 das Physikum ab. Nach zwei klinischen Semestern in Göttingen kam sie im Wintersemester 1909/10 an die Berliner Medizinische Fakultät und bestand hier im Wintersemester 1911/12 das Staatsexamen. Die Medizinalpraktikantenzeit verbrachte sie am Krankenhaus am Urban und in den Lankwitzer Heil- und Pflegeanstalten. Noch während ihrer Studienzeit heiratete sie im Oktober 1909 ihren ehemaligen Freiburger Studienkollegen Dr. rer. pol. Oscar Horney. Aus der Ehe gingen drei Kinder hervor: Brigitte (1911), Marianne (1913) und Renate (1916). Nach Erhalt der Approbation (1913) arbeitete sie für ein Jahr an der privaten neurologischen Poliklinik Hermann Oppenheims und kehrte Ende 1914 an die Lankwitzer Heilstätten zurück, wo sie sich in den folgenden Jahren zur Fachärztin für Psychiatrie weiterbildete. 1915 promovierte Karen Horney bei Bonhoeffer mit einem „kasuistischen Beitrag zur Frage der traumatischen Psychosen". Noch während ihrer ersten Analyse bei Karl Abraham (1911-1912) – eine zweite folgte von 1920 bis 1923 bei Hans Sachs – im Jahre 1911 in die noch junge Berliner Psychoanalytische Vereinigung aufgenommen, eröffnete Horney 1919 eine analytische Privatpraxis in Zehlendorf. In den folgenden Jahren veröffentlichte sie eine Vielzahl von Vorträgen und Artikeln und war wesentlich am Ausbau des Berliner Psychoanalytischen Instituts beteiligt. Im Jahre 1926 erfolgte die Trennung von Oskar Horney, die Ehe wurde kurz darauf geschieden. Im Herbst 1932 folgte Karen Horney einer Einladung Franz Alexanders nach Chicago, um am Aufbau eines psychoanalytischen Instituts mitzuarbeiten, entschied sich jedoch 1934 nach zunehmenden Differenzen mit Alexander für die Niederlassung in New York. Neben ihrer Arbeit in verschiedenen psychoanalytischen Institutionen schrieb Karen Horney in den folgenden Jahren die Bücher, die ihr international Anerkennung verschaffen sollten: „The Neurotic Personality of Our Time." (1937), „New Ways in Psychoanalysis." (1939), „Self-Analysis." (1942), „Our inner conflicts, a Constructive Theory of Neurosis." (1945), „Neurosis and Human Growth." (1950). Karen Horney starb am 4. Dezember 1952 im Alter von 67 Jahren in New York. Vgl. Lebenslauf in: Horney, K. (1915), Rubins, J. (1980), Peters, U. (1992) S. 189-201 sowie die Dokumentation „Ärztinnen im Kaiserreich" am Institut für Geschichte der Medizin der Freien Universität Berlin.

146 Rubins, J. (1992) S. 57.

147 Rubins vermutet hinter diesem Lebensstil eine Rebellion gegen die viktorianische Prüderie der 90er Jahre des 19. Jahrhunderts, in der die zusammenlebenden Akademiker aufgewachsen waren. Er betont jedoch zugleich, daß derartige „Verstöße" gegen die zur damaligen Zeit herrschenden Moralvorstellungen innerhalb der Gesellschaft noch überwiegend versteckt wurden und nicht den Grad an Offenheit

erreichten, wie er später in der Weimarer Republik in bestimmten Kreisen üblich war. Ebd.

148 Vgl. dazu auch Huerkamp, C. (1996) S. 155-228.
149 Stücklen, G. (1916) S. 95.
150 Frankenthal, K. (1981) S. 30.
151 Herrmann, J. (1915) S. 69.
152 Plaut, R. (1916) o. S.
153 Ebd.
154 Schwalbe, J. (1918) S. 31-32.
155 Schirmacher, K. (1896) S. 17-18 (Sperrung im Original).

5. Weiblichkeitsentwürfe: Studium und Berufstätigkeit versus Ehe und Mutterschaft

156 Bumm, E. (1917) S. 5.
157 Ebd., S. 10-11.
158 Ebd., S. 11.
159 Ebd., S. 12.
160 Bumms Zahlenspiel ist etwas verwirrend, da er an verschiedener Stelle unterschiedliche Prozentangaben macht, die bei genauerer Betrachtung jedoch nachvollzogen werden können: Von 649 (60%) Berufstätigen seien 528 (81%) unverheiratet geblieben. Von den übrigen 429 (40%), die das Studium vorzeitig oder aber den Beruf aufgegeben hätten, sei von 225 die Eheschließung (davon 181 zur Zeit des Studiums und 44 zur Zeit beruflicher Tätigkeit) als Grund angegeben worden, 204 hätten „Krankheit, Unlust oder ungünstige äußere Umstände" als Ursache genannt. Im gleichen Rechenexempel unterteilt Bumm die insgesamt 1.078 befragten Frauen in 346 (32%) verheiratete, von denen nur 121 (35%) beruflich tätig seien, und 732 unverheiratet gebliebene, von denen 528 (72%) ihren Beruf ausübten. Bumm, E. (1917) S. 13-14, 18.
161 Ebd., S. 14.
162 Ebd., S. 18.
163 So äußerte Bumm unter anderem: „In viel stärkerem Maße als beim Studium tritt die Eigenart des weiblichen Seelenlebens bei der Beruftätigkeit in Erscheinung. [...] Frauen sind im allgemeinen mehr als Männer Stimmungen und unbewußten Gefühlserregungen unterworfen, welche die Arbeit ungleichmäßig machen, die rein verstandesgemäße Überlegung einschränken und das Urteil trüben können. Die Stimmungen greifen auch auf die Willenskraft über, die Schwankungen unterworfen ist und leichter beeinflußt wird. [...] Weil sich in den Willensakt leicht Gefühle einmischen, fällt es der Frau schwer, weittragende Entschlüsse zu fassen und Verantwortungen zu übernehmen, sie liebt die Kompromisse, sie ist konservativ und zieht dem Einschlagen neuer Bahnen das ruhige Wandeln auf dem ausgetretenen Wege der Gewohnheit vor." Wie viele andere vor ihm bescheinigte

Bumm den Frauen mangelnde Konzentrationsfähigkeit, um wirklich große wissenschaftliche Leistungen erbringen zu können. Besonders den Anforderungen seines Faches, der Gynäkologie und Geburtshilfe, war die überwiegende Zahl der Ärztinnen seiner Ansicht nach psychisch und physisch nicht gewachsen. Ebd., S. 15-17.

164 Ebd., S. 20. Noch im Jahre 1926 sprach Bumm der studierten Ehefrau die Fähigkeit ab, ebenso viele Kinder zu gebären wie ihre nichtstudierten Geschlechtsgenossin, unabhängig davon, ob sie ihren Beruf ausübe oder nicht. Nürnberger Zeitung vom 6.7.1926, nach: Kater, M. (1972) S. 220.

165 Unter anderem wurde Bumms Rede vollständig in der „Studentin" abgedruckt. Eine Stellungnahme seitens des „Verbands der Studentinnenvereine Deutschland" findet sich in den folgenden Ausgaben jedoch nicht. Die Studentin 7 (1917) Nr. 6, o. S.

166 Schwalbe, J. (1918) S. 7.

167 Ebd., S. 62.

168 Dies belegte Schwalbe anhand von Ergebnissen einer von ihm durchgeführten Befragung je zweier Ordinarien aller Medizinischen Fakultäten des Deutschen Reiches. Die Mehrzahl von diesen habe Bumm zwar dahingehend zugestimmt, daß Studentinnen Gelerntes oftmals oberflächlicher verarbeiteten, allerdings hätten besonders in dieser Hinsicht innerhalb der Professorenschaft die größten Meinungsverschiedenheiten bestanden. Den Medizinstudentinnen seien durchweg Fleiß, Pflichttreue, rasche Auffassungsgabe und Hilfsbereitschaft bescheinigt worden, wie auch die während des Krieges geleistete Arbeit der Ärztinnen als äusserst zufriedenstellend bezeichnet worden sei. Die Behauptung Bumms, Frauen seien psychisch und physisch den Anstrengungen des ärztlichen Berufs nicht gewachsen seien, war Schwalbe ebenfalls nicht bestätigt worden. Die Mehrzahl der Gynäkologen und Chirurgen hatte jedoch den Studentinnen mangelnde technische Geschicklichkeit bescheinigt und ihr Fachgebiet als für Frauen ungeeignet bezeichnet, ein Urteil, dem sich Schwalbe weitgehend anschloß. Zwar räumte er die Existenz von Ausnahmen ein, für die diese Behauptung nicht gelte, führte jedoch auch aus, daß sich die Ärztinnen auf Grund „richtiger Selbsteinschätzung" überwiegend der Allgemeinpraxis zugewandt und dort gleich den männlichen Kollegen befriedigende materielle Erfolge zu verzeichnen hätten. Ein angeblich bestehendes Bedürfnis nach weiblichen Ärzten zur Behandlung weiblicher Patienten habe sich entgegen früherer Behauptungen nicht bestätigt, da nur ein Bruchteil von Frauen die Behandlung durch Ärztinnen in Anspruch nehme und die Zahl der Kranken, die sich zu spät in ärztliche Behandlung begäben, nicht abgenommen habe. Bei aller Anerkennung der Leistungen der Medizinstudentinnen und Ärztinnen konstatierte jedoch auch Julius Schwalbe: „[...] daß bei einzelnen die sexuellen Vorgänge vorübergehend die Leistungsfähigkeit beeinträchtigen, darf trotzdem angenommen werden. [...] Sicher ist bei der Mehrzahl der Frauen die Gefühlskomponente stärker, die Verstandes- und Willenskomponente schwächer entwickelt als bei der Mehrzahl der Männer." Dies schloß in Schwalbes Augen jedoch nicht aus, daß

eine zunehmende Zahl von Frauen genügend Fähigkeiten aufweisen könnten, um auch im Bereich der Wissenschaft Hochwertiges zu leisten. Bereits jetzt gebe es mehr Frauen mit „männlicher Anlage" als früher für möglich gehalten worden sei, „Frauen, welche Verantwortung übernehmen, keine Kompromisse lieben und nichts weniger als konservativ im Denken und Handeln sind." Ebd., S. 40-46.

169 Ebd., S. 52-53.

170 Ebd., S. 54 (Sperrung im Original). Auch Marianne Weber hatte in ihrer Typisierung der ersten Studentinnengeneration geäußert: „Die Hoffnung auf Frauenglück durch Liebe des Mannes lag dahinten im Lande der Jugend, von dem man mit entschlossenem, tapferen Verzicht Abschied genommen hatte." Weber, M. (1919) S. 181.

171 Schwalbe, J. (1918) S. 53-55.

172 Bumm, E. (1917) S. 12.

173 Schwalbe, J. (1918) S. 57.

174 Schwalbe meinte, daß die „höhere Geistesstärke" besonders der Aufzucht der Söhne zugute käme. Die Mutter könne deren Lernen weitreichender als allgemein üblich begleiten und fördern. Besonders eine Ärztin sei zudem in der Lage, das körperliche Gedeihen ihrer Kinder optimal zu überwachen. Ebd., S. 58.

175 Ebd., S. 59-60. Bumm war in Bezug auf die Weiblichkeit der Akademikerin vom Gegenteil überzeugt: „Gewiß gibt es Frauen, welche [...] die Universität mit Leichtigkeit absolvieren und die Aufgaben des erwählten Berufes [...] vollkommen bewältigen. Das sind aber Frauen mit männlicher oder doch ohne ausgesprochen weibliche Veranlagung, die ebenso vorkommen, wie die weibischen Männer und wie diese ihren konträren Charakter meist auch schon äußerlich zur Schau tragen." Bumm, E. (1917) S. 15.

176 Vgl. ebd., S. 15-17 sowie Schwalbe, J. (1917) S. 40-46.

177 Eliza Ichenhaeuser hatte bereits im Jahre 1897 anhand der Zahl der Eheschließung amerikanischer Ärztinnen zu widerlegen versucht, daß „akademisch gebildete Frauen der Ehe ganz verloren gehen". Von diesen seien 25 % verheiratet und Mutter von durchschnittlich drei bis vier Kindern. Ichenhaeuser, E. (1897) S. 42-43.

178 Vgl. dazu auch Huerkamp, C. (1996) S. 78-80.

179 Eckelmann, Ch. und Hoesch, K. (1987) S. 164.

180 Ebd., S. 163-165.

181 Stelzner, H. (1912) S. 1243.

182 Huerkamp, C. (1996) S. 259-273.

183 Zur Berufsstruktur der Ehemänner macht Stelzner folgende Angaben: 39 der insgesamt 47 verheirateten Ärztinnen hatten Auskunft erteilt. Von diesen waren 28 mit einem Arzt, vier mit einem Naturwissenschaftler, je eine mit einem Rechtsanwalt, Nationalökonom, Regierungsbeamten, Pastor, Philologe, Kaufmann und einem Landwirt verheiratet. Fünf weitere Ärztinnen waren zum Zeitpunkt der Befragung verwitwet. Stelzner, H. (1912) S. 1243.

184 Ebd.

185 Ebd.

186 15 der 47 verheirateten Ärztinnen hatten in der Befragung ausdrücklich auf die Existenz von Kindern hingewiesen. Drei Ärztinnen hatten drei, sieben hatten zwei Kinder, fünf weitere Ärztinnen hatten je ein Kind geboren. Die überwiegende Teil der verheirateten Ärztinnen hatte angegeben, weniger als fünf Jahre, fünf von ihnen, sogar weniger als 6 Monate verheiratet zu sein. Ebd.

187 Ebd., S. 1244.

188 Ebd.

189 Vgl. die Dokumentation „Ärztinnen im Kaiserreich" am Institut für Geschichte der Medizin der Freien Universität Berlin.

190 Albrecht, G. (1933) S. 244.

191 Dabei ist auch zu berücksichtigen, daß jeweils 20% der Ärztinnen, die im Laufe der Ehe ihren Beruf aufgaben, dies im ersten bzw. zweiten Ehejahr taten. Jeweils etwa 10% gaben ihre Praxis im dritten bzw. vierten Jahr auf. Etwa jeweils 12% waren bis zu dieser Entscheidung mindestens noch sieben, bzw. mindestens elf Jahre ärztlich tätig gewesen. Albrecht, G. (1933) S. 254.

192 Ebd., S. 253.

193 Ebd., S. 260.

194 Ebd.

195 Turnau, L. (1928) o. S. (Sperrung im Original).

196 Huerkamp, C. (1988) S. 215-216. In der 1919 erschienenen 50. Auflage seines Bestsellers „Die Frau und der Sozialismus" behauptete bezüglich der Konkurrenz der Geschlechter auf dem Arbeitsmarkt auch August Bebel, daß für viele Ärztinnen der Entschluß zur Heirat das Ende des Berufslebens bedeutete: „Es zeigt sich, daß die in der bürgerlichen Welt an die Ehefrau gestellten häuslichen Pflichten, namentlich wenn auch noch Kinder in Betracht kommen, so große sind, daß es vielen Frauen unmöglich ist, zwei Herren zugleich zu dienen. Insbesondere muß die Ärztin jede Stunde, bei Tag und bei Nacht, für die Ausübung ihres Berufes bereit sein. Und das ist vielen nicht möglich." Bebel, A. (1919) S. 274.

197 Huerkamp, C. (1996) S. 259-273.

198 Besser, Luise: Frauenbewegung und Studentin. Zit. n.: Benker, G. und Störmer, S. (1991) S. 6.

199 Heusler-Edenhuizen, H. (1997) S. 80.

200 Dr. Frida Corssen, geb. Busch, die ihren ehemaligen Lateinlehrer am Bismarck-Gymnasium in Berlin heiratete, arbeitete zumindest bis zum Jahre 1937 als in eigener Praxis niedergelassene Ärztin in Berlin und Göttingen. Über ihren weiteren Verbleib nach 1937 ist bisher nichts bekannt. Vgl. Dokumentation „Ärztinnen im Kaiserreich" am Institut für Geschichte der Medizin der Freien Universität Berlin. Edenhuizens Reaktion auf die Entscheidung ihrer Freundin entspricht dem Urteil Marianne Webers über die erste Studentinnengeneration: „Erneutes Warten und Sehnen und Ausschauen, ob nicht doch [...] ein Weibesglück käme, wäre dem heroischen Typus unwürdig und treulos gegen sich selbst erschienen." Weber, M. (1919) S. 181.

201 Straus, R. (1961) S. 85.

202 Ebd., S. 107-108.

203 Ebd., S. 110-111.

204 Ebd., S. 117.

205 Ebd., S. 107-108.

206 Szagunn, I. (1961) S. 261.

207 Heusler-Edenhuizen, H. (1997) S. 92 (Sperrung im Original).

208 Straus war nach dem Examen ihrem Mann nach München gefolgt. Nach vier Wochen der Eingewöhnung und Einrichten des Haushalts begann sie dort als Volontärassistentin in verschiedenen Abteilungen (Innere Abteilung der Poliklinik, Kinderpoliklinik, Hals-Nasen-Ohrenklinik, Geburtshilfliche Abteilung) zu arbeiten, um eine möglichst umfassende Weiterbildung für die allgemeinärztliche Praxis zu erhalten. Obwohl sie dies offenbar nicht unbedingt geplant, ihr Mann sie jedoch von der Zweckmäßigkeit überzeugt hatte – „Nun war ja der Doktortitel für den Arzt keine Notwendigkeit, sondern wirklich nur ein Titel. […] Aber Eli fand mit Recht, daß es nicht angehe, daß ich nur durch seinen Doktortitel Doktor heißen sollte." – promovierte Straus im Jahre 1907 mit einer Arbeit über „einen Fall von Chorionepitheliom." und eröffnete Anfang 1908 als dritte Ärztin in München ihre eigene Praxis. Vgl. Lebenslauf in: Straus, R. (1907), Straus, R. (1961) S. 138, Dokumentation „Ärztinnen im Kaiserreich" am Institut für Geschichte der Medizin der Freien Universität Berlin.

209 Straus, R. (1961) S. 143-144.

210 HUA., Gasthörerliste Sommersemester 1904, Wintersemester 1904/05.

211 Ludendorff, M. (1937) S. 147-148.

212 Ebd., S. 193-194.

213 Während des Ersten Weltkriegs arbeitete Mathilde von Kemnitz als in eigener Praxis niedergelassene Psychiaterin in München, zeitweilig als leitende Ärztin eines Offiziersgenesungsheims sowie eines privaten Kurheims in Garmisch-Partenkirchen. Die Ehe ging während dieser Zeit in die Brüche, doch bevor es zur Scheidung kam, verunglückte ihr Mann im Jahre 1917 tödlich. Eine zweite Ehe, die sie 1919 mit dem Major Edmund Kleine schloß, verlief ebenfalls unglücklich, einer baldigen Trennung folgte im Jahre 1921 die Scheidung. In diesen Jahren veröffentlichte Mathilde von Kemnitz zahlreiche Artikel und Bücher, so unter anderem „Das Weib und seine Bestimmung. Beitrag zur Psychologie der Frau" (1917), „Des Weibes Kulturtat" (1920), „Triumph des Unsterblichkeitswillens" (1921) und „Deutsche Gotterkenntnis" (1927), in dem ihre rassistische, antisemitisch-akzentuierte Weltanschauung immer offener zu Tage trat. Im Jahre 1923 lernte Mathilde von Kemnitz beim nationalsozialistischen Putschversuch in München General Ludendorff kennen, den sie 1926 heiratete. Trotz weitgehender ideologischer Übereinstimmung der von den Eheleuten vertretenen völkischen Weltanschauung mit dem Nationalsozialismus kam es noch vor 1933 zum Bruch mit Hitler. Fortan lebte das Ehepaar zurückgezogen in Tutzing. Mathilde Ludendorff gab etwa 1937 ihre zunehmend kleiner gewordene Praxis auf und konzentrierte sich nunmehr auf den Verlagsbetrieb der Familie, der unter anderem die Zeitschrift

des „Bundes für Deutsche Gotterkenntnis" herausgab, an der sie mitarbeitete. Nach dem Tod ihres Ehemanns im Jahre 1937 war sie weiterhin schriftstellerisch tätig. Im Jahre 1950 wurde Mathilde Ludendorff, die sich 1945 für die Neugründung des „Bundes für Deutsche Gotterkenntnis" engagiert und die „Ludendorff-Bewegung" begründet hatte, in einem Entnazifizierungsverfahren als „Hauptschuldige" eingestuft. Dies hielt sie jedoch nicht davon ab, auch weiterhin antisemitische Überzeugungen zu äußern und das Sektenleben des Bundes auszubauen. Erst im Jahre 1961 wurde Ludendorffs „Bund für Deutsche Gotterkenntnis" wegen verfassungsfeindlicher Betätigung aufgelöst. Dieses Urteil wurde in den 60er Jahren in mehreren Instanzen bestätigt, am 23. März 1971 jedoch vor dem Bundesverwaltungsgericht aufgehoben. Mathilde Ludendorff starb am 24. Juni 1966 in Tutzing. Vgl. Lebenslauf in: Kemnitz, M. v. (1913), Hering, S. (1990), Korotin, I. (1992) sowie die Dokumentation „Ärztinnen im Kaiserreich" am Institut für Geschichte der Medizin der Freien Universität Berlin.

214 Rubins, J. (1980) S. 49-52, 61-62.

215 Emmy Bergmann wurde am 15. September 1887 in Berlin geboren, besuchte hier die Volks- und „Höhere Töchterschule" sowie die Gymnasialkurse für Frauen von Helene Lange und legte im Jahre 1906 die Reifeprüfung ab. Sie begann das Studium im Wintersemester 1906/07 an der Berliner Medizinischen Fakultät, verbrachte einen Teil der Vorklinik in München, wo sie 1909 das Physikum bestand, absolvierte jedoch den übrigen Teil des Studiums in Berlin und legte hier im Januar 1912 das Staatsexamen ab. Kurz darauf heiratete sie den Chemiker Dr. Max Grunwald, setzte aber ihre Ausbildung als Medizinalpraktikantin fort und promovierte im Februar 1913 bei Wilhelm His mit einer Arbeit „Ueber Psoriasis und Gelenkerkrankungen". Im April 1914 erhielt Emmy Grunwald als erster weiblicher Assistent eine Anstellung im Kaiserin-Auguste-Viktoria-Krankenhaus, wo sie bis zur Geburt ihres ersten Sohnes im März 1915 tätig war. Auch nach der Geburt des zweiten Kindes im Jahre 1917 setzte sie ihre Ausbildung in Kinderheilkunde fort. Sie führte nicht nur bei ihrem Sohn, sondern auch bei der 1917 geborenen Tochter genaue Aufzeichnungen über den Gewichtsverlust in Abhängigkeit von der Ernährung der Kinder und veröffentlichte ihre Ergebnisse 1919 in einer 36seitigen Arbeit unter dem Titel: „Zur Frage der Beeinflussung der Brustkinder durch die Kriegsernährung der Mütter (Nahrungsmengen, Ernährungserfolg und Entwicklung zweiter geschwisterlicher Brustkinder). Beobachtungen einer Ärztin als Mutter". Nach ihrer Weiterbildungszeit als Assistenzärztin eröffnete Emmy Grunwald nach Kriegsende eine Praxis in der Suarezstraße in Charlottenburg. In den folgenden Jahren taucht ihr Name jedoch in keinem Ärzteverzeichnis mehr auf. In den 20er Jahren kam es zur Scheidung, Max Grunwald ging 1926 eine zweite Ehe ein und emigrierte 1933 in die USA, sein Sohn aus erster Ehe ging im Jahre 1935 nach Palästina. Über den Verbleib Dr. Emmy Grunwalds, die 1931 noch als Mitglied des „Deutschen Ärztinnenbundes" in Freiburg verzeichnet war, und über den Verbleib ihrer Tochter liegen bisher keine weiteren Informationen vor. Vgl. Lebenslauf in: Bergmann, E. (1913), Festschrift 10 Jahre KAVH, S. 75-111, zugleich

veröffentlicht in der „Zeitschrift für Kinderheilkunde" 20 (1919) o. S., Dokumentation „Ärztinnen im Kaiserreich" am Institut für Geschichte der Medizin der Freien Universität Berlin, Ballowitz, L. (1991) S. 54-58.

216 Rubins, J. (1980) S. 50.

217 Käte Frankenthal, geb. am 30. Januar 1889 in Kiel, bereitete sich privat auf das Abitur vor, das sie im Jahre 1909 in ihrer Heimatstadt ablegte. Sie begann das Studium im Wintersemester 1909/10 in Kiel, setzte es in Heidelberg, Erlangen, München, Wien und Freiburg fort und legte dort im Juni 1914 das Staatexamen ab. Frankenthal promovierte im gleichen Jahr in Kiel mit einem „Beitrag zur Lehre von den durch Belantidium coli erzeugten Erkrankungen." Während des Ersten Weltkriegs arbeitete sie als Militärärztin in der Österreichischen Armee, dann von 1917 bis 1918 als Assistenzärztin am Institut für Krebsforschung und bis 1925 am Pathologischen Institut der Charité. Anschließend ließ Frankenthal sich als praktische Ärztin in Berlin nieder. Ab 1919 Mitglied der Sozialdemokratischen Partei, später auch des „Vereins sozialistischer Ärzte", war sie zwischen 1919 und 1931 Bezirksverordnete in mehreren Berliner Stadtteilen und arbeitete in verschiedenen Ausschüssen wie auch im Parteivorstand der SPD mit. Nach ihrem Berufsverbot im Jahre 1933 emigrierte Käte Frankenthal über Prag, die Schweiz und Paris in die USA. In New York eröffnete sie 1939 eine Privatpraxis und begann im Jahre 1943 das Studium der Psychologie. In den folgenden Jahren arbeitete sie neben ihrer Praxistätigkeit als Familientherapeutin und Psychoanalytikerin beim „Jewish Family Service". Käte Frankenthal starb am 21. April 1976 in New York. Vgl. Lebenslauf in: Frankenthal, K. (1914), Frankenthal, K. (1981), Dokumentation „Ärztinnen im Kaiserreich" am Institut für Geschichte der Medizin der Freien Universität Berlin.

218 Frankenthal, K. (1981) S. 7.

219 Ebd., S. 8-9, 110.

220 Alexander-Katz, C. (1917) o. S.

221 Weber, M. (1919) S. 196. Daß dies in der Tat so empfunden werden konnte, bestätigt Rahel Straus trotz der jahrelangen immensen Belastung, unter der sie fünf Kinder großzog und dennoch durchgängig ihre Praxis in München führte: „Jedenfalls habe ich es nie bereut, auf diese Weise ein ganzes, voll erfülltes Frauenleben an der Seite eines geliebten Mannes und einen großen selbständigen Wirkungskreis als Ärztin." Straus, R. (1961) S. 108. Ein ähnliches Fazit zog im Jahre 1961 auch Ilse Szagunn über ihren Lebensweg: „Anders als das Leben eines Mannes, das der Tat und dem Werke gewidmet ist, spiegelt sich das Leben einer Frau, die außer ihrem Frau- und Mutter-Sein noch einen Beruf ausübt. Es fordert Verzichte, die der Mann nicht zu bringen hat. Sie werden mehr als ausgeglichen durch Reichtum und Fülle wie sie sie nur einem ganz erfüllten Frauenleben geschenkt werden. In diesem Sinne […] ist mein ganzes Leben […] schwer und reich und erfüllt gewesen." Szagunn, I. (1961) S. 265.

222 Edenhuizens Überlegungen zur Entlastung der berufstätigen Ehefrau von überflüssigen häuslichen Aufgaben lauteten folgendermaßen: „Warum muß für jede

Familie von manchmal nur zwei Personen extra gekocht, abgewaschen, gewaschen und gewirtschaftet werden? [...] Mein Ideal wäre ein Häuserblock mit etwa 1000 Wohnungen [...] und einer Wirtschaftszentrale. Wie wir jetzt schon dankbar von einer Gemeinschaftleitung Wasser nehmen, von einer Zentrale das elektrische Licht und aus der Zentralheizung die Zimmerwärme, so würden wir uns gerne auch auch der Wirtschaftszentrale stundenweise Arbeitskräfte entlehnen zum Säubern der Wohnung, würden uns von ihr jede Woche einen Speisezettel vorlegen lassen zur Bestimmung der Menus und hätten dann nichts zu tun mit Angestellten, nicht mit Einkaufen, Kochen und auch nichts mit dem fürchterlichen Geschirrabwaschen, wenn das zubereitete Essen uns auf Zentralgeschirr serviert würde. [...] Der Zentrale könnte zur Vollendung eine Wasch- und Nähstube angegliedert werden, wie auch ein Kindergarten. Das wäre für die berufstätigen Frauen [...] eine außerordentliche Erleichterung. [...] Befreit vom Druck des täglichen Kleinkrams, wie allein schon dem nie abbrechenden Geschirrwaschen, würde auch die nicht berufstätige Frau dem Ehemann seelisch und geistig eine bessere Kameradin sein." Heusler-Edenhuizen, H. (1997) S. 95-96.

223 Ebd., S. 97-98 (Sperrung im Original).

VIII. TABELLARISCHER ANHANG

TAB. 1: DIE ENTWICKLUNG DER GASTHÖRERINNENZAHLEN
AN DER BERLINER MEDIZINISCHEN FAKULTÄT (1896-1908)[1]

Semester	Gasthörer-innen ingesamt	an der Medizini-schen Fakultät	deutsche Nationa-lität	russische Nationa-lität	aus anderen Nationen[2]	Anteil der Russinnen in Prozent
SS 1896	40	(1)[3]	–	–	1	–
WS 1896/97	96	4	1	–	3	–
SS 1897	116	5	3	–	2	–
WS 1897/98	193	4	1	2	1	50 %
SS 1898	179	7	5	1	1	14.2 %
WS 1898/99	241	4	3	1	–	25 %
SS 1899	186	6	5	–	1	–
WS 1899/00	431	26	8	17	1	65.4 %
SS 1900	301	29	8	19	1	65.5 %
WS 1900/01	455	31	8	19	4	61.3 %
SS 1901	318	27	5	16	6	59.2 %
WS 1901/02	634	58	12	30	6	51.7 %
SS 1902	388	32	10	19	3	59.4 %
WS 1902/03	560	24	9	13	2	54.2 %
SS 1903	308	17	10	7	–	41.2 %
WS 1903/04	577	23	11	10	2	43.5 %
SS 1904	382	26	13	11	2	42.3 %
WS 1904/05	672	57	26	26	5	45.6 %
SS 1905	372	67	18	42	7	62.3 %
WS 1905/06	674	166	36	124	6	74.7 %
SS 1906	393	136	25	103	8	75.7 %
WS 1906/07	792	92	37	43	12	46.7 %
SS 1907	449	72	31	35	6	48.6 %
WS 1907/08	777	93	46	41	6	44.1 %
SS 1908	598	73	40	31	2	42.5 %

1 HUA., Gasthörerlisten Sommersemester 1896 bis Sommersemester 1908.
2 In dieser Rubrik finden sich überwiegend Engländerinnen und Amerikanerinnen, aber auch Frauen aus der Schweiz, Österreich, Polen, Ungarn, Kroatien, Rumänien, Schottland, Schweden, Norwegen, Holland, Neuseeland, Niederländisch-Indien und Siam.
3 Im Sommersemester 1896 hatte sich die Engländerin Mary Hoskings für Lateinische Sprachlehre, Philosophie und Medizin eingeschrieben hatte. Ob sie tatsächlich am Unterricht der Medizinischen Fakultät teilnahm, muß bezweifelt werden.

TAB. 2: DIE ENTWICKLUNG DER STUDENTINNENZAHLEN
AN DER BERLINER MEDIZINISCHEN FAKULTÄT (1908-1918)[1]

Semester	Student-innen insgesamt	an der Medizini-schen Fakultät	deutsche Nationa-lität	russische Nationa-lität	aus anderen Nationen	Anteil der Russinnen in Prozent
WS 1908/09	731	88 (21)[2]	49 (4)	32 (17)	7	44.1 %
SS 1909	526	86 (13)	45 (3)	35 (10)	6	45.4 %
WS 1909/10	950	133(11)	72 (5)	56 (6)	5	43.0 %
SS 1910	732	126 (8)	61 (1)	53 (6)	12 (1)	44.0 %
WS 1910/11	1015	152 (5)	83 (3)	57 (2)	12	37.6 %
SS 1911	747	121 (1)	65	45 (1)	11	37.4 %
WS 1911/12	1028	161 (3)	97 (2)	49 (1)	15	30.5 %
SS 1912	758	147 (1)	101 (1)	35	11	23.6 %
WS 1912/13	1079	178	135	37	6	20.8 %
SS 1913	775	138	103	26	9	18.8 %
WS 1913/14	1055	171	148	23	–	13.4 %
SS 1914	881	165	131	22	12	13.3 %
WS 1914/15	1006	188	179	3	7	1.6 %
SS 1915	890	198	175	4	19	2.0 %
WS 1915/16	1268	242	225	3	14	1.2 %
SS 1916	1110	238	217	4	17	1.9 %
WS 1916/17	1379	275	256	5	14	1.8 %
SS 1917	1208	245	225	4	16	1.6 %
WS 1917/18	1552	289	261	4	24	1.4 %
SS 1918	1376	251	226	2	23	0.8 %

1 Amtliches Verzeichnis des Personals der Studierenden der Königlichen Friedrich-Wilhelms-Universität zu Berlin, Wintersemester 1908/09 bis Sommersemester 1918.
2 Die in Klammern angegebenen Zahlen beziffern diejenigen Medizinstudentinnen, die trotz Zulassung zur Immatrikulation das Studium weiterhin als Gasthörerin betrieben.

TAB. 3: DIE ENTWICKLUNG DER STUDENTEN- UND STUDENTINNENZAHLEN
AN DER BERLINER MEDIZINISCHEN FAKULTÄT
UNTER BESONDERER BERÜCKSICHTIGUNG DES FRAUENANTEILS
(1908-1918)[1]

Semester	Studierende insgesamt	männlich	weiblich	Frauenanteil in Prozent
WS 1908/09	1312	1224	88	6.7 %
SS 1909	1121	1035	86	7.7 %
WS 1909/10	1568	1435	133	8.5 %
SS 19010	1299	1173	126	9.7 %
WS 1910/11	1782	1630	152	8.5 %
SS 1911	1479	1358	121	8.2 %
WS 1911/12	1872	1711	161	8.6 %
SS 1912	1699	1552	147	8.6 %
WS 1912/13	2132	1954	178	8.3 %
SS 1913	1840	1702	138	7.5 %
WS 1913/14	2223	2052	171	7.7 %
SS 1914	2006	1901	165	8.2 %
WS 1914/15	1854	1666	188	10.1 %
SS 1915	1859	1661	198	10.6 %
WS 1915/16	2049	1807	242	11.8 %
SS 1916	2149	1911	238	11.1 %
WS 1916/17	2263	1988	275	12.1 %
SS 1917	2371	2126	245	10.3 %
WS 1917/18	2541	2252	289	11.4 %
SS 1918	2560	2309	251	9.8 %

1 Amtliches Verzeichnis des Personals der Studierenden der Königlichen Friedrich-Wilhelms-Universität zu Berlin, Wintersemester 1908/09 bis Sommersemester 1918.

TAB. 4: DIE ENTWICKLUNG DER STUDENTINNEN- UND STUDENTENZAHLEN
AN DER BERLINER MEDIZINISCHEN FAKULTÄT UNTER BESONDERER BERÜCKSICHTIGUNG
DER DEUTSCHEN UND RUSSISCHEN NATIONALITÄT (1901-1918)[1]

Semester	rus. Studierende insgesamt	männlich	weiblich	dt. Studierende insgesamt	männlich	weiblich
SS 1901	106	90	16	795	790	5
WS 1901/02	145	115	30	910	898	12
SS 1902	138	119	19	715	705	10
WS 1902/03	169	156	13	850	841	9
SS 1903	140	133	7	691	681	10
WS 1903/04	187	177	10	817	806	11
SS 1904	180	169	11	619	606	13
WS 1904/05	231	205	26	709	683	26
SS 1905	225	183	42	596	578	18
WS 1905/06	338	214	124	798	762	36
SS 1906	325	222	103	614	589	25
WS 1906/07	211	168	43	828	791	37
SS 1907	189	154	35	660	629	31
WS 1907/08	162	121	41	880	834	46
SS 1908	144	113	31	728	688	40
WS 1908/09	184	152	32	911	862	49
SS 1909	189	154	35	829	784	45
WS 1909/10	246	190	56	1175	1103	72
SS 1910	245	192	53	909	848	61
WS 1910/11	302	245	57	1312	1229	83
SS 1911	293	248	45	1012	947	65
WS 1911/12	340	291	49	1352	1255	97
SS 1912	383	348	35	1131	1030	101
WS 1912/13	486	449	37	1477	1342	135
SS 1913	487	461	26	1196	1093	103
WS 1913/14	441	418	23	1582	1434	148
SS 1914	421	399	22	1432	1301	131
WS 1914/15	15	12	3	1627	1448	179
SS 1915	16	12	4	1631	1456	175
WS 1915/16	15	12	3	1901	1676	225
SS 1916	20	16	4	2000	1773	217
WS 1916/17	22	17	5	2108	1852	256
SS 1917	27	23	4	2217	1992	225
WS 1917/18	28	24	4	2375	2114	261
SS 1918	24	22	2	1408	1182	226

Tab. 5: Promotionen von Frauen an der Berliner Medizinischen Fakultät
unter besonderer Berücksichtigung der Nationalität (1905-1918)[1]

Jahr	Promotionen insgesamt	deutsche Ärztinnen	russische Ärztinnen	Ärztinnen anderer Nationalitäten[2]
1905	2	1	1	–
1906	1	–	1	–
1907	10	–	10	–
1908	8	–	7	1
1909	15	–	15	–
1910	12	2	10	–
1911	34	–	32	2
1912	28	4	23	1
1913	17	7	10	–
1914	11	8	3	–
1915	7	7	–	–
1916	12	11	–	1
1917	15	15	–	–
1918	19	19	–	–
gesamt	191	74	112	5
in Prozent	100 %	38.7 %	58.6 %	2.6 %

1 Jahresverzeichnis der Deutschen Hochschulschriften, 1905 bis 1921. Vor dem Jahre 1905 findet sich keine medizinische Promotion einer Frau an der Berliner Friedrich-Wilhelms-Universität.

2 Es handelt sich um die folgenden Nationalitäten: Im Jahre 1908 promovierten eine Österreicherin, 1911 je eine Österreicherin und eine Serbin, 1912 eine Bulgarin und im Jahre 1916 erneut eine Österreicherin.

1 Zu Seite 274: Amtliches Verzeichnis des Personals und der Studierenden der Königlichen Friedrich-Wilhelms-Universität zu Berlin, Sommersemester 1901 bis Sommersemester 1918. Bei den beiden Sparten weiblicher Studierender ist bis einschließlich des Sommersemesters 1908 die Zahl der Gasthörerinnen aufgeführt, in den darauffolgenden Semestern die Zahl der immatrikulierten Studentinnen. Die beiden Sparten männlicher Studierender benennen hingegen für den gesamten Zeitraum die Zahl der immatrikulierten Studenten. Die verhältnismäßig geringe Zahl Studierender anderer Nationalitäten ist nicht berücksichtigt worden.

TAB. 6: PROMOTIONEN VON MÄNNERN AN DER BERLINER MEDIZINISCHEN FAKULTÄT
UNTER BESONDERER BERÜCKSICHTIGUNG DER NATIONALITÄT (1905-1918)[1]

Jahr	Promotionen insgesamt	deutsche Ärzte	russische Ärzte	Ärzte anderer Nationa-litäten[2]
1905	86	58	21	7
1906	65	37	26	2
1907	64	28	29	7
1908	66	43	19	4
1909	98	76	22	–
1910	119	90	23	6
1911	137	90	40	7
1912	167	129	31	7
1913	183	133	46	4
1914	201	149	48	4
1915	79	62	1	7
1916	77	74	–	3
1917	133	125	5	3
1918	120	109	5	6
gesamt	1586	1203	316	67
in Prozent	100 %	75.9 %	19.9 %	4.2 %

1 Jahresverzeichnis der Deutschen Hochschulschriften, 1905 bis 1918.
2 Bei den männlichen Promovenden findet sich in dieser Rubrik eine Vielzahl von Natio-nalitäten: 10 Bulgaren, 8 Österreicher, 7 Türken, je 4 Rumänen, Serben, Amerikaner und Griechen, je 3 Engländer und Bolivianer, je 2 Spanier, Ungarn, Portugiesen, Brasilianer und Chinesen sowie je 1 Schwede, Italiener, Holländer, Ägypter, Peruaner, Gualtemal-teke, Venezuelaner, Perser, Uruguayer und San Salvadorianer.

TAB. 7: DIE PROMOVENDINNEN AN DER BERLINER MEDIZINISCHEN FAKULTÄT
UNTER BESONDERER BERÜCKSICHTIGUNG DER NATIONALITÄT (1905-1918)[1]

Jahr	Russische und andere Nationalitäten[2]	Deutsche Nationalität
1905	Strisower, Sophie	Taube, Elise
1906	Godelstein, Sophie	–
1907	Bloch, Sarra	–
	Feldberg, Vera	
	Itzina, Fruma	
	Kascher, Sara	
	Leipuner, Esther	
	Mitschnik-Ephrussi, Sara	
	Rabinowitsch, Sara	
	Rachmilewitsch, Esfira	
	Rozenblat, Henryka	
	Schwarz, Lea	–
1908	Dimitriewa, Nadeshda	
	Goldblum-Abramowicz, Rosa	
	Hirschfeld-Kassmann, Hanna	
	Janulaitis, Veronika	
	Kolar, Savka *(Österreich)*	
	Nekritsch, Feiga	
	Rabinowitsch, Sophie	
	Zuckerstein-Wyschtynetzkaja, Caja	
1909	Bukowska, Jadwiga	–
	Firstenberg, Blima	
	Gutman, Laja	
	Kakisowa, Berucha	
	Komissaruk, Beilia	
	Laska, Anna	
	Lipschitz, Ernestine	
	Piontik, Pesia	
	Polonsky, Chana	
	Rabinowitsch, Gitel	

1 Die Titel der einzelnen Dissertation sind unter den jeweiligen Namen im Literatur-
verzeichnis gesondert aufgeführt.
2 Sofern es sich um eine andere Nationalität als die russische handelt, ist dies gesondert
gekennzeichnet.

Jahr	Russische und andere Nationalitäten	Deutsche Nationalität
1910	Raicher, Chaja Rosenfeld, Luise Seldowitsch, Schendlia Sukennikowa, Nadeshda Wyscheslawtzewa, Valerie Behrmann, Ella Chorassanian, Vergine Frank, Vera Galkus, Bronislawa Goldenberg, Elisabeth Hammar, Rauha Nabatianz, Susanna Neiditsch, Sara Schur, Regina Tschernikoff, Esther	Sternberg, Charlotte Thimm, Martha
1911	Babitsch, Draginja *(Serbien)* Bovkewitsch, Wladislawa Braude, Hanna Chain-Stein, Sara Chassin, Sara Drinberg, Etel Feldmann-Raskina, Anna Ginsberg, Lia Jappa-Brustein, Anna Kaplan, Sara Katznelson, Sara Kobrin, Massia Kuschnareff, Marie Laks, Dora Margolis, Tonia Margulis, Alexandra Monaschkin, Beila Morkownikowa, Enta Neimark, Dina Rabinowitsch, Feiglia Rollett, Luise *(Österreich)* Samoiloff, Henia Sandberg, Gita Schkurina, Natalie	–

Jahr	Russische und andere Nationalitäten	Deutsche Nationalität
	Schapiro, Lea	
	Schugam, Helene	
	Schwartz, Bassja	
	Spielvogel, Natalie	
	Spiwak-Weitz, Agafia	
	Stuckenberg, Sophie	
	Sulschinsky, Helene von	
	Tjobin, Rachmel	
	Warschawsky, Rachel	
	Weintraub, Sophie	
1912	Asersky, Sima	Büsselberg, Ella
	Bannikowa, Sinaida	Ebsen, Josine
	Birkhahn, Eugenie	Hellendall, Martha
	Blecher, Rachil	Reinike, Elisabeth
	Blumberg, Brana	
	Cahn, Rahel	
	Ehrlich, Sophie	
	Eliadze, Nina	
	Fischmann, Regina	
	Friedstein, Dora	
	Heinrichsdorff, Adele	
	Kamber, Sophie	
	Kobylinska, Kasimira	
	Kohenowa, Bertha *(Bulgarien)*	
	Kravetz, Chaia	
	Macijewska, Marie	
	Mendelsburg, Anna	
	Moscharowskaja, Gudia	
	Orkin, Frieda	
	Perl, Sarella	
	Silbermann, Ita	
	Simchowicz-Mendelsburg, Tauba	
	Traube, Judith	
	Weinstock, Lia	
1913	Alschwang, Margarethe	Bergmann, Emmy
	Davidowitsch, Devora	Cohn, Julie
	Engibarian, Arusiak	Cords, Clara
	Ettinger, Helene Rosa	Edenhuizen, Hermine
	Katzenelson, Ida	Perls, Hildegard

Jahr	Russische und andere Nationalitäten	Deutsche Nationalität
1914	Lichtenstein, Rita Mulier, Hanna Pomeranietz, Sarrah Ryss, Sarah Weizmann, Minna Alpert, Esther Filintel, Lea Geschelin, Marie	Schütz, Charlotte Tesch, Ilse Godelmann, Lotte Hirsch, Therese Hoefer, Sara Kunckel, Doris Lotz, Auguste Straube, Elisabeth Thiel, Elisabeth Wenger, Gertrud
1915	–	Ernst, Hermine Horney, Karen Krause, Charlotte Nachmann, Gertrud Pinner, Emilie Sachse, Margaree Titze, Elisabeth
1916	Hochdorf, Dora *(Österreich)*	Aschenheim, Elisabeth Bischofswerder, Justina Gottschalk, Julia Grass, Erna Guttfeld, Louise Heymann, Paula Hoffmann, Regine Jacobs, Toni Schlüter, Emmy Schönlein, Charlotte Thiele, Felicia
1917	–	Benecke, Elisabeth Buchold, Frieda Cuny, Gertrud Herbst, Käthe Jackeschky, Elisabeth Jaffé, Grace Lewisson, Gertrud Lubliner, Ruth

Jahr	Russische und andere Nationalitäten	Deutsche Nationalität
1918	–	Meyer, Selma Ochwat, Martha Samter, Martha Schneider, Frieda Schulz, Hertha Steinthal, Hanna Warmbt, Gertrud Altstaedt, Susanne Berendsen, Ida Bormann, Hildegard Cauer, Charlotte Cohn, Else Deutsch, Katharina Fibelkorn, Anna Foth, Käthe Guttfeld, Lisbeth Kohler, Dora Levi, Erna Neuländer, Gertrud Pfabel, Irma Schmidt-Rund, Charlotte Strucksberg, Martha Valentin, Irmgard Weil, Else Witzig, Eva Wolpe, Charlotte

TAB. 8: RELIGIONSZUGEHÖRIGKEIT UND VÄTERLICHER BERUF DER DEUTSCHEN PROMOVENDINNEN AN DER BERLINER MEDIZINISCHEN FAKULTÄT (1905-1918)[1]

mosaisch	18	24.3 %
evangelisch	24	32.4 %
katholisch	1	1.4 %
ohne Angabe	31	41.9 %
gesamt	74	100 %

Kaufmann	22
Arzt	5
Amtsgerichtsrat	1
Regierungs- und Baurat	1
Rechnungsrat	1
Kanzleirat	1
Kaiserlicher Hofrat	1
Oberregierungsrat	1
Geheimer Studienrat	1
Geheimer Baurat und Professor	1
Professor	2
Professor am Kadettencorps	1
Veterinärrat und prakt. Tierarzt	1
Oberstabsveterinär	1
Kgl. preussischer Oberst	1
Kgl. Domänenrentmeister	1
Direktor d. Kgl. Bibliothek	1
Bankier	4
Rechtsanwalt	3
Fabrikbesitzer	3
Gutsbesitzer	2
Apothekenbesitzer u. Zahnarzt	1
Ingenieur	1
Kapitän	1
Irrenanstaltsbesitzer	1
Reichsbankbeamter	1
Eisenbahnbaumeister	1
Lehrer	2
Pfarrer	2
Schriftsteller	1
ohne Angabe	8
gesamt	74

1 Die Angaben wurden anhand der den jeweiligen Dissertationen beigefügten Lebensläufe zusammengestellt.

TAB. 9: RELIGIONSZUGEHÖRIGKEIT UND VÄTERLICHER BERUF DER RUSSISCHEN
PROMOVENDINNEN AN DER BERLINER MEDIZINISCHEN FAKULTÄT (1905-1918)[1]

mosaisch	80	71.4 %
armenisch-gregorianisch	4	3.6 %
griechisch- orthodox	4	3.6 %
katholisch	2	1.8 %
protestantisch	2	1.8 %
ohne Angabe	20	17.8 %
gesamt	112	100 %

Kaufmann	51
Arzt	6
Staatsrat	1
Fabrikbesitzer	5
Fabrikdirektor	1
Bankdirektor	1
Rechtsanwalt	2
Bankier	1
Gymnasialdirektor	1
Lehrer	2
Gutsbesitzer	2
Landbesitzer	1
Hausbesitzer	1
Apothekenbesitzer	1
Pfarrer	1
Redakteur	1
Förster	1
Bankangestellter	1
Vertreter der russischen Feuerversicherungsgesellschaft	1
ohne Angabe	31
gesamt	112

1 Die Angaben wurden anhand der den jeweiligen Dissertationen beigefügten Lebensläufe
zusammengestellt.

Name	Physikum	Staatsexamen
Margarete Breymann	Freiburg 1899	?
Elise Troschel	?	Königsberg 1901
Else von der Leyen	Halle 1899	Halle 1901
Elisabeth Cords	Halle 1900	Marburg 1903
Hermine Edenhuizen	Halle 1900	Bonn WS 1902/03
Helenefriderike Stelzner	Halle 1900	Halle 1902
Johanna Kappes	Freiburg 1901	Freiburg 1904
Johanna Maaß	Freiburg 1901	Freiburg 1904
Elise Taube	Berlin 1901	Halle WS 1903/04
Jenny Bornstein	Berlin 1901	Marburg 1902
Frida Busch	Halle 1902	Bonn WS 1902/03
Anna Martha Kannegiesser	Freiburg 1902	Heidelberg 1904
Lilly Wedell	Bonn 1902	München 1905
Else Katz	Berlin 1902	Freiburg 1909
Hedwig Danielewicz	Freiburg WS 1903/04	Berlin 1907
Ottilie Hoffmann	Leipzig (?) 1905	Berlin 1908
Margarete Levy	Berlin WS 1905/06	Straßburg 1908
Ida Schoenberger	Berlin SS 1906	Freiburg 1909
Martha Thimm	Berlin 1906	Berlin 1909
Elisabeth Straube	Berlin SS 1907	Berlin 1912
Charlotte Sternberg	Berlin 1907	Heidelberg 1909
Hedwig Prager	Berlin 1907	München 1909
Lucie Buetow	Berlin 1907	Berlin 1910
Else Philipp	Würzburg 1907	Berlin 1910
Gertrud Marquardt	Göttingen 1907	Berlin 1910
Charlotte Behrend	Berlin 1907	Heidelberg 1909
Ella Hering	Berlin 1908	Berlin WS 19010/11
Martha Hellendall	Berlin 1908	Berlin 1910/11
Paula Sussmann	Berlin SS 1908	Heidelberg (?) 1910
Ilse Tesch	Berlin 1909	Berlin 1912
Charlotte Krause	Berlin 1909	Berlin 1913
Charlotte Wehmer	Berlin 1910	Jena 1912
Käte Huch	?	Berlin 1910
Therese Hirsch	Berlin 1910	Berlin 1913
Elisabeth Aschenheim	Berlin 1910	Berlin 1914

1 Die Angaben wurden anhand der den jeweiligen Dissertationen beigefügten Lebensläufe
zusammengestellt.

Promotion	Semester an der Berliner Medizinischen Fakultät[2]
Straßburg 1903	WS 1901/02
Bern 1898	SS 1898
Halle 1901	SS 1897, WS 1899/1900, WS 1900/01, WS 1902/03
Freiburg 1904	SS 1904, WS 1904/05
Bonn 1903	SS 1898
Halle 1902	SS 1900
Freiburg 1904	WS 1901/02
Freiburg 1904	WS 1899/1900, WS 1901/02, WS1902/03, SS 1900, SS 1902
Berlin 1905	SS 1899 – SS 1901, SS 1903, WS 1904/05, SS 1908
Zürich 1898	WS 1900/01
Bonn 1903	WS 1907/08
Heidelberg 1905	SS 1902, WS 1902/03
München 1905	SS 1900, WS 1900701
Freiburg 1909	SS 1904, SS 1905 – WS 1907/08
Bonn 1908	WS 1901/02, SS 1902, SS 1903, SS 1904, WS 1904/05, WS 1905/06 – WS 1906/07
Leipzig 1912	WS 1905/06 – SS 1906
Straßburg 1909	SS 1905 – WS 1907/08
Freiburg 1909	SS 1904, SS 1905 – WS 1907/08
Berlin 1910	WS 1903/04 – SS 1908
Berlin 1914	SS 1905, WS 1905/06, SS 1907 – SS 1908
Berlin 1911	WS 1904/05, WS 1905/06 – WS 1907/08
München 1909	SS 1904, WS 1904/05, WS 1905/06 – WS 1906/07, WS 1907/08
Leipzig 1913	SS 1905, WS 1906/07 – WS 1907/08
Leipzig 1911	WS 1907/08, SS 1908
Leipzig 1911	WS 1907/08, SS 1908
Heidelberg 1909	WS 1904/05, WS 1905/06 – WS 1906/07, WS 1907/08
Berlin 1912	SS 1905 – SS 1908
Berlin 1912	WS 1905/06 – SS 1908
Heidelberg 1910	WS 1906/07 – SS 1908
Berlin 1913	WS 1906/07, WS 1907/08 – SS 1908
Berlin 1915	SS 1906 – SS 1908
Jena 1913	WS 1907/08, SS 1908
Leipzig 1910	WS 1904/05, SS 1907 – WS 1907/08
Berlin 1914	WS 1907/08, SS 1908
Berlin 1916	SS 1908

2 Ob die Studentinnen darüber hinaus ab dem Wintersemester 1908/09 an der Berliner Fakultät immatrikuliert gewesen sind, ist bei dieser Darstellung nicht berücksichtigt.

TAB. 11: DIE GASTHÖRERINNEN AN DER BERLINER MEDIZINISCHEN FAKULTÄT
NACH ALTER, VORBILDUNG UND FAMILIENSTAND (1896-1900)[1]

Name	Alter	Vorbildung	Familienstand
Toni Blumenfeld	27	Abitur	ledig
Dr. Helene Correll-Löwenstein	36	Ärztin	verheiratet
Hermine Edenhuizen	26	Abitur	ledig
Therese Gyster	26	Abitur	ledig
Anna Hutze	53	Lehrerin	ledig
Margarete Janke	24	Höhere Töchterschule	ledig
Katharina Koneko	28	Lehrerin	verheiratet
Sophie Lesser	27	Lehrerin	ledig
Else von der Leyen	22	Abitur	ledig
Johanna Maaß	26	Abitur	ledig
Clara Margraff	43	Lehrerin, Abitur	ledig
Margarete Mortier	25	Lehrerin, Abitur	ledig
Annegret Ploemius	41	„verschiedene Universitäten"	ledig
Elise Scheissele	28	Schweizer Abitur	ledig
Dr. Jenny Springer	37	Ärztin	ledig
Helenefriderike Stelzner	39	Schweizer Abitur	verwitwet
Elise Taube	36	Lehrerin, Abitur	ledig
Elfriede Thiele	26	Lehrerin, „Studium in Paris"	ledig
Elise Troschel	28	Lehrerin, Schweizer Abitur	verheiratet
Dr. Cecilie Vogt	24	Ärztin	verheiratet
Lilly Wedell	19	Abitur	ledig

1   Berücksichtigt wurden alle Gasthörerinnen, die zwischen dem Wintersemester 1896/97
und Sommersemester an der Berliner Medizinischen Fakultät studierten. Archiv der
Humboldt-Universität zu Berlin, Gasthörerliste Wintersemester 1896 - Sommersemester
1900.

TAB. 12: DIE PROMOVENDINNEN DER BERLINER MEDIZINISCHEN FAKULTÄT
DES JAHRES 1918 MIT ALTERSANGABE ZUM ZEITPUNKT DES ABITURS,
DES STAATSEXAMENS UND DER PROMOTION[1]

Name	Abitursalter	Examensalter	Promotionsalter
Susanne Altstaedt	22	28	31
Ida Berendsen	22	28	30
Hildegard Bormann	24	28	30
Charlotte Cauer	20	27	28
Else Cohn	18	23	24
Katharina Deutsch	20	24	25
Anna Fibelkorn	34	39	42
Käthe Foth	22	27	29
Lisbeth Guttfeld	20	26	27
Dora Kohler	20	26	28
Erna Levi	19	25	28
Gertrud Neuländer	32	38	40
Irma Pfabel	19	25	27
Charlotte Schmidt-Rund	20	27	28
Martha Strucksberg	20	25	26
Irmgard Valentin	20	25	26
Eva Witzig	20	28	34
Charlotte Wolpe	18	24	25

1 Die Altersangaben wurden anhand der den jeweiligen Dissertationen beigefügten Lebensläufe errechnet.

Name	Alter im WS 1904/05	Jahr des Abiturs	Anzahl der Studien-semester
Charlotte Behrend	20	1904	1
Maria Böhm	23	1901	7
Paula Buché	22	1901	7
Hedwig Danielewicz	24	1901	7
Erna David	24	1902	6
Käthe Huch	20	1903	3
Mathilde von Kemnitz	27	1901	7
Mathilde Kirschner	29	(?)	(?)
Julia von Kittlitz	27	1902	6
Felicitas Knauff	20	1903	3
Maria Lipschütz	24	1902	6
Elisabeth Litzmann	21	1903	2
Hedwig Prager	25	1904	2
Erna Schapiro	18	1903	1
Charlotte Sternberg	29	1903	2
Martha Thimm	29	1903	3

1 Die Angaben wurden anhand der Gasthörerliste des Wintersemesters 1904/05 errechnet.
Archiv der Humboldt-Universität zu Berlin, Gasthörerliste Wintersemester 1904/05.

IX. LITERATURVERZEICHNIS

1. UNGEDRUCKTE QUELLEN UND ARCHIVALIEN

Bundesarchiv Abteilungen Potsdam:
Akten des Reichsamt Reichsministerium des Innern / Medicinalpolizei R.15.01/26
betr. die Zulassung der Frauen als außerordentliche Universitäts- und Polytechnikums-hörer.
betr. die Zulassung der Frauen zu den medizinischen Prüfungen und zu den Prüfungen der Zahnärzte und Apotheker.
Nr. 10773 (Bd. 2, Dezember 1896 – Juli 1899).
Nr. 10774 (Bd. 3, Oktober 1899 – September 1910).
Nr. 10776 (Bd. 5, April 1914 – Mai 1921).
betr. die Zulassung zu den aerztlichen Prüfungen an deutschen Universitäten bei aus-laendischer Vorbildung.
Nr. 10647 (Bd. 2, Januar 1895 – Mai 1913).

Bundesarchiv Abteilungen Merseburg:
Akten des Ministeriums für Geistliche-, Unterrichts- und Medizinal-Angelegenheiten
betr. die Ausschließung weiblicher Studierender von einzelnen Vorlesungen (August 1908 – April 1916).
Rep. 76, Va, Sekt. 1, Tit. VIII, Nr. 8, Adh. IV.

Archiv der Humboldt Universität Berlin (HUA.):
Akten der Medinischen Fakultät der Berliner Friedrich-Wilhelms-Universität
betr. Frauenstudium.
Med. Fak., Acta 101.
Akten der Philosophischen Fakultät der Berliner Friedrich-Wilhelms-Universität
betr. Frauenstudium.
Phil. Fak., Acta 346.
Gasthörerverzeichnis der Berliner Friedrich-Wilhelms-Universität Wintersemester 1895/96 – Wintersemester 1910/11.

Institut für Geschichte der Medizin an der Freien Universität Berlin:
Dokumentation: Ärztinnen im Kaiserreich.

unveröffentlichte Manuskripte:
Kästner, Ingrid: Mangel an produktiver Leistungsfähigkeit? Die ersten Promovendin-nen an der Leipziger Medizinischen Fakultät. Manuskript Leipzig 1993.

Organe der Frauenbewegung (kleinere Mitteilungen und Einzelmeldungen):
Die Frau. Zeitschrift für das gesamte Frauenleben unserer Zeit.
>   2 (1894/95) S. 316, 317.
>   3 (1895/96) S. 632, 699.
>   4 (1896/97) S. 122, 696.
>   5 (1897/98) S. 376.
>   6 (1898/99) S. 440.
>   8 (1900/01) S. 352.
>   9 (1901/02) S. 183, 692.
>   12 (1904/05) S. 172-173.

Die Frauenbewegung. Revue für die Interessen der Frauen.
>   10 (1904) S. 165.

Die Welt der Frau. Beilage zu: Die Gartenlaube.
>   (1917) Nr. 28, S. 435.

Die Lehrerin in Schule und Haus. Centralorgan für die Interessen der Lehrerinnen und Erzieherinnen im In- und Auslande. Hrsg. Marie Loeper-Houselle.
>   15 (1899) S. 323, 657-658.

Ärztliche Zeitschriften (kleinere Mitteilungen und Einzelmeldungen):
Der Kassenarzt. Zentralorgan des Verbandes deutscher Kassenärzte. Officielles Organ des Berliner Kassenärztevereins.
>   2 (1925) Nr. 44, S. 2.

Deutsche Medizinische Wochenschrift. Mit Berücksichtigung des Medicinalwesens nach amtlichen Mitteilungen, der öffentlichen Gesundheitspflege und des Interesses des ärztlichen Standes.
>   11 (1885) S. 248.

Münchener Medizinische Wochenschrift. Organ für amtliche und praktische Ärzte.
>   31 (1892) S. 209.
>   34 (1895) S. 81.

Vierteljahresschrift Deutscher Ärztinnen. Mitteilungsblatt des Bundes Deutscher Ärztinnen.
>   2 (1926) S. 83.
>   3 (1927) S. 26. (fortgesetzt als:)

Monatschrift Deutscher Ärztinnen. Mitteilungsblatt des Bundes Deutscher Ärztinnen.
>   4 (1928) S. 15, 103, 207. (fortgesetzt als:)

Die Ärztin. Mitteilungsblatt des Bundes Deutscher Ärztinnen.
>   7 (1931) S. 299.

Mitteilungsblatt des Deutschen Ärztinnenbundes.
>   13 (1966) Nr. 56, S. 11.

Studentische Zeitschriften:
Akademische Turnbundsblätter. Zeitschrift des Akademischen Turnerbundes.
15 (1902) Nr. 12, S. 392-394.
Die Studentin. Zeitschrift des Verbandes der Studentinnenvereine Deutschlands. Rubriken: Aus den Verbandsvereinen / Mitgliederlisten / Verein studierender Frauen 1908, Berlin – Freie Vereinigung Berliner Studentinnen.
1 (1912) Nr. 6, Nr. 10, Nr. 11, o. S.
2 (1913) Nr. 5, Nr. 11, o. S.
4 (1915) Nr. 1, Nr. 2, Nr. 3, Nr. 5, o. S.
5 (1916) Nr. 6, Nr. 10, o. S.
Monatsschrift des Rudolstädter Senioren-Convents. Amtliches Organ sämtlicher Landsmannschaften auf den Deutschen Tierärztlichen Hochschulen.
4 (1898) Nr. 7, S. 55.

Sonstige Zeitschriften:
Berliner Geschichtsblätter.
2 (1951) S. 94.
Schulthess' Europäischer Geschichtskalender.
28 (1912) Bd. 53, S. 279.

Periodika:
Amtliches Verzeichnis des Personals und der Studierenden der Königlichen Friedrich-Wilhelms-Universität zu Berlin. Wintersemester 1895/96 – Wintersemester 1918/19.
Jahresverzeichnis der Deutschen Hochschulschriften. 1896 – 1920.
Personal- und Vorlesungsverzeichnis der Freien Universität Berlin Sommersemester 1949.
Stenographische Berichte über die Verhandlungen des Reichstags.
8. Legislaturperiode, I. Session 1890/91, Dritter Anlageband, Nr. 228, S. 1799.
8. Legislaturperiode, I. Session 1890/91, Dritter Band, S. 1995-2009.
8. Legislaturperiode, II. Session 1892/93, Erster Anlageband, Nr. 144, S. 778-781.
8. Legislaturperiode, II. Session 1892/93, Zweiter Band, S. 1206-1222.
9. Legislaturperiode, II. Session 1893/94, Zweiter Band, S. 1045-1049.
9. Legislaturperiode, II. Session 1893/94, Dritter Band, S. 2287-2288.
9. Legislaturperiode, IV. Session 1895/97, Dritter Anlageband, Nr. 527, S. 2290-2291.
9. Legislaturperiode, IV. Session 1895/97, Fünfter Band, S. 3757-3758.
10. Legislaturperiode, II. Session 1900/02, Erster Band, S. 769-722.
10. Legislaturperiode, II. Session 1900/03, Zehnter Band, S. 8736-8743, 8763-8768.
11. Legislaturperiode, I. Session, Erster Sessionsabschnitt 1903/04, Erster Band, S. 371-390.
11. Legislaturperiode, I. Session, Erster Sessionsabschnitt, 1903/04, Zweiter Band, S. 1045-1049, 1343-1358, 1369-1407.

Alpert, Esther: Aus der inneren Abteilung des Jüdischen Krankenhauses zu Berlin. Die Diagnose und Differentialdiagnose des Sanduhrmagens. Diss. med. Berlin 1914.

Alschwang, Margarethe: Aus der Privatklinik von Blumreich. Jauchige und nekrotische Veränderungen der Uterusmyome und ihre operative Behandlung. Diss. med. Berlin 1913.

Altstaedt, Susanne: Über die Behandlung von Nieren- und Peritonealtuberkulose durch aktive Immunisierung nach Deycke-Much. Diss. med. Berlin 1917.

Aschenheim, Elisabeth: Ueber Polyposis intestinalis. Diss. med. Berlin 1916.

Asersky, Sima: Ueber Pancreascysten. Diss. med. Berlin 1912.

Babitsch, Draginja: Aus der 1. Medizinischen Klinik der Charité zu Berlin. Über die Gewebsveränderungen an überlebenden Froschherzen. Diss. med. Berlin 1911.

Bannikowa, Sinaida: Ueber Lysolvergiftungen. Diss. med. Berlin 1912.

Behrend, Charlotte: Über den Wert der Pirquetschen Kutan-Reaktion bei Kindern. 2000 Fälle aus der Heidelberger Universitäts-Kinderklinik. Diss. med. Heidelberg 1910.

Behrmann, Ella: Aus der Klinik für Haut- und Geschlechtskrankheiten, Dir. Lesser. Ueber primäre tumorartige Hauttuberkuculose an den äußeren weiblichen Genitalien. Diss. med. Berlin 1910.

Bennecke, Elisabeth: Ueber haemorraghische Diathesen mit Thrombopenie und fehlender Regeneration im Knochenmark bei Jugendlichen. Diss. med. Berlin 1917.

Berendsen, Ida: Aus der Hautklinik der städtischen Krankenanstalten zu Dortmund – Fabry –. Weitere Mitteilungen über Erosio interdigitalis blastomycetica. Diss. med. Berlin 1918.

Bergmann, Emmy: Ueber Psoriasis und Gelenkerkrankungen. Diss. med. Berlin 1913.

Birkhahn, Eugenie: Aus der Chirurgischen Universitätsklinik zu Berlin. Coxa Vara adolescentium und Epiphysenlösung im Schenkelhals. Diss. med. Berlin 1912.

Bischofswerder, Justina: Die Cholecystitis adhaesiva. Diss. med. Berlin 1916.

Blecher, Rachil: Aus dem Universitäts-Institut für Lichtbehandlung. Über die Bedeutung der Röntgenstrahlen für die Behandlung der Hautkrebse. Diss. med. Berlin 1912.

Bloch, Sarra: Peroneussehnenluxation. Diss. med. Berlin 1907.

Blumberg, Brana: Ueber die Verwendung des Perubalsam in der Chirurgie. Diss. med. Berlin 1912.

Blume, Ethel: Zur Kenntnis der tuberculösen Blutgefässerkrankungen. Diss. med. Leipzig 1902.

Bormann, Hildegard: Das Blutbild unter Radium- und Röntgenstrahlen. Aus der Universitäts-Frauenklinik Berlin. Diss. med. Berlin 1918.

Bornstein, Jenny: Über einen Fall von interstitieller Myocarditis. Diss. med. Zürich 1898.

Bovkewitsch, Wladislawa: Scharlach und Erysipel. Diss. med. Berlin 1911.

Braude, Hanna: Aus dem pathologischen Institut zu Berlin. Über die primären Carcinome der serösen Häute. Diss. med. Berlin 1911.

Breymann, Margarete: Ueber Stoffwechselprodukte des Bacillus pyocyaneus. Diss. med. Straßburg 1903.

Brinitzer, Jenny: Die Erkrankung der Taucher und ihre Beziehung zur Unfallversicherung. Diss. med. Kiel 1913.

Buché, Paula: Ueber Markfibrome der Niere. Diss. med. Bonn 1908.

Buchold, Frieda: Ueber den Einfluss der Kriegsernährung auf die Entwicklung des Neugeborenen. Diss. med. Berlin 1917.

Büsselberg, Ella: Beitrag zur Belastungstherapie in der Gynäkologie. Diss. med. Berlin 1912.

Buetow, Lucie: Zur Kenntnis der Hypophysenenzyme. Diss. med. Leipzig 1913.

Bukowska, Jadwiga: Ein Beitrag zur geschlechtlichen Differenzierung bei Urodelen (Amblystoma mexicanum). Diss. med. Berlin 1909.

Busch, Frieda: Über die Resultate der Vaporisation des Uterus. Diss. med. Bonn 1903.

Cahn, Rahel: Ein Beitrag zur Polycythämie. Diss. med. Berlin 1912.

Cauer, Charlotte Marie Caroline: Beitrag zur Lymphgranulomatose. Diss. med. Berlin 1918.

Chain-Stein, Sara: Über die Funktionsprüfung des Darmes mit der Schmidtschen Probekostdiät. Diss. med. Berlin 1911.

Chassin, Sara: Aus dem Physiologischen Institut Zürich. Neue Untersuchungen über die Ausscheidung von Farbstoffen durch die Niere vom Frosch. Diss. med. Berlin 1911.

Chorassanian, Vergine: Aus der Frauenklinik des Professor Nagel. Das Uterusmyom und seine operative Behandlung auf vaginalem Wege. Diss. med. Berlin 1910.

Cohn, Else: Aus der 2. Inneren Abteilung des Schöneberger Auguste-Viktoria-Krankenhauses. Direktor Glaser: Über Akroasphyxie. Diss. med. Berlin 1918.

Cohn, Julie: Aus der Bakteriologischen Abteilung des Pathologischen Instituts der Universität Berlin. Chemotherapeutische Untersuchungen über die Wirkung von China-Alkaloiden. Diss. med. Berlin 1913.

Cords, Clara: Injektionen von Thyroidea – Extrakt bei graviden Kaninchen. Diss. med. Berlin 1913.

Cords, Elisabeth: Beiträge zur Lehre vom Kopfnervensystem der Vögel. Diss. med. Freiburg 1904.

Cuny, Gertrud: Miliartuberkulose im Anschluss an Entbindung ausgehend von einer Genitaltuberculose. Diss. med. Berlin 1917.

Danielewicz, Hedwig: Klinische Beiträge zur Pyocyanasebehandlung. Diss. med. Bonn 1908.

Davidowitsch, Devora: Aus der Augenklinik der Charité: Morbus Basedowii und Schwangerschaft. Diss. med. Berlin 1913.

Deutsch, Katharina: Aus der Psychiatrischen Klinik der Charité zu Berlin. Ein kasuistischer Beitrag zur Lehre von den Zwangsvorstellungen. Diss. med. Berlin 1918.

Dimitriewa, Nadeshda: Über einen Fall von riesigem retroperitonealem Sarkom. Diss. med. Berlin 1908.

Drinberg, Etel: Aus der 2. Medizinischen Klinik der Charité: Die Gicht im Röntgenbilde, zur Differentialdiagnose gegenüber dem chronischen Gelenkrheumatismus. Diss. med. Berlin 1911.

Ebsen, Josine: Ueber den Verlauf der Fett- resp. Esterspaltung im Blut. Diss. med. Berlin 1912.

Edenhuizen, Helene Martha Christine: Aus der Pathologisch – Anatomischen Abteilung des Krankenhauses Westend – Charlottenburg: Über zwei Fälle von mykotischem Aneurysma der Aorta mit Perforation in den Ösophagus. Diss. med. Berlin 1913.

Edenhuizen, Hermine: Über Albuminurie bei Schwangeren und Gebärenden. Diss. med. Bonn 1903.

Ehrlich, Sophie: Radiumemanation als Heilfaktor. Diss. med. Berlin 1912.

Eliadze, Nina: Anwendung der Nebennierenpräparate in der Inneren Medizin. Diss. med. Berlin 1912.

Engibarian, Arusiak: Aus der Frauenklinik der Charité zu Berlin. Todesursachen totgeborener und kurz nach der Geburt verstorbener Kinder. Diss. med. Berlin 1913.

Ernst, Hermine: Aus der 2. Inneren Abteilung des Auguste-Viktoria-Krankenhauses Berlin-Schöneberg. – Leitender Arzt: Glaser – Die Bedeutung der Weiss'schen Urochromogenreaktion. Diss. med. Berlin 1915.

Ettinger, Helene Rosa: Aus der 1. Medizinischen Klinik der Charité zu Berlin. Eine seltene Combination von vasomotorisch-trophischen Neurosen. Diss. med. Berlin 1913.

Feldberg, Vera: Aus der Königlichen Geburtshilflichen Klinik der Charité in Berlin. Dir. : Geheim – Medizinal – Rat Prof. Dr. Bumm. Ueber Uterusmyom als Geburtshindernis. Diss. med. Berlin 1907.

Feldmann – Raskina, Anna: Magenblutungen auf sexueller Basis. Diss. med. Berlin 1911.

Fibelkorn, Anna: Ueber das Schicksal von Kindern, die in den ersten drei Lebensjahren mit Tuberculose inficiert waren. Diss. med. Berlin 1918.

Filintel, Lea: Aus der Chirurgischen Universitätsklinik zu Berlin. Ueber das Sarcoma duodeni. Diss. med. Berlin 1914.

Firstenberg, Blima: Ueber Nierenexstirpation in der chirurgischen Klink der Königlichen Charité seit Januar 1896 – Dezember 1908. Diss. med. Berlin 1909.

Fischmann, Regina: Aus der 2. Medizinischen Klinik der Universität Berlin. 5 Fälle von Pseudoleukämie mit besonderer Berücksichtigung der Temperatur. Diss. med. Berlin 1912.

Foth, Käthe: Todesfälle an Diphterie, ihre Ursachen und Möglichkeiten ihrer Verhütung. Diss. med. Berlin 1918.

Frank, Vera: Aus der Chirurgischen Klinik der Königlichen Charité: Beitrag zur Kasuistik der diabetischen Gangrän. Diss. med. Berlin 1910.

Friedstein, Dora: Aus der 2. Medizinischen Klinik der Universität Berlin. Experimentelle Beiträge zur Kenntnis der perniziösen Anämie und zur Pathologie der roten Blutkörperchen. Diss. med. Berlin 1912.

Galkus, Bronislawa: Aus der Klinik für Haut- und Geschlechtskrankheiten. Dir. Lesser: Ueber Pemphigus foliaceus. Diss. med. Berlin 1910.

Geschelin, Marie: Aus der 1. Medizinischen Klinik der Charité zu Berlin. Ein Fall von Insufficientia polyglandularis mit Obduktionsbefund. Diss. med. Berlin 1914.

Ginsberg, Lia: Über Magentetanie. Diss. med. Berlin 1911.

Godelmann, Lotte: Gibt es im Rückenmark Gedächtniserscheinungen? Diss. med. Berlin 1914.

Godelstein, Sophie: Über einen Fall von Meningitis basilaris syphilitica mit combinirter Augenmuskellähmung. Diss. med. Berlin 1906.

Goldblum-Abramowicz, Rosa: Die Versorgung der unheilbaren Krebskranken. Diss. med. Berlin 1908.

Goldenberg, Elisabeth: Aus der Universitäts-Frauenklinik der Charité: Statistik über die Perforation des Kindes vom Jahre 1904 bis 1909. Diss. med. Berlin 1910.

Gottschalk, Julia: Ein Fall von Dünndarmvolvulus im Säuglingsalter. Diss. med. Berlin 1916.

Grass, Erna: Aus dem Institut für Staatsarzneikunde an der Universität zu Berlin. Untersuchungen zur Frage der Differentialdiagnose zwischen Menschen und Tierknochen. Diss. med. Berlin 1916.

Guttfeld, Lisbeth: Zur Kenntnis der Impetigo herpetiformis. Aus der Universitäts-Klinik für Haut- und Geschlechtskrankheiten Berlin. – Stellvertretender Direktor Blumenthal –. Diss. med. Berlin 1918.

Guttfeld, Louise: Zur Frage der aktiven oder konservativen Behandlung fieberhafter Aborte. Diss. med. Berlin 1916.

Gutman, Laja: Über das Wesen der Bleigicht. Aus der 2. Medizinischen Klinik der Königlichen Charité. Diss. med. Berlin 1909.

Hammar, Rauha: Aus der Universitätsklinik für Hals- und Nasenkranke zu Berlin. Direktor: Fränkel. Über doppelseitige Posticuslähmung als Frühsymptom des Tabes dorsalis. Diss. med. Berlin 1910.

Heinrichsdorff, Adele: Aus der 2. Medizinischen Klinik der Universität Berlin. Über die Beziehungen der perniziösen Anämie zum Carcinome. Diss. med. Berlin 1912.

Hellendall, Martha: Medizinalpraktikum. Ueber den Kältereiz als Mittel zur Funktionsprüfung der Arterien. Diss. med. Berlin 1912.

Herbst, Käthe: Stoffwechsel – Versuche an kräftigen und schwächlichen Schulkindern bei Kriegskost. Diss. med. Berlin 1917.

Heyman, Paula: Aus der 1. Inneren Abteilung des städtischen Krankenhauses Charlottenburg Westend – Umber –: Ueber gutartige chronische Miliartuberkulose und ihre Differentialdiagnose. Diss. med. Berlin 1916.

Hirsch, Therese: Beitrag zur Casuistik und Differentialdiagnose der Biermerschen perniciösen Anämie und der Bantischen Anämie. Diss. med. Berlin 1914.

Hirschfeld – Kassmann, Hanna: Beitrag zur vergleichenden Morphologie der weißen Blutkörperchen. Diss. med. Berlin 1908.

Hochdorf, Dora: Ueber die Größe des Eiweißumsatzes bei Kranken. Diss. med. Berlin 1916.

Hoefer, Sara: Aus der 1. Medizinischen Abteilung – Klemperer – und dem Pathologischen Institut – Benda – des städtischen Krankenhauses Moabit zu Berlin. Beitrag zur Klinik und Pathologie des Morbus Addisonii. Diss. med. Berlin 1914.

Hoffmann, Ottilie: Ueber das Zusammenvorkommen von Lupus erythematodes und Tuberkulose. Diss. med. Leipzig 1912.

Hoffmann, Regina: Aus der Prosektur des städtischen Krankenhauses zu Stettin – Prosektor Meyer – : Zur Kenntnis der einseitigen kongenitalen oder frühzeitig erworbenen Lungendefekte. Diss. med. Berlin 1916.

Horney, Karen: Ein kasuistischer Beitrag zur Frage der traumatischen Psychosen. Diss. med. Berlin 1915.

Itzina, Fruma: Zur chirurgischen Behandlung der Basedowschen Krankheit. Diss. med. Berlin 1907.

Jackeschky, Elisabeth: Zwei Fälle von essentieller Hämaturie. Diss. med. Berlin 1917.

Jacobs, Toni: Aus der Frauenklinik von Prof. Straßmann in Berlin. Untersuchungen über 16 Fälle vaginaler Totalexstirpation des graviden Uterus ohne Adnexe wegen Lungentuberkulose. Diss. med. Berlin 1916.

Jaffé, Grace: Aus der Inneren Abteilung des Jüdischen Krankenhauses zu Berlin. Funktionsprüfungen bei Kriegsnephritiden. Diss. med. Berlin 1917.

Janulaitis, Veronika: Über die Tarsalfollikel beim Trachom. Diss. med. Berlin 1908.

Jappa – Brustein, Anna: Über Ventrofixation. Diss. med. Berlin 1911.

Kakisowa, Berucha: Postoperative Erscheinungen bei Morbus Basedowii. Diss. med. Berlin 1909.

Kamber, Sophie: Ueber intrakranielle Teratome. Diss. med. Berlin 1912.

Kannegiesser, Anna Martha: Über intermittierende und cyklisch-orthotische Albuminurie. Diss. med. Heidelberg 1905.

Kaplan, Sara: Aus der Privatklinik des Dr. Pulvermacher, Charlottenburg. Angeborener Defekt der Vagina. Diss. med. Berlin 1911.

Kappes, Hanna: Einwirkungen des Erysipels auf Tumoren. Diss. med. Freiburg 1904.

Kascher, Sara: Aus der Experimentell-Biologischen Abteilung des Königlich Pathologischen Instituts der Universität Berlin: Die Oberflächenspannung von Körpersäften unter normalen und pathologischen Bedingungen. Diss. med. Berlin 1907.

Katz, Else: Über das Vorkommen von Carcinom bei Jugendlichen und ein Fall von Rectumcarcinom bei einem Siebzehnjährigen. Diss. med. Freiburg 1909.

Katzenelson, Ida: Aus der Privatklinik von Albu in Berlin. Zur Kenntnis des Ulcus duodeni. Diss. med. Berlin 1913.

Katznelson, Sarah: Aus der Chirurgischen Klinik der Charité zu Berlin. Die Darmvagination. Diss. med. Berlin 1911.

Kemnitz, Mathilde von: Der Asthenische Intantilismus des Weibes in seinen Beziehungen zur Fortpflanzungsfähigkeit und geistigen Betätigung. Diss. med. München 1913.

Kittlitz, Julie Freiin von: Beiträge zur Kenntnis der Phosphaturie. Diss. med. Leipzig 1909.

Kobrin, Massia: Über Wirbelfrakturen und Rückenmarksverletzungen. Diss. med. Berlin 1911.

Kobylinska, Kasimira: 2 Fälle von Rheumatismus tuberkulosus – Ponet'sche Krankheit –. Diss. med. Berlin 1912.

Kohenowa, Berta: Aus der 2. Medizinischen Klinik der Charité. Ueber den diagnostischen Wert des Milchsäurebazillenbefundes im Stuhle bei Magenkrankheiten, insonderheit beim Magencarcinom. Diss. med. Berlin 1912.

Kohler, Dora: Die Behandlung tuberkulöser Halslymphdrüsen. Diss. med. Berlin 1918.

Kolar, Savka: Aus der Frauenklinik der Königlichen Charité zu Berlin: Über Verblutungen des Foetus bei Insertio velamentosa. Diss. med. Berlin 1908.

Komissaruk, Beilia: Über den Unterschied zwischen Rundzellsarkom und infektiösen Granulomen. Diss. med. Berlin 1909.

Krause, Charlotte: Aus der 2. Inneren Abteilung des Auguste-Viktoria-Krankenhauses zu Berlin – Schöneberg – Leiter: Glaser –: Ueber Serumtherapie bei Scharlach. Diss. med. Berlin 1915.

Kravetz, Chaia: Die Endresultate der Empyembehandlung bei Kindern. Diss. med. Berlin 1912.

Kunckel, Doris: Zur Kenntnis der Blutveränderungen bei Frühgeburten und debilen Kindern. Diss. med. Berlin 1914.

Kuschnareff, Marie: Bronchiektasie im Röntgenbilde. Diss. med. Berlin 1911.

Laks, Dora: Zur Kenntnis der Polyglobulie. Diss. med. Berlin 1911.

Laska, Anna: Aus der 1. Medizinischen Klinik der Charité: Beiträge zur Radiumemanationstherapie. Diss. med. Berlin 1909.

Leipuner, Esther: Zur chirurgischen Behandlung des Ileus. Diss. med. Berlin 1907.

Levi, Erna: Kasuistische und Statistische Beiträge zur Serumkrankheit. Diss. med. Berlin 1915.

Levy, Margarete: Ueber leukämische Blutbefunde. Diss. med. Straßburg 1909.

Lewisson, Gertrud: Aus der 2. Inneren Abteilung – Magnus-Levy – des städtischen Krankenhauses im Friedrichshain. Über den Reststickstoff bei der Pneumonie und seine Beziehung zu der epikritischen Stickstoffsteigerung. Diss. med. Berlin 1917.

Leyen, Else von der: Über Plasmazellen in pathologisch veränderten Geweben. Diss. med. Halle 1901.

Lichtenstein, Rita: Aus der Universitäts-Kinderklinik in Berlin. 15 Fälle von Pylorospasmus durch Säuglinge. Diss. med. Berlin 1913.

Lipschitz, Ernestine: Ein Fall von Idiotie mit Glycosurie und akromegalischen Erscheinungen. Diss. med. Berlin 1909.

Lipschütz, Marie: Ein atypischer Fall von manisch-depressivem Irresein. Diss. med. Heidelberg 1911.

Litzmann, Elisabeth: Klinischer Beitrag zur Lehre von der diffusen Sklerodermie. Diss. med. Heidelberg 1911.

Lotz, Auguste: Aus dem Pathologischen Institut des Krankenhauses Berlin-Friedrichshain, Direktor Pick. Der partielle Riesenwuchs mit besonderer Berücksichtigung des sogenannten sekundären, eine pathologisch-anatomische Untersuchung. Diss. med. Berlin 1914.

Lubliner, Ruth: Aus der II. Medizinischen Klinik der Charité zu Berlin. Ein Fall von atypischer chronischer myeloischer Leukämie mit zahlreichen Hauteruptionen und Übergang in Myeloblastenleukämie. Diss. med. Berlin 1917.

Maaß, Johanna: 50 Fälle von delirium tremens. Diss. med. Freiburg 1904.

Macijewska, Marie: Aus der Privatklinik des Dr. Pulvermacher. Menstruatio praecox. Diss. med. Berlin 1912.

Margolis, Tonia: Aus dem Labor der Dermatologischen Klinik der Charité. Direktor Lesser. Untersuchungen über die Empfänglichkeit der Meerschweinchen für Syphilis. Diss. med. Berlin 1911.

Margulis, Alexandra: Zur Sphygmotonographie. Vergleichende Blutdruckuntersuchungen mit den Apparaten von Uskoff und Brugsch. Diss. med. Berlin 1911.

Marquardt, Gertrud: Ueber Wesen und Behandlung der Conglutinatio orificii uteri externi. Diss. med. Leipzig 1911.

Mendelsburg, Anna: Aus der 2. Medizinischen Klinik der Charité: Beitrag zur Frage des Pankreasdiabetes und Pankreascirrhose. Diss. med. Berlin 1912.

Meyer, Selma: Über die Prognose der Geburtslähmungen des Plexus brachialis. Diss. med. Berlin 1917.

Mitschnik-Ephrussi, Charlotte: Über Nekrose der Uterusmyome. Diss. med. Berlin 1907.

Monaschkin, Beila: Aus dem städtischen Rudolf-Virchow-Krankenhaus. Professor Goldscheider. Über das gleichzeitige Vorkommen von Lungentuberculose und Herzklappenfehlern. Diss. med. Berlin 1911.

Morkownikowa, Enta: Ueber angeborene Skoliosen. Diss. med. Berlin 1911.

Mortier, Margarete: Ueber Adhäsionen nach Kaiserschnitt. Zugleich ein Beitrag zur Lehre vom queren Fundalschnitt (nach Fritsch). Diss. med. Heidelberg 1913.

Moscharowskaja, Gudia: Die Behandlung der chronischen Endometritis. Diss. med. Berlin 1912.

Mulier, Hanna: Aus der Universitäts-Frauenklinik der Charité zu Berlin. Pseudomucinkystom in Gestalt des traubenförmigen Kystoms. Diss. med. Berlin 1913.

Nabatianz, Susanna: Aus der Universitätsklinik: Sarkom des Os sacrum. Diss. med. Berlin 1910.

Nachmann, Gertrud: Die Differenzierung der Streptokokken und Pneumokokken durch Optochin. Diss. med. Berlin 1915.

Neiditsch, Sara: Zur Frage der Kontagiosität des Krebses. Diss. med. Berlin 1910.

Neimark, Dina: Der Herz'sche Blutdruckapparat im Vergleich mit dem von Riva-Rocci und dem von Recklinghausen. Diss. med. Berlin 1911.

Nekritsch, Feiga: Zur Behandlung des Nabelschnurvorfalls. Diss. med. Berlin 1908.

Neuländer, Gertrud: Was lehrt der experimentelle Ratten- und Mäusekrebs in Bezug auf das Krebsproblem? Diss. med. Berlin 1918.

Neumann, Elsa: Über die Polarisationskapazität umkehrbarer Elektroden. Diss. phil. Berlin 1898.

Ochwat, Martha: Aus der Universitäts-Kinderklinik der Charité Berlin: Beitrag zur Kenntnis der Lipoidausscheidung bei Nierenerkrankungen im Kindesalter. Diss. med. Berlin 1917.

Orkin, Frieda: Aus dem medizinisch-poliklinischen Institut der Universität Berlin. – Direktor Goldscheider – Die Leberdiastase bei experimenteller Nephritis. – Ein Beitrag zum Zusammenhang der Drüsen mit innerer Sekretion. Diss. med. Berlin 1912.

Perl, Sarella: Ueber Urobilinurie. Diss. med. Berlin 1912.

Perls, Hildegard: Medizinalpraktische Blutuntersuchungen bei rachitischen Kindern. Diss. med. Berlin 1913.

Pfabel, Irma: Aus dem städtischen Krankenhaus Stettin – Leiter: Neisser –: Zur Frage der Optochinbehandlung bei Pneumonia crouposa. Diss. med. Berlin 1918.

Philipp, Else: Ein Fall von Pneumatosis intestinalis bei Appendizitis. Diss. med. Berlin 1911.

Pinner, Emilie: Über einen Fall von Tabes dorsalis mit Beteiligung einiger selten befallener Hirnnerven. Diss. med. Berlin 1915.

Piontik, Pesia: Über Blasencervixfistel. Diss. med. Berlin 1909.

Polonsky, Chana: Über Neurofibromatose. Diss. med. Berlin 1909.

Pomeranietz, Sarrah: Aus der Universitäts-Frauenklinik der Charité zu Berlin. Ueber Heilungsresultate der operativen Bauchdeckenschnitte. Diss. med. Berlin 1913.

Prager, Hedwig: Hernia epigastrica und die praeperitonealen Lipome. Diss. med. München 1909.

Rabinowitsch, Feiglia: Aus den Materialien der Universitäts-Augenklinik zu Berlin. Untersuchung über die normale Ruhelage des Bulbus. Diss. med. Berlin 1911.

Rabinowitsch, Gitel: Aetiologische Beziehungen der Epilepsie zur Paranoia chronica. Diss. med. Berlin 1909.

Rabinowitsch, Lydia: Beiträge zur Entwicklungsgeschichte der Fruchtkörper einiger Gastromyceten. Diss. phil. Bern 1894.

Rabinowitsch, Sara: Aus der Experimentell-Biologischen Abteilung des Königlich Pathologischen Institutes der Universität Berlin: Untersuchungen zur internen Behandlung des Ulcus ventriculi. Diss. med. Berlin 1907.

Rabinowitsch, Sophie Sassia: Über den Gang der Schwellenempfindlichkeit bei Dunkeladaptation und seine Abhängigkeit von der vorausgegangenen Belichtung. Diss. med. Berlin 1908.

Rachmilewitsch, Esfira: 100 Fälle von abdominaler Exstirpation des carcinomatösen Uterus mit Beckenausräumung. Diss. med. Berlin 1907.

Raicher, Chaja: Die Behandlung der Placenta praevia erläutert an 111 Fällen der Universitäts-Frauenklinik der Königlichen Charité. Diss. med. Berlin 1909.

Reinike, Elisabeth: Aus der Privatklinik des Dr. Wollenberg und des Dr. Radike. Zur Kenntnis des kongenitalen Ulnadefekts. Diss. med. Berlin 1912.

Rollett, Louise: Poliklinische Erfahrungen über Ernährung mit Eiweißmilch. Diss. med. Berlin 1911.

Rosenfeld, Luise: Klinische Ergebnisse, betreffend die Röntgenoskopie der Pericarditis. Diss. med. Berlin 1909.

Rozenblat, Henryka: Aus der Experimentell-Biologischen Abteilung des Königlich Pathologischen Institutes der Universität Berlin: Experimentelle Untersuchungen über die Wirkung des Kochsalzes und des doppeltkohlensauren Natron auf die Magensaftsekretion. Diss. med. Berlin 1907.

Ryss, Sarah: Adenoma malignum collum uteri. Diss. med. Berlin 1913.

Sachse, Margarete: Untersuchungen über die Bedeutung des Coli – Nachweises im Wasser und der Eijkmanschen Methode. Diss. med. Berlin 1915.

Samoiloff, Henia: Aus der Frauenklinik der Charité zu Berlin: Missed Labour. Diss. med. Berlin 1911.

Samter, Martha: Über Uterusrupturen. Diss. med. Berlin 1917.

Sandberg, Gita: Über Stieldrehung von Ovarialtumoren. Diss. med. Berlin 1911.

Schapiro, Lea: Über zwei Fälle von Chorionepitheliom im Anschluß an Blasenmole. Diss. med. Berlin 1911.

Schkurina, Natalie: Aus der 1. Medizinischen Klinik der Universität zu Berlin: Veränderung der Zahl der roten Blutkörperchen unter verschiedenen physikalischen Zuständen. Diss. med. Berlin 1911.

Schlüter, Emmy: Aus der Straßmannschen Frauenklinik – Berlin. Über konservative gynäkologische Operationen während der Schwangerschaft. Diss. med. Berlin 1916.

Schmidt-Rund, Dr. phil., Charlotte: Neuere Gesichtspunkte zur Frage der Purpura bei akut infektiösen Zuständen – klinische Studie –. Diss. med. Berlin 1918.

Schneider, Frieda Johanna: Aus der II. medizinischen Klinik der Charité. Die Beziehung von Herzvolumen zum Rumpfvolumen. Ein Beitrag zur Beurteilung der Herzgröße. Diss. med. Berlin 1917.

Schoenberger, Ida: Über Spontanluxationen nach akuten Infektionskrankheiten. Diss. med. Rostock 1910.

Schönlein, Charlotte: Tuberkulose und Schwangerschaft. Unter Zugrundelegung der 80 Fälle aus der geburtshilflichen Abteilung des Rudolf-Virchow-Krankenhauses Berlin von Januar 1907 bis Januar 1916. Diss. med. Berlin 1916.

Schütz, Charlotte: Aus der Frauenklinik der Charité zu Berlin. Klinische Beiträge zur Frage der Blutgerinnung. Diss. med. Berlin 1913.

Schugam, Helene: Aus der Chirurgischen Klinik der Charité zu Berlin: Die chirurgische Behandlung des Morbus Basedowii. Diss. med. Berlin 1911.

Schulz, Herta: Untersuchungen über den Wassergehalt des Blutes bei tuberkulösen Kindern des 1. und 2. Lebensjahres. Diss. med. Berlin 1917.

Schur, Regina: Ueber die Bedeutung des Fiebers in der Geburt. Klinisch-statistische Erhebungen über 126 Fälle aus der Universitäts-Frauenklinik der Charité. Diss. med. Berlin 1910.

Schwaan, Johanna: Ueber Regenerationsvorgänge bei akuter gelber Leberdystrophie. Diss. med. München 1909.

Schwartz, Bassja: Aus der Chirurgischen Klinik der Charité zu Berlin. Casuistischer Beitrag zum Lupuscarcinom. Diss. med. Berlin 1911.

Schwarz, Lea: Untersuchung der Nachgeburtsteile eineiiger Drillinge. Diss. med. Berlin 1907.

Seldowitsch, Schendlia: Beitrag zur operativen Behandlung des Magencarcinoms in der chirurgischen Klinik des Königlichen Charité seit Oktober 1904 bis Dezember 1908. Diss. med. Berlin 1909.

Silbermann, Ita: Diagnose der Bronchialdrüsentuberculose. Diss. med. Berlin 1912.

Simchowicz-Mendelsburg, Tauba: Die Salvarsanbehandlung metasyphilitischer Erkrankungen des ZNS. – Dementia paralytica und Tabes dorsales –. Diss. med. Berlin 1912.

Spielvogel, Natalie: Ueber collaterale Atrophie von Harnkanälchen um Infarkte herum. Diss. med. Berlin 1911.

Spiwak-Weitz, Agafia: Ueber Einklemmung des anteflektierten graviden Uterus. Diss. med. Berlin 1911.

Steinthal, Hanna: Die Carcinomoperation des Uterus in den Jahren 1905 – 1915 in der Frauenklinik der Königlichen Charité zu Berlin. – Direktor Franz –. Diss. med. Berlin 1917.

Stelzner, Helenefriderike: Resultate und Dauererfolge bei 80 Fällen von vaginalen Totalexstirpationen bei Prolaps, aus den Kliniken von Basel und Halle. Diss. med. Halle 1902.

Sternberg, Charlotte: Über traumatische Pneumonie – Kontusionspneumonie. Diss. med. Berlin 1910.

Straube, Elisabeth: Über die Behandlung der Spondylitis tuberculosa in Leysin und die damit erzielten Resultate. Diss. med. Berlin 1914.

Straus-Goitein, Rahel: Ein Fall von Chorionepitheliom. Diss. med. München 1907.

Strisower, Sophie: Die Beziehung der trophischen Störung bei Tabes zu den Sensibilitätsstörungen. Diss. med. Berlin 1905.

Strucksberg, Martha: Aus der II. Medizinischen Klinik der Charité. Ueber sterile Perforation eines Duodenalgeschwürs und consecutives Pneumoperitoneum. Diss. med. Berlin 1918.

Stuckenberg, Sophie: Ueber einen Fall von chronischer Tetanie mit Epithelkörperchenbefund. Diss. med. Berlin 1911.

Stücklen, Gerta: Untersuchungen über die Soziale und Wirtschaftliche Lage der Studentinnen. Ergebnisse einer an der Berliner Universität im Winter 1913/14 veranstalteten Enquête. Diss. phil. Heidelberg 1916.

Sukennikova, Nadeshda: Über einen Fall von Athyreosis congenita. Diss. med. Berlin 1909.

Sulschinsky, Helene von: Aus der Chirurgischen Universitätsklinik. Der Einfluß abkühlender Maßnahmen auf den normalen und entzündeten Lymphstrom. Diss. med. Berlin 1911.

Suslova, Nadeshda: Beiträge zur Physiologie der Lymphherzen. Diss. med. Zürich 1867.

Sussmann, Paula: Über das Vorkommen histiogener Mastzellen im Epithel. Diss. med. Leipzig 1911.

Taube, Elise: Rückenmarksaffektionen im Gefolge von Schwangerschaft und Puerperium mit Einschluß der unter denselben Verhältnissen auftretenden Neuritis und Polyneuritis. Diss. med. Berlin 1905

Tesch, Ilse: Ueber hämorraghische Nephritis bei Meningitis. Diss. med. Berlin 1913.

Thiel, Elisabeth: Ueber das Stillen von Wöchnerinnen. Diss. med. Berlin 1914.

Thiele, Felicia: Aus der Säuglingsabteilung der Krankenanstalt Altstadt Magdeburg – Oberarzt Vogt –. Ein Beitrag zur Eiweißmilchfrage. Diss. med. Berlin 1916.

Thimm, Martha: Ursachen und Wirkungen des Fiebers in der Geburt. Diss. med. Berlin 1910.

Titze, Elisabeth: Zur Kenntnis der Nebennierenenzyme. Diss. med. Berlin 1915.

Tjobin, Rachmel: Aus der Polyklinik des Professor Blumreich in Berlin. Die moderne Behandlung des Fluor albus. Diss. med. Berlin 1911.

Traube, Judith: Ueber die Perforation des Uterus mit der Kornzange bei Aborten. Diss. med. Berlin 1912.

Troschel, Elise: Beiträge zur klinischen Dignität der papillären Ovarialgeschwülste. Diss. med. Bern 1898.

Tschernikoff, Esther: Aus der Universitäts-Frauenklinik der Königlichen Charité: Hämatoma vulvae et vaginae. Diss. med. Berlin 1910.

Valentin, Irmgard: Aus der II. Medizinischen Klinik der Charité zu Berlin: Zur Chemotherapie der Pneumokokkenmengitis. Diss. med. Berlin 1918.

Warmbt, Gertrud: Aus der psychiatrischen und Nervenklinik der Charité. Ueber die initialen Opticusaffektionen bei der Erkrankung des Nervensystems. Diss. med. Berlin 1917.

Warschawsky, Rachel: Aus dem Hydrotherapeutischen medikomechanischen Institut des städtischen Rudolf-Virchow-Krankenhauses zu Berlin – leitender Arzt Lagneur –: Zur physikalischen Behandlung des Asthma bronchiale und des Emphysems. Diss. med. Berlin 1911.

Wedell, Lilly: Zur Kenntnis der aufsteigenden Sekundär-Degeneration im menschlichen Halsmark. Diss. med. München 1905.

Wehmer, Charlotte: Über die Zeitdauer der Gestationsperiode in Thüringen und den Zusammenhang von Laktationsatrophie des Uterus und Menstruation. Diss. med. Jena 1913.

Weil, Else: Ein Beitrag zur Kasuistik des induzierten Irreseins. Diss. med. Berlin 1918.

Weinstock, Lia: Die Lippencarcinome der Königlich-Chirurgischen Universitätsklinik zu Berlin. – Exzellens von Bergmann und Geheimrat Prof. Dr. Bier – 1900 bis 1910. Diss. med. Berlin 1912.

Weintraub, Sophie: Ueber Koronarsklerose mit Magensymptomen. Diss. med. Berlin 1911.

Weizmann, Minna: Aus der Frauenklinik der Charité zu Berlin. Direktor Franz. Fetale Peritonitis und Gynatresien. Diss. med. Berlin 1913.

Wenger, Gertrud: Aus der psychiatrischen und Nervenklinik der Charité. Versuche über Aufmerksamkeitsstörungen bei Chorea minor. Diss. med. Berlin 1914.

Witzig, Dr. phil., Eva: Zur Statistik der Placenta praevia. Diss. med. Berlin 1918.

Wolpe, Charlotte: Erfahrungen über die Diagnostik des Ulcus parapyloricum. Aus der inneren Abteilung des Krankenhauses der jüdischen Gemeinde zu Berlin. Diss. med. Berlin 1918.

Wyscheslawtzewa, Valerie: Der tabische Prozeß im oberen Halsmark und verlängertem Mark. Diss. med. Berlin 1909.

Zuckerstein-Wyschtynetzkaja, Caja: Welche Resultate ergibt das Müllersche Gewichtsverfahren. Diss. med. Berlin 1908.

4. Gedruckte Quellen und Sekundärliteratur

Adirim, Genia: Das medizinische Frauenstudium in Russland. Diss. med. Freie Universität Berlin 1984.

Albert, E.: Die Frauen und das Studium der Medizin. Wien 1895.

Albisetti, James C.: The Fight for Female Physicians in Imperial Germany. Central European History 15 (1982) S. 99-123.

–: Frauen und die akademischen Berufe im Kaiserlichen Deutschland. In: Frauen in der Geschichte IV. Frauenbilder und Frauenwirklichkeiten. Interdisziplinäre Studien zur Frauengeschichte in Deutschland im 18. und 19. Jahrhundert. (= Geschichtsdidaktik. Studien, Materialien. Hrsg. Klaus Bergmann, Annette Kuhn, Jörn Rüsen, Gerhard Schneider. Bd. 26) Düsseldorf 1985, S. 286-303.

–: Schooling German Girls and Women. Secondary and Higher Education in the Nineteenth Century. Princeton 1988.

Albrecht, Elisabeth und Bretschneider, Martha: Stipendien und Darlehen für Ausbildungszwecke von Frauen. Die Studentin 2 (1913) Nr. 8, o. S.

Albrecht, Grete: Zur Lage der Ärztinnen in Deutschland. In: Die Ärztin 9 (1933) S. 242-245, 253-262.

Alexander-Katz, Claudia: Zum „Typenwandel der studierenden Frau". Die Studentin 6 (1917) o. S.

Alpern-Engel, Barbara: Woman Medical Students in Russia 1872-1882. Reformers or Rebels? Journal of Social History 12 (1979) Nr. 3, S. 394-415.

Altmann-Gottheimer, Elisabeth: Die Berufsaussichten der deutschen Akademikerinnen. Hochschulhefte Nr. 2, Serie B: Berufsaussichten. Hrsg. Ernst Grünfeld in Gemeinschaft mit der Zentrale für Berufsberatung der Akademiker in Berlin. Halle 1921.

Arbeitgruppe Historischer Stadtrundgang im FFBIZ (Hrsg.): ‚O Charlottenburg, du frauenfreundlichste unter den Städten ...'? – Wege zur Frauengeschichte Charlottenburgs 1850-1930. Berlin 1989.

Avicenna (= Wittels, Fritz): Weibliche Ärzte. Die Fackel 9 (1907) Nr. 225, S. 10-24.

Bachmann, Barbara und Bradenahl, Elke: Medizinstudium von Frauen in Bern 1871-1914. Diss. dent. med. Bern 1990.

Ballowitz, Leonore (Hrsg.): Schriftenreihe zur Geschichte der Kinderheilkunde aus dem Archiv des Kaiserin Auguste Victoria Hauses (KAVH) – Berlin. H. 4, Berlin 1987.

Bäumer, Gertrud: Krisis des Frauenstudiums in der Weimarer Republik. Leipzig 1932.

–: Geschichte der Gymnasialkurse für Frauen zu Berlin. Hrsg. Vorstand der Vereinigung zur Veranstaltung von Gymnasialkursen für Frauen. Berlin 1906.

Bebel, August: Die Frau und der Sozialismus. 19. A., Stuttgart 1919.

Bemmann, Helga: Kurt Tucholsky. Ein Lebensbild. Berlin 1990.

Benker, Gitta und Störmer, Senta: Grenzüberschreitungen. Studentinnen in der Weimarer Republik. (= Frauen in Geschichte und Gesellschaft. Hrsg. Annette Kuhn und Valentine Rothe. Bd. 21) Pfaffenweiler 1991.

Bias-Engels, Sigrid: ,Rosenknospen ersticken im Wüstensande' – Das Frauenstudium im Spiegel der studentischen Presse 1895-1914. In: Lila Schwarzbuch. Zur Diskriminierung von Frauen in der Wissenschaft. Hrsg. Anne Schlüter und Annette Kuhn. Düsseldorf 1986, S. 34-57.

Bischoff, Theodor von: Das Studium und die Ausübung der Medizin durch Frauen. München 1872.

Bleker, Johanna (1993a): Die ersten Ärztinnen und ihre Gesundheitsbücher für Frauen. Hope Bridges Adams-Lehmann (1855-1916), Anna Fischer-Dückelmann (1856-1917) und Jenny Springer (1860-1917). In: Weibliche Ärzte. Die Durchsetzung des Berufsbildes in Deutschland. Hrsg. Eva Brinkschulte (= Reihe Deutsche Vergangenheit. Bd. 108) 1. A., Berlin 1993, S. 65-83.

–   (1993b): Anerkennung durch Unterordnung? Ärztinnen und Nationalsozialismus. In: Weibliche Ärzte. Die Durchsetzung des Berufsbildes in Deutschland. Hrsg. Eva Brinkschulte (= Reihe Deutsche Vergangenheit. Bd. 108) 1. A., Berlin 1993, S. 126-135.

Bluhm, Agnes: Dank an meine Studienzeit. Die Ärztin 17 (1941) S. 527-535.

Blumenthal, Annemarie: Die Diskussionen um das medizinischen Frauenstudium in Berlin. Diss. med. Freie Universität Berlin 1965.

Bock, Ulla und Jank, Dagmar: Studierende, lehrende und forschende Frauen in Berlin: 1908 – 1945 Friedrich-Wilhelms-Universität zu Berlin. 1948-1990 Freie Universität Berlin. Berlin 1990.

Boedeker, Elisabeth, Colshorn, Ingeborg und Engelhardt, Elsa: 25 Jahre Frauenstudium in Deutschland. Verzeichnis der Doktorarbeiten von Frauen 1908-1933. H. 1., Hannover 1935.

Boehm, Letitia: Von den Anfängen des akademischen Frauenstudiums in Deutschland. Zugleich ein Kapitel aus der Geschichte der Ludwig-Maximilians-Universität München. Historisches Jahrbuch 77 (1958) S. 298-327.

Bonner, Thomas N.: Pioneering in Women's Medical Education in the Swiss Universities. Gesnerus 45 (1988) S. 461-474.

–: To the Ends of the Earth. Women's Search for Education in Medicine. Cambrigde, London 1992.

Brachmann, Botho: Russische Sozialdemokraten in Berlin 1895-1914. Mit Berücksichtigung der Studentenbewegung in Preussen und Sachsen. (= Quellen und Studien zur Geschichte Osteuropas. Hrsg. E. Winter. Bd. 11) Berlin 1962.

Brentjes, Sonja und Schlote, Karl-Heinz: Zum Frauenstudium an der Universität Leipzig in der Zeit von 1870-1910. In: Perspektiven interkultureller Wechselwirkung für den wissenschaftlichen Fortschritt. Hrsg. Akademie der Wissenschaften der DDR. Kolloquien. Bd. 48. Berlin 1985, S. 21-28.

Brinkmann, Max: Das Corps Schlamponia. Eine Studentin-Geschichte aus dem 20. Jahrhundert. Berlin, 1899. Neudruck (= edition studentica) Göttingen, 1981.

Brinkschulte, Eva: Professor Dr. Rahel Hirsch (1870-1953) – der erste weibliche Professor der Medizin – vertrieben, verfolgt, vergessen. In: Weibliche Ärzte. Die Durchsetzung des Berufsbildes in Deutschland. Hrsg. Eva Brinkschulte (= Reihe Deutsche Vergangenheit. Bd. 108) Berlin 1993, S. 103-110.

– (Hrsg.): Weibliche Ärzte. Die Durchsetzung des Berufsbildes in Deutschland. (= Reihe Deutsche Vergangenheit. Bd. 108) 2. erw. A., Berlin 1995.

Brugsch, Theodor: Arzt in 5 Jahrzehnten. 2. A., Berlin 1958.

Buchheim, Liselotte: Als die ersten Medizinerinnen in Leipzig promoviert wurden. Wissenschaftliche Zeitschrift der Karl-Marx-Universität Leipzig (= Mathematisch-Naturwissenschaftliche Reihe. Hrsg. Rektor der Karl-Marx-Universität Leipzig. Nr. 6) Leipzig 1956/57, S. 365-381.

Bumm, Ernst: Über das Frauenstudium. Rede zur Gedächtnisfeier des Stifters der Berliner Universität König Friedrich Wilhelms III. in der Aula am 3. August 1917. Berlin 1917.

Burchardt, Anja: Die Durchsetzung des medizinischen Frauenstudiums in Deutschland. In: Weibliche Ärzte. Die Durchsetzung des Berufsbildes in Deutschland. Hrsg. Eva Brinkschulte. (= Reihe Deutsche Vergangenheit. Bd. 108) Berlin 1993, S. 10-21.

–: Männliche Lehrende – Weibliche Studierende: Die Berliner Professoren und die ersten Medizinstudentinnen, 1896-1918. In: Geschlechterverhältnisse in Medizin, Naturwissenschaft und Technik. Hrsg. Christoph Meinel, Monika Renneberg. Bassum, Stuttgart 1996, S. 280-287.

Burger, Elisabeth: Die Entwicklung des medizinischen Frauenstudiums. Diss. med. Marburg 1947.

Bußmann, Hadumod (Hrsg.): Stieftöchter der Alma mater? 90 Jahre Frauenstudium in Bayern – am Beispiel der Universität München. München 1993.

Cauer, Minna: Dr. Agnes Bluhm. Ein Interview. Die Frauenbewegung 1 (1895) S. 60.

Clephas-Möcker, Petra und Krallmann, Kristina: Studentinnenalltag in der Weimarer Republik. In: Pionierinnen, Feministinnen, Karrierefrauen? Zur Geschichte des Frauenstudiums in Deutschland. Hrsg. Anne Schlüter. Pfaffenweiler 1992, S. 169-189.

Conrad, Käte und Fiedler, Anna: Deutscher Verband Akademischer Frauenvereine (D. V. A. F.). In: Das akademische Deutschland. Hrsg. Michael Doeberl, Otto Scheel et al., Bd. 2, Berlin 1931, S. 591-592.

Costas, Ilse: Der Kampf um das Frauenstudium im internationalen Vergleich. Begünstigende und hemmende Faktoren für die Emanzipation der Frauen aus ihrer intellektuellen Unmündigkeit in unterschiedlichen bürgerlichen Gesellschaften. In: Pionierinnen, Feministinnen, Karrierefrauen? Zur Geschichte des Frauenstudiums in Deutschland. Hrsg. Anne Schlüter. Pfaffenweiler 1992, S. 115-144.

Das Gaudeamus der studierenden Frauen. Monatsschrift des Rudolstädter Senioren-Convents. Amtliches Organ sämtlicher Landsmannschaften auf den Deutschen Tierärztlichen Hochschulen. 4 (1898) Nr. 7, S. 55.

Die Berliner Studentin. Akademische Turnbundsblätter. Zeitschrift des Akademischen Turnerbundes. 15 (1902) Nr. 12, S. 392-394.

Dörner, Maria: Verband der katholischen deutschen Studentinnenvereine. In: Das akademische Deutschland. Hrsg. Michael Doeberl, Otto Scheel et al., Bd. 2, Berlin 1931, S. 590.

Drucker, R.: Zur Vorgeschichte des Frauenstudiums an der Universität Leipzig. In: Vom Mittelalter zur Neuzeit. Hrsg. H. Kretschmar. Berlin 1956, S. 278-290.

Dudgeon, Ruth A.: The Forgotten Minority: Women Students in Imperial Russia 1872-1917. Russian History 9 (1982) S. 1-26.

Düntzer, Emilie: Frau Dr. Ilse Szagunn, 80 Jahre alt. Mitteilungsblatt des Deutschen Ärztinnenbundes 14 (1967) H. 9, S. 6-8.

E. P., cand. phil.: Die wirtschaftliche Lage der Studentinnen. Die Frau 29 (1921/22) S. 107-115.

Eckart, Ilse: Die Frage des gemeinsamen Studiums an der Berliner Universität. Die Frau 7 (1899/1900) S. 226-228.

Eckelmann, Christine und Hoesch, Kristin: Ärztinnen – Emanzipation durch den Krieg? In: Medizin und Krieg. Vom Dilemma der Heilberufe. Hrsg. Johanna Bleker und Heinz-Peter Schmiedebach. Frankfurt a. M. 1987, S. 153-170.

Eckelmann, Christine: Ärztinnen in der Weimarer Zeit und im Nationalsozialismus. Eine Untersuchung über den Bund Deutscher Ärztinnen. Wermelskirchen 1992.

Einsele, Gabi: ‚Kein Vaterland‘ – Deutsche Studentinnen im Zürcher Exil (1870-1908). In: Pionierinnen, Feministinnen, Karrierefrauen? Zur Geschichte des Frauenstudiums in Deutschland. Hrsg. Anne Schlüter. Pfaffenweiler 1992, S. 9-34.

Engelmann, Bernt: Deutschland ohne Juden. Eine Bilanz. München 1970.

Erdmann, Rhoda: Berlins wissenschaftliche Anstalten. In: Was die Frau von Berlin wissen muß. Ein praktisches Frauenbuch für Einheimische und Fremde. Hrsg Elisa Ichenhaeuser. Berlin, Leipzig 1913, S. 54-73.

Eulenburg, Albert: Das Medizinstudium der Frauen an Deutschen Universitäten im Sommersemester 1901. Deutsche Medizinische Wochenschrift 28 (1901) S. 472-473.

Feiwel, Berthold: Enquête unter den westeuropäischen jüdischen Studierenden. In: Jüdische Statistik. Hrsg. A. Nossig. Berlin 1903, S. 245-255.

Fickert, August: Das Medicinstudium der Frauen. Wiener Klinische Rundschau 13 (1899) Nr. 13, S. 241-243.

Fleer, Ottilie: Victoria-Studienhaus. Die Studentin 4 (1915) Nr. 4, o. S.

Flitner, Elisabeth: Ein Frauenstudium im Ersten Weltkrieg. Zeitschrift für Pädagogik 34 (1988) Nr. 2, S. 153-169.

Frankenthal, Käte: Der dreifache Fluch: Jüdin, Intellektuelle, Sozialistin: Lebenserinnerungen einer Ärztin in Deutschland und im Exil. Hrsg. Kathleen M. Pearle und Stephan Leibfried. Frankfurt a. M., New York 1981.

Ganss, Erika: Die Entwicklung des Frauenmedizinischen Studiums an deutschen Universitäten unter besonderer Berücksichtigung der Philipps-Universität in Marburg. Diss. med. Marburg 1983.

Gedenkbuch. Opfer der Verfolgung der Juden unter der nationalsozialistischen Gewaltherrschaft in Deutschland 1933-1945. Hrsg. Bundesarchiv Koblenz. Koblenz 1986.

Gemkow, Michael Andreas: Ärztinnen und Studentinnen in der Münchener Medizinischen Wochenschrift (Aerztliches Intelligenzblatt) 1870-1914. Diss. med. Münster 1991.

Geyer-Kordesch, Johanna und Kuhn, Annette (Hrsg.): Frauenkörper Medizin Sexualität. Auf dem Wege zu einer neuen Sexualmoral. (= Geschichtsdidaktik: Studien, Materialien. Hrsg. Klaus Bergmann, Annette Kuhn, Jörn Rüsen, Gerhard Schneider. Bd. 31) Düsseldorf 1986.

Geyer-Kordesch, Johanna: Geschlecht und Gesellschaft: Die ersten Ärztinnen und sozialpolitische Vorurteile. Berichte zur Wissenschaftsgeschichte 10 (1987) S. 195-205.

Glaser, Edith und Herrmann, Ulrich: Konkurrenz und Dankbarkeit. Die ersten drei Jahrzehnte des Frauenstudiums im Spiegel von Lebenserinnerungen – am Beispiel der Universität Tübingen. Zeitschrift für Pädagogik 34 (1988) S. 205-226.

Glaser, Edith (1992a): Der Einbruch der Frauenzimmer in das gelobte Land der Wissenschaft. Die Anfänge des Frauenstudiums an der Universität Tübingen. In: Pionierinnen, Feministinnen, Karrierefrauen? Zur Geschichte des Frauenstudiums in Deutschland. Hrsg. Anne Schlüter. Pfaffenweiler 1992, S. 63-86.

– (1992b): Hindernisse, Umwege, Sackgassen. Die Anfänge des Frauenstudiums in Tübingen (1904-1934). (= Ergebnisse der Frauenforschung. Hrsg. Anke Bennholdt-Thomsen, Ulla Bock, Marlies Dürkop, Ingeborg Falck, Marion Klewitz et al., Bd. 25) Weinheim 1992.

Graffmann-Weschke, Katharina: Frau Prof. Dr. Lydia Rabinowitsch-Kempner (1871-1935). Die führende Wissenschaftlerin in der Medizin ihrer Zeit. In: Weibliche Ärzte. Die Durchsetzung des Berufsbildes in Deutschland. Hrsg. Eva Brinkschulte (= Reihe Deutsche Vergangenheit. Bd. 108) 1. A., Berlin 1993, S. 93-102.

Grotjahn, Alfred: Erlebtes und Erstrebtes. Erinnerungen eines sozialistischen Arztes. Berlin 1932.

Gundling, Katharina: Weibliche Studenten in Zürich. Der Bazar. Illustrirte Damen-Zeitung 17 (1871) Nr. 13, S. 262.

Harder, Agnes: Ein Heim für studierende Frauen in Berlin. Die Welt der Frau (1916) S. 563-566.

Hausen, Karin: Warum Männer Frauen zur Wissenschaft nicht zulassen wollten. In: Wie männlich ist die Wissenschaft? Hrsg. Karin Hausen und Helga Nowotny. 3. A., Frankfurt a. M. 1990, S. 31-40.

Heindl, Waltraud: Ausländische Studentinnen an der Universität Wien vor dem ersten Weltkrieg. Zum Problem der studentischen Migrationen in Europa. In: Wegenetz europäischen Geistes. Bd. II: Universitäten und Studenten. Die Bedeutung studentischer Migrationen in Mittel- und Südosteuropa vom 18. bis zum 20. Jahrhundert. (= Schriftenreihe des Österreichischen Ost- und Südosteuropa-Instituts. Hrsg. Richard G. Plaschka und Karlheinz Mack. Bd. 12) Wien 1987, S. 317-343.

Heindl, Waltraud und Tichy, Marina (Hrsg.): ,Durch Erkenntnis zu Freiheit und Glück …' Frauen an der Universität Wien (ab 1897). (= Schriftenreihe des Universitätsarchivs Universität Wien. Hrsg. Günther Hamann, Kurt Mühlberger, Franz Skacel. Bd. 5) Wien 1990.

Helft unserem akademischen Nachwuchs. Die Ärztin. Mitteilungsblatt des Bundes Deutscher Ärztinnen 7 (1931) S. 299.

Hering, Sabine: Deutsch und nichts als Deutsch. – Mathilde Ludendorff ohne ‚Heiligenschein und Hexenzeichen‘. Ariadne. Almanach des Archivs der deutschen Frauenbewegung. H. 18 (1990) S. 40-46.

Herrmann, Judith: Die deutsche Frau in akademischen Berufen. Leipzig 1915.

Heusler-Edenhuizen, Hermine: Vor 50 Jahren. Der deutsche Arzt 6 (1956) Nr. 4, S. 135-137.

–: Die erste deutsche Frauenärztin. Lebenserinnerungen: Im Kampf um den ärztlichen Beruf der Frau. Hrsg. Heyo Prahm. Opladen, 1997.

Hoesch, Kristin: Die Kliniken weiblicher Ärzte in Berlin 1877-1933. In: Weibliche Ärzte. Die Durchsetzung des Berufsbildes in Deutschland. Hrsg. Eva Brinkschulte (= Reihe Deutsche Vergangenheit. Bd. 108) 1. A., Berlin 1993, S. 44-55.

–: Ärztinnen für Frauen. Kliniken in Berlin 1877-1914. Die Klinik und Poliklinik weiblicher Ärzte für Frauen in Berlin von 1877 bis 1914. (= Ergebnisse der Frauenforschung. Hrsg. Anke Bennholdt-Thomsen, Elisabeth Böhmer, Marlis Dürkop, Ingeborg Falck, Marion Klewitz, Jutta Limbach et. al., Bd. 39) Stuttgart, Weimar 1995.

Holland, Meta: Deutsche Christliche Vereinigung Studierender Frauen (D. C. V. S. F.). In: Das akademische Deutschland. Hrsg. Michael Doeberl, Otto Scheel et al., Bd. 2, Berlin 1931, S. 550.

Hollmann, Raymond: Die Stellungnahme der Ärzte im Streit um das Medizinstudium der Frau bis zum Beginn des 20. Jahrhunderts. Diss. med. Münster 1976.

Honegger, Claudia: ‚O Mensch‘ – ‚O Weib‘. Einleitende Bemerkungen zum modernen Problem der Geschlechter und ihrer Theorie. In: Die Ordnung der Geschlechter. Die Wissenschaften vom Menschen und das Weib 1750-1850. Hrsg. Claudia Honegger. Frankfurt a. M. 1991, S. 1-9.

Hoppe, Brigitte: ‚Frauenbewegung‘ und Wissenschaft bei der Gesellschaft Deutscher Naturforscher und Ärzte. Medizinhistorisches Journal 24 (1989) S. 99-122.

Huch, Ricarda: Frühling in der Schweiz. Zürich 1938.

Huerkamp, Claudia: Universitäten und Bildungsbürgertum. Zur Lage studierender Frauen 1900-1930. In: Bürgerliche Berufe. Zur Sozialgeschichte der freien und akademischen Berufe im internationalen Vergleich. Hrsg. Hannes Siegrist. (= Kritische Studien zur Geschichtswissenschaft. Hrsg. Helmut Berding, Jürgen Kocka, Hans-Ulrich Wehler. Bd. 80) Göttingen 1988, S. 200-222.

–: Jüdische Akademikerinnen in Deutschland 1900-1938. In: Rassenpolitik und Geschlechterpolitik im Nationalsozialismus. (= Geschichte und Gesellschaft. Hrsg. Gisela Bock. 19 (1993) H. 3) Göttingen 1993, S. 311-331.

–: Bildungsbürgerinnen. Frauen im Studium und in akademischen Berufen 1900-1945. (= Bürgertum. Beiträge zur europäischen Gesellschaftsgeschichte. Hrsg. Wolfgang Mager, Klaus Schreiner, Klaus Tenfelde, Hans-Ulrich Wehler. Bd. 10) Göttingen 1996.

Ichenhaeuser, Eliza: Die Ausnahmestellung Deutschlands in Sachen des Frauenstudiums. Berlin 1897.

– (Hrsg.): Was die Frau von Berlin wissen muß. Ein praktisches Frauenbuch für Einheimische und Fremde. Berlin 1913.

Irmer, Anna: Zur Wohnungsfrage der Studentinnen. Die Studentin 5 (1916) Nr. 2, o. S.

J. F.: Dr. Ilse Szagunn 80 Jahre. Berliner Ärztekammer 4 (1967) S. 207.

Jarausch, Konrad H.: Students, Society and Politics in Imperial Germany. The rise of academic Illiberalism. Princeton 1982.

–: Deutsche Studenten, 1800-1970. Frankfurt a. M. 1984.

Jemand (= Suttner, Berta von): Das Maschinenalter. Zürich 1889.

Kampe, Norbert: Studenten und ‚Judenfrage‘ im Deutschen Kaiserreich. Die Entstehung einer akademischen Trägerschicht des Antisemitismus. (= Kritische Studien zur Geschichtswissenschaft. Hrsg. Helmut Berding, Jürgen Kocka, Hans-Ulrich Wehler. Bd. 76) Göttingen 1988.

Kater, Michael H.: Krisis des Frauenstudiums in der Weimarer Republik. Vierteljahresschrift für Sozial- und Wirtschaftsgeschichte. Hrsg. Otto Brunner, Hermann Kellenbenz, Hans Pohl, Wolfgang Zorn. Bd. 59. Wiesbaden 1972, S. 207-255.

Kirchhoff, Arthur: Die akademische Frau. Gutachten hervorragender Universitätslehrer, Frauenlehrer und Schriftsteller über die Befähigung der Frau zum wissenschaftlichen Studium und Beruf. Berlin 1897.

Kommission für Bernische Hochschulgeschichte (Hrsg.): Hochschulgeschichte Berns 1528-1984 zur 150-Jahr-Feier der Universität Bern. Bern 1984.

Korotin, Ilse Erika: ‚Am Muttergeist soll die Welt genesen‘. Philosophische Dispositionen zum Frauenbild im Nationalsozialismus. Wien, Köln, Weimar 1992.

Krukenberg-Conze, Elsbeth: Ueber Studium und Universitätsleben der Frauen. Gebhardshagen 1903.

Lange, Helene: Unsere ersten Ärztinnen. Die Frau 8 (1900/01) S. 684-686.

–: Zur ‚Kalamität‘ des Frauenstudiums. Die Frau 9 (1901/02) S. 243-247.

–: Die ‚undankbaren‘ Studentinnen. Die Frau 15 (1907/08) S. 39-42.

–: Die Bedeutung der Frauenbewegung für die berufstätigen Frauen. In: Der deutsche Frauenkongreß Berlin. 27. Februar bis 2. März 1912. Hrsg. Gertrud Bäumer. Leipzig, Berlin 1912, S. 207-213.

–: Das Berliner Victoria-Studienhaus. Die Frau 23 (1915/16) S. 339-342.

Lange-Mehnert, Christa: ‚Ein Sprung ins absolute Dunke‘. Zum Selbstverständnis der ersten Ärztinnen: Marie Heim-Vögtlin und Franziska Tiburtius. In: Frauenkörper Medizin Sexualität. Auf dem Wege zur einer neuen Sexualmoral. Hrsg. Johanna Geyer-Kordesch und Annette Kuhn. (= Geschichtsdidaktik: Studien und Materialien. Hrsg. Klaus Bergmann, Annette Kuhn, Jörn Rüsen, Gerhard Schneider. Bd. 31) Düsseldorf 1986, S. 286-310.

Langsdorff, Toni von: Dr. med. Toni von Langsdorff 90 Jahre. Fachärztin für Gynäkologie und Geburtshilfe. Ärztin 22 (1975) Nr. 7, S. 5-8.

Levy-Rathenau, Josephine und Wilbrandt, Lisbeth: Die deutsche Frau im Beruf. Praktische Ratschläge zur Berufswahl. (= Handbuch der Frauenbewegung. Hrsg. Helene

Lange, Gertrud Bäumer. Bd. 5) Berlin 1906.

Lexikon zur Parteiengeschichte. Die bürgerlichen und kleinbürgerlichen Parteien und Verbände in Deutschland (1789-1945). Hrsg. Dieter Fricke, Werner Fritsch, Herbert Gottwald et al., Leipzig 1983.

Lockot, Regine: Erinnern und Durcharbeiten. Zur Geschichte der Psychoanalyse und Psychotherapie im Nationalsozialismus. Frankfurt a. M. 1985.

Ludendorff, Mathilde (Dr. von Kemnitz): Statt Heiligenschein oder Hexenzeichen mein Leben. 1. Teil Kindheit und Jugend. München 1936, Neudruck Pähl 1974.

Ludendorff, Mathilde (Dr. von Kemnitz): Durch Forschen und Schicksal zum Sinn des Lebens. 2. Teil von Statt Heilenschein oder Hexenzeichen mein Leben. München 1937, Neudruck Pähl 1974.

Ludwig, Svenja: Dr. med. Agnes Bluhm (1862-1943). Späte und zweifelhafte Anerkennung. In: Weibliche Ärzte. Die Durchsetzung des Berufsbildes in Deutschland. Hrsg. Eva Brinkschulte (= Reihe Deutsche Vergangenheit. Bd. 108) 1. A., Berlin 1993, S. 84-92.

Luhn, Antke: Geschichte des Frauenstudiums an der medizinischen Fakultät der Universität Göttingen. Diss. med. Göttingen 1972.

Mechow, Max: Berliner Studenten 1810-1914. (= Berlinische Reminiszenzen. Bd. 42) Berlin 1975.

Mehlan, Barbara: Über das Frauenstudium der Medizinischen Fakultät der Universität Rostock. Diss. med. Rostock 1964.

Mertens, Lothar: Die Entwicklung des Frauenstudiums in Deutschland bis 1945. Aus Politik und Zeitgeschichte 28 (1989) S. 3-12.

Mettler, Markus: Der Pathologe Hugo Ribbert (1855-1920). (= Züricher Medizingeschichtliche Abhandlungen. Bd. 234) Zürich 1991.

Moebius, Paul J.: Über den physiologischen Schwachsinn des Weibes. – In: Sammlungen zwangloser Abhandlungen aus dem Gebiet der Nerven und Geisteskrankheiten. Hrsg. K. Alt. 9. A., Halle 1908, S. 1-26.

Müller, Aruna: Zum Gedenken an Frau Dr. med. Elise Troschel, der ersten Ärztin an einer deutschen Universität. Die Medizinische 3 (1954) S. 891-892.

Nau, Elisabeth: Dr. med. Ilse Szagunn, 80 Jahre. Forschung Praxis Fortbildung 18 (1967) H. 20, S. 635.

Nauck, Ernst Theodor: Das Frauenstudium an der Universität Freiburg im Breisgau. Diss. med. Freiburg 1953.

Neumann, Daniela: Studentinnen aus dem Russischen Reich in der Schweiz (1867-1914). (= Die Schweiz und der Osten Europas. Hrsg. Carsten Goehrke. Bd. 1) Zürich 1987.

Ohr, Julie: Die Studentin der Gegenwart. München 1909.

O. N. : Deutsche Medizinerversammlung in Berlin. Deutsche Tageszeitung 20 (1913) Nr. 42, S. 3.

Pagel, Julius: Grundriß eines Systems der Medizinischen Kulturgeschichte. Berlin 1905.

Peters, Henryk Uwe: Psychatrie im Exil. Die Emigration der dynamischen Psychiatrie aus Deutschland 1933-1939. Düsseldorf 1992.

Petition betr. die Gleichberechtigung von Männern und Frauen in bezug auf die akademische Laufbahn. Die Studentin. 2 (1913) Nr. 5, o. S.

Petition um Erlaubnis der weiblichen Dozentur. Die Studentin 2 (1913) Nr. 5, o. S.

Platzer, Elisabeth: Lebensbild. Frau Dr. med. Ilse Szagunn zum 80. Geburtstag. Münchener Medizinische Wochenschrift 109 (1967) S. 1914-1915.

Plaut, Rahel: Einige Ratschläge für die ersten Semester junger Medizinerinnen. Die Studentin 5 (1916) o. S.

Pochhammer, Margarete: Berliner Geselligkeit. In: Was die Frau von Berlin wissen muß. Ein praktisches Frauenbuch für Einheimische und Fremde. Hrsg. Eliza Ichenhaeuser. Berlin, Leipzig 1913, S. 248-255.

–: Berliner Wohnungsverhältnisse. In: Was die Frau von Berlin wissen muß. Ein praktisches Frauenbuch für Einheimische und Fremde. Hrsg. Eliza Ichenhaeuser. Berlin, Leipzig 1913, S. 231-238.

Protokolle der Wiener Psychoanalytischen Vereinigung. Hrsg. Hermann Nunberg und Ernst Federn. Frankfurt a. M. 1976.

Reichenberger, Sigmund: Das Karlsruher Mädchengymnasium in seinen ersten fünfundzwanzig Jahren 1893-1918. Karlsruhe 1918.

Rohner, Hanny: Die ersten 30 Jahre des medizinischen Frauenstudiums an der Universität Zürich 1867-1897. (= Züricher Medizingeschichtliche Abhandlungen. Bd. 13) Zürich 1972.

Rubins, Jack L.: Karen Horney. Sanfte Rebellin der Psychoanalyse. München 1980.

Rupp, Elke: Der Beginn des Frauenstudiums an der Universität Tübingen. (= Werkschriften des Universitätsarchivs Tübingen. Quellen und Studien. Hrsg. Volker Schäfer. Bd. 4) Tübingen 1978.

Salomon, Alice: Das Frauenstudium und die wissenschaftlichen Frauenberufe. In: Was die Frau von Berlin wissen muß. Ein praktisches Frauenbuch für Einheimische und Fremde. Hrsg. Eliza Ichenhaeuser. Berlin, Leipzig 1913, S. 198-203.

Scapov, Jaroslav N.: Russische Studenten an den westeuropäischen Hochschulen. Zur Bedeutung einer sozialen Erscheinung am Anfang des 20. Jahrhunderts. In: Wegenetz europäischen Geistes. Bd. I: Wissenschaftszentren und geistige Wechselbeziehungen zwischen Mittel- und Südosteuropa vom Ende des 18. Jahrhunderts bis zum 1. Weltkrieg. (= Schriftenreihe des Österreichischen Ost- und Südosteuropa-Instituts. Hrsg. Richard G. Plaschka, Karlheinz Mack. Bd. 8) Wien 1983, S. 395-412.

Schelenz, Hermann: Die Frauen, die für die Entwicklung der Medicin und Pharmacie von Bedeutung gewesen sind. Verhandlungen der Gesellschaft Deutscher Naturforscher und Ärzte 71 (1899) S.626-629.

Schirmacher, Käthe: Züricher Studentinnen. Leipzig, Zürich 1896.

Schlodtfeld-Schäfer, Irmgard: Das Frauenstudium in Kiel unter besonderer Berücksichtigung der Medizin. Diss. med. Kiel 1981.

Schlüter, Anne: ‚Wenn zwei das Gleiche tun, ist das noch lange nicht dasselbe.‘ – Diskriminierungen von Frauen in der Wissenschaft. In: Lila Schwarzbuch. Hrsg. Anne Schlüter und Annette Kuhn. Düsseldorf 1986, S. 10-33.

Schmidt-Harzbach, Ingrid: Kampf ums Frauenstudium – Studentinnen und Dozentinnen an Deutschen Hochschulen. In: Frauen und Wissenschaft. Beiträge zur Berliner Sommeruniversität für Frauen Juli 1976. Hrsg. Gruppe Berliner Dozentinnen. 2. A., Berlin 1977, S. 33-73.

Schnelle, Gertraude: Probleme der Entwicklung des Frauenstudiums in Deutschland unter besonderer Berücksichtigung der Entwicklung in beiden Deutschen Staaten nach 1945. Diss. phil. Leipzig 1965.

Schnelle, Gertraude: Zur Geschichte des Frauenstudiums bis 1945. Berlin (DDR) 1971.

Schreiter, Anneliese: Das moderne medizinische Frauenstudium (seit der Mitte des vorigen Jahrhunderts). Diss. med. Düsseldorf 1957.

Schröder, Otto (1908a): Die medizinische Doktorwürde an den Universitäten Deutschlands. Mit einem Anhang enthaltend die Vorschriften für die ärztliche Vor- und Hauptprüfung. Halle 1908.

– (1908b): Aufnahme und Studium an den Universitäten Deutschlands. Auf Grund amtlicher Quellen und mit besonderer Berücksichtigung des Frauenstudiums. Halle 1908.

Schwalbe, Julius: Das medizinische Frauenstudium in Deutschland. Deutsche Medizinische Wochenschrift 33 (1907) S. 268-269.

–: Über das medizinische Frauenstudium in Deutschland. Leipzig 1918.

Schweizer Verband der Akademikerinnen (Hrsg.): Frauenstudium an den Schweizer Hochschulen. Zürich 1928.

Seeger, Hilde: Weiblicher Sonderling im Hörsaal. Deutsches Ärzteblatt 66 (1969) S. 1894-1895.

Soden, Kristine von und Zipfel, Gaby (Hrsg.): 70 Jahre Frauenstudium. Frauen in der Wissenschaft. (= Kleine Bibliothek. Bd. 148) Köln 1979.

Soden, Kristine von: Die Sexualberatungsstellen in der Weimarer Republik (1919-1933). (= Stätten der Geschichte Berlins. Bd. 18) Berlin 1988.

Springer, Jenny: Was kostet das medizinische Studium? Frauen Rundschau 5 (1904/05) S. 1239-1240.

Stelzner, Helenefriderike: Der weibliche Arzt. Nach gemeinsam mit Dr. Margarete Breymann gepflogenen statistischen Erhebungen. – In: Deutsche Medizinische Wochenschrift 38 (1912) S. 1243-1244, 1290-1292.

Straus, Rahel: Wir lebten in Deutschland. Erinnerungen einer deutschen Jüdin 1880-1933. Hrsg. Max Kreutzberger. Stuttgart 1961.

Strelitz, Paula: Die Geschichte des Verbandes der Studentinnen-Vereine Deutschlands. Die Studentin 5 (1916) Nr. 8, o. S.

Stritt, Marie: Die Bedeutung der Frauenbewegung für die berufstätigen Frauen. In: Der Deutsche Frauenkongreß. Berlin, 27. Februar – 2. März 1912. Sämtliche Vorträge. Hrsg. Gertrud Bäumer. Leipzig, Berlin 1912, S. 199-206.

Stropp, Emma: Berliner Frauenklubs. In: Was die Frau von Berlin wissen muß. Ein praktisches Frauenbuch für Einheimische und Fremde. Hrsg. Eliza Ichenhaeuser. Berlin, Leipzig 1913, S. 256-264.

Stücklen, Gerta: Untersuchungen über die Soziale und Wirtschaftliche Lage der Studentinnen. Ergebnisse einer an der Berliner Universität im Winter 1913/14 veranstalteten Enquête. Diss. phil. Heidelberg 1916.

Sukennikov, A. : Pervij kongress russkich studentov i studentok, ucascidja graniaj (Der erste Kongreß der russischen Studenten und Studentinnen, die im Ausland studieren). Berlin 1902.

Szagunn, Ilse: Biographie. Vita von Ilse Szagunn. Berliner Medizin 12 (1961) S. 260 266.

Tempora mutantur. Mitteilungsblatt des Deutschen Ärztinnenbundes 13 (1966) Nr. 56, S. 11.

Tiburtius, Franziska: Erinnerungen einer 80jährigen. 2. A., Berlin 1925.

Tichy, Marina: Die geschlechtliche Un-Ordnung. Facetten des Widerstands gegen das Frauenstudium von 1870 bis zur Jahrhundertwende. In: ,Durch Erkenntnis zu Freiheit und Glück ...' Frauen an der Universität Wien ab 1897. Hrsg. Waltraud Heindl und Marina Tichy. (= Schriftenreihe des Universitätsarchivs Universität Wien. Hrsg. Günther Hamann, Kurt Mühlberger und Franz Skacel. Bd. 5) Wien 1990, S. 27-48.

Tucholsky, Kurt: Rheinsberg. Ein Bilderbuch für Verliebte. In: Kurt Tucholsky. Gesammelte Werke. Hrsg. Mary Gerold-Tucholsky und Fritz J. Raddatz. Bd. 1, Reinbek 1960, S.50-74.

Turnau, Laura: Die Ärztin. In: Merkblätter für Berufsberatung der Deutschen Zentralstelle für Berufsberatung der Akademiker e.V. (begr. vom „Akademischen Hilfsbund" und dem „Deutschen Studentendienst 1914"). Hrsg. Prof. Karl Dunkmann, Dr. Agnes von Zahn-Harnack und Dr. Josef Dietl. Berlin 1928, o. S.

Tutzke, Dietrich: Frauenstudium im Spiegel der Berliner Medizinischen Fakultät um die Jahrhundertwende. Medizin aktuell 4 (1978) S. 142.

Übleis, Gabriele: Tucholski und die Frauen. München 1987.

Unschuld, Paul: Die Ärztin und der Maler. Carl Jung-Dörfler und Hedwig Danielewicz. Real-Historisches Drama in drei Akten. Düsseldorf 1994.

Velsen, Ruth von: Die Wohnungsverhältnisse der Studentinnen. Die Studentin 2 (1913) Nr.11, o. S.

Verein feministische Wissenschaft (Hrsg.): Ebenso neu als kühn. 120 Jahre Frauenstudium an der Universität Zürich. Zürich 1988.

Vogt, Anette: Zur Geschichte des Frauenstudiums am Beispiel der Berliner Universität. In: Wissenschaft und Staat. Denkschriften und Stellungnahmen von Wissenschaftlern als Mittel wissenschaftspolitischer Artikulation. (= ITW Kolloquien. Hrsg. Institut für Theorie, Geschichte und Organisation der Wissenschaft der Akademie der Wissenschaften der DDR. H. 68). Berlin (DDR) 1989, S. 133-152.

Vorschriften für die Studierenden der Königlichen Friedrich-Wilhelms-Universität zu Berlin. Berlin 1914.

Waldeyer, Wilhelm: Das Studium der Medicin und die Frauen. Tageblatt der 61.Versammlung Deutscher Naturforscher und Ärzte in Köln vom 18.-23. September 1888. Köln 1889, S. 31-44.

–: Ueber Aufgaben und Stellung unserer Universitäten seit der Neugründung des deutschen Reiches. Rede zum Antritt des Rektorats der Königlichen Friedrich-Wilhelms-Universität in Berlin am 15. Oktober 1898. Berlin, 1898.

Waldeyer-Hartz, Wilhelm von: Lebenserinnerungen. 3. A., Bonn 1922.

Weber, Marianne: Vom Typenwandel der studierenden Frau. Die Frau 24 (1916/17) S. 514-530. Zugleich in: diess.: Frauenfragen und Frauengedanken. Tübingen 1919. S. 179-201.

–: Frauenfragen und Frauengedanken. Tübingen 1919.

Weber, Mathilde: Ein Besuch in Zürich bei den weiblichen Studirenden der Medizin. Ein Beitrag zur Klärung der Frage des Frauenstudiums. In: Die Frau im gemeinnützigen Leben. Archiv für die Gesamtinteressen des Frauen- Arbeits-, Erwerbs- und Vereinslebens im Deutschen Reich und im Ausland. Hrsg. Marie Koeper-Housselle und Amélie Sohr. Stuttgart, Kohlhammer 1888. Zugleich in: dies.: Aerztinnen für Frauenkrankheiten, eine ethische und sanitäre Notwendigkeit. 4. A., Tübingen 1889, Anhang S. 1-25.

–: Aerztinnen für Frauenkrankheiten, eine ethische und sanitäre Notwendigkeit. 4. A., Tübingen 1889.

Weill, Claudie: Les Étudiants Russes en Allemagne 1900-1914. Cahiers du Monde russe et soviétique. Vol. XX-2 (1979) S. 203-225.

Weizmann, Chaim: Memoiren. Das Werden des Staates Israel. Zürich 1953.

Weizmann, Vera: The impossible takes longer. The memoirs of Vera Weizmann as told to David Tutaev. London 1967.

Weyrather, Irmgard: ‚Die Frau im Lebensraum des Mannes‘. Studentinnen in der Weimarer Republik. Beiträge zur feministischen Theorie und Praxis 5 (1981) S. 25-38.

Winheim, Rosa M.: Lydia Rabinowitsch-Kempner. Ein Portrait. Ariadne. Almanach des Archivs der deutschen Frauenbewegung. H. 21 (1992) S. 68-70.

Winokurow, Elsa: Eine außergewöhnliche Kollegin. Ärztin 30 (1983) Nr. 7, S. 7-8, Nr. 8, S. 8-10.

Wolff, Charlotte: Augenblicke verändern uns mehr als die Zeit. Frankfurt a. M. 1986.

W. Z.: Dr. Ilse Szagunn 70 Jahre. Berliner Ärzteblatt 70 (1957) S. 437.

Zarncke, Lilly und Apolant, Sophie: Verband der Studentinnenvereine Deutschlands (V. St. D.) In: Das akademische Deutschland. Hrsg. Michael Doeberl, Otto Scheel et al., Bd. 2, Berlin 1931, S. 589.

Ziegeler, Beate (1993a): Weibliche Ärzte und Krankenkassen. Anfänge ärztlicher Berufstätigkeit von Frauen in Berlin 1893-1935. (= Ergebnisse der Frauenforschung. Hrsg. Anke Bennholdt-Thomsen, Ulla Bock, Marlis Dürkop, Ingeborg Falck, Marion Klewitz et. al., Bd. 31) Weinheim 1993.

– (1993b): ‚Zum Heile der Moral und der Gesundheit ihres Geschlechtes …‘ Argumente für Frauenmedizinstudium und Ärztinnen-Praxis um 1900. In: Weibliche Ärzte. Die Durchsetzung des Berufsbildes in Deutschland. Hrsg. Eva Brinkschulte. (= Reihe Deutsche Vergangenheit. Bd. 108) 1. A., Berlin 1993, S. 33-44.

Zott, Regine: Zu den Anfängen des Frauenstudiums an der Berliner Universität. In: Perspektiven interkultureller Wechselwirkung für den wissenschaftlichen Fortschritt. Hrsg. Akademie der Wissenschaften der DDR. H. 48. Berlin (DDR) 1985, S. 29-37.

X. NAMENSVERZEICHNIS

Printed in the United States
By Bookmasters

Printed in the United States
By Bookmasters